Creo 6.0 工程应用精解丛书

Creo 6.0 模具设计教程

北京兆迪科技有限公司　编著

机 械 工 业 出 版 社

本 书 导 读

为了能更好地学习本书的知识，请您先仔细阅读下面的内容。

写作环境

本书使用的操作系统为 64 位的 Windows 7，系统主题采用 Windows 经典主题。本书采用的写作蓝本是 Creo 6.0。

光盘使用

为方便读者练习，特将本书所有素材文件、已完成的范例文件、配置文件和视频语音讲解文件等放入随书附带的光盘中，读者在学习过程中可以打开相应的素材文件进行操作和练习。

本书附多媒体 DVD 光盘 1 张，建议读者在学习本书前，先将 DVD 光盘中的所有文件复制到计算机硬盘的 D 盘中，在 D 盘上 creo6.3 目录下共有 3 个子目录。

（1）Creo6.0_system_file 子目录：包含一些系统配置文件。

（2）work 子目录：包含本书讲解中所用到的文件。

（3）video 子目录：包含本书讲解中所有的视频文件（含语音讲解），学习时，直接双击某个视频文件即可播放。

光盘中带有 "ok" 扩展名的文件或文件夹表示已完成的实例。

本书约定

- 本书中有关鼠标操作的简略表述说明如下。
  - ☑ 单击：将鼠标指针移至某位置处，然后按一下鼠标的左键。
  - ☑ 双击：将鼠标指针移至某位置处，然后连续快速地按两次鼠标的左键。
  - ☑ 右击：将鼠标指针移至某位置处，然后按一下鼠标的右键。
  - ☑ 单击中键：将鼠标指针移至某位置处，然后按一下鼠标的中键。
  - ☑ 滚动中键：只是滚动鼠标的中键，而不能按中键。
  - ☑ 选择（选取）某对象：将鼠标指针移至某对象上，单击以选取该对象。
  - ☑ 拖动某对象：将鼠标指针移至某对象上，然后按下鼠标的左键不放，同时移动鼠标，将该对象移动到指定的位置后再松开鼠标的左键。
- 本书中的操作步骤分为 Task、Stage 和 Step 三个级别，说明如下。
  - ☑ 对于一般的软件操作，每个操作步骤以 Step 字符开始。
  - ☑ 每个 Step 操作步骤视其复杂程度，下面可含有多级子操作，例如 Step1 下可能包含（1）、（2）、（3）等子操作，（1）子操作下可能包含①、②、③等子操作，

①子操作下可能包含 a）、b）、c）等子操作。

☑ 如果操作较复杂，需要几个大的操作步骤才能完成，则每个大的操作冠以 Stage1、Stage2、Stage3 等，Stage 级别的操作下再分 Step1、Step2、Step3 等操作。

☑ 对于多个任务的操作，则每个任务冠以 Task1、Task2、Task3 等，每个 Task 操作下则可包含 Stage 和 Step 级别的操作。

● 由于已经建议读者将随书光盘中的所有文件复制到计算机硬盘的 D 盘中，所以书中在要求设置工作目录或打开光盘文件时，所述的路径均以 D:开始。

软件设置

● 设置 Creo 系统配置文件 config.pro：将 D:\creo6.3\Creo6.0_system_file\下的 config.pro 复制至 Creo 安装目录的\text 目录下。假设 Creo 6.0 的安装目录为 C:\Program Files\PTC\Creo 6.0.0.0，则应将上述文件复制到 C:\Program Files\PTC\Creo 6.0.0.0\ Common Files\text 目录下。退出 Creo，然后再重新启动 Creo，config.pro 文件中的设置将生效。

● 设置 Creo 界面配置文件 creo_parametric_customization.ui：选择"文件"下拉菜单中的 文件 ➡ 选项 命令，系统弹出"Creo Parametric 选项"对话框；在"Creo Parametric 选项"对话框中单击 功能区 区域，单击 导入 按钮，系统弹出"打开"对话框。选中 D:\creo6.3\creo6.0_system_file\文件夹中的 creo_parametric_customization.ui 文件，单击 打开 ▼ 按钮。

技术支持

本书主要参编人员均来自北京兆迪科技有限公司，该公司专门从事 CAD/CAM/CAE 技术的研究、开发、咨询及产品设计与制造服务，并提供 Creo、ANSYS、ADAMS 等软件的专业培训及技术咨询。读者在学习本书的过程中如果遇到问题，可通过访问该公司的网站 http://www.zalldy.com 来获得技术支持。

为了感谢广大读者对兆迪科技图书的信任与厚爱，兆迪科技面向读者推出免费送课、光盘下载、最新图书信息咨询、与主编在线直播互动交流等服务。

● 免费送课。读者凭有效购书证明，可领取价值 100 元的在线课程代金券 1 张，此券可在兆迪科技网校（http://www.zalldy.com/）免费换购在线课程 1 门，活动详情可以登录兆迪网校查看。

● 光盘下载。本书随书光盘中的所有文件已经上传至网络，如果您的随书光盘丢失或损坏，可以登录网站 http://www.zalldy.com/page/book 下载。

咨询电话：010-82176248，010-82176249。

目　　录

第**1**章　Creo 6.0 模具设计概述

本章提要　本章主要介绍注射模具和 Creo 6.0 模具设计的基础知识，内容包括注射模具的基本结构（塑件成型元件、浇注系统和模座）、Creo 6.0 模具设计解决方案、Creo 6.0 系统配置和 Creo 6.0 模具设计工作界面等。

1.1　注射模具的结构组成

"塑料"（Plastic）是以高分子合成树脂为主要成分，在一定条件下可塑制成一定形状，且在常温下保持不变的材料。工程塑料（Engineering Plastic）是 20 世纪 50 年代在通用塑料基础上崛起的一类新型材料，工程塑料通常具有较好的耐蚀性、耐热性、耐寒性、绝缘性以及诸多良好的力学性能，例如较高的拉伸强度、压缩强度、弯曲强度、疲劳强度和较好的耐磨性等。

目前，塑料的应用领域日益广阔，如人们正在大量地使用塑料来生产冰箱、洗衣机、饮水机、洗碗机、卫生洁具、塑料水管、玩具、计算机键盘、鼠标、食品器皿和医用器具等。

塑料成型的方法（即塑件的生产方法）非常多，常见的方法有注射成型、挤压成型、真空成型和发泡成型等，其中，注射成型是最主要的塑料成型方法。注射模具则是注射成型的工具，其结构一般包括塑件成型元件、浇注系统和模座三大部分。

1. 塑件成型元件

塑件成型元件（即模仁）是注射模具的关键部分，其作用是成型塑件的结构和形状，塑件成型的主要元件包括上模型腔（或凹模型腔）和下模型腔（凸模型腔），如图 1.1.1 所示；如果塑件较复杂，则模具中还需要型芯、滑块和销等成型元件，如图 1.1.2 和图 1.1.3 所示。

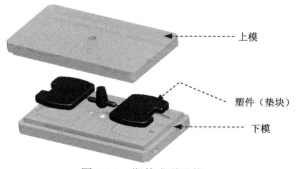

图 1.1.1　塑件成型元件

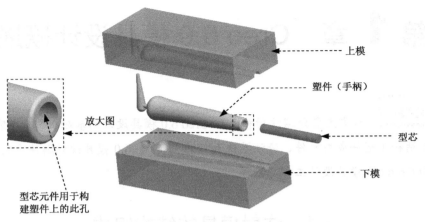

上模

塑件（手柄）

型芯

下模

放大图

型芯元件用于构
建塑件上的此孔

图 1.1.2　塑件成型元件（带型芯）

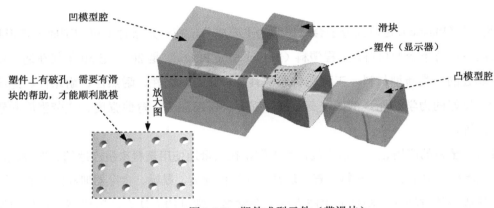

凹模型腔

滑块

塑件（显示器）

凸模型腔

塑件上有破孔，需要有滑
块的帮助，才能顺利脱模

放大图

图 1.1.3　塑件成型元件（带滑块）

2. 浇注系统

浇注系统是塑料熔融物从注射机喷嘴流入模具型腔的通道，浇注系统一般包括浇道（Sprue）、流道（Runner）和浇口（Gate）三部分（图 1.1.4），浇道是熔融物从注射机进入模具的入口，浇口是熔融物进入模具型腔的入口，流道则是浇道和浇口之间的通道。

如果模具较大或者是一模多穴，可以安排多个浇口。当在模具中设置多个浇口时，其流道结构较复杂，主流道中会分出许多分流道（图 1.1.5），这样熔融物先流过主流道，然后通过分流道由各个浇口进入型腔。

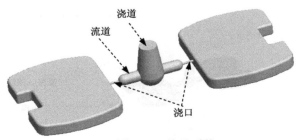

浇道

流道

浇口

图 1.1.4　浇注系统

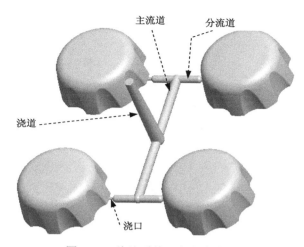

图 1.1.5 浇注系统（含分流道）

3. 模架的手动设计

在创建模架设计时，很多情况下标准的模架是不能满足实际生产需要的，这时就需要结合实际情况来手动设计模架的大小，以满足生产需要。图 1.1.6 所示为手动设计的模架。

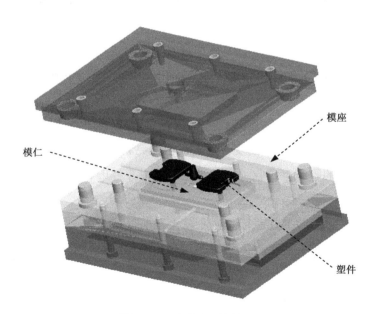

图 1.1.6 手动设计的模架

4. EMX 12.0 模架设计

图 1.1.7 所示的模架是通过 EMX 12.0 模块来创建的，模架中的所有标准零部件全都是由 EMX 模块提供的，只需确定装配位置即可。

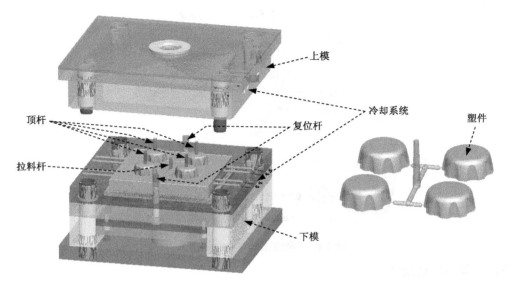

图 1.1.7　EMX 模架设计

1.2　Creo 6.0 注射模具设计解决方案

PTC 公司推出的 Creo 6.0 软件中，与注射模具设计有关的模块主要有三个：模具设计模块（Creo/MOLDESIGN）、模座设计模块（Expert Moldbase Extension，简称 EMX）和塑料顾问（Plastic Advisor）模块。

在模具设计模块（Creo/MOLDESIGN）中，用户可以创建、修改和分析模具元件及其组件（模仁），并可根据设计模型中的变化对它们快速更新。同时它还可实现如下功能。

● 设置注射零件的收缩率，收缩率的大小与注射零件的材料特性、几何形状和制模条件相对应。

● 对一个型腔或多型腔模具进行概念性设计。

● 对模具型腔、型芯、型腔嵌入块、砂型芯、滑块、提升器和定义模制零件形状的其他元件进行设计。

● 在模具组件中添加标准元件，例如模具基础、推销、注入口套管、螺钉（栓）、配件和创建相应间隙孔用的其他元件。

● 设计注射流道和水线。

● 拔模检测（Draft Check）、分型面检查（Parting Surface Check）等分析工具。

在模座设计模块（EMX）中，用户可以将模具元件直接装配到标准或是定制的模座中，对整个模具进行更完全、更详细的设计，从而大大地缩短模具的研发时间。该模块具备如下特点。

- 界面友好，使用方便，易于修改和重定义。
- 提供大量标准的模座、滑块和斜销等附件。
- 用户进行简单的设定后，系统可以自动产生 2D 工程图及材料明细表（BOM 表）。
- 可进行开模操作的动态仿真，并进行干涉检查。

在塑料顾问（Plastic Advisor）模块中，用户通过简单地设定，系统将自动进行塑料射出成形的模流分析，这样，模具设计人员在模具设计阶段，对塑料在型腔中的填充情况能够有所掌握，便于及早改进设计。

1.3　Creo 6.0 模具部分的安装说明

在安装 Creo 6.0 软件系统的过程中，当出现图 1.3.1 所示的对话框时，要注意在 ▼ ☑ Options 组件中选择下面两个子组件。

- ☑ Mold Component Catalog ：该子组件中包含一些模具元件数据（如流道的数据）。
- ☑ Creo Plastic Advisor Extension ：Creo 6.0 塑料顾问模块。

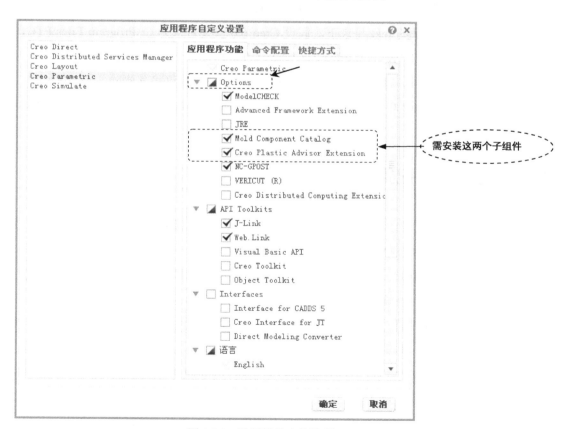

图 1.3.1　选择模具安装选项

1.4　Creo 6.0 系统配置

在使用本书学习 Creo 6.0 模具设计前，建议先进行下列必要的操作和设置，这样可以保证后面学习中的软件配置和软件界面与本书相同，从而提高学习效率。

1.4.1　设置系统配置文件 config.pro

用户可以用一个名为 config.pro 的系统配置文件预设 Creo 6.0 软件的工作环境并进行全局设置，例如 Creo 6.0 软件的界面是中文还是英文，或者是中英文双语，这是由 menu_translation 选项来控制的，该选项有三个可选值：yes、no 和 both，它们分别可以使软件界面为中文、英文和中英文双语。

本书附带的光盘中的 config.pro 文件对一些基本的选项进行了设置，读者进行如下操作后，可使该 config.pro 文件中的设置有效。

Step1. 复制系统文件。将目录 D:\creo6.3\Creo 6.0_system_file\下的 config.pro 文件复制至 Creo 6.0 的安装目录的\text 目录下。假设 Creo 6.0 安装目录为 C:\Program Files\PTC，则应将上述文件复制到 C:\Program Files\PTC\Creo 6.0.0.0\Common Files\text 目录下。

Step2. 如果 Creo 6.0 启动目录中存在 config.pro 文件，建议将其删除。

说明：关于"Creo 6.0 启动目录"的概念，请参见本丛书的《Creo 6.0 快速入门教程》一书中的相关章节。

1.4.2　设置界面配置文件

用户可以利用一个名为 creo_parametric_customization.ui 的系统配置文件预设 Creo 软件工作环境的工作界面（包括工具栏中按钮的位置）。

本书附带的光盘中的 creo_parametric_customization.ui 对软件界面进行了一定设置，建议读者进行如下操作，使软件界面与本书相同，从而提高学习效率。

Step1. 进入配置界面，选择"文件"下拉菜单中的 文件 ➡ 选项 命令，系统弹出"Creo Parametric 选项"对话框。

Step2. 导入配置文件。在"Creo Parametric 选项"对话框中单击 功能区 区域，单击 导入 按钮，系统弹出"打开"对话框。

Step3. 选中 D:\creo6.3\ Creo 6.0_system_file\文件夹中的 creo_parametric_ customization.ui 文件，单击 打开 按钮。

1.5　Creo 6.0 模具设计工作界面

首先进行下面的操作，打开指定文件。

Step1. 选择下拉菜单 **文件** ➡ **管理会话(M)** ▶ ➡ 选择工作目录。**选择工作目录(W)** 命令，将工作目录设置至 D:\creo6.3\work\ch01。

Step2. 选择下拉菜单 **文件** ➡ **打开(O)** 命令，打开文件 handle_mold.asm。

打开文件 handle_mold.asm 后，系统显示图 1.5.1 所示的 Creo 6.0 模具工作界面，下面对该工作界面进行简要说明。

模具工作界面包括标题栏、菜单管理器区、快速访问工具栏、智能选取栏、功能区、消息区、视图控制工具条、图形区及导航选项卡区。

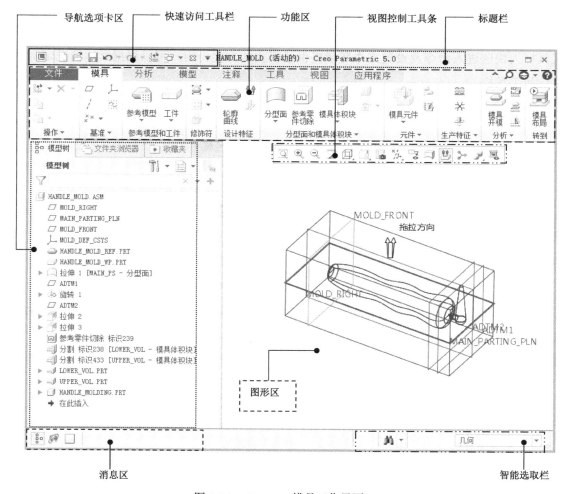

图 1.5.1　Creo 6.0 模具工作界面

1．导航选项卡区

导航选项卡包括三个页面选项："模型树""文件夹浏览器"和"收藏夹"。

- "模型树"中列出了活动文件中的所有零件及特征，并以树的形式显示模型结构，根对象（活动零件或组件）显示在模型树的顶部，其从属对象（零件或特征）位于根对象之下。例如，在活动装配文件中，"模型树"列表的顶部是组件，组件下方是每个元件零件的名称；在活动零件文件中，"模型树"列表的顶部是零件，零件下方是每个特征的名称。若打开多个 Creo 6.0 模型，则"模型树"只反映活动模型的内容。
- "文件夹浏览器"类似于 Windows 的"资源管理器"，用于浏览文件。
- "收藏夹"用于有效组织和管理个人资源。

2．快速访问工具栏

快速访问工具栏中包含新建、保存、修改模型和设置 Creo 环境的一些命令。快速访问工具栏为快速进入命令及设置工作环境提供了极大的方便，用户可以根据具体情况定制快速访问工具栏。

3．标题栏

标题栏显示了当前的软件版本以及活动的模型文件名称。

4．功能区

功能区中包含"文件"下拉菜单和命令选项卡。命令选项卡显示了 Creo 中的所有功能按钮，并以选项卡的形式进行分类。用户可以根据需要自己定义各功能选项卡中的按钮，也可以自己创建新的选项卡，将常用的命令按钮放在自定义的功能选项卡中。

注意：用户会看到有些菜单命令和按钮处于非激活状态（呈灰色，即暗色），这是因为它们目前还没有处在发挥功能的环境中，一旦进入与它们有关的使用环境，便会自动激活。图 1.5.2 所示为 Creo 6.0 中的"模具"功能区。

图 1.5.2　"模具"功能区

5．视图控制工具条

视图控制工具条是将"视图"功能选项卡中部分常用的命令按钮集成到了一个工具条

中，以便随时调用。

6. 图形区

Creo 各种模型图像的显示区。

7. 消息区

在用户操作软件的过程中，消息区会实时地显示与当前操作相关的提示信息等，以引导用户的操作。消息区有一个可见的边线，将其与图形区分开，若要增加或减少可见消息行的数量，可将鼠标指针置于边线上，按住鼠标左键，将鼠标指针移动到所期望的位置。

消息分五类，分别以不同的图标提醒，如下所示。

　⇨ 提示　　　· 信息　　　⚠ 警告　　　▨ 出错　　　▨ 危险

8. 智能选取栏

智能选取栏也称过滤器，主要用于快速选取某种所需要的要素（如几何、基准等）。

9. 菜单管理器区

菜单管理器区位于屏幕的右侧，在进行某些操作时，系统会弹出此菜单，如进行模具开模时，系统会弹出"模具开模"菜单管理器。

说明：

为了回馈广大读者对本书的支持，除了随书光盘中的视频讲解之外，我们将免费为您提供更多的 Creo 6.0 学习视频，内容包括各个软件模块的基本理论、背景知识、高级功能和命令的详解以及一些典型的实际应用案例等。

由于图书篇幅和随书光盘的容量有限，我们将这些视频讲解制作成了在线学习视频，并在本书相关章节的最后对讲解的内容作了简要介绍，读者可以扫描二维码直达视频讲解页面，登录兆迪科技网站免费学习。

学习拓展： 扫码学习更多视频讲解。

讲解内容： 主要包含软件安装，基本操作，二维草图，常用建模命令，零件设计案例等基础内容的讲解。内容安排循序渐进，清晰易懂，讲解非常详细，对每一个操作都做了深入的介绍和清楚的演示，十分适合没有软件基础的读者。

第**2**章　Creo 6.0 模具设计入门

本章提要　　Creo 6.0 的模具模块为我们提供了非常方便、实用的模具设计及分析功能。本章将通过一个简单的零件来说明 Creo 6.0 模具设计的一般过程，并介绍关于模具精度的知识。通过本章的学习，读者能够清楚地了解模具设计的一般流程及操作方法，并理解其中的原理。

2.1　Creo 6.0 模具设计流程

使用 Creo 6.0 软件进行（注射）模具设计的一般流程为：

（1）在零件和组件模式下，对原始塑料零件（模型）进行三维建模。

（2）创建模具模型，包括以下两个步骤。

● 　根据原始塑料零件，定义参考模型。

● 　定义模具坯料（工件）。

（3）在参考模型上进行拔模检测，以确定它是否能顺利地脱模。

（4）设置模具模型的收缩率。

（5）定义分型曲面。

（6）增加浇口、流道和水线作为模具特征。

（7）将坯料（工件）分割成若干个单独的体积块。

（8）抽取模具体积块，以生成模具元件。

（9）创建浇注件。

（10）定义开模步骤。

（11）利用"塑料顾问"功能模块进行模流分析。

（12）根据模具的尺寸选取合适的模座。

（13）如果需要，可进行模座的相关设计。

（14）制作模具工程图，包括对推出系统和水线等进行布局。由于模具工程图的制作方法与一般零部件工程图的制作方法基本相同，本书不再进行介绍。

下面以图 2.1.1 所示的手柄零件（handle.prt）为例，说明用 Creo 6.0 软件设计模具的一般过程和方法。

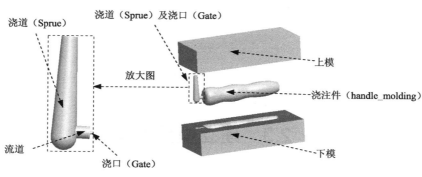

图 2.1.1　模具设计的一般过程

2.2　新建一个模具文件

Step1. 设置工作目录。选择下拉菜单 **文件** ➡ **管理会话(M)** ▶ ➡ **选择工作目录(W)** 命令（或单击 **主页** 选项卡中的 按钮），将工作目录设置至 D:\creo6.3\work\ch02。

Step2. 选择下拉菜单 **文件** ➡ **新建(N)** 命令（或单击"新建"按钮 ）。

Step3. 在图 2.2.1 所示的"新建"对话框中的 **类型** 区域中选中 ● **制造** 单选项，在 **子类型** 区域中选中 ● **模具型腔** 单选项，在 **文件名:** 文本框中输入文件名 handle_mold，取消 ☑ **使用默认模板** 复选框中的"√"号，然后单击 **确定** 按钮。

Step4. 在弹出的图 2.2.2 所示的"新文件选项"对话框中，选取 **mmns_mfg_mold** 模板，单击 **确定** 按钮。

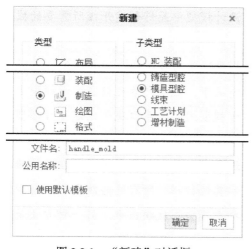

图 2.2.1　"新建"对话框

图 2.2.2　"新文件选项"对话框

说明： 完成这一步操作后，系统进入模具设计模式（环境）。此时，在图形区可以看到三个正交的默认基准平面和图 2.2.3 所示的"模具"选项卡。

图 2.2.3　"模具"选项卡

2.3　建立模具模型

在开始设计模具前，应先创建一个"模具模型"（Mold Model），模具模型主要包括参考模型（Reference Model）和坯料（Workpiece）两部分，如图 2.3.1 所示。参考模型是设计模具的参考，它来源于设计模型（零件），坯料是表示直接参与熔料成型的模具元件。

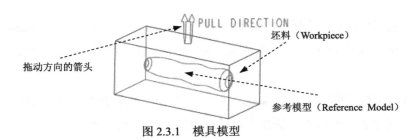

图 2.3.1　模具模型

关于设计模型（Design Model）与参考模型（Reference Model）

模具的设计模型（零件）通常代表产品设计者对其最终产品的构思。设计模型一般在 Creo 6.0 的零件模块环境（Part Mode）或装配模块环境（Assembly Mode）中提前创建。通常设计模型几乎包含所有的设计元素，但不包含制模技术所需要的元素。一般情况下，设计模型不设置收缩。为了方便零件的模具设计，在设计模型中最好创建开模所需要的拔模和圆角特征。

模具的参考模型通常表示应浇注的零件。参考模型通常用收缩命令进行收缩。有时设计模型中包含有需要进行变更的设计元素，在这种情况下，这些元素也应在参考模型上更改，模具设计模型是参考模型的源。设计模型与参考模型间的关系取决于创建参考模型时所用的方法。

装配参考模型时，可将设计模型几何复制（通过参考合并）到参考模型。在这种情况下，可将收缩应用到参考模型、创建拔模、倒圆角和其他特征，所有这些改变都不会影响设计模型。但是，设计模型中的任何改变会自动在参考模型中反映出来。另一种方法是，可将设计模型指定为模具的参考模型，在这种情况下，它们是相同的模型。

以上两种情况下，当在"模具"模块中工作时，可设置设计模型与模具之间的参数关系，一旦设定了关系，在改变设计模型时，任何相关的模具元件都会被更新，以反映所进行的改变。

Stage1．定义参考模型

Step1．单击 **模具** 功能选项卡 参考模型和工件 区域 参考模型 ，然后在系统弹出的列表中选择 组装参考模型 命令，系统弹出“打开”对话框。

说明：本书中的 参考模型 按钮在后文中将简化为 参考模型 按钮。

Step2．在“打开”对话框中选取三维零件模型 handle.prt 作为参考零件模型，然后单击 **打开** 按钮。

Step3．系统弹出图 2.3.2 所示的“元件放置”操控板，在“约束类型”下拉列表中选择 默认 选项，将参考模型按默认放置，再在操控板中单击 ✔ 按钮。

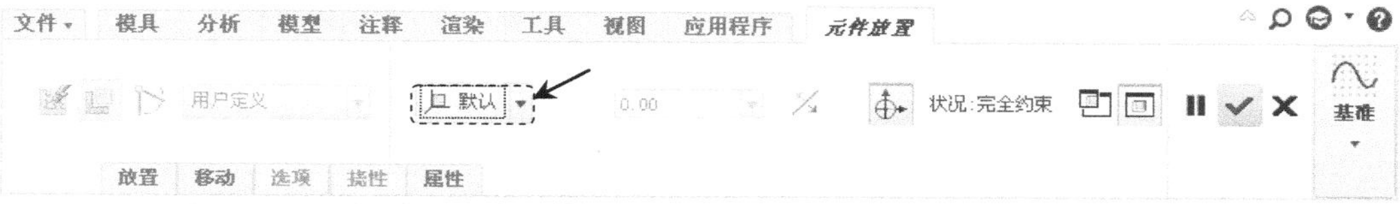

图 2.3.2 “元件放置”操控板

Step4．此时系统弹出图 2.3.3 所示的“创建参考模型”对话框，选中 ◉ 按参考合并 单选项，然后在 **参考模型** 区域的 名称 文本框中接受系统给出的默认的参考模型名称 HANDLE_MOLD_REF（也可以输入其他字符作为参考模型名称），单击 **确定** 按钮。

说明：如果此时系统弹出关于精度的“警告”对话框，单击 **确定** 按钮即可，不影响后续操作。

说明：在图 2.3.3 所示的对话框中，有三个单选项，分别介绍如下。

- ◉ 按参考合并：选中此单选项，系统会复制一个与设计模型完全一样的零件模型（其默认的文件名为***_ref.prt）加入模具装配体，以后分型面的创建、模具元件体积块的创建和拆模等操作便可参考复制的模型来进行。
- ○ 同一模型：选中此单选项，系统则会直接将设计模型加入模具装配体，以后各项操作便直接参考设计模型来进行。
- ○ 继承：选中此单选项，参考零件将会继承设计零件中的所有几何和特征信息。用户可指定在不更改原始零件的情况下，在继承零件上修改几何及特征数据。“继承”可为在不更改设计零件情况下修改参考零件提供更大的自由度。

说明：为了使屏幕简洁，我们可以隐藏参考模型的基准平面。操作步骤如下。

（1）在图 2.3.4 所示的模型树中，选择 ➡ 层树(L) 命令。

（2）在图 2.3.5 所示的层树中，单击 HANDLE_MOLD.ASM (顶级模型，活动的) ▾ 后面的 ▾ 按钮，在下拉列表中选择 HANDLE_MOLD_REF.PRT ，此时层树中显示出参考模型的层结构。

（3）右击层树中的 ▸ PLANES ，在快捷菜单中选择 隐藏 命令。

（4）完成操作后，在导航选项卡中选择  模型树(M)命令，再切换到模型树状态。

图 2.3.3　"创建参考模型"对话框　　　　　图 2.3.4　模型树状态

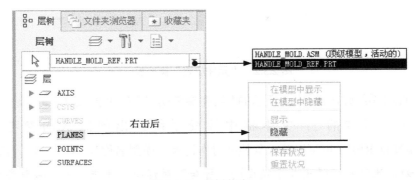

图 2.3.5　层树状态

Stage2. 定义坯料

Step1. 单击 **模具** 功能选项卡 参考模型和工件 区域中的 工件 按钮，然后在系统弹出的列表中选择 创建工件 命令，系统弹出"创建元件"对话框。

Step2. 在系统弹出的图 2.3.6 所示的"创建元件"对话框中，在 类型 区域选中 ● 零件 单选项，在 子类型 区域选中 ● 实体 单选项，在 文件名: 文本框中，输入坯料的名称 handle_mold_wp，然后单击 确定(O) 按钮。

Step3. 在系统弹出的图 2.3.7 所示的"创建选项"对话框中，选中 ● 创建特征 单选项，然后单击 确定 按钮。

说明：在图 2.3.6 所示的"创建元件"对话框的 子类型 区域中，有三个可用的单选项，部分选项介绍如下。

- ● 实体：选中此单选项，可以创建一个实体零件作为坯料。
- ● 相交：选中此单选项，可以选择多个零件进行相交而产生一个坯料零件。

图 2.3.6 "创建元件"对话框

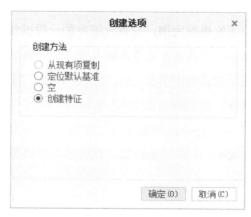

图 2.3.7 "创建选项"对话框

Step4. 创建坯料特征。

（1）选择命令。单击 **模具** 功能选项卡 **形状** ▼ 区域中的 拉伸 按钮。

（2）定义草绘截面放置属性。在绘图区中右击，从快捷菜单中选择 定义内部草绘... 命令，在系统弹出的"草绘"对话框中，选择 MAIN_PARTING_PLN 基准平面为草绘平面，MOLD_FRONT 基准平面为草绘平面的参考平面，方向为 右，然后单击 草绘 按钮，系统进入截面草绘环境。

（3）进入截面草绘环境后，系统弹出"参考"对话框，选取 MOLD_RIGHT 基准平面和 MOLD_FRONT 基准平面为草绘参考，然后单击 关闭(C) 按钮，绘制图 2.3.8 所示的截面图形，完成绘制后，单击"草绘"操控板中的"确定"按钮 。

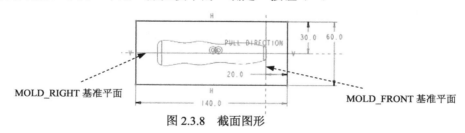

图 2.3.8 截面图形

（4）选取深度类型并输入深度值。在操控板中选择深度类型 （对称），在深度文本框中输入深度值 60.0 并按<Enter>键。

（5）在操控板中单击 按钮，则完成拉伸特征的创建。

2.4 设置收缩率

塑料制品从模具中取出后，注射件由于温度及压力的变化会产生收缩现象。为此，Creo 6.0 软件提供了收缩率（Shrinkage）功能，来纠正注射成品零件体积收缩上的偏差。用户通过设置适当的收缩率来放大参考模型，等到制品冷却收缩后便可以获得正确尺寸的注射零件。继续以前面的模型为例，设置收缩率的一般操作过程如下。

Step1. 单击**模具**功能选项卡**生产特征** ▾ 区域中的"小三角"按钮 ▾，在系统弹出的图 2.4.1 所示的下拉菜单中单击 按比例收缩 后的 ▸ 按钮，然后选择 按尺寸收缩 命令。

Step2. 系统弹出图 2.4.2 所示的"按尺寸收缩"对话框，确认 公式 区域的 1+S 按钮被按下，在 收缩选项 区域选中 ✓ 更改设计零件尺寸 复选框，在 收缩率 区域的 比率 栏中输入收缩率值 0.006，并按<Enter>键，然后单击对话框中的 ✓ 按钮。

图 2.4.1　"按比例收缩"菜单　　　　　图 2.4.2　"按尺寸收缩"对话框

图 2.4.1 所示的 按比例收缩 ▸ **菜单的说明如下。**

● 按尺寸收缩：按尺寸来设定收缩率，根据选择的公式，系统用公式 $1+S$ 或 $1/(1-S)$ 计算比例因子。选择"按尺寸"收缩时，收缩率不仅会应用到参考模型，也可以应用到设计模型，从而使设计模型的尺寸受到影响。

● 按比例收缩：按比例来设定收缩率。注意：如果选择"按比例"收缩，应先选择某个坐标系作为收缩基准，并且分别对 X、Y、Z 轴方向设定收缩率。采用"按比例"收缩，收缩率只会应用到参考模型，不会应用到设计模型。

使用 按尺寸收缩 **方式设置收缩率时，请注意：**

● 在使用按尺寸方式对参考模型设置收缩率时，收缩率也会同时应用到设计模型上，从而使设计模型的尺寸受到影响，所以如果采用按尺寸收缩，可在图 2.4.2 所示的"按尺寸收缩"对话框的 收缩选项 区域中，取消选中 □ 更改设计零件尺寸 复选框，使设计模型恢复到没有收缩的状态，这是 按尺寸收缩 与 按比例收缩 的主要区别。

● 收缩率不累积。例如，输入数值 0.005 作为立方体 100×100×100 的整体收缩率，然后输入值 0.01 作为一侧的收缩率，则沿此侧的距离是（1 + 0.01）× 100 = 101，而不是（1 + 0.005 + 0.01）× 100 = 101.5。尺寸的单个收缩率始终取代整体模型收缩率。

- 配置文件选项 shrinkage_value_display 用于控制模型的尺寸显示方式，它有两个可选值：percent_shrink（以百分比显示）和 final_value（按最后值显示）。

图2.4.2所示的"按尺寸收缩"对话框的 公式 区域中的两个按钮说明如下。

- 1 + S：S 为收缩率，代表在原来模型几何大小上放大（1+S）倍。

- 1/（1-S）：如果指定了收缩，则修改公式会引起所有尺寸值或缩放值的更新。例如：用初始公式（1+S）定义了按尺寸收缩，如果将此公式改为 1/（1-S），系统将提示确认或取消更改；如果确认更改；则在已按尺寸应用了收缩的情况下，必须从第一个受影响的特征再生模型。在前面的公式中，如果 S 值为正值，模型将产生放大效果；反之，若 S 值为负值，模型将产生缩小效果。

使用 按比例收缩 方式设置收缩率时，请注意：

如果在"模具""铸造"模块中，应用"按比例"收缩，那么：

- ☑ 设计模型的尺寸不会受到影响。
- ☑ 如果在模具模型中装配了多个参考模型，系统将提示指定要应用收缩的模型，组件偏距也被收缩。
- ☑ 如果在"零件"模块中将按比例收缩应用到设计模型，则"收缩"特征属于设计模型，而不属于参考模型。收缩被参考模型几何精确地反映出来，但不能在"模具""铸造"模式中清除。
- ☑ 按比例收缩的应用应先于分型曲面或体积块的定义。
- ☑ 按比例收缩影响零件几何（曲面和边）以及基准特征（曲线、轴、平面、点等）。

2.5 创建模具分型曲面

如果采用分割（Split）的方法来产生模具元件（如上模型腔、下模型腔、型芯、滑块、镶块、销等），则必须先根据参考模型的形状创建一系列的曲面特征，然后再以这些曲面为参考，将坯料分割成各个模具元件。用于分割参考的这些曲面称为分型曲面，也叫分型面或分模面。分割上、下型腔的分型面一般称为主分型面；分割型芯、滑块、镶块和销的分型面一般分别称为型芯分型面、滑块分型面、镶块分型面和销分型面。完成后的分型面必须与要分割的坯料或体积块完全相交，但分型面不能自身相交。分型面特征在组件中创建，该特征的创建是模具设计的关键。

继续以前面的模型为例讲解如何创建零件 handle.prt 模具的分型面（图 2.5.1），以分离模具的上模型腔和下模型腔。操作过程如下。

Step1. 单击 **模具** 功能选项卡 分型面和模具体积块 ▾ 区域中的"分型面"按钮📖。系统弹出"分型面"操控板。

Step2. 在系统弹出的"分型面"操控板中的 控制 区域单击"属性"按钮📋，在图 2.5.2 所示的"属性"对话框中，输入分型面名称 main_ps，单击 确定 按钮。

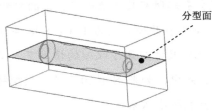

图 2.5.1 创建分型面

图 2.5.2 "属性"对话框

Step3. 创建曲面。

（1）选择命令。单击 **分型面** 功能选项卡 形状 ▾ 区域中的 拉伸 按钮。

（2）定义草绘截面放置属性。在图形区右击，从弹出的菜单中选择 定义内部草绘... 命令，在系统 ➡选择一个平面或曲面以定义草绘平面. 的提示下，选取图 2.5.3 所示的坯料表面 1 为草绘平面，然后选取图 2.5.3 所示的坯料表面 2 为参考平面，方向为 右，单击 草绘 按钮。

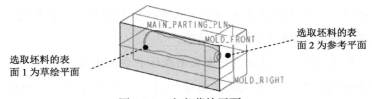

图 2.5.3 定义草绘平面

（3）截面草图。在图形区右击，从弹出的菜单中选择 参考(R)... 命令，选取图 2.5.4 所示的坯料的边线和 MOLD_PARTING_PLN 基准平面为草绘参考，单击 关闭(C) 按钮。绘制图 2.5.4 所示的截面草图（截面草图为一条线段），完成截面的绘制后，单击"草绘"选项卡中的"确定"按钮 ✔。

（4）设置深度选项。

① 在操控板中，选取深度类型 ⊥（到选定的）。

② 将模型调整到图 2.5.5 所示的方位，然后选取图中的坯料表面（虚线面）为拉伸终止面。

③ 在"拉伸"选项卡中，单击 ✔ 按钮，完成特征的创建。

Step4. 在"分型面"操控板中，单击"确定"按钮 ✔，完成分型面的创建。

Step5. 在模型树中，查看前面创建的分型面特征。

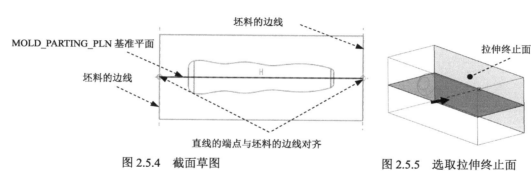

图 2.5.4　截面草图

图 2.5.5　选取拉伸终止面

（1）在图 2.5.6 所示的模型树界面中，选择 □ ▾ ➡ □树过滤器(F)... 命令。

（2）在系统弹出的"模型树项"对话框中，选中 ☑ 特征 复选框，然后单击 确定 按钮。此时，模型树中会显示出分型面特征，如图 2.5.7 所示。

说明：若模型树中已经显示出特征，那么此步可不进行操作。

图 2.5.6　模型树界面

图 2.5.7　查看分型面特征

2.6　在模具中创建浇注系统

模具设计到这个阶段，需要构建浇注系统，包括浇道、浇口和流道等，这些要素是以特征的形式出现在模具模型中的。Creo 6.0 中有两类模具特征：常规特征和自定义特征。

- 常规特征是增加到模型中以促进注射进程的特定特征。这些特征包括侧面影像曲线、起模杆孔、浇道、浇口、流道、水线、拔模线、偏距区域、体积块和裁剪特征。

- 用户也可以预先在零件模式中创建注道、浇口和流道等自定义特征，然后在设计模具的浇注系统时，将这些自定义特征复制到模具组件中并修改其尺寸，这样就能够大大提高工作效率。

特征创建举例——创建浇注系统

下面的操作是在零件 handle.prt 的模具坯料中创建图 2.6.1 所示的浇注系统，以此说明在模具中创建特征的一般操作过程。

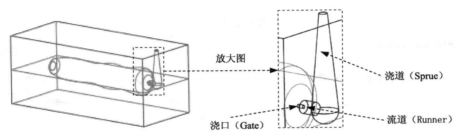

图 2.6.1　创建浇注系统

Stage1．创建浇道（Sprue）

Step1．创建图 2.6.2 所示的基准平面 ADTM1，该基准平面将作为浇道特征的草绘平面。单击 模型 功能选项卡 基准 ▾ 区域中的"平面"按钮 ▱，系统弹出"基准平面"对话框，选取图 2.6.3 所示的参考件的顶面为参考平面(在列表框中选取)，然后输入偏距值 10.0，单击 确定 按钮。

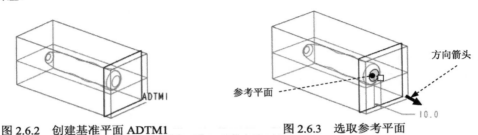

图 2.6.2　创建基准平面 ADTM1　　　　图 2.6.3　选取参考平面

说明：在选取参考平面时，可将坯料隐藏起来，也可从列表中选取，来选取参考件的顶面。

Step2．创建一个旋转特征作为主流道。

（1）单击 模型 功能选项卡 切口和曲面 ▾ 区域中的 ⊶ 旋转 按钮。

（2）在绘图区右击，从快捷菜单中选择 定义内部草绘... 命令，选择 ADTM1 基准平面为草绘平面，选取一个与分型面平行的坯料顶面为参考平面（图 2.6.4），方向为 上 ，单击 草绘 按钮，此时系统进入截面草绘环境。

（3）进入截面草绘环境后，依次选取 MOLD_RIGHT 基准平面和图 2.6.5 所示的边线为草绘参考，然后绘制图 2.6.5 所示的截面草图（注意：要绘制旋转中心轴）。完成绘制后，单击"草绘"操控板中的"确定"按钮 ✔。

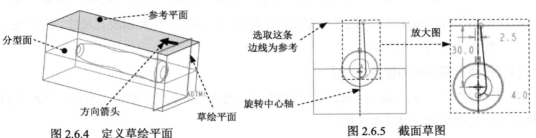

图 2.6.4　定义草绘平面　　　　　　图 2.6.5　截面草图

（4）在操控板中，选取旋转角度类型 ⊥，旋转角度为 360°。

（5）单击操控板中的 ✓ 按钮，完成特征创建。

Stage2．创建流道（Runner）

Step1．创建图 2.6.6 所示的基准平面 ADTM2，该基准平面将在后面作为流道特征的草绘平面。在 模型 功能选项卡中单击"平面"按钮 ▱，系统弹出"基准平面"对话框，选取图 2.6.3 所示的参考件的顶面为参考平面，然后输入偏距值 2.0，单击对话框中的 确定 按钮。

Step2．创建一个拉伸特征作为分流道。

（1）单击 模型 功能选项卡 切口和曲面 ▾ 区域中的 ⬚ᵀ 拉伸 按钮，在操控板中，确认"实体"按钮 ▱ 被按下。

（2）在绘图区右击，从快捷菜单中选择 定义内部草绘... 命令，选取 ADTM2 基准平面为草绘平面，图 2.6.7 所示的坯料表面为参考平面，方向为 上 ，单击 草绘 按钮，系统进入截面草绘环境。

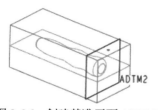

图 2.6.6　创建基准平面 ADTM2

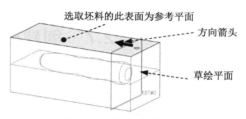

图 2.6.7　定义草绘平面

（3）进入草绘环境后，选取 MAIN_PARTING_PLN 和 MOLD_RIGHT 基准平面为草绘参考，绘制图 2.6.8 所示的截面草图，完成绘制后，单击"草绘"操控板中的"确定"按钮 ✓ 。

（4）在操控板中，选取深度选项为 ⊥（至曲面），然后选取图 2.6.9 所示的基准平面 ADTM1 为拉伸终止面。

（5）单击操控板中的 ✓ 按钮，完成特征创建。

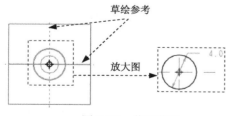

图 2.6.8　截面草图

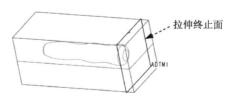

图 2.6.9　选取拉伸的终止面

Step3．创建一个拉伸特征作为浇口。单击 模型 功能选项卡 切口和曲面 ▾ 区域中的 ⬚ᵀ 拉伸 按钮，选取 ADTM2 基准平面为草绘平面，图 2.6.10 所示的坯料表面为参考平面，方向为 上 ，单击 草绘 按钮，选取 MAIN_PARTING_PLN 和 MOLD_RIGHT 基准平面为草绘参考，绘制

图 2.6.11 所示的截面草图，选取深度类型为 ，选取图 2.6.12 所示的面为拉伸终止面。单击
✔ 按钮，完成拉伸特征的创建。

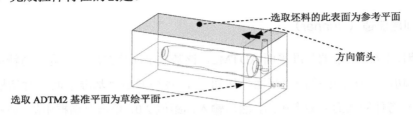

选取坯料的此表面为参考平面

方向箭头

选取 ADTM2 基准平面为草绘平面

图 2.6.10　定义草绘平面

草绘参考

放大图

1.0

选取此参考件的顶
面为拉伸终止面

图 2.6.11　截面草图　　　　　图 2.6.12　选取拉伸的终止面

2.7　创建模具元件的体积块

选择 模具 功能选项卡 分型面和模具体积块 ▼ 区域中的 ➡ 体积块分割 命令，可进入
"体积块分割"操控板（图 2.7.1）。

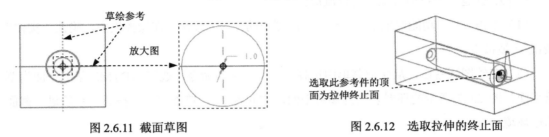

图 2.7.1　"体积块分割"操控板

模具的体积块没有实体材料，它由坯料中的封闭曲面所组成。在模具的整个设计过程中，
创建体积块是从坯料和参考零件模型到最终抽取模具元件的中间步骤。通过构造体积块创建
模具元件，然后用实体材料填充体积块，可将该体积块转换成功能强大的 Creo 零件。

用分型面创建上下两个体积块

下面介绍在零件 handle.prt 的模具坯料中，利用前面创建的分型面——main_ps 将其分成
上下两个体积块，这两个体积块将来会抽取为模具的上下型腔。

Step1. 选择 模具 功能选项卡 分型面和模具体积块 ▼ 区域中的  ➡ 体积块分割 命令，
（即用"分割"的方法构建体积块）。

Step2. 在系统弹出的"体积块分割"操控板中单击"参考零件切除"按钮，此时系统弹出图 2.7.2 所示的"参考零件切除"操控板；单击 ✔ 按钮，完成参考零件切除的创建。

图 2.7.2   "参考零件切除"操控板

说明： 在"参考零件切除"操控板中系统已经默认将要切除的工件对象及参考零件选中，此处就无需再进行选择；若默认选中的对象不符合要求，可单击该操控板中的 参考 按钮，在展开的界面中手动选取合适的对象（图 2.7.2 所示）。

Step3. 在系统弹出的"体积块分割"操控板中单击 ▶ 按钮，将"体积块分割"操控板激活，此时系统已经将分割的体积块选中。

Step4. 选取分割曲面。

（1）在"体积块分割"操控板中单击 🗁 右侧的 单击此处添加项 按钮将其激活。在模型中主分型面的位置右击，从快捷菜单中选取 从列表中拾取 命令。

（2）在系统弹出的"从列表中拾取"对话框中，选取列表中的 面组:F7(MAIN_PS) 分型面，然后单击 确定(0) 按钮。

Step5. 在"体积块分割"操控板中单击 体积块 按钮，此时弹出图 2.7.3 所示的"体积块"界面。

图 2.7.3   "体积块"界面

Step6. 在"体积块"界面中单击 1 ☑ 体积块_2 区域，此时模型的下半部分变亮，如图 2.7.4 所示，然后在选中的区域中将名称改为 lower_vol。

Step7. 在"体积块"界面中单击 2 ☑ 体积块 3 区域，此时模型的上半部分变亮，如图 2.7.5 所示，然后在选中的区域中将名称改为 upper_vol。

图 2.7.4 加亮的下半部分体积块

图 2.7.5 加亮的上半部分体积块

说明： 此图显示的效果是将参照零件、工件及分型面隐藏后的结果。

Step8. 在"体积块分割"操控板中单击 ✔ 按钮，完成体积块分割的创建。

2.8 抽取模具元件

在 Creo 模具设计中，模具元件常常是通过用实体材料填充先前定义的模具体积块而形成的，我们将这一自动执行的过程称为抽取。

完成抽取后，模具元件成为功能强大的 Creo 零件，并在模型树中显示出来。当然它们可在"零件"模块中检索到或打开，并能用于绘图以及用 NC 加工。在"零件"模块中可以为模具元件增加新特征，如倒角、圆角、冷却通路、拔模、浇口和流道。

抽取的元件保留与其父体积块的相关性，如果体积块被修改，则再生模具模型时，相应的模具元件也被更新。

下面以零件 handle 的模具为例，说明如何利用前面创建的各体积块来抽取模具元件。

选择 模具 功能选项卡 元件 ▼ 区域中的 模具元件 ➡ 型腔镶块 命令，在系统弹出的图 2.8.1 所示的"创建模具元件"对话框中，单击 ☰ 按钮，选择所有体积块，然后单击 确定 按钮。

图 2.8.1 "创建模具元件"对话框

2.9　生成浇注件

完成了抽取元件的创建以后，系统便可产生浇注件，在这一过程中，系统自动将熔融材料通过主流道、分流道和浇口填充模具型腔。

下面以生成零件 handle 的浇注件为例，说明其操作过程。

Step1. 选择 **模具** 功能选项卡 元件 ▾ 区域中的 👤创建制模 命令。

Step2. 在图 2.9.1 所示的系统提示信息框中，输入浇注零件名称 handle_molding，并单击两次 ✔ 按钮。

输入零件 名称 [PRT0001]：

图 2.9.1　系统提示信息框

说明：从上面的操作可以看出浇注件的创建过程非常简单，那么创建浇注件有什么意义呢？下面进行简要说明。

- 检验分型面的正确性：如果分型面上有破孔，分型面没有与坯料完全相交，分型面自交，那么浇注件的创建将失败。
- 检验拆模顺序的正确性：拆模顺序不当，也会导致浇注件的创建失败。
- 检验流道和水线的正确性：流道和水线的设计不正确，浇注件也无法创建。
- 浇注件成功创建后，通过查看浇注件，可以验证浇注件是否与设计件（模型）相符，以便进一步检查分型面、体积块的创建是否完善。
- 开模干涉检查：对于建立好的浇注件，可以在模具开启操作时，进行干涉检查，以便确认浇注件可以顺利拔模。
- 在 Creo 6.0 的塑料顾问模块（plastic advisor）中，用户可以对建立好的浇注件进行塑料流动分析、填充时间分析等。

2.10　定义模具开启

通过定义模具开启，可以模拟模具的开启过程，检查特定的模具元件在开模时是否与其他模具元件发生干涉。下面以 handle_mold.mfg 为例，说明开模的一般操作方法和步骤。

Stage1. 将参考零件、坯料和分型面遮蔽起来

将模型中的参考零件、坯料和分型面遮蔽后，则工作区中模具模型中的这些元素将不显

示，这样可使屏幕简洁，方便后面的模具开启操作。

Step1. 遮蔽参考零件和坯料。

（1）选择 视图 功能选项卡 可见性 区域中的"模具显示"按钮 🖳，系统弹出图 2.10.1 所示的"遮蔽和取消遮蔽"对话框（一）。

（2）在"遮蔽和取消遮蔽"对话框（一）左边的"可见元件"列表中，按住<Ctrl>键，选择参考零件 🖘 `HANDLE_MOLD_REF` 和坯料 🖘 `HANDLE_MOLD_WP`。

（3）单击对话框下部的 遮蔽 按钮。

说明：也可以从模型树上启动"遮蔽"命令，对相应的模具元素（如参考零件、坯料、体积块、分型面）进行遮蔽。例如，对于参考零件的遮蔽，可选择模型树中的 ▶ 🖘`HANDLE_MOLD_REF.PRT` 项（图 2.10.2），然后右击，从弹出的快捷菜单中选择 遮蔽 命令。但在模具的某些设计过程中，无法采用这种方法对模具元素进行遮蔽或显示操作，这时就需要采用前面介绍的方法进行操作，因为在模具的任何操作过程中，用户随时都可以选择 视图 功能选项卡 可见性 区域中的"模具显示"按钮 🖳，对所需要的模具元素进行遮蔽或显示。由于在模具（特别是复杂的模具）的设计过程中，用户为了方便选取或查看一些模具元素，经常需要进行遮蔽或显示操作，建议读者要熟练掌握采用"模具显示"按钮 🖳 对模具元素进行遮蔽或显示的操作方法。

图 2.10.1　"遮蔽和取消遮蔽"对话框（一）

Step2. 遮蔽分型面。

（1）在对话框右边的"过滤"区域中，按下 分型面 按钮，此时"遮蔽和取消遮蔽"对话框（二）如图 2.10.3 所示。

（2）在对话框的"可见曲面"列表中选择分型面 `MAIN_PS`。

（3）单击对话框下部的 遮蔽 按钮。

Step3. 单击对话框下部的 确定 按钮，完成操作。

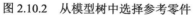

图 2.10.2　从模型树中选择参考零件

图 2.10.3　"遮蔽和取消遮蔽"对话框（二）

说明： 如果要取消参考零件、坯料的遮蔽（即在模型中重新显示这两个元件），可在"遮蔽和取消遮蔽"对话框中按下列步骤进行操作。

（1）单击对话框上部的 取消遮蔽 选项卡标签，系统打开该选项卡。

（2）在对话框右边的"过滤"区域中，按下 元件 按钮，此时"遮蔽和取消遮蔽"对话框（三）如图 2.10.4 所示。

（3）在对话框的"遮蔽的元件"列表中，按住<Ctrl>键，选择参考零件 HANDLE_MOLD_REF 和坯料 HANDLE_MOLD_WP 。

（4）单击对话框下部的 取消遮蔽 按钮。

如果要取消分型面的遮蔽，可按下列步骤进行操作。

（5）打开 取消遮蔽 选项卡后，按下"过滤"区域中的 分型面 按钮，此时"遮蔽和取消遮蔽"对话框（四）如图 2.10.5 所示。

图 2.10.4　"遮蔽和取消遮蔽"对话框（三）

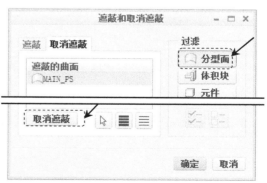

图 2.10.5　"遮蔽和取消遮蔽"对话框（四）

（6）在对话框的"遮蔽的曲面"列表中，选择分型面 MAIN_PS 。

（7）单击对话框的下部的 取消遮蔽 按钮。

Stage2. 开模步骤1：移动上模

Step1. 选择 模具 功能选项卡 分析 ▼ 区域中的 ≡ 命令。系统弹出图 2.10.6 所示的"菜单管理器"菜单。

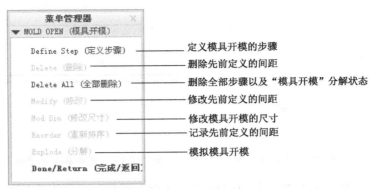

图 2.10.6 "菜单管理器"菜单

Step2. 在系统弹出的"菜单管理器"菜单中选择 Define Step (定义步骤) 命令，在系统弹出的图 2.10.7 所示的 ▼ DEFINE STEP (定义步骤) 菜单中选择 Define Move (定义移动) 命令。

注意：对需要在移动前进行拔模检测的零件，可以选择 Draft Check (拔模检查) 命令，进行拔模角度的检测。该产品零件没有拔模角度，此处就不进行拔模检测操作。

Step3. 选取要移动的模具元件。在系统 ⇨ 为迁移号码1 选择构件. 的提示下，选取上模，在"选择"对话框中单击 确定 按钮。

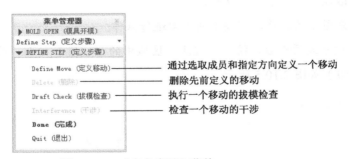

图 2.10.7 "定义步骤"菜单

Step4. 在系统 ⇨ 通过选择边、轴或面选择分解方向. 的提示下，选取图 2.10.8 所示的边线为移动方向，然后在系统 输入沿指定方向的位移 的提示下，输入要移动的距离值 100.0，并按<Enter>键。

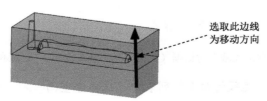

图 2.10.8 选取移动方向

Step5. 上模干涉检查。

（1）在 ▼ DEFINE STEP （定义步骤） 菜单中选择 Interference （干涉）命令，在系统弹出的 ▼ 模具移动 菜单中选择 移动 1 ，系统弹出 ▼ MOLD INTER （模具干涉）菜单。

（2）在系统 ➡ 选择统计零件. 的提示下，在模型树中选择铸模零件 ☐ HANDLE_MOLDING.PRT ，开模干涉出现在图2.10.9所示的位置处。

（3）在 ▼ MOLD INTER （模具干涉）菜单中选择 Done/Return （完成/返回）命令。

说明：系统判断此处干涉是由于浇道完全穿透上模，并非实际的干涉情况。

（4）在 ▼ DEFINE STEP （定义步骤）菜单中选择 Done （完成）命令。移动上模后，模型如图2.10.10所示。

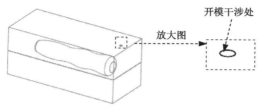

图2.10.9　开模干涉检查

图2.10.10　移动上模

Stage3．开模步骤2：移动下模

Step1. 参考开模步骤1的操作方法，选取下模，选取图2.10.11所示的边线为移动方向，然后输入要移动的距离−100.0，并按<Enter>键。

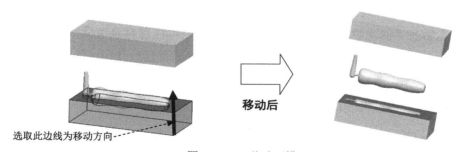

图2.10.11　移动下模

Step2. 下模干涉检查。

（1）在 ▼ DEFINE STEP （定义步骤）菜单中选择 Interference （干涉）命令，在系统弹出的 ▼ 模具移动 菜单中选择 移动 1 ，系统弹出 ▼ MOLD INTER （模具干涉）菜单。

（2）在系统 ➡ 选择统计零件. 的提示下，在模型树中选择铸模零件 ☐ HANDLE_MOLDING.PRT ，此时系统提示 ➡ 没有发现干涉。。

（3）在 ▼ MOLD INTER （模具干涉）菜单中选择 Done/Return （完成/返回）命令。

Step3. 在 ▼ DEFINE STEP （定义步骤）菜单中选择 Done （完成）命令，然后选择 Done/Return （完成/返回）命令，完成上、下模的开模动作。

Step4. 保存设计结果。选择下拉菜单  命令。

2.11 模具文件的有效管理

一个模具设计完成后将包含许多文件，例如，前面介绍的手柄（handle）零件模具就含有下列众多文件（图 2.11.1）。

图 2.11.1 模具设计完成后所包含的文件

- handle.prt：（原始）设计模型（零件）文件。
- handle_mold.asm：模具设计文件，该文件名的前缀 handle_mold 由用户在新建模具时任意指定，后缀 asm 由系统默认指定。
- handle_mold_ref.prt：参考模型（零件）文件。该文件名的前缀 handle_mold_ref 在"创建参考模型"对话框中由系统默认指定，系统指定时，handle_mold_ref 中的 handle_mold 与模具设计文件 handle_mold.asm 的前缀一致，而_ref 则由系统自动指定。当然在"创建参考模型"对话框中，用户也可任意对参考模型（零件）文件进行命名，不过在模具的实际设计过程中，还是由系统默认指定比较好一些。
- handle_mold_wp.prt：坯料（工件）文件。该文件名的前缀 handle_mold_wp 是在"元件创建"对话框中由用户指定的。
- upper_vol.prt：上模型腔零件文件。在默认情况下，该文件名的前缀 upper_vol 与其对应的上模体积块的名称一致。
- lower_vol.prt：下模型腔零件文件。在默认情况下，该文件名的前缀 lower_vol 与其对应的下模体积块的名称一致。
- handle_molding.prt：浇注件文件。该文件名的前缀 handle_molding 是由用户指定的。

由于模具设计完成后会生成众多的文件，而且这些模具文件都是相互关联的，如果这些文件管理不好，模具设计文件将无法打开或者不能打开最新版本，从而给模具设计带来诸多不便，这一点必须引起读者的高度注意。

这里介绍一种有效组织和管理模具文件的方法，就是为每个塑件的模具设计分别创建一个目录，将原始设计模型（零件）文件置于对应的目录中，在模具设计开始前，需先将工作目录设置到对应的目录中，然后新建模具设计文件。下面还是以手柄（handle）零件为例，说明其操作过程。

Step1. 在硬盘 C:\下创建一个 handle_mold_test 目录。

Step2. 将原始设计模型文件 handle.prt 复制到目录 C:\handle_mold_test 下。

Step3. 启动 Creo 6.0 软件。

Step4. 选择下拉菜单 文件 ➡ 管理会话(M) ▶ ➡ 选择工作目录(W) 选择工作目录。命令，将 Creo 的工作目录设置至 C:\handle_mold_test。

Step5. 选择下拉菜单 文件 ➡ 新建(N) 命令（或单击"新建"按钮 ），新建模具设计文件 handle_mold.asm。

Step6. 完成设计后，选择下拉菜单 文件 ➡ 另存为(A) ➡ 保存备份(B) 将对象备份到当前目录。命令，保存模具设计文件 handle_mold. asm。

2.12 关于模具的精度

1. 概述

Creo 中的精度分为相对精度与绝对精度，系统默认的精度为相对精度，相对精度有效范围从 0.0001～0.01，默认值为 0.0012。配置文件选项 accuracy_lower_bound 可定义此范围的下边界，下边界的指定值必须在 1.0000×10^{-6}～1.0000×10^{-4} 之间。如果增加精度，再生时间也会增加。通常，应该将相对精度值设置为小于模型的最短边长度与模型外框的最长边长度的比值。如没有其他原因，请使用默认精度。

在 Creo 模具设计中，由于文件的精度与参考模型的精度不匹配，系统可能会提示精度冲突，此时最好是设置系统的绝对精度。绝对精度改进了不同尺寸或不同精度模型的匹配性（例如在其他系统中创建的输入模型）。为避免添加新特征到模型时可能出现的问题，建议在为模型增加附加特征前，设置参考模型为绝对精度。绝对精度在以下情况下非常有用。

- 在操作过程中，从一个模具组件复制几何到另一个模具，如"合并""切除"。
- 为制造和铸造而设计的模型。
- 将输入几何的精度匹配到其目标模型。

在下列情况下，可能需要改变精度。

- 在模型上放置小特征。
- 两个尺寸相差很大的模型相交（通过合并或切除）。对于两个要合并的模型，它们必须具有相同的绝对精度。为此，要估计每个模型的尺寸，并乘以其相应的当前精度。如果结果不同，则需输入生成相同结果的模型精度值，可能需要通过输入更多小数位数来提高较大模型的成型精度。例如，较小模型的尺寸为 200mm，且精度为 0.01，产生的结果为 2mm；如果较大模型的尺寸为 2000mm，且精度为 0.01，则产生的结果为 20mm，只有将较大模型的精度改为 0.001 才会产生相同的结果。

2. 控制模型的精度

改变模型精度以前，请确定要使用相对精度还是绝对精度。

要使用绝对精度，必须把配置文件选项 enable_absolute_accuracy 设为 yes。另外，配置文件选项 default_abs_accuracy 设置了绝对精度的默认值，当从"绝对精度"菜单中选择"输入值"时，系统会将该默认值包括在提示中。

学习拓展：扫码学习更多视频讲解。

讲解内容：主要包含模具设计概述，基础知识，模具设计的一般的流程，典型零件加工案例等，特别是有关注塑模设计、模具塑料、及注塑成型工艺这些背景知识进行了系统讲解。

注意：

为了获得更好的学习效果，建议读者采用以下方法进行学习。

方法一：使用台式机或者笔记本电脑登录兆迪科技网校，开启高清视频模式学习。

方法二：下载兆迪网校 APP 并缓存课程视频至手机，可以免流量观看。

具体操作请打开兆迪网校帮助页面 http://www.zalldy.com/page/bangzhu 查看（手机可以扫描右侧二维码打开），或者在兆迪网校咨询窗口联系在线老师，也可以直接拨打技术支持电话 010-82176248，010-82176249。

第3章 模具分析与检测

本章提要 模具分析一般包括拔模检测（Draft Check）、水线检测（Water Line Check）、厚度检查（Thickness Check）、投影面积计算（Project Area）和分型面检测（Part Surface Check），这些分析项目是模具设计中经常用到的工具，其中有些分析项目是拆模前必须要做的准备工作，有些则用于分析和查找拆模或浇注失败的原因。

3.1 模具分析

3.1.1 拔模检测

拔模检测（Draft Check）工具位于 **模具** 功能选项卡 分析 ▼ 区域中的"拔模斜度"按钮 。该项目用于检测参考模型的拔模角（Draft Angle）是否符合设计需求，只有拔模角在要求的范围内，才能进行后续的模具设计工作，否则要进一步修改参考模型。下面以图 3.1.1 中的模型为例来说明拔模检测的一般操作步骤。

a）零件内表面

b）零件外表面

图 3.1.1 拔模检测

Stage1. 进行零件内表面的拔模检测分析

Step1. 将工作目录设置至 D:\creo6.3\work\ch03.01.01，然后打开模具文件 block1_mold.asm。

Step2. 遮蔽坯料。在模型树中右击 `BLOCK1_MOLD_WP.PRT`，选择 👁 命令。

Step3. 单击 **模具** 功能选项卡 分析 ▼ 区域中的"拔模斜度"按钮 。在系统弹出的图 3.1.2 所示的"拔模斜度分析"对话框中进行如下操作。

（1）选择分析曲面。在模型树中选取零件 BLOCK1_MOLD_REF.PRT 为要拔模检测的对象。

图 3.1.2　"拔模斜度分析"对话框

（2）定义拔模方向。在"拔模斜度分析"对话框中取消选中 □ 使用拖拉方向 复选框，在 方向: 区域后面单击 单击此处添加项 选项使其激活，然后选取 MAIN_PARTING_PLN 基准平面作为拔模参考平面。此时系统显示出拔模方向和"颜色比例"对话框，由于要对零件内表面进行拔模检测，因此该方向不是正确的拔模方向，单击 反向 按钮，结果如图 3.1.3 所示。

（3）设置拔模角度选项。在 拔模: 文本框中输入拔模角度检测值 2.0。

（4）在 样本: 下拉列表中选择 数目 选项，然后在 数量: 文本框中输入数值 3。单击图 3.1.4 所示的"颜色比例"对话框中的 ⌄ 按钮，在展开的 设置 区域中单击 ☰ 格式，此时在参考模型上以色阶分布的方式显示出图 3.1.5 所示的检测结果，从图中可以看出，零件的内表面显示为浅蓝色，表明在该拔模方向上和设定的拔模角度值内无拔模干涉现象。

图 3.1.4 所示的对话框 设置 区域中的按钮介绍如下。

- ■ 按钮：单击该按钮，以连续的比例颜色方式来显示分析结果。
- ☰ 按钮：单击该按钮，以连续的非比例颜色方式来显示分析结果。
- ■ 按钮：单击该按钮，以彩虹的出图颜色方式来显示分析结果。
- ☰ 按钮：单击该按钮，以三种颜色的方式来显示分析结果。

说明：图 3.1.5 所示塑件上不同的部位显示不同颜色，不同的颜色代表不同的拔模面。在屏幕左部带有角度刻度的竖直颜色长条上，可查出每个部位的角度值。蓝色和浅蓝色表示正值及拔模角度较大（最大可达 90°）的区域。棕红色和浅棕红色表示负值及拔模角度较小（最小可达-90°）的区域。灰色则表示棕红色和蓝色值外的所有区域。

（5）保存分析结果。在对话框中 [快速 ▼] 的下拉列表中选择 [已保存] 选项，然后在其右侧文本框中输入 draft_check_1，单击 [确定] 按钮。

图 3.1.3　定义拔模方向

图 3.1.4　"颜色比例"对话框

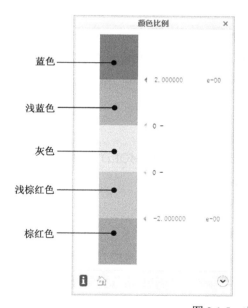

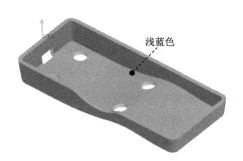

图 3.1.5　内表面拔模检测分析

Stage2. 进行零件外表面的拔模检测分析

Step1. 参考 Stage1，在图 3.1.2 所示的"拔模斜度分析"对话框中进行操作，此时拔模方向如图 3.1.6 所示；对零件外表面进行拔模检测，检测结果如图 3.1.7 所示。从图中可以看出，零件的外表面显示为浅蓝色，表明在该拔模方向上和设定的拔模角度值内无拔模干涉现象。

Step2. 保存分析结果。在对话框中的 [快速 ▼] 下拉列表中选择 [已保存] 选项，然后在其右侧文本框中输入 draft_check_2，单击 确定 按钮，完成拔模检测分析。

图 3.1.6　定义拔模方向

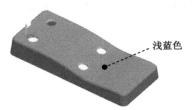

浅蓝色

图 3.1.7　外表面拔模检测分析

Step3. 单击 模具 功能选项卡 操作 ▾ 区域中的 重新生成 按钮，在下拉菜单中单击 🔄 重新生成 按钮。选择下拉菜单 文件 ▾ ➡ 🔲 保存(S) 命令。

3.1.2　水线分析

水线用于传输冷却液，以冷却熔融材料。通过"水线分析"命令可以对水线与坯料或注塑件之间的间距进行检测，避免水线与坯料或注塑件之间的间隙过小而产生冷却不均匀。系统会根据用户输入不同的参数产生不同的结果，并以不同的颜色显示出来。下面以 cap_mold_ok.asm 模型为例来说明水线分析的一般操作步骤。

Step1. 将工作目录设置至 D:\creo6.3\work\ch03.01.02，然后打开模具文件 cap_mold.asm。

Step2. 单击 模具 功能选项卡 分析 ▾ 区域中的"模具分析"按钮 🔡 。在系统弹出的图 3.1.8 所示的"模具分析"对话框中进行如下操作。

（1）选择分析类型。在 类型 区域的下拉列表中选择 水线 选项。

（2）选取零件。在 零件 选项下单击 ▶ 按钮，选取零件 CAP_MOLD_WP.PRT。

（3）定义水线。在 水线 区域的下拉列表中选择 所有水线 选项。

（4）设置最小间隙选项。在 最小间隙 的文本框中，输入数值 1.5。

说明：读者可以根据自己需要输入相应的检测数值。

（5）在"模具分析"对话框中，单击 计算 按钮，此时系统开始进行水线检测，在工件上以色阶分布的方式显示出结果（图 3.1.9）。参考模型中的紫红色区域表示水线与工件 CAP_MOLD_WP.PRT 外表面之间的距离小于输入的最小间隙值，绿色区域表示该距离大于输入的最小间隙值。

说明：最小间隙是指水线距离工件或参考模型之间的最小距离。若在 最小间隙 的文本框中输入数值 10.0 并单击 计算 按钮，此时在工件上显示出的结果如图 3.1.10 所示。

Step3. 保存分析结果。在对话框中单击 ▶ 已保存分析 ，在 名称 文本框中输入 water_line_check，单击文本框后的"保存模型时保存当前分析"按钮 🔲 。

Step4. 在"模具分析"对话框中，单击 关闭 按钮，完成水线分析。

Step5. 选择下拉菜单 文件 ▸ ━━━▶ ▢ 保存(S) 命令，系统弹出"保存对象"对话框，单击 确定 按钮。

图 3.1.8 "模型分析"对话框

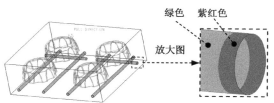

图 3.1.9 水线检测结果

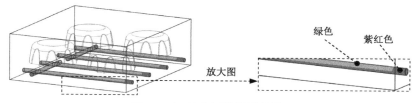

图 3.1.10 最小间隙检测结果

3.2 厚 度 检 测

厚度检测（Thickness Check）用于检测参考模型的厚度是否有过大或过小的现象。厚度检测也是拆模前必须做的准备工作之一，其方式有两种：平面（Planes）和切片（Slices）。平面检测法是以已存在的平面为基准，检测该基准平面与模型相交处的厚度，这是较为简单的检测方法，但一次仅能检测一个截面的厚度。切片检测法是通过切片的产生来检查零件在切片处的厚度。切片检测法的设定较为复杂，但可以一次检验较多的剖面。下面以设计零件 front_cover.prt 为例，说明用切片检测法检测厚度的一般操作步骤。

Step1. 将工作目录设置至 D:\creo6.3\work\ch03.02，然后打开模具文件 front_cover_mold.asm。

Step2. 遮蔽坯料。在模型树中右击 ▸ ▭ WP.PRT ，选择 ◉ 命令。

Step3. 单击 **模具** 功能选项卡 分析 ▾ 区域中的"截面厚度"按钮⚂。系统弹出图 3.2.1 所示的"模型分析"对话框，在此对话框中进行如下操作。

（1）确认 零件 区域的 ▶ 按钮自动按下，选择参考零件 FRONT_COVER_MOLD_ REF.PRT 为要检查的零件。系统弹出图 3.2.2 所示的"菜单管理器"对话框。

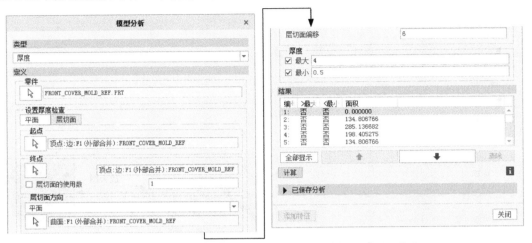

图 3.2.1 "模型分析"对话框

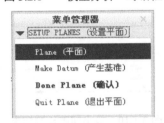

图 3.2.2 "菜单管理器"对话框

（2）在 设置厚度检查 区域按下 **层切面** 按钮。

（3）定义层切面的起点和终点位置。此时 起点 区域的 ▶ 按钮自动按下，选取图 3.2.3 所示的零件前部端面上的一个顶点，以定义切面的起点；此时 终点 区域的 ▶ 按钮自动按下，选取图 3.2.3 所示的零件后部端面上的一个顶点以定义切面的终点。

（4）定义层切面的排列方向。在 层切面方向 下拉列表中选择 平面 选项，然后在系统 ➱选择将垂直于此方向的平面. 的提示下，选取图 3.2.3 所示的平面，再单击 Okay (确定) 命令，确认该图中的箭头方向为层切面的方向。

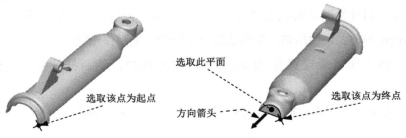

图 3.2.3 选择层切面的起点和终点

（5）设置各切面间的偏距值。设置 层切面偏移 的值为6。

（6）定义厚度的最大和最小值。在 厚度 区域，设置最大厚度值为4，然后选中 ☑ 最小 复选框，设置最小厚度值为0.5。

（7）结果分析。

① 单击对话框中的 计算 按钮，系统开始进行分析，然后在 结果 栏中显示出检测的结果。也可以单击 ⓘ 按钮，则系统弹出图 3.2.4 所示的"信息窗口"对话框，从该对话框可以清晰地查看每一个切面的厚度是否超出设定范围以及每个切面的截面积，查看后关闭该对话框。

② 单击对话框中的 全部显示 按钮，则参考模型上显示出全部剖面，如图 3.2.5 所示，图中红色剖面表示大于设定的最大厚度值，深蓝色剖面表示介于设定最大厚度值和最小厚度值之间（即符合厚度范围）。

说明： 在 厚度 区域的 ☑ 最小 文本框中输入厚度值 3，单击对话框中的 计算 按钮，再单击 全部显示 按钮，此时参考模型上显示厚度，如图 3.2.6 所示。图中淡蓝色剖面表示小于设定的最大厚度值。

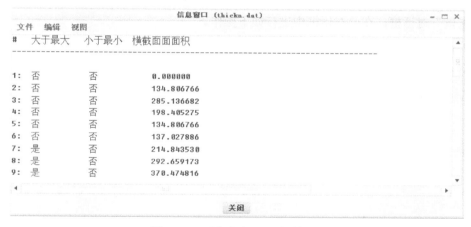

图 3.2.4　"信息窗口"对话框

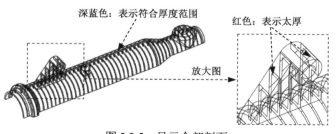

图 3.2.5　显示全部剖面

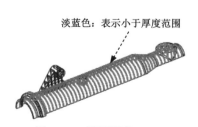

图 3.2.6　显示厚度

Step4. 保存分析结果。在对话框中单击 ▶ 已保存分析 ，在 名称 文本框中输入 Thickness_Check，单击文本框后的"保存"按钮 🖫 。

Step5. 在"模具分析"对话框中单击 关闭 按钮，完成厚度检测。

Step6. 单击 模具 功能选项卡 操作 ▾ 区域中的 重新生成 按钮，在下拉菜单中单击 重新生成 按钮。选择下拉菜单 文件 ▾ ➡️ 保存 命令，系统弹出"保存对象"对话框，单击 确定 按钮。

3.3 计算投影面积

投影面积（Project Area）项目用于检测参考模型在指定方向的投影面积，为模具设计和分析的辅助工具。下面仍以设计零件 front_cover.prt 为例，说明计算投影面积的一般操作步骤。

Step1. 将工作目录设置至 D:\creo6.3\work\ch03.03，然后打开模具文件 front_cover_mold.asm。

Step2. 遮蔽坯料。在模型树中右击 ▶ WP.PRT，选择 👁 命令。

Step3. 单击 模具 功能选项卡 分析 ▾ 区域中的"投影面积"按钮 👤。系统弹出图 3.3.1 所示的"测量"对话框，在此对话框中进行如下操作。

（1）在 图元 区域的下拉列表中选择 所有参考零件 选项。

（2）在 投影方向 下拉列表中选择 平面 选项，此时系统提示 ➡️ 选择将垂直于此方向的平面。，然后选取 MAIN_PARTING_PLN 基准平面以定义投影方向，如图 3.3.2 所示。

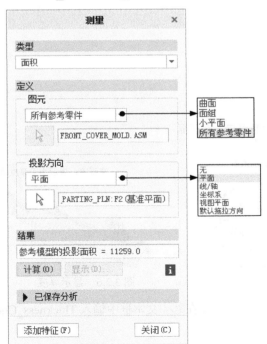

图 3.3.1 "测量"对话框

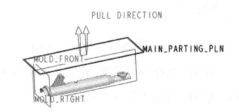

图 3.3.2 定义投影方向

（3）单击对话框中的 计算 按钮，系统开始计算，然后在 结果 栏中显示出计算结果，投影面积为 11259.0，如图 3.3.1 所示。

Step4. 保存分析结果。在对话框中单击 ▶ 已保存分析，在 名称 文本框中输入 Project_Check，单击文本框后的"保存模型时保存当前分析"按钮 □ 。

Step5. 在"测量"对话框中单击 关闭 按钮，完成厚度检测。

Step6. 单击 模具 功能选项卡 操作 ▼ 区域中的 重新生成 按钮，在下拉菜单中单击 重新生成 按钮。选择下拉菜单 文件 ▼ ➡ 保存 命令，系统弹出"保存对象"对话框，单击 确定 按钮。

3.4 检测分型面

分型面检测（Part Surface Check）工具用于检查分型面是否有相交的现象，也可用以确认分型面是否有破孔以及检测分型面的完整性。下面以一个例子详细说明分型面检测的一般操作步骤。

Step1. 将工作目录设置至 D:\creo6.3\work\ch03.04，然后打开模具文件 housing_mold.asm。

Step2. 遮蔽坯料和参考件。按住 <Ctrl> 键在模型树中选择 HOUSING_MOLD_REF.PRT 和 ▶ WP.PRT，然后右击，在系统弹出的快捷菜单中选择 命令。

Step3. 单击 模具 功能选项卡 分析 ▼ 区域中的 ▼，在下拉菜单中单击 分型面检查 按钮。系统弹出图 3.4.1 所示的 ▼ Part Srf Check（零件曲面检测）菜单。

Step4. 检测分型面是否有自交。在 ▼ Part Srf Check（零件曲面检测）菜单中选择 Self-int Ck（自相交检测）命令，系统提示 ➪ 选择要检测的曲面：，选取分型面 MAIN_PT_SURF。此时系统信息栏提示 ● 分型面在突出显示曲线中自相交.（图 3.4.2）。

图 3.4.1 "零件曲面检测"菜单

图 3.4.2 系统信息栏提示

Step5. 检查分型面是否有孔隙。

（1）在 ▼ Part Srf Check（零件曲面检测）菜单中，选择 Contours Ck（轮廓检查）命令，然后选取分型面 MAIN_PT_SURF。此时系统提示 ● 分型面有 5 个轮廓线. 确保每个都是必需的.，同时在分型面内部的一条边线上，首先出现了由若干点组成的第一处围线（图 3.4.3）。由于围线在分型面内部，因此表明此处有孔隙。

（2）在"轮廓检查"菜单中选择 Next Loop（下一个环）命令（图3.4.4），则分型面上出现了图3.4.5所示的第二处围线，但由于此围线在分型面的外部四周，所以该围线不是孔隙。

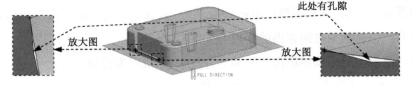

图 3.4.3　检测到的第一处围线

图 3.4.4　"轮廓检查"菜单

图 3.4.5　第二处围线

（3）再选择 Next Loop（下一个环）命令，此时分型面内部出现了图3.4.6所示的第三处围线，表明此处有孔隙。

（4）再选择 Next Loop（下一个环）命令，此时分型面内部出现了图3.4.7所示的第四处围线，表明此处有孔隙。

（5）再选择 Next Loop（下一个环）命令，此时分型面内部出现了图3.4.8所示的第五处围线，表明此处有孔隙。

（6）至此，五处围线已检查完毕，单击两次选择 Done（完成）命令，完成分型面的围线检测。

图 3.4.6　第三处围线

图 3.4.7　第四处围线

图 3.4.8　第五处围线

学习拓展： 扫码学习更多视频讲解。

讲解内容： 主要包含结构分析的基础理论，结构分析的类型，结构分析的一般流程，典型产品的结构分析案例等。结构分析是产品研发中的重要阶段，学习本部分内容，读者可以了解在模具产品开发中结构分析的应用。本部分内容可供读者参考。

第4章 分型面的设计

本章提要 使用分型面进行模具设计是模具设计中最常用的一种设计方法,分型面的设计方法分为三种: 一般分型面的设计方法、阴影法和裙边法。本章将通过实际的例子对这三种分型面的设计方法进行详细的讲解。通过本章的学习,读者能够熟练掌握分型面的设计方法,并能根据实际情况,灵活地运用各种方法进行分型面的设计。

4.1 一般分型面的设计方法

在 Creo 的模具设计中,创建分型面与一般曲面特征没有本质的区别,一般分型面创建方法包括拉伸法、填充法以及复制延伸法等。其操作方法一般为单击 **模具** 功能选项卡 分型面和模具体积块 ▼ 区域中的"分型面"按钮 ▢。进入分型面的创建模式。

4.1.1 采用拉伸法设计分型面

下面举例说明采用拉伸法设计分型面的一般方法和操作过程。

Stage1. 打开模具模型

将工作目录设置至 D:\creo6.3\work\ch04.01.01,然后打开文件 button_Mold_1.asm。

Stage2. 创建分型面

Step1. 选择命令。单击 **模具** 功能选项卡 分型面和模具体积块 ▼ 区域中的"分型面"按钮 ▢。

Step2. 在系统弹出的"分型面"操控板中的 控制 区域中单击"属性"按钮 ☞,在"属性"对话框中输入分型面名称 main_ps,单击 确定 按钮。

Step3. 通过"拉伸"的方法创建主分型面(图 4.1.1)。

(1)选择命令。单击 **分型面** 功能选项卡 形状 ▼ 区域中的 ▢ 拉伸 按钮,此时系统弹出"拉伸"操控板。

(2)定义草绘截面放置属性。在图形区右击,从弹出的菜单中选择 定义内部草绘... 命令,在系统 ▷ 选择一个平面或曲面以定义草绘平面. 的提示下,选取图 4.1.2 所示的坯料表面 1 为草绘平面,接受图 4.1.2 中默认的箭头方向为草绘视图方向,然后选取图 4.1.2 所示的坯料表面 2 为参考平面,方向为 右。单击 草绘 按钮,进入草绘环境。

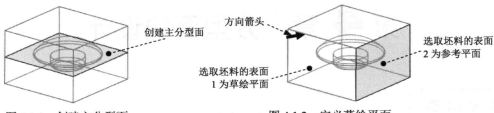

图 4.1.1　创建主分型面　　　　　　图 4.1.2　定义草绘平面

（3）截面草图。选取图 4.1.3 所示的坯料的边线和 MAIN_PARTING_PIN 基准平面为草绘参考，绘制图 4.1.3 所示的截面草图（截面草图为一条线段），完成截面的绘制后，单击"草绘"选项卡中的"确定"按钮 ✔。

（4）设置深度选项。选取深度类型 ⊥（到选定的），将模型调整到图 4.1.4 所示的视图方位，选取图中所示的坯料表面为拉伸终止面。

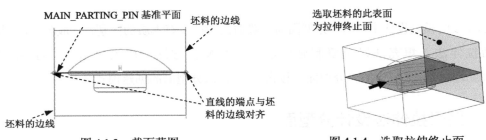

图 4.1.3　截面草图　　　　　　　图 4.1.4　选取拉伸终止面

Step4. 在"分型面"操控板中，单击"确定"按钮 ✔，完成分型面的创建。

Stage3. 构建模具元件的体积块

Step1. 选择 **模具** 功能选项卡 分型面和模具体积块 ▼ 区域中的按钮 模具体积块 ▼ ➡ 🖺 体积块分割 命令，系统弹出"体积快分割"操控板。

Step2. 在系统弹出的"体积块分割"操控板中单击"参考零件切除"按钮 🖾，此时系统弹出"参考零件切除"操控板；单击 ✔ 按钮，完成参考零件切除的创建。

Step3. 在系统弹出的"体积块分割"操控板中单击 ▶ 按钮，将"体积块分割"操控板激活，此时系统已经将分割的体积块选中。

Step4. 选取分割曲面。

（1）在"体积块分割"操控板中单击 ⇨ 右侧的 单击此处添加项 按钮将其激活。在模型中主分型面的位置右击，从快捷菜单中选取 从列表中拾取 命令。

（2）在系统弹出的"从列表中拾取"对话框中，选取列表中的 面组:F7(MAIN_PS) 分型面，然后单击 确定(0) 按钮。

Step5. 在"体积块分割"操控板中单击 体积块 按钮,在"体积块"界面中单击1 ☑ 体积块_1 区域,此时模型的下半部分变亮,如图 4.1.5 所示,然后在选中的区域中将名称改为 lower_vol;在"体积块"界面中单击2 ☑ 体积块_2 区域,此时模型的上半部分变亮,如图 4.1.6 所示,然后在选中的区域中将名称改为 upper_vol。

图 4.1.5 着色后的下半部分体积块

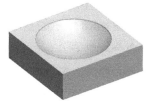

图 4.1.6 着色后的上半部分体积块

说明:此图显示的效果是将参照零件、工件及分型面隐藏后的结果。

Step6. 在"体积块分割"操控板中单击 ✔ 按钮,完成体积块分割的创建。

Stage4. 抽取模具元件

Step1. 选择 模具 功能选项卡 元件 ▼ 区域中 模具元件 ➡ 型腔镶块 命令,系统弹出"创建模具元件"对话框。

Step2. 在"创建模具元件"对话框中单击 ☰ 按钮,选择所有体积块,然后单击 确定 按钮。

说明:若此时系统弹出提示信息框,单击 ✔ 按钮即可。

Stage5. 生成浇注件

Step1. 选择 模具 功能选项卡 元件 ▼ 区域中的 创建制模 命令,系统弹出图 4.1.7 所示的系统提示信息框。

图 4.1.7 系统提示信息框

Step2. 在系统提示信息框中,输入浇注零件名称 button_molding,并单击两次 ✔ 按钮。

4.1.2 采用填充法设计分型面

下面举例说明采用填充法设计分型面的一般方法和操作过程。

Stage1. 打开模具模型

将工作目录设置至 D:\creo6.3\work\ch04.01.02,然后打开文件 face_1.asm。

Stage2. 创建分型面

Step1. 单击 **模具** 功能选项卡 分型面和模具体积块 ▼ 区域中的"分型面"按钮 。系统弹出"分型面"操控板。

Step2. 在系统弹出的"分型面"操控板中的 控制 区域单击 按钮，在"属性"对话框中，输入分型面名称 main_ps，单击 确定 按钮。

Step3. 创建图 4.1.8 所示的基准平面 1。

（1）选择命令。单击 **分型面** 功能选项卡 基准 ▼ 区域中的"平面"按钮 。

（2）定义平面参考。在模型树中选取 MAIN_PARTING_PLN 基准平面为偏距参考面，在对话框中输入偏移距离值 1.00（若方向相反应输入值-1.00）。

（3）单击对话框中的 确定 按钮。

图 4.1.8　基准平面 1

Step4. 通过"填充"的方法创建主分型面（图 4.1.9）。

（1）选择命令。单击 **分型面** 功能选项卡 曲面设计 ▼ 区域中的"填充"按钮 。此时系统弹出"填充"操控板。

（2）定义草绘截面放置属性。在绘图区右击，从弹出的菜单中选择 定义内部草绘... 命令，在系统 选择一个平面或曲面以定义草绘平面. 的提示下，选取图中的 ADTM1 为草绘平面，然后选取 MOLD_RIGHT 为参考平面，方向为 左 。单击 草绘 按钮。

（3）定义截面草图。通过"投影"命令 创建图 4.1.10 所示的截面草图，完成截面的绘制后，单击"草绘"操控板中的"确定"按钮 。

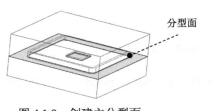

图 4.1.9　创建主分型面

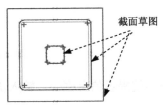

图 4.1.10　截面草图

（4）在"填充"操控板中单击 按钮，完成特征的创建。

Step5. 在"分型面"操控板中单击"确定"按钮 ，完成分型面的创建。

Stage3. 构建模具元件的体积块

Step1. 选择 **模具** 功能选项卡 分型面和模具体积块 ▼ 区域中的按钮 模具体积块 ➡ 体积块分割

命令（即用"分割"的方法构建体积块）。

Step2. 在系统弹出的"体积块分割"操控板中单击"参考零件切除"按钮 ⌐ ，此时系统弹出"参考零件切除"操控板；单击 ✓ 按钮，完成参考零件切除的创建。

Step3. 在系统弹出的"体积块分割"操控板中单击 ▶ 按钮，将"体积块分割"操控板激活，此时系统已经将分割的体积块选中。

Step4. 选取分割曲面。

（1）在"体积块分割"操控板中单击 ⌐ 右侧的 单击此处添加项 按钮将其激活。在模型中主分型面的位置右击，从快捷菜单中选取 从列表中拾取 命令。

（2）在系统弹出的"从列表中拾取"对话框中，选取列表中的 面组:F8(MAIN_PS) 分型面，然后单击 确定(O) 按钮。

Step5. 在"体积块分割"操控板中单击 体积块 按钮，在"体积块"界面中单击1 ☑ 体积块_1 区域，此时模型的下半部分变亮，如图 4.1.11 所示，然后在选中的区域中将名称改为 lower_vol；在"体积块"界面中单击2 ☑ 体积块_2 区域，此时模型的上半部分变亮，如图 4.1.12 所示，然后在选中的区域中将名称改为 upper_vol。

Step6. 在"体积块分割"操控板中单击 ✓ 按钮，完成体积块分割的创建。

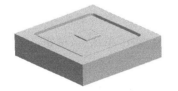

图 4.1.11　着色后的上半部分体积块　　　　图 4.1.12　着色后的下半部分体积块

Stage4．抽取模具元件及生成浇注件

浇注件命名为 MOLDING。

4.1.3　采用复制延伸法设计分型面

下面举例说明采用复制延伸法设计分型面的一般方法和操作过程。

Stage1．打开模具模型

将工作目录设置至 D:\creo6.3\work\ch04.01.03，打开文件 bowl_mold_1.asm。

Stage2．创建分型面

Step1. 单击 模具 功能选项卡 分型面和模具体积块 ▾ 区域中的"分型面"按钮 ⌐ 。系统弹出"分型面"操控板。

Step2. 在系统弹出的"分型面"操控板中的 控制 区域单击 按钮，在"属性"对话框中输入分型面名称 main_ps，单击 确定 按钮。

Step3. 遮蔽坯料。在模型树中右击 ▶ WP_PRT，在快捷菜单中选择 遮蔽 命令。

Step4. 复制模型的外表面。

（1）采用"种子面与边界面"的方法选取所需要的曲面。在屏幕右下方的"智能选取栏"中选择"几何"选项。

① 选取种子面。将模型调整到图 4.1.13 所示的视图方位，将鼠标指针移至模型中的目标位置，选取碗的内底面为种子面（图 4.1.13）。

② 选取边界面（即模型的外表面）。按住<Shift>键依次选取图 4.1.14 和图 4.1.15 所示的模型外表面。

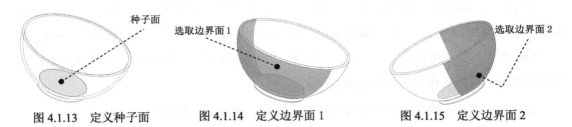

图 4.1.13　定义种子面　　　　图 4.1.14　定义边界面 1　　　　图 4.1.15　定义边界面 2

（2）单击 模具 功能选项卡 操作 ▼ 区域中的"复制"按钮 。单击 模具 功能选项卡 操作 ▼ 区域中的"粘贴"按钮 ▼。在系统弹出的 曲面：复制 操控板中单击 ✔ 按钮。

Step5. 延伸分型面。

（1）在模型树中右击 WP_PRT，在弹出的快捷菜单中选择 命令。

（2）选取图 4.1.16 所示的复制曲面边链，再按住<Shift>键，选取与圆弧边相接的另一条边线（系统自动加亮一圈边线的余下部分）。

（3）选择命令。单击 模型 功能选项卡 修饰符 ▼ 后的 ▼ 按钮，在弹出的快捷菜单中单击 延伸 命令，此时系统弹出 延伸 操控板，按下 按钮（将曲面延伸到参考平面）；在系统 选择曲面延伸所至的平面. 的提示下，选取图 4.1.17 所示的表面为延伸的终止面；预览延伸后的面组，确认无误后，单击 ✔ 按钮，完成后的延伸曲面如图 4.1.17 所示。

Step6. 在"分型面"操控板中单击"确定"按钮 ✔，完成分型面的创建。

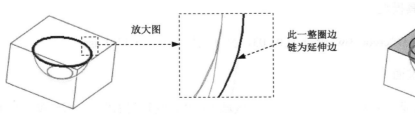

图 4.1.16　选取曲面边链　　　　图 4.1.17　完成后的延伸曲面

Stage3．构建模具元件的体积块

Step1．选择 **模具** 功能选项卡 分型面和模具体积块 ▾ 区域中的 模具体积块 ➡ 体积块分割 命令，可进入"体积块分割"操控板。

Step2．在系统弹出的"体积块分割"操控板中单击"参考零件切除"按钮 ⌐，此时系统弹出"参考零件切除"操控板；单击 ✔ 按钮，完成参考零件切除的创建。

Step3．在系统弹出的"体积块分割"操控板中单击 ▶ 按钮，将"体积块分割"操控板激活，此时系统已经将分割的体积块选中。

Step4．选取分割曲面。

（1）在"体积块分割"操控板中单击 ☐ 右侧的 单击此处添加项 按钮将其激活。在模型中主分型面的位置右击，从快捷菜单中选取 从列表中拾取 命令。

（2）在系统弹出的"从列表中拾取"对话框中，选取列表中的 面组:F7(MAIN_PS) 分型面，然后单击 确定(O) 按钮。

Step5．在"体积块分割"操控板中单击 体积块 按钮，在"体积块"界面中单击 1 ☑ 体积块_1 区域，此时模型的下半部分变亮，如图 4.1.18 所示，然后在选中的区域中将名称改为 lower_vol；在"体积块"界面中单击 2 ☑ 体积块_2 区域，此时模型的上半部分变亮，如图 4.1.19 所示，然后在选中的区域中将名称改为 upper_vol。

Step6．在"体积块分割"操控板中单击 ✔ 按钮，完成体积块分割的创建。

图 4.1.18　着色后的下半部分体积块

图 4.1.19　着色后的上半部分体积块

Stage 4．抽取模具元件及生成浇注件

浇注件命名为 MOLDING。

4.2　采用阴影法设计分型面

4.2.1　概述

在 Creo 的模具模块中，可以采用阴影法设计分型面，这种设计分型面的方法是利用光线投射会产生阴影的原理，在模具模型中迅速创建所需要的分型面。例如，在图 4.2.1a 所示

的模具模型中，在确定了光线的投影方向后，系统先在参考模型上对着光线的一侧确定能够产生阴影的最大曲面，然后将该曲面延伸到坯料的四周表面，最后便得到图 4.2.1b 所示的分型面。

采用阴影法设计分型面的命令 阴影曲面 位于 曲面设计 ▾ 区域的下拉列表中，利用该命令创建分型面应注意以下几点。

- 参考模型和坯料不得遮蔽，否则 阴影曲面 命令呈灰色而无法使用。
- 使用该命令前，需对参考模型创建足够的拔模特征。
- 使用 阴影曲面 命令创建的分型面是一个组件特征，如果删除一组边、删除一个曲面或改变环的数量，系统将会正确地再生该分型面。

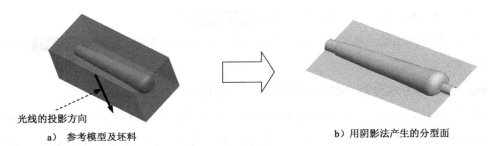

光线的投影方向

a）参考模型及坯料

b）用阴影法产生的分型面

图 4.2.1　用阴影法设计分型面

4.2.2　阴影法设计分型面的一般操作过程

采用阴影法设计分型面的一般操作过程如下。

Step1. 单击 模具 功能选项卡 分型面和模具体积块 ▾ 区域中的"分型面"按钮 。系统弹出"分型面"操控板。

Step2. 在系统弹出的"分型面"操控板中的 控制 区域单击 按钮，在"属性"对话框中输入分型面名称 ps，单击 确定 按钮。

Step3. 单击 分型面 功能选项卡中的 曲面设计 ▾ 按钮，在系统弹出的快捷菜单中单击 阴影曲面 按钮。系统弹出图 4.2.2 所示的"阴影曲面"对话框。

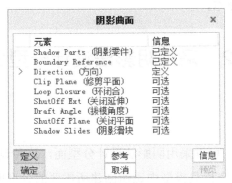

图 4.2.2　"阴影曲面"对话框

图 4.2.2 所示的"阴影曲面"对话框中各元素的说明如下。

- `ShutOff Ext` (关闭延伸) 元素：用于定义"束子"的外围轮廓，一般以草绘的方式来定义"束子"的轮廓。

- `Draft Angle` (拔模角度)元素：用于定义"束子"四周侧面的拔模角度（倾斜角度）。

- `ShutOff Plane` (关闭平面 元素：用于定义"束子"的终止平面。

Step4. 指定阴影零件。可选取单个或多个参考模型。

Step5. 选取平面、曲线、边、轴或坐标系，以指定光线投影的方向。

Step6. 根据参考模型边缘的状况，可在阴影曲面上创建"束子"特征。"束子"特征是阴影曲面上的凸起状曲面，如图 4.2.3 所示。对于参考模型边缘比较复杂的模具，创建"束子"特征有利于模具的开启和加工。用户可使用"阴影曲面"对话框中的 `ShutOff Ext` (关闭延伸) 、`Draft Angle` (拔模角度)和`ShutOff Plane` (关闭平面 三个元素创建"束子"特征。

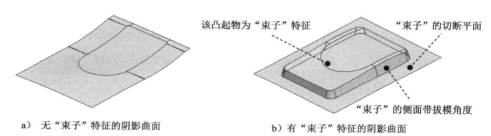

该凸起物为"束子"特征　　　　"束子"的切断平面

"束子"的侧面带拔模角度

a) 无"束子"特征的阴影曲面　　　b) 有"束子"特征的阴影曲面

图 4.2.3　创建"束子"特征

Step7. 单击"阴影曲面"对话框中的 `预览` 按钮，预览所创建的阴影曲面，然后单击 `确定` 按钮完成操作。

4.2.3　阴影法范例（一）——玩具手柄的分模

下面以图 4.2.4 所示的玩具手柄模具为例，说明采用阴影法设计分型面的操作过程。

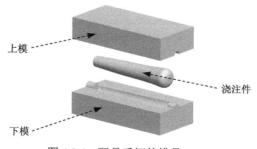

上模

浇注件

下模

图 4.2.4　玩具手柄的模具

Stage1．打开模具模型

将工作目录设置至 D:\creo6.3\work\ch04.02.03，然后打开文件 handle1_ mold.asm。

Stage2. 创建分型面

下面将创建图 4.2.5 所示的分型面（一），以分离模具的上模和下模。

Step1. 单击 模具 功能选项卡 分型面和模具体积块 ▾ 区域中的"分型面"按钮📖，系统弹出"分型面"操控板。

Step2. 在系统弹出的"分型面"操控板中的 控制 区域单击 🗐 按钮，在"属性"文本框框中输入分型面名称 ps，单击 确定 按钮。

Step3. 单击 分型面 功能选项卡中的 曲面设计 ▾ 按钮，在系统弹出的快捷菜单中单击 阴影曲面 按钮，系统弹出"阴影曲面"对话框和 ▾ GEN SEL DIR (一般选择方向) 菜单。

Step4. 定义光线投影的方向。在系统弹出的 ▾ GEN SEL DIR (一般选择方向) 菜单中，用户可进行下面的操作来定义光线投影的方向。

（1）在 ▾ GEN SEL DIR (一般选择方向) 菜单中选择 Plane (平面) 命令（系统默认选取该命令）。

（2）在系统 ⇨ 选择将垂直于光方向的平面. 的提示下，选取图 4.2.6 所示的坯料表面。

（3）选择 Okay (确定) 命令，确认图 4.2.6 中的箭头方向为光线投影的方向（若显示相反方向箭头，应单击反向命令）。

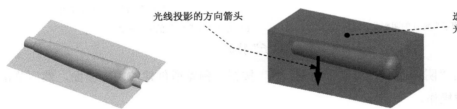

图 4.2.5　创建分型面（一）　　　　图 4.2.6　定义光线投影的方向

说明： 如果选取图 4.2.7 所示的坯料表面，并认可该图中的箭头方向为投影的方向，则可创建图 4.2.8 所示的分型面（二）。

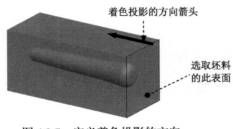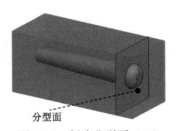

图 4.2.7　定义着色投影的方向　　　　图 4.2.8　创建分型面（二）

Step5. 单击"阴影曲面"对话框中的 预览 按钮，预览所创建的分型面，然后单击 确定 按钮完成操作。

Step6. 在"分型面"操控板中，单击"确定"按钮 ✔，完成分型面的创建。

Stage3. 用分型面创建上下两个体积块

Step1. 选择 **模具** 功能选项卡 分型面和模具体积块 ▼ 区域中的 模具体积块 ▼ ➡ 🗔体积块分割 命令（即用"分割"的方法构建体积块）。

Step2. 在系统弹出的"体积块分割"操控板中单击"参考零件切除"按钮 🔲，此时系统弹出"参考零件切除"操控板；单击 ✔ 按钮，完成参考零件切除的创建。

Step3. 在系统弹出的"体积块分割"操控板中单击 ▶ 按钮，将"体积块分割"操控板激活，此时系统已经将分割的体积块选中。

Step4. 选取分割曲面。在"体积块分割"操控板中单击 ➲ 右侧的 单击此处添加项 按钮将其激活。然后选取图 4.2.9 所示的分型面。

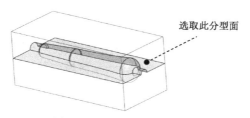

选取此分型面

图 4.2.9 选取分型面

Step5. 在"体积块分割"操控板中单击 体积块 按钮，在"体积块"界面中单击 1 ☑ 体积块_1 区域，此时模型的下半部分变亮，如图 4.2.10 所示，然后在选中的区域中将名称改为 upper_mold；在"体积块"界面中单击 2 ☑ 体积块_2 区域，此时模型的上半部分变亮，如图 4.2.11 所示，然后在选中的区域中将名称改为 lower_mold。

图 4.2.10 着色后的下半部分

图 4.2.11 着色后的上半部分

Step6. 在"体积块分割"操控板中单击 ✔ 按钮，完成体积块分割的创建。

Stage 4. 抽取模具元件及生成浇注件

将浇注件命名为 MOLDING。

4.2.4 阴影法范例（二）——带孔的塑料垫片分模

图 4.2.12 所示的模具分型面是采用阴影法设计的，下面说明其操作过程。

Stage1. 打开模具模型

将工作目录设置至 D:\creo6.3\work\ch04.02.04，然后打开文件 plate_mold.asm。

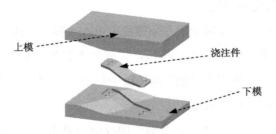

上模 ┈┈► ◄┈┈ 浇注件

┈┈► 下模

图 4.2.12　带孔的塑料垫片分模

Stage2. 创建分型面

下面将创建图 4.2.13 所示的分型面，以分离模具的上模和下模。

Step1. 单击 模具 功能选项卡 分型面和模具体积块 ▾ 区域中的"分型面"按钮，系统弹出"分型面"操控板。

Step2. 在系统弹出的"分型面"操控板中的 控制 区域单击 ⬚ 按钮，在"属性"文本框中输入分型面名称 ps，单击 确定 按钮。

图 4.2.13　创建分型面

Step3. 单击 分型面 功能选项卡中的 曲面设计 ▾ 按钮，在系统弹出的快捷菜单中单击 阴影曲面 按钮，系统弹出"阴影曲面"对话框和 ▾ GEN SEL DIR (一般选取方向) 菜单。

Step4. 定义光线投影的方向。在系统弹出的 ▾ GEN SEL DIR (一般选取方向) 菜单中，用户可进行下面的操作来定义光线投影的方向。

（1）在 ▾ GEN SEL DIR (一般选择方向) 菜单中选择 Plane (平面) 命令（系统默认选取该命令）。

（2）在系统 ➡ 选择将垂直于此方向的平面. 的提示下，选取图 4.2.14 所示的坯料表面。

（3）选择 Okay (确定) 命令，确认图 4.2.14 中的箭头方向为光线投影的方向（若显示相反方向箭头，应单击反向命令）。

Step5. 单击"阴影曲面"对话框中的 预览 按钮，预览所创建的分型面，然后单击 确定 按钮完成操作。

Step6. 在"分型面"操控板中单击"确定"按钮 ✔，完成分型面的创建。

Stage3. 用分型面创建上下两个体积块

Step1. 选择 **模具** 功能选项卡 分型面和模具体积块 ▾ 区域中的按钮 模具体积块 ➡ 🗄体积块分割 命令（即用"分割"的方法构建体积块）。

Step2. 在系统弹出的"体积块分割"操控板中单击"参考零件切除"按钮 🔲，此时系统弹出"参考零件切除"操控板；单击 ✔ 按钮，完成参考零件切除的创建。

Step3. 在系统弹出的"体积块分割"操控板中单击 ▶ 按钮，将"体积块分割"操控板激活，此时系统已经将分割的体积块选中。

Step4. 选取分割曲面。在"体积块分割"操控板中单击 ◠ 右侧的 单击此处添加项 按钮将其激活。然后选取图 4.2.15 所示的分型面。

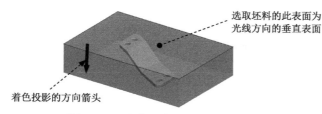

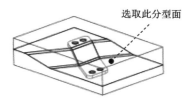

图 4.2.14 定义着色投影的方向　　　　图 4.2.15 选取分型面

Step5. 在"体积块分割"操控板中单击 体积块 按钮，在"体积块"界面中单击 1 ☑ 体积块_1 区域，此时模型的下半部分变亮，如图 4.2.16 所示，然后在选中的区域中将名称改为 lower_vol；在"体积块"界面中单击 2 ☑ 体积块_2 区域，此时模型的上半部分变亮，如图 4.2.17 所示，然后在选中的区域中将名称改为 upper_vol。

图 4.2.16 着色后的分型面下半部分　　　　图 4.2.17 着色后的分型面上半部分

Step6. 在"体积块分割"操控板中单击 ✔ 按钮，完成体积块分割的创建。

Stage4. 抽取模具元件及生成浇注件

将浇注件命名为 MOLDING。

4.2.5 阴影法范例（三）——塑料鞋跟的分模

图 4.2.18 所示的模具分型面是采用阴影法设计的，下面说明其操作过程。

Stage1. 打开模具模型

将工作目录设置至 D:\creo6.3\work\ch04.02.05，打开文件 shoe_mold.asm。

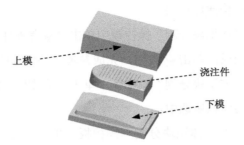

上模

浇注件

下模

图 4.2.18　塑料鞋跟的分模

Stage2. 创建分型面

下面将创建图 4.2.19 所示的分型面，以分离模具的上模和下模。

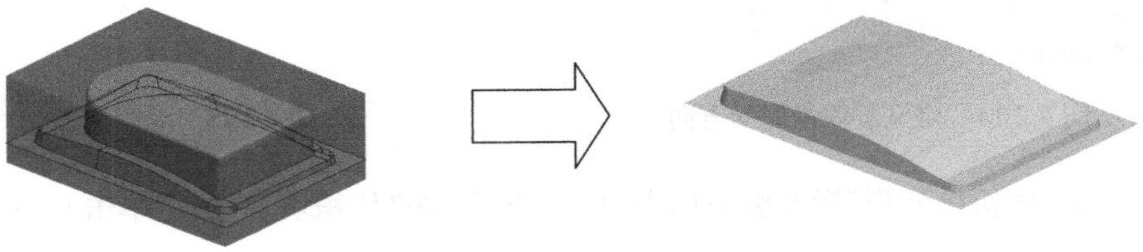

图 4.2.19　分型面

Step1. 单击 模具 功能选项卡 分型面和模具体积块 ▼ 区域中的"分型面"按钮□。系统弹出"分型面"操控板。

Step2. 在系统弹出的"分型面"操控板中的 控制 区域单击 按钮，在"属性"文本框框中输入分型面名称 ps，单击 确定 按钮。

Step3. 单击 分型面 功能选项卡中的 曲面设计 ▼ 按钮，在系统弹出的快捷菜单中单击 阴影曲面 按钮，系统弹出"阴影曲面"对话框和 ▼ GEN SEL DIR（一般选择方向）菜单。

Step4. 定义光线投影的方向。在系统弹出的 ▼ GEN SEL DIR（一般选择方向）菜单中，用户可进行下面的操作来定义光线投影的方向。

（1）在 ▼ GEN SEL DIR（一般选择方向）菜单中选择 Plane（平面）命令（系统默认选取该命令）。

（2）在系统 ▷ 选择将垂直于此方向的平面. 的提示下，选取图 4.2.20 所示的坯料表面。

（3）选择 Okay（确定）命令，确认图 4.2.20 中的箭头方向为光线投影的方向（若显示相反方向箭头，应单击反向命令）。

Step5. 在阴影曲面上创建"束子"特征。

（1）定义"束子"特征的轮廓。

① 在图 4.2.21 所示的"阴影曲面"对话框（一）中双击 ShutOff Ext（关闭延伸）元素。

② 在系统弹出的 ▼ SHUTOFF EXT（关闭延伸）菜单中选择 Boundary（边界）━━➤ Sketch（草绘）命令。

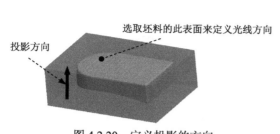

图 4.2.20　定义投影的方向

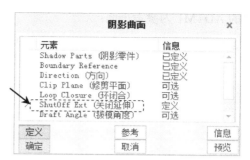

图 4.2.21　"阴影曲面"对话框（一）

③ 设置草绘平面。在 ▼ SETUP SK PLN（设置草绘平面）菜单中选择 Setup New（新设置）命令，然后在系统 ➪ 选择或创建一个草绘平面. 的提示下，选取图 4.2.22 所示的坯料表面为草绘平面，选择 Okay（确定）命令，接受该图中的箭头方向为草绘平面的查看方向，在 ▼ SKET VIEW（草绘视图）菜单中选择 Right（右）命令，然后在系统 ➪ 为草绘选择或创建一个水平或竖直的参考. 的提示下，选取图 4.2.22 所示的坯料表面为参考平面。

④ 绘制"束子"轮廓。进入草绘环境后，选取 MOLD_FRONT 和 MOLD_RIGHT 基准平面为草绘参考，绘制图 4.2.23 所示的截面草图。完成绘制后，单击"确定"按钮 ✔。

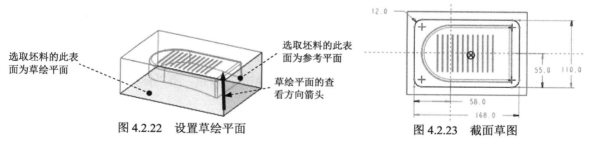

图 4.2.22　设置草绘平面

图 4.2.23　截面草图

（2）定义"束子"的拔模角度。

① 在"阴影曲面"对话框中，双击 Draft Angle（拔模角度）元素。

② 在系统弹出的 输入拔模角值 文本框中，输入拔模角度值 15，单击 ✔ 按钮。

（3）创建图 4.2.24 所示的基准平面 ADTM1，该基准平面将在下一步作为"束子"终止平面的参考平面。

① 单击 基准 ▼ 区域中的"平面"按钮 ⬜。

② 系统弹出"基准平面"对话框，选取 MAIN_PARTING_PLN 基准平面为参考平面，然后输入偏移值 40.0。

③ 单击"基准平面"对话框中的 确定 按钮。

（4）定义"束子"的终止平面。

① 在图 4.2.25 所示的"阴影曲面"对话框（二）中，双击 ShutOff Plane（关闭平面 元素。

② 系统弹出 ▼ ADD RMV REF（加入删除参考）菜单，在系统 ⇨ 选择切断平面. 的提示下，选取上一步创建的 ADTM1 为参考平面。

③ 在 ▼ ADD RMV REF（加入删除参考）菜单中，选择 Done/Return（完成/返回）命令。

图 4.2.24　创建基准平面 ADTM1

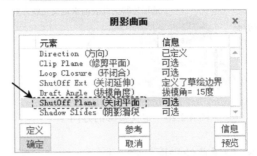

图 4.2.25　"阴影曲面"对话框（二）

Step6. 单击"阴影曲面"对话框（二）中的 预览 按钮，预览所创建的分型面，然后单击 确定 按钮完成操作。

Step7. 在"分型面"操控板中单击"确定"按钮 ✔，完成分型面的创建。

Stage3．用分型面创建上下两个体积块

Step1. 选择 模具 功能选项卡 分型面和模具体积块 ▼ 区域中的按钮 模具体积块 ➡ 🗐 体积块分割 命令（即用"分割"的方法构建体积块）。

Step2. 在系统弹出的"体积块分割"操控板中单击"参考零件切除"按钮 🔲，此时系统弹出"参考零件切除"操控板；单击 ✔ 按钮，完成参考零件切除的创建。

Step3. 在系统弹出的"体积块分割"操控板中单击 ▶ 按钮，将"体积块分割"操控板激活，此时系统已经将分割的体积块选中。

Step4. 选取分割曲面。在"体积块分割"操控板中单击 ☁ 右侧的 单击此处添加项 按钮将其激活。然后选取图 4.2.26 所示的分型面。

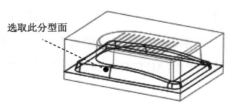

图 4.2.26　选取分型面

Step5. 在"体积块分割"操控板中单击 体积块 按钮，在"体积块"界面中单击 1 ☑ 体积块_1 区域，此时模型的下半部分变亮，如图 4.2.27 所示，然后在选中的区域中将名称改为 lower_mold；在"体积块"界面中单击 2 ☑ 体积块_2 区域，此时模型的上半部分变亮，如图 4.2.28 所示，然后在选中的区域中将名称改为 upper_mold。

Step6. 在"体积块分割"操控板中单击 ✔ 按钮，完成体积块分割的创建。

Stage4．抽取模具元件及生成浇注件

将浇注件命名为 MOLDING。

图 4.2.27　着色后的分型面下半部分

图 4.2.28　着色后的分型面上半部分

4.2.6　阴影法范例（四）——塑料盖的分模

图 4.2.29 所示的模具分型面是采用阴影法设计的，下面说明其操作过程。

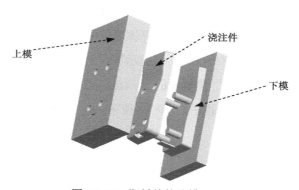

上模　　浇注件　　下模

图 4.2.29　塑料盖的分模

Stage1．打开模具模型

将工作目录设置至 D:\creo6.3\work\ch04.02.06，然后打开文件 block1_mold_1.asm。

Stage2．创建分型面

下面将创建图 4.2.30 所示的分型面，以分离模具的上模和下模。

Step1. 单击 模具 功能选项卡 分型面和模具体积块 ▾ 区域中的"分型面"按钮 📖，系统弹出"分型面"操控板。

图 4.2.30　创建分型面

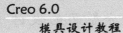
Step2. 在系统弹出的"分型面"操控板中的 控制 区域单击 按钮，在"属性"文本框中输入分型面名称 ps，单击 确定 按钮。

Step3. 单击 分型面 功能选项卡中的 曲面设计 ▾ 按钮，在系统弹出的快捷菜单中单击 阴影曲面 按钮，系统弹出"阴影曲面"对话框和 ▾ GEN SEL DIR (一般选择方向) 菜单。

Step4. 定义光线投影的方向。在系统弹出的 ▾ GEN SEL DIR (一般选择方向) 菜单中，用户可进行下面的操作来定义光线投影的方向。

（1）在 ▾ GEN SEL DIR (一般选择方向) 菜单中选择 Plane (平面) 命令（系统默认选取该命令）。

（2）在系统 ➪ 选择将垂于光方向的平面. 的提示下，选取图 4.2.31 所示的坯料的 A 表面。

（3）选择 Okay (确定) 命令，确认图 4.2.31 中的箭头方向为光线投影的方向（若显示相反方向箭头，应单击反向命令）。

Step5. 定义环闭合。

（1）双击"阴影曲面"对话框中的 Loop Closure (环闭合) 元素。

（2）在系统弹出的 ▾ CLOSE LOOP (封闭环) 菜单中，接受该菜单中默认选中的 ✔ Cap Plane (顶平面) 和 ✔ All Inner Lps (所有内部环) 复选框，然后选择该菜单中的 Done (完成) 命令。

（3）在系统 ➪ 选择或创建平面来覆盖聚合曲面. 的提示下，选取图 4.2.31 所示坯料的 A 表面。

（4）选择 ▾ CLOSE LOOP (封闭环) 菜单中的 Done/Return (完成/返回) 命令。

Step6. 单击"阴影曲面"对话框中的 预览 按钮，预览所创建的分型面，然后单击 确定 按钮完成操作。

Step7. 在"分型面"操控板中，单击"确定"按钮 ✔，完成分型面的创建。

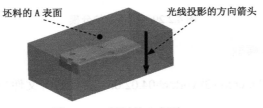

图 4.2.31　坯料的 A 表面

Stage3．用分型面创建上下两个体积块

Step1. 选择 模具 功能选项卡 分型面和模具体积块 ▾ 区域中的按钮 模具体积块 ▾ ➡ 体积块分割 命令（即用"分割"的方法构建体积块）。

Step2. 在系统弹出的"体积块分割"操控板中单击"参考零件切除"按钮 ，此时系统弹出"参考零件切除"操控板；单击 ✔ 按钮，完成参考零件切除的创建。

Step3. 在系统弹出的"体积块分割"操控板中单击 ▶ 按钮，将"体积块分割"操控板激活，此时系统已经将分割的体积块选中。

Step4. 选取分割曲面。在"体积块分割"操控板中单击 ⌒ 右侧的 单击此处添加项 按钮将其激活。然后选取图 4.2.30 所示的分型面。

Step5. 在"体积块分割"操控板中单击 体积块 按钮，在"体积块"界面中单击 1 ☑ 体积块_1 区域，此时模型的下半部分变亮，如图 4.2.32 所示，然后在选中的区域中将名称改为 upper_mold；在"体积块"界面中单击 2 ☑ 体积块_2 区域，此时模型的上半部分变亮，如图 4.2.33 所示，然后在选中的区域中将名称改为 lower_mold。

Step6. 在"体积块分割"操控板中单击 ✔ 按钮，完成体积块分割的创建。

图 4.2.32 着色后的分型面下半部分　　　　图 4.2.33 着色后的分型面上半部分

Stage4. 抽取模具元件及生成浇注件

将浇注件命名为 MOLDING。

4.2.7 阴影法范例（五）——塑料座的分模

图 4.2.34 所示的模具分型面是采用阴影法设计的，下面说明其操作过程。

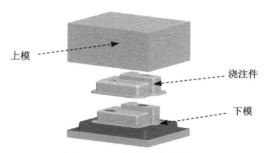

上模

浇注件

下模

图 4.2.34 塑料座的分模

Stage1. 打开模具模型

将工作目录设置至 D:\creo6.3\work\ch04.02.07，然后打开文件 plastic_seat_mold.asm。

Stage2. 创建分型面

下面将创建图 4.2.35 所示的分型面，以分离模具的上模和下模。

图 4.2.35 分型面

Step1. 单击**模具**功能选项卡 分型面和模具体积块 ▼ 区域中的"分型面"按钮 📖，系统弹出"分型面"操控板。

Step2. 在系统弹出的"分型面"操控板中的 控制 区域单击 📑 按钮，在"属性"文本框中输入分型面名称 ps，单击 确定 按钮。

Step3. 单击**分型面**功能选项卡中的 曲面设计 ▼ 按钮，在系统弹出的快捷菜单中单击 阴影曲面 按钮。系统弹出"阴影曲面"对话框。

Step4. 定义光线投影的方向。在图 4.2.36 所示的"阴影曲面"对话框中双击 Direction (方向) 元素。在弹出的 ▼ GEN SEL DIR (一般选择方向) 菜单中选择 Plane (平面) 命令，然后在系统 ▷ 选择将垂直于此方向的平面. 的提示下，选取图 4.2.37 所示的坯料底面，将投影的方向切换至图 4.2.37 所示箭头的方向，然后选择 Okay (确定) 命令。

Step5. 在阴影曲面上定义"封闭环"特征。

（1）定义封合类型。在图 4.2.36 所示的"阴影曲面"对话框中，双击 Loop Closure (环闭合) 元素，在系统弹出的 ▼ CLOSURE (封合) 菜单中，选中 ✓ Cap Plane (顶平面) 和 ✓ Sel Loops (选取环) 复选框，再选择 Done (完成) 命令。

图 4.2.36 "阴影曲面"对话框

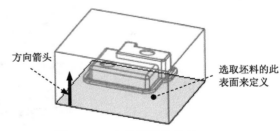

图 4.2.37 定义投影的方向

（2）定义聚合曲面。在系统的 ▷ 选择或创建平面来覆盖聚合曲面. 提示下，通过从列表中拾取图 4.2.38 所示的平面 曲面:F1 (外部合并):PLASTIC_SEAT_MOLD_REF__ 为覆盖聚合曲面。

（3）定义需要关闭的边线。在系统 ▷ 选择要被顶平面封闭的邻接边. 的提示下，按住<Ctrl>键，选取图 4.2.39 所示的四条边线为关闭边线，单击"选择"对话框中的 确定 按钮，再选择 Done (完成) ➡ Done/Return (完成/返回) 命令。

Step6. 在阴影曲面上创建"束子"特征。

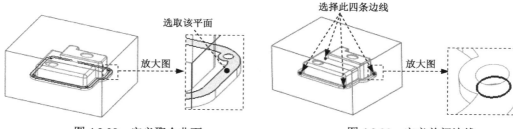

图 4.2.38 定义聚合曲面   图 4.2.39 定义关闭边线

（1）定义"束子"特征的轮廓。

① 在图 4.2.36 所示的"阴影曲面"对话框中双击 ShutOff Ext (关闭延伸) 元素。

② 在系统弹出的 ▼ SHUTOFF EXT (关闭延伸) 菜单中，选择 Boundary (边界) ➞ Sketch (草绘) 命令。

③ 设置草绘平面。在 ▼ SETUP SK PLN (设置草绘平面) 菜单中，选择 Setup New (新设置) 命令，然后在系统 ⇨ 选择或创建一个草绘平面. 的提示下，选取图 4.2.40 所示的坯料表面为草绘平面；选择 Okay (确定) 命令，认可该图中的箭头方向为草绘平面的查看方向；在"草绘视图"菜单中选择 Right (右) 命令，然后在系统 ⇨ 为草绘选择或创建一个水平或竖直的参考. 的提示下，选取图 4.2.40 所示的坯料表面为参考平面。

④ 绘制"束子"轮廓。进入草绘环境后，选取 MOLD_FRONT 和 MOLD_RIGHT 基准平面为草绘参考，绘制图 4.2.41 所示的截面草图。完成绘制后，单击"确定"按钮 ✔。

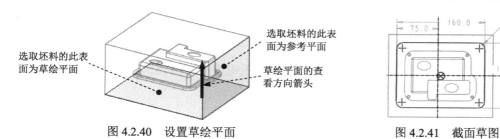

图 4.2.40 设置草绘平面   图 4.2.41 截面草图

（2）定义"束子"的拔模角度。

① 在"阴影曲面"对话框中双击 Draft Angle (拔模角度) 元素。

② 在系统弹出的 输入拔模角值 文本框中输入拔模角度值 10，单击 ✔ 按钮。

（3）创建图 4.2.42 所示的基准平面 ADTM1。单击 基准 ▼ 区域中的"平面"按钮 ⟋，选取图 4.2.43 所示的坯料底面为参考平面，然后输入偏移值-15.0，单击"基准平面"对话框中的 确定 按钮。

说明：该基准平面将在下一步作为"束子"终止平面的参考平面。

（4）定义"束子"的终止平面。

① 在图 4.2.36 所示的"阴影曲面"对话框中双击 ShutOff Plane (关闭平面) 元素。

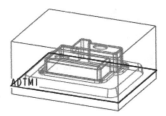

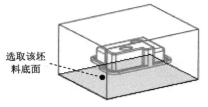

选取该坯料底面

图 4.2.42　创建基准平面 ADTM1　　　　图 4.2.43　定义参考平面

② 在系统弹出的 ▼ ADD RMV REF (加入删除参考) 菜单中，在系统 ➡ 选择一切断平面. 的提示下，选取上一步创建的 ADTM1 为参考平面。

③ 在 ▼ ADD RMV REF (加入删除参考) 菜单中选择 Done/Return (完成/返回) 命令。

Step7. 单击"阴影曲面"对话框中的 预览 按钮，预览所创建的分型面，然后单击 确定 按钮完成操作。

Step8. 在"分型面"操控板中单击"确定"按钮 ✔ ，完成分型面的创建。

Stage3．用分型面创建上下两个体积块

Step1. 选择 模具 功能选项卡 分型面和模具体积块 ▼ 区域中的按钮 模具体积块 ➡ 🗃 体积块分割 命令（即用"分割"的方法构建体积块）。

Step2. 在系统弹出的"体积块分割"操控板中单击"参考零件切除"按钮 ⌐ ，此时系统弹出"参考零件切除"操控板；单击 ✔ 按钮，完成参考零件切除的创建。

Step3. 在系统弹出的"体积块分割"操控板中单击 ▶ 按钮，将"体积块分割"操控板激活，此时系统已经将分割的体积块选中。

Step4. 选取分割曲面。在"体积块分割"操控板中单击 ⌐ 右侧的 单击此处添加项 按钮将其激活。然后选取图 4.2.44 所示的分型面。

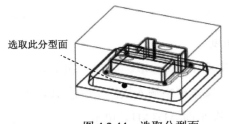

选取此分型面

图 4.2.44　选取分型面

Step5. 在"体积块分割"操控板中单击 体积块 按钮，在"体积块"界面中单击 1 ☑ 体积块_1 区域，此时模型的下半部分变亮，如图 4.2.45 所示，然后在选中的区域中将名称改为 lower_mold；在"体积块"界面中单击 2 ☑ 体积块_2 区域，此时模型的上半部分变亮，如图 4.2.46 所示，然后在选中的区域中将名称改为 upper_mold。

Step6. 在"体积块分割"操控板中单击 ✔ 按钮，完成体积块分割的创建。

图 4.2.45 着色后的分型面下半部分

图 4.2.46 着色后的分型面上半部分

Stage4．抽取模具元件及生成浇注件

将浇注件命名为 MOLDING。

4.3 采用裙边法设计分型面

4.3.1 概述

裙边法（Skirt）是 Creo 的模具模块所提供的另一种创建分型面的方法，这是一种沿着参考模型的轮廓线来建立分型面的方法。采用这种方法设计分型面时，首先要创建分型线（Parting Line），然后利用该分型线来产生分型面。分型线通常是参考模型的轮廓线，一般可用轮廓曲线（Silhouette）来建立。

在完成分型线的创建后，通过指定开模方向，系统会自动将外部环路延伸至坯料表面及填充内部环路来产生分型面。

图 4.3.1 所示为采用裙边法设计分型面的例子，其中图 4.3.1a 是模具模型，图 4.3.1b 是根据参考模型创建的轮廓曲线，图 4.3.1c 是在用户指定开模方向后，系统自动生成的裙边曲面，该裙边曲面就是模具的分型面。通过这个例子可以看出，采用裙边法所构建出来的分型面是一个不包含参考模型本身表面的破面，这种分型面有别于一般的覆盖型分型面，这是裙边法最重要的特点。

采用裙边法设计分型面的命令位于 曲面设计▼ 下拉菜单中，利用该命令创建分型面应注意以下几点。

- 参考模型和坯料不得遮蔽，否则"裙边曲面"命令呈灰色而无法使用。
- 使用该命令前，需创建分型线（Parting Line）。
- 使用"裙边曲面"命令创建的分型面也是一个组件特征。
- 使用"裙边曲面"命令创建分型面时，有时会出现延伸不完全的情况，此时用户必须手动定义其延伸要素。

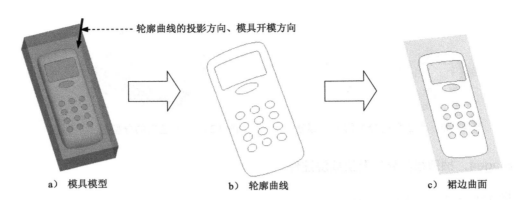

a) 模具模型　　　　　　b) 轮廓曲线　　　　　　c) 裙边曲面

图 4.3.1　采用裙边法设计分型面

4.3.2　轮廓曲线

轮廓曲线是沿着特定的方向对模具模型进行投影而得到的参考模型的轮廓曲线，参见图 4.3.1b。由于参考模型形状的不同，所产生的轮廓曲线也将有所差异，但所有的轮廓曲线都是由一个或数个封闭的内部环路及外部环路所构成的。轮廓曲线的主要作用是建立参考模型的分型线，辅助建立分型面。如果某些轮廓曲线段不产生所需的分型面几何或引起分型面延伸重叠，可将其排除并手工创建投影曲线。

轮廓曲线命令位于 设计特征 区域中（图 4.3.2），用户选择该命令后，系统会弹出图 4.3.3 所示的"轮廓曲线"操控板。

图 4.3.2　轮廓曲线命令

图 4.3.3　"轮廓曲线"操控板

一般情况下，用户只需定义投影的方向，系统便可以自动完成轮廓曲线的建立，但是如果参考模型的某些曲面与投影方向平行时，则在曲面的上方及下方都将产生一条曲线链，而这两条曲线链并不能同时使用，此时就必须定义轮廓曲线操控板中的 环选择 选项卡。单击该选项卡后，系统会弹出"环选择"对话框，该对话框包括两个选项卡，它们是 环 和 链 选项卡（图 4.3.4）。在 环 选项卡中，可以选择 包括 按钮来保留某个环路，或者选择 排除 按钮来去掉某个环路；在 链 选项卡中，则可以选择 上部 按钮来使用某个链的上半部分，或者选择 下部 按钮来使用某个链的下半部分。如果某个链仅是单个的链，则其状态为"单一"，该链便没有"上部""下部"可供选择，所以选择该链后，　上部　和　下部　按钮均为灰色。

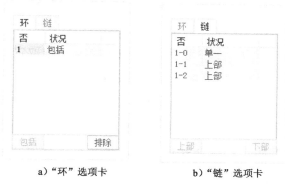

a)"环"选项卡　　　　　　　　b)"链"选项卡

图 4.3.4　　"环选择"对话框

创建轮廓曲线的一般操作过程如下。

Step1. 单击 模具 功能选项卡中 设计特征 区域的"轮廓曲线"按钮 ，系统弹出"轮廓曲线"操控板。

Step2. 为要创建的轮廓曲线指定名称。系统会默认地命名为 SILH_CURVE_1 或 SILH_CURVE_2 等。

Step3. 选取平面、曲线、边、轴或坐标系，以指定光线投影的方向。

注意：如果已经定义了模型的"拖动方向"，则默认的光线投影方向自动为"拖动方向"的相反方向。

Step4. 可根据需要，在"轮廓曲线"对话框上指定以下任意一项元素。

● 滑块 ：指定处理参考零件中底切区域的体积块和（或）滑块。

● 间隙闭合 ：处理初始侧面影像中的间隙。

● 环选择 ：手工选取环或链，或二者都选，以解决底切和非拔模区中的模糊问题。

Step5. 通过预览所创建的轮廓曲线，如果发现问题，可调整选项卡中的有关元素进行定义或修改。

Step6. 确认无误后，单击"轮廓曲线"对话框中的 ✔ 按钮，完成轮廓曲线的创建操作。

4.3.3　裙边法设计分型面的一般操作过程

采用裙边法设计分型面的一般操作过程如下。

Step1. 单击 模具 功能选项卡 分型面和模具体积块 ▼ 区域中的"分型面"按钮 ，系统弹出"分型面"操控板。

Step2. 在系统弹出的"分型面"操控板中的 控制 区域单击"属性"按钮 ，在"属性"对话框中输入分型面名称 ps，单击 确定 按钮。

Step3. 单击 分型面 操控板中 曲面设计 ▾ 区域中的"裙边曲面"按钮 ☁，此时系统弹出"裙边曲面"对话框。

Step4. 指定参考模型。

● 如果模具模型中只有一个参考模型，系统会默认地选取它，此时"裙边曲面"对话框中 Ref Model (参考模型) 元素的信息状态为"已定义"。

● 如果模具模型中有多个参考模型，用户必须手动选取某个参考模型。

Step5. 指定工件（坯料）。必须选取 Creo 在其上创建裙边曲面特征的一个元件。如果模具模型中只有一个工件，系统会默认地选取该工件，此时"裙边曲面"对话框中 Boundary Reference 元素的信息状态为"已定义"。

Step6. 选取平面、曲线、边、轴或坐标系，以指定光线投影的方向。

注意： 如果已定义了模型的"拖动方向"，则默认的光线投影方向自动为"拖动方向"的相反方向。

Step7. 在参考零件上选取分型线，分型线中可能含有内环（供将来填充用）和外环（供将来延伸用）。一般事先用轮廓曲线创建分型线。

Step8. 如果要进行裙边曲面的延伸控制，可双击"裙边曲面"对话框中的 **Extension (延伸)** 元素，系统弹出图 4.3.5 所示的"延伸控制"对话框。

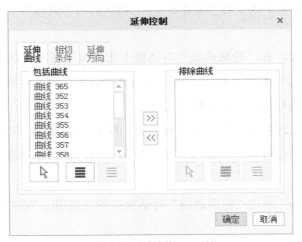

图 4.3.5 "延伸控制"对话框

图 4.3.5 所示的"延伸控制"对话框中的各选项卡说明如下。

● 在"延伸曲线"选项卡中，可以选取曲线特征中的哪些线段要加入裙边延伸。

● 在"相切条件"选项卡中，可以指定裙边的延伸方向与相邻的参考模型表面相切。

● 在"延伸方向"选项卡中，可以更改裙边曲面的延伸方向。

Step9. 如果要改变处理内环的方法，可双击"裙边曲面"对话框中的 Loop Closure (环闭合) 元素，然后进行相关的操作。

Step10. 根据参考模型边缘的状况，可在裙边曲面上创建"束子"特征，用户可使用"裙边曲面"对话框中的 ShutOff Ext (关闭延伸) 、Draft Angle (拔模角度)和ShutOff Plane (关闭平面)三个元素创建"束子"特征。在裙边曲面上创建"束子"特征的方法，与在阴影曲面上创建"束子"特征的方法相同。

- ShutOff Ext (关闭延伸) 元素：用于定义束子的外围轮廓，一般以草绘的方式来定义束子的轮廓。
- Draft Angle (拔模角度)元素：用于定义束子四周侧面的拔模角度（倾斜角度）。
- ShutOff Plane (关闭平面元素：用于定义束子的终止平面。

Step11. 单击"裙边曲面"对话框中的 预览 按钮，预览所创建的裙边曲面，然后单击 确定 按钮完成操作。

4.3.4　裙边法范例（一）——玩具手柄的分模

下面以图 4.3.6 所示的模具为例，说明采用裙边法设计分型面的一般操作过程。

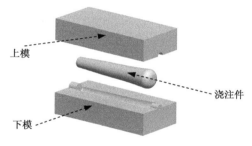

上模

浇注件

下模

图 4.3.6　玩具手柄的分模

Stage1．打开模具模型

将工作目录设置至 D:\creo6.3\work\ch04.03.04，打开文件 handle1_mold.asm。

Stage2．创建分型面

下面将创建图 4.3.7 所示的分型面，以分离模具的上模和下模。

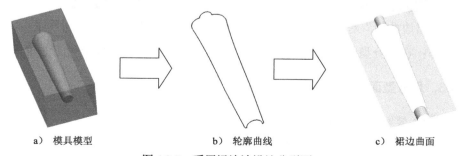

a）模具模型　　　　b）轮廓曲线　　　　c）裙边曲面

图 4.3.7　采用裙边法设计分型面

Step1. 创建轮廓曲线。

（1）单击 **模具** 功能选项卡中 设计特征 区域的"轮廓曲线"按钮 ⬭，系统弹出"轮廓曲线"操控板。

（2）定义光线投影的方向。选取图 4.3.8 所示的坯料表面作为方向参考，单击 ⬚ 按钮调整方向至图 4.3.8 所示。

（3）预览所创建的轮廓曲线（图 4.3.9），然后单击 ✔ 按钮完成操作。

Step2. 设计分型面。

（1）单击 **模具** 功能选项卡 分型面和模具体积块 ▾ 区域中的"分型面"按钮 📖，系统弹出"分型面"操控板。

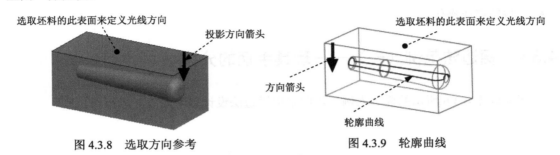

图 4.3.8　选取方向参考　　　　图 4.3.9　轮廓曲线

（2）在系统弹出的"分型面"操控板中的 控制 区域单击 按钮，在"属性"文本框中输入分型面名称 ps，单击 确定 按钮。

（3）单击 **分型面** 功能选项卡中 曲面设计 ▾ 区域中的"裙边曲面"按钮 ☁，系统弹出"裙边曲面"对话框。

（4）定义光线投影的方向。在 ▾ GEN SEL DIR（一般选择方向）菜单中，选择 Plane（平面）命令，然后在系统 ⇨ 选择将垂直于此方向的平面。的提示下，选取图 4.3.9 所示的坯料表面，选择 Okay（确定）命令，接受图 4.3.9 中的箭头方向。

（5）在弹出的 ▾ CHAIN（链）菜单中选择 Feat Curves（特征曲线）命令，然后在系统 ⇨ 选择包含曲线的特征。的提示下，用"列表选取"的方法选取前面创建的轮廓曲线。将鼠标指针移至模型中曲线的位置，右击，从弹出的菜单中选择 从列表中拾取 命令，在弹出的"从列表中拾取"对话框中选取 F7(SILH_CURVE_1) 项，然后单击 确定(O) 按钮，选择 Done（完成）命令。

（6）在"裙边曲面"对话框中单击 预览 按钮，预览所创建的分型面，然后单击 确定 按钮完成操作；在"分型面"操控板中单击"确定"按钮 ✔，完成分型面的创建。

Stage3. 用分型面创建上下两个体积块

Step1. 选择 **模具** 功能选项卡 分型面和模具体积块 ▾ 区域中的按钮 模具体积块▾ ➡ 🗄 体积块分割 命令（即用"分割"的方法构建体积块）。

Step2. 在系统弹出的"体积块分割"操控板中单击"参考零件切除"按钮，此时系统弹出"参考零件切除"操控板；单击 ✔ 按钮，完成参考零件切除的创建。

Step3. 在系统弹出的"体积块分割"操控板中单击 ▶ 按钮，将"体积块分割"操控板激活，此时系统已经将分割的体积块选中。

Step4. 选取分割曲面。在"体积块分割"操控板中单击 ⌕ 右侧的 单击此处添加项 按钮将其激活。选取上一步创建的分型面。

Step5. 在"体积块分割"操控板中单击 体积块 按钮，在"体积块"界面中单击 1 ☑ 体积块_1 区域，此时模型的下半部分变亮，如图 4.3.10 所示，然后在选中的区域中将名称改为 lower_vol；在"体积块"界面中单击 2 ☑ 体积块_2 区域，此时模型的上半部分变亮，如图 4.3.11 所示，然后在选中的区域中将名称改为 upper_vol。

Step6. 在"体积块分割"操控板中单击 ✔ 按钮，完成体积块分割的创建。

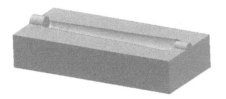

图 4.3.10　着色后的下半部分

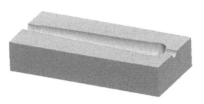

图 4.3.11　着色后的上半部分

Stage4. 抽取模具元件及生成浇注件

将浇注件命名为 MOLDING。

4.3.5　裙边法范例（二）——面板的分模

图 4.3.12 所示的模具分型面是采用裙边法设计的，下面说明其操作过程。

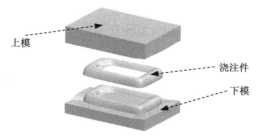

上模

浇注件

下模

图 4.3.12　面板的分模

Stage1. 打开模具模型

将工作目录设置至 D:\creo6.3\work\ch04.03.05，打开文件 panel_mold.asm。

Stage 2. 创建分型面

下面将创建图 4.3.13 所示的分型面，以分离模具的上模和下模。

a）模具模型　　　　　b）轮廓曲线　　　　　c）裙边曲面

图 4.3.13　用裙边法设计分型面

Step1. 创建轮廓曲线。

（1）单击 **模具** 功能选项卡中 设计特征 区域的"轮廓曲线"按钮 ，系统弹出"轮廓曲线"操控板。

（2）选取图 4.3.14 所示的坯料表面来定义光线的方向，单击 按钮调整箭头方向如图 4.3.14 所示。

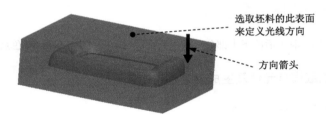

选取坯料的此表面
来定义光线方向

方向箭头

图 4.3.14　选取平面

（3）遮蔽参考件和坯料。选择 视图 功能选项卡 可见性 区域中的"模具显示"按钮 ，在弹出的"遮蔽和取消遮蔽"对话框中，按下 元件 按钮，在列表中选取 PANEL_MOLD_REF 和 WP，然后单击 遮蔽 按钮，再单击 确定 按钮。

（4）排除轮廓曲线中无用的环。在图 4.3.15 所示的"轮廓曲线"操控板中单击 环选择 选项卡，系统弹出图 4.3.16 所示的"环选择"对话框，在对话框的列表中选取 2　包括 （此时图 4.3.17 所示的"环 2"变亮），然后单击 排除 按钮，再选取 5　包括 （此时图 4.3.17 所示的"环 5"变亮），然后单击 排除 按钮。

参考　　滑块　　间隙闭合　　环选择　　属性

图 4.3.15　"轮廓曲线"操控板

图 4.3.16 "环选择"对话框

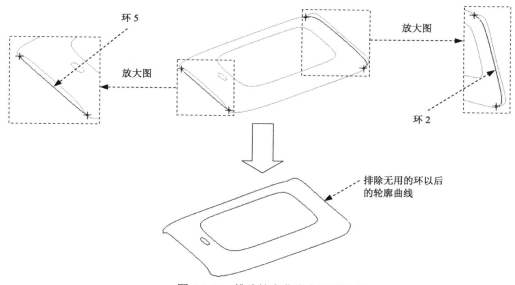

图 4.3.17 排除轮廓曲线中无用的环

（5）预览所创建的轮廓曲线，然后单击 ✔ 按钮完成操作。

（6）显示参考件和坯料。

Step2. 采用裙边法设计分型面。

（1）单击**模具** 功能选项卡 分型面和模具体积块 ▼ 区域中的"分型面"按钮 ，系统弹出"分型面"操控板。

（2）在系统弹出的"分型面"操控板中的 控制 区域单击 按钮，在"属性"文本框中输入分型面名称 ps，单击 **确定** 按钮。

（3）单击**分型面** 功能选项卡中的 曲面设计 ▼ 区域中的"裙边曲面"按钮 ，系统弹出"裙边曲面"对话框。

（4）在系统 ⇨ 选择将垂直于此方向的平面 的提示下，选取图 4.3.18 所示的坯料表面来定义光线方向，选择 Okay（确定）命令，接受图 4.3.18 中的箭头方向为光线投影方向。

（5）在弹出的 ▼CHAIN（链）菜单中选择 Feat Curves（特征曲线）命令，然后在系统的提示下，用"列表选取"的方法选取图 4.3.19 所示的轮廓曲线：将鼠标指针移至模型中曲线的位置，右击，在弹出的菜单中选择 从列表中拾取 命令，在弹出的"从列表中拾取"对话框中选取 F7(SILH_CURVE_1) 项，然后单击 确定(0) 按钮，选择 Done (完成) 命令。

（6）单击"裙边曲面"对话框中的 预览 按钮，预览所创建的分型面（图 4.3.20），然后单击 确定 按钮完成操作。

（7）在"分型面"操控板中单击"确定"按钮 ✓ ，完成分型面的创建。

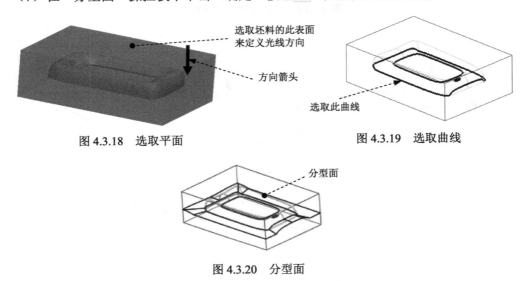

图 4.3.18　选取平面　　图 4.3.19　选取曲线

图 4.3.20　分型面

Stage3．用分型面创建上下两个体积块

（1）选择 模具 功能选项卡 分型面和模具体积块 ▾ 区域中的按钮 模具体积块 ➡ 体积块分割 命令（即用"分割"的方法构建体积块）。

（2）在系统弹出的"体积块分割"操控板中单击"参考零件切除"按钮，此时系统弹出"参考零件切除"操控板；单击 ✓ 按钮，完成参考零件切除的创建。

（3）在系统弹出的"体积块分割"操控板中单击 ▶ 按钮，将"体积块分割"操控板激活，此时系统已经将分割的体积块选中。

（4）选取分割曲面。在"体积块分割"操控板中单击 右侧的 单击此处添加项 按钮将其激活。然后选取前面创建的分型面。

（5）在"体积块分割"操控板中单击 体积块 按钮，在"体积块"界面中单击 1 ☑ 体积块_1 区域，此时模型的下半部分变亮，如图 4.3.21 所示，然后在选中的区域中将名称改为 lower_vol；在"体积块"界面中单击 2 ☑ 体积块_2 区域，此时模型的上半部分变亮，如图 4.3.22 所示，然后在选中的区域中将名称改为 upper_vol。

（6）在"体积块分割"操控板中单击 ✓ 按钮，完成体积块分割的创建。

图 4.3.21　着色后的下半部分

图 4.3.22　着色后的上半部分

Stage4．抽取模具元件及生成浇注件

将浇注件命名为 MOLDING。

4.3.6　裙边法范例（三）——塑料盖的分模

图 4.3.23 所示的模具分型面是采用裙边法设计的，下面说明其操作过程。

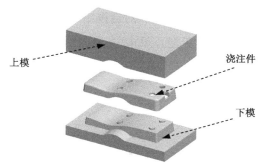

图 4.3.23　塑料盖的分模

Stage1．打开模具模型

将工作目录设置至 D:\creo6.3\work\ch04.03.06，打开文件 block1_mold.asm。

Stage2．创建分型面

下面要创建图 4.3.24 所示的分型面，以分离模具的上模和下模。

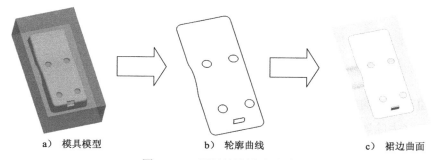

a）模具模型　　　　b）轮廓曲线　　　　c）裙边曲面

图 4.3.24　用裙边法设计分型面

Step1．创建轮廓曲线。

（1）单击 **模具** 功能选项卡中 设计特征 区域的"轮廓曲线"按钮 ⬭，系统弹出"轮廓曲线”操控板。

（2）选取图 4.3.25 所示的坯料表面，单击 按钮调整箭头方向如图 4.3.25 所示。

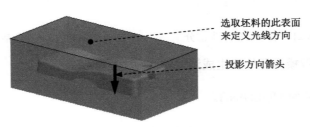

选取坯料的此表面
来定义光线方向

投影方向箭头

图 4.3.25　选取平面

（3）遮蔽参考件和坯料。

（4）在轮廓曲线中选取所需的链。在图 4.3.26 所示的"轮廓曲线"操控板中单击 环选择 选项卡，在弹出的图 4.3.27 所示的"环选择"对话框中选择 链 选项卡，然后在列表中选取 6-1 上部 （此时图 4.3.28 所示的链变亮），单击 下部 按钮（此时图 4.3.29 所示的链变亮），单击 确定 按钮。

图 4.3.26　"轮廓曲线"操控板

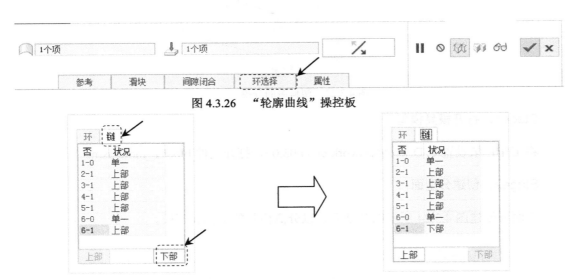

图 4.3.27　"环选择"对话框

（5）预览所创建的轮廓曲线，然后单击 ✔ 按钮完成操作。

（6）显示（去除遮蔽）参考件和坯料。

Step2. 采用裙边法设计分型面。

（1）单击 模具 功能选项卡 分型面和模具体积块 ▼ 区域中的"分型面"按钮，系统弹出"分型面"操控板。

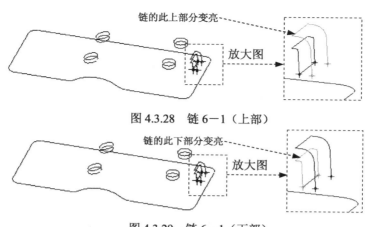

图 4.3.28 链 6—1（上部）

图 4.3.29 链 6—1（下部）

（2）在系统弹出的"分型面"操控板中的 控制 区域单击 按钮，在"属性"文本框中输入分型面名称 ps，单击 确定 按钮。

（3）单击 分型面 功能选项卡中的 曲面设计 ▾ 区域中的"裙边曲面"按钮 ，系统弹出"裙边曲面"对话框。

（4）在系统 选择将垂直于此方向的平面. 的提示下，选取图 4.3.30 所示的坯料表面，选择 Okay (确定)命令，接受图 4.3.30 中的箭头方向为光线投影方向。

（5）在弹出的 ▾CHAIN (链) 菜单中选择 Feat Curves (特征曲线) 命令，然后在系统 选择包含曲线的特征. 的提示下，选取图 4.3.31 所示的轮廓曲线 F7(SILH_CURVE_1)，然后单击 确定(D) 按钮，选择 Done (完成)命令。

（6）单击"裙边曲面"对话框中的 预览 按钮，预览所创建的分型面，然后单击 确定 按钮完成操作。

（7）在"分型面"操控板中单击"确定"按钮 ✓，完成分型面的创建。

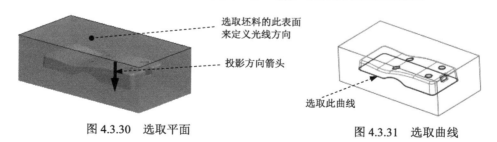

图 4.3.30 选取平面

图 4.3.31 选取曲线

Stage3. 用分型面创建上下两个体积块

Step1. 选择 模具 功能选项卡 分型面和模具体积块 ▾ 区域中的按钮 模具体积块 ▾ ➜ 体积块分割 命令（即用"分割"的方法构建体积块）。

Step2. 在系统弹出的"体积块分割"操控板中单击"参考零件切除"按钮 ，此时系统弹出"参考零件切除"操控板；单击 ✓ 按钮，完成参考零件切除的创建。

Step3. 在系统弹出的"体积块分割"操控板中单击 ▶ 按钮,将"体积块分割"操控板激活,此时系统已经将分割的体积块选中。

Step4. 选取分割曲面。在"体积块分割"操控板中单击 ⬒ 右侧的 [单击此处添加项] 按钮将其激活。选取前面所创建的分型面。

Step5. 在"体积块分割"操控板中单击 体积块 按钮,在"体积块"界面中单击 1 ☑ 体积块_1 区域,此时模型的上半部分变亮,如图 4.3.32 所示,然后在选中的区域中将名称改为 upper_mold;在"体积块"界面中单击 2 ☑ 体积块_2 区域,此时模型的下半部分变亮,如图 4.3.33 所示,然后在选中的区域中将名称改为 lower_mold。

Step6. 在"体积块分割"操控板中单击 ✔ 按钮,完成体积块分割的创建。

图 4.3.32　着色后的上半部分

图 4.3.33　着色后的下半部分

Stage4. 抽取模具元件及生成浇注件

将浇注件命名为 MOLDING。

4.3.7　裙边法范例(四)——鼠标盖的分模

图 4.3.34 所示的模具分型面是采用裙边法设计的,下面说明其操作过程。

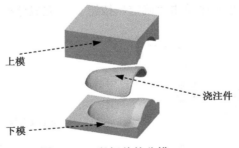

上模

浇注件

下模

图 4.3.34　鼠标盖的分模

Stage1. 打开模具模型

将工作目录设置至 D:\creo6.3\work\ch04.03.07,打开文件 cover3_mold.asm。

Stage2. 创建分型面

下面将创建图 4.3.35 所示的分型面,以分离模具的上模和下模。

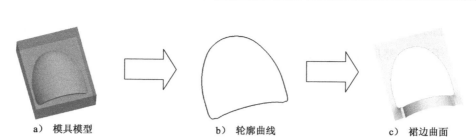

a）模具模型   b）轮廓曲线   c）裙边曲面

图 4.3.35　用裙边法设计分型面

Step1. 创建轮廓曲线。

（1）单击 模具 功能选项卡中 设计特征 区域的"轮廓曲线"按钮 ，系统弹出"轮廓曲线"操控板。

（2）选取图 4.3.36 所示的坯料表面来定义光线方向，单击 按钮调整箭头方向如图 4.3.36 所示。

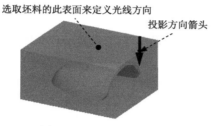

选取坯料的此表面来定义光线方向
投影方向箭头

图 4.3.36　选取平面

（3）遮蔽参考零件和坯料。

（4）定义间隙闭合。

① 在图 4.3.37 所示的"轮廓曲线"操控板中，单击 间隙闭合 选项卡。

参考　滑块　间隙闭合　环选择　属性

图 4.2.37　"轮廓曲线"操控板

② 闭合间隙 1。系统弹出图 4.3.38 所示的"间隙闭合"对话框，在列表中选取 1 默认（此时间隙 1 的闭合方式如图 4.3.39 所示），然后将闭合方式调整为 上部 如图 4.3.40 所示。

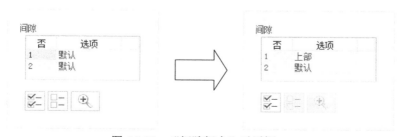

图 4.3.38　"间隙闭合"对话框

③ 闭合间隙 2。在图 4.3.38 所示的列表中选取 2 默认 （此时间隙 2 的闭合方式如图 4.3.41 所示），然后将闭合方式调整为 上部 ，如图 4.3.42 所示。

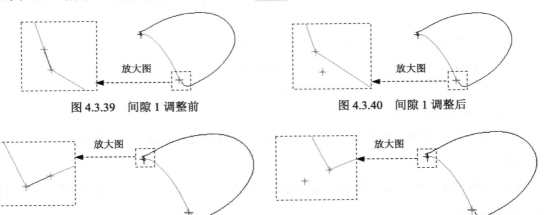

图 4.3.39　间隙 1 调整前　　　　　　　　　图 4.3.40　间隙 1 调整后

图 4.3.41　间隙 2 调整前　　　　　　　　　图 4.3.42　间隙 2 调整后

（5）预览所创建的轮廓曲线，然后单击 ✔ 按钮完成操作。

（6）显示参考零件和坯料。

Step2. 采用裙边法设计分型面。

（1）单击 模具 功能选项卡 分型面和模具体积块 ▾ 区域中的"分型面"按钮 📖，系统弹出"分型面"操控板。

（2）在系统弹出的"分型面"操控板中的 控制 区域单击 📄 按钮，在"属性"文本框中输入分型面名称 ps，单击 确定 按钮。

（3）单击 分型面 功能选项卡中的 曲面设计 ▾ 区域中的"裙边曲面"按钮 ☁️，系统弹出"裙边曲面"对话框。

（4）在系统 ➡ 选择将垂直于此方向的平面. 的提示下，选取图 4.3.43 所示的坯料表面来定义光线方向，选择 Okay（确定）命令，接受图 4.3.43 中的箭头方向为光线投影方向。

（5）在系统 ➡选择包含曲线的特征. 的提示下，用"列表选取"的方法选取图 4.3.44 中的曲线，然后选择 Done（完成）命令。

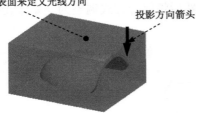

图 4.3.43　选取平面

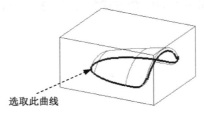

图 4.3.44　选取曲线

（6）单击"裙边曲面"对话框中的 确定 按钮，完成分型面的创建。

（7）在"分型面"操控板中，单击"确定"按钮 ✔，完成分型面的创建。

Stage3. 用分型面创建上下两个体积块

（1）选择 **模具** 功能选项卡 分型面和模具体积块 ▾ 区域中的按钮 模具体积块 ▾ ➡ 🗄体积块分割 命令（即用"分割"的方法构建体积块）。

（2）在系统弹出的"体积块分割"操控板中单击"参考零件切除"按钮🖾，此时系统弹出"参考零件切除"操控板；单击 ✔ 按钮，完成参考零件切除的创建。

（3）在系统弹出的"体积块分割"操控板中单击 ▶ 按钮，将"体积块分割"操控板激活，此时系统已经将分割的体积块选中。

（4）选取分割曲面。在"体积块分割"操控板中单击⊜右侧的 单击此处添加项 按钮将其激活。然后选取分型面。

（5）在"体积块分割"操控板中单击 体积块 按钮，在"体积块"界面中单击1 ☑ 体积块_1 区域，此时模型的下半部分变亮，如图 4.3.45 所示，然后在选中的区域中将名称改为 lower_mold；在"体积块"界面中单击2 ☑ 体积块_2 区域，此时模型的上半部分变亮，如图 4.3.46 所示，然后在选中的区域中将名称改为 upper_mold。

（6）在"体积块分割"操控板中单击 ✔ 按钮，完成体积块分割的创建。

图 4.3.45　着色后的下半部分

图 4.3.46　着色后的上半部分

Stage4. 抽取模具元件及生成浇注件

将浇注件命名为 MOLDING。

4.3.8　裙边法范例（五）——手机外壳的分模

图 4.3.47 所示的模具分型面是采用裙边法设计的，下面说明其操作过程。

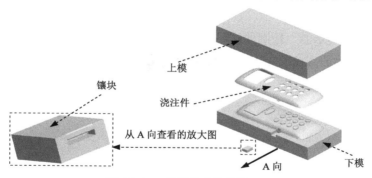

图 4.3.47　手机外壳的分模

Stage1. 打开模具模型

将工作目录设置至 D:\creo6.3\work\ch04.03.08，打开文件 phone_cover1_mold.asm。

Stage2. 创建分型面

下面将创建图 4.3.48 所示的分型面，以分离模具的上模和下模。

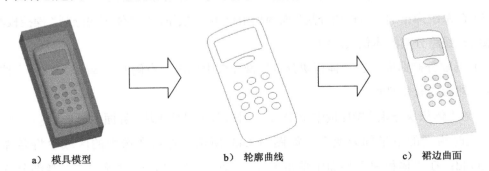

a) 模具模型　　　　　　　　b) 轮廓曲线　　　　　　　　c) 裙边曲面

图 4.3.48　用裙边法设计分型面

Step1. 创建轮廓曲线。

（1）单击 **模具** 功能选项卡中 设计特征 区域的"轮廓曲线"按钮 ⬭，系统弹出"轮廓曲线"操控板。

（2）选取图 4.3.49 所示的坯料表面来定义光线方向，单击 ▨ 按钮调整箭头方向如图 4.3.49 所示。

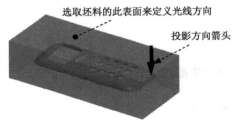

选取坯料的此表面来定义光线方向

投影方向箭头

图 4.3.49　选取平面

（3）排除轮廓曲线中无用的环。

① 选择 **视图** 功能选项卡 可见性 区域中的"模具显示"按钮 ▨，将参考零件和坯料遮蔽起来。

② 在图 4.3.50 所示的"轮廓曲线"操控板中单击 环选择 选项卡，系统弹出图 4.3.51 所示的"环选择"对话框，在列表中选取 8　　包括 （此时图 4.3.52 所示的"环 8"变亮），单击 排除 按钮。

参考　　滑块　　间隙闭合　　环选择　　属性

图 4.3.50　"轮廓曲线"操控板

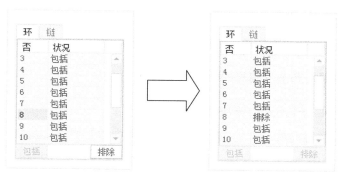

图 4.3.51　"环选择"对话框

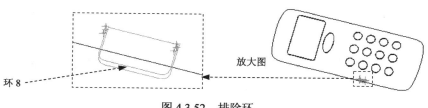

图 4.3.52　排除环

（4）预览所创建的轮廓曲线，然后单击 ✔ 按钮完成操作。

（5）选择 视图 功能选项卡 可见性 区域中的"模具显示"按钮 █，取消参考零件和坯料的遮蔽。

Step2. 采用裙边法创建主分型面。

（1）单击 模具 功能选项卡 分型面和模具体积块 ▾ 区域中的"分型面"按钮 📖，系统弹出"分型面"操控板。

（2）在系统弹出的"分型面"操控板中的 控制 区域单击 📄 按钮，在"属性"文本框中输入分型面名称 ps，单击 确定 按钮。

（3）单击 分型面 功能选项卡中 曲面设计 ▾ 区域中的"裙边曲面"按钮 ☁，系统弹出"裙边曲面"对话框。

（4）在系统 ⇨ 选择将垂直于此方向的平面。 的提示下，选取图 4.3.53 所示的坯料表面来定义光线方向，选择 Okay（确定）命令，接受图 4.3.53 中的箭头方向为光线投影方向。

（5）在系统 ⇨ 选择包含曲线的特征。 的提示下，用列表选取的方法选取轮廓曲线（即列表中的 F7(SILH_CURVE_1) 项），然后选择 Done（完成）命令。

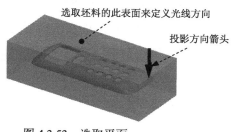

图 4.3.53　选取平面

（6）单击"裙边曲面"对话框中的 **确定** 按钮，完成分型面的创建。

（7）在"分型面"操控板中单击"确定"按钮 ✔，完成分型面的创建。

Stage3. 创建镶块和上下模具的体积块

Step1. 创建图 4.3.54 所示的镶块体积块。

（1）选择 **模具** 功能选项卡 分型面和模具体积块 ▾ 区域中的  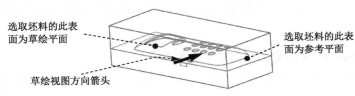 命令。

（2）在系统弹出的 编辑模具体积块 功能选项卡 控制 区域单击 按钮，在"属性"文本框中输入分型面名称 insert，单击 **确定** 按钮。

（3）单击 编辑模具体积块 功能选项卡 形状 ▾ 区域中的 拉伸 按钮，此时系统弹出"拉伸"操控板。

（4）定义草绘截面放置属性。右击，从弹出的菜单中选择 定义内部草绘... 命令，在系统 ⬦ 选择一个平面或曲面以定义草绘平面. 的提示下，选取图 4.3.55 所示的坯料表面为草绘平面，接受图 4.3.55 中默认的箭头方向为草绘视图方向，然后选取图 4.3.55 所示的坯料表面为参考平面，方向为 **右**。

选取坯料的此表面为草绘平面

选取坯料的此表面为参考平面

草绘视图方向箭头

图 4.3.54 镶块体积块　　　　图 4.3.55 定义草绘平面

（5）进入草绘环境后，选取图 4.3.56 所示的边线为草绘参考，绘制图 4.3.56 所示的矩形截面草图。完成特征截面的绘制后，单击"确定"按钮 ✔。

选取这两条边线为草绘参考

放大图

9.0

4.0

2.0

图 4.3.56 截面草图

（6）设置深度选项。在操控板中选取深度类型 ⊥，然后将模型调整到图 4.3.57 所示的方位，用列表选取的方法选取图 4.3.57 所示的参考模型的表面为拉伸终止面，该终止面即图 4.3.58 所示对话框内列表中的 曲面:F1(合并):PHONE_COVER1_MOLD_REF 选项。

（7）在"拉伸"操控板中单击 ✔ 按钮，完成特征的创建。

（8）选择 编辑模具体积块 功能选项卡 体积块工具 ▾ 区域中的 修剪到几何 ▾ 下拉列表中的 参考零件切除 命令。

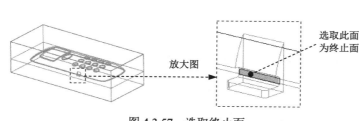

图 4.3.57 选取终止面

图 4.3.58 "从列表中拾取"对话框

（9）在**编辑模具体积块**选项卡中单击"确定"按钮 ✓，完成镶块体积块的创建。

Step2. 创建主体积块。图 4.3.59 所示的体积块是从坯料中减去镶块体积块后的剩余部分，这部分体积块称为主体积块，后面将用主分型面将该主体积块分割成上、下两个模具体积块。下面说明该主体积块的创建过程。

（1）选择 **模具** 功能选项卡 分型面和模具体积块 ▾ 区域中的 模具体积块 ➡ 体积块分割 命令。

（2）在系统弹出的"体积块分割"操控板中单击"参考零件切除"按钮 ⬚，此时系统弹出"参考零件切除"操控板；单击 ✓ 按钮，完成参考零件切除的创建。

（3）在系统弹出的"体积块分割"操控板中单击 ▸ 按钮，将"体积块分割"操控板激活，此时系统已经将分割的体积块选中。

（4）选取分割曲面。在"体积块分割"操控板中单击 ⬡ 右侧的 单击此处添加项 按钮将其激活。然后选取图 4.3.60 所示的分型面。

图 4.3.59 创建体积块

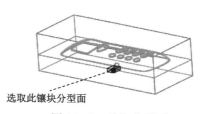

选取此镶块分型面

图 4.3.60 选取分型面

（5）在"体积块分割"操控板中单击 体积块 按钮，在"体积块"界面中单击 1 ☑ 体积块_1 区域，可观察到镶块以外的体积块加亮，如图 4.3.59 所示，然后在选中的区域中将名称改为 body，如图 4.3.61 所示；取消选中 2 ☐ 体积块_2 （如图 4.3.62 所示）。

图 4.3.61 "体积块"对话框（一）

图 4.3.62 "体积块"对话框（二）

（6）在"体积块分割"操控板中单击 ✓ 按钮，完成体积块分割的创建。

Step3. 用主分型面将主体积块分割成上、下两个体积块。

（1）选择 **模具** 功能选项卡 分型面和模具体积块 ▼ 区域中的按钮 模具体积块 ▼ ➡ 体积块分割 命令。

（2）选取 BODY 作为要分割的模具体积块；选取图 4.3.63 所示的分型面为分割曲面。

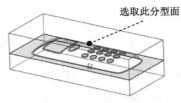

图 4.3.63　选取分型面

（3）在"体积块分割"操控板中单击 体积块 按钮，在"体积块"界面中单击 1 ☑ 体积块_1 区域，此时模型的下半部分变亮，如图 4.3.64 所示，然后在选中的区域中将名称改为 lower_mold；在"体积块"界面中单击 2 ☑ 体积块_2 区域，此时模型的上半部分变亮，如图 4.3.65 所示，然后在选中的区域中将名称改为 upper_mold。

（4）在"体积块分割"操控板中单击 ✔ 按钮，完成体积块分割的创建。

图 4.3.64　着色后的下半部分

图 4.3.65　着色后的上半部分

Stage4. 抽取模具元件及生成浇注件

将浇注件命名为 MOLDING。

4.3.9　裙边法范例（六）——护盖的分模

图 4.3.66 所示的模具分型面是采用裙边法设计的，下面说明其操作过程。

Task1. 打开模具模型

将工作目录设置至 D:\creo6.3\work\ch04.03.09，打开文件 cover2_mold.asm。

Task2. 创建分型面

下面将创建图 4.3.67 所示的分型面，以分离模具的上模和下模。

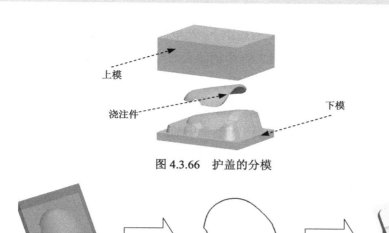

图 4.3.66　护盖的分模

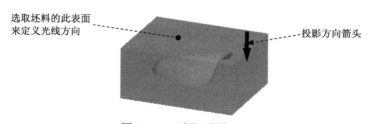

a）模具模型　　　　　b）轮廓曲线　　　　　c）裙边曲面

图 4.3.67　用裙边法设计分型面

Stage1．创建轮廓曲线

Step1. 单击 **模具** 功能选项卡中 设计特征 区域的"轮廓曲线"按钮 ⬚，系统弹出"轮廓曲线"操控板。

Step2. 选取图 4.3.68 所示的坯料表面来定义光线方向，单击 ⬚ 按钮调整箭头方向如图 4.3.68 所示。

Step3. 单击对话框中的 ✔ 按钮，完成"轮廓曲线"特征的创建。

选取坯料的此表面来定义光线方向

投影方向箭头

图 4.3.68　选取平面

Stage2．采用裙边法设计分型面

Step1. 单击 **模具** 功能选项卡 分型面和模具体积块 ▾ 区域中的"分型面"按钮 ⬚，系统弹出"分型面"操控板。

Step2. 在系统弹出的"分型面"操控板中的 控制 区域单击 ⬚ 按钮，在"属性"文本框中输入分型面名称 ps，单击 **确定** 按钮。

Step3. 单击 **分型面** 功能选项卡中 曲面设计 ▾ 区域中的"裙边曲面"按钮 ⬚，系统弹出"裙边曲面"对话框。

Step4. 在系统 ⇨ 选择将垂直于此方向的平面. 的提示下，选取图 4.3.68 所示的坯料表面来定义光线方向，选择 Okay (确定) 命令，接受图 4.3.68 中的箭头方向为光线投影方向。

Step5. 在系统 ⇨ 选择包含曲线的特征. 的提示下，用"列表选取"的方法选取轮廓曲线（即列表中的 F7(SILH_CURVE_1) 选项），选择 Done (完成) 命令。

Step6. 延伸裙边曲面。单击"裙边曲面"对话框中的 预览 按钮，预览所创建的分型面，在图 4.3.69a 中可以看到，此时分型面还没有到达坯料的外表面。进行下面的操作后，可以使分型面延伸到坯料的外表面，如图 4.3.69b 所示。

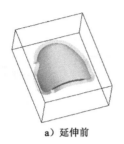

a）延伸前　　　　　　　　　　　　　　b）延伸后

图 4.3.69　延伸分型面

（1）在图 4.3.70 所示的"裙边曲面"对话框中，双击 Extension (延伸) 元素，系统弹出"延伸控制"对话框（一），选择"延伸方向"选项卡（图 4.3.71）。

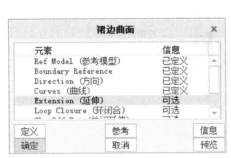

图 4.3.70　"裙边曲面"对话框（一）

图 4.3.71　"延伸方向"选项卡

（2）定义延伸点集（一）。

① 在"延伸方向"选项卡中单击 添加 按钮，系统弹出 ▼ GEN PNT SEL (一般点选取) 菜单，同时提示 ⇨ 选择曲线端点和/或边界的其他点来设置方向. ，按住<Ctrl>键，在模型中选取图 4.3.72 所示的四个点，然后单击"选择"对话框中的 确定 按钮，再在 ▼ GEN PNT SEL (一般点选取) 菜单中选择 Done (完成) 命令。

② 在 ▼ GEN SEL DIR (一般选择方向) 菜单中选择 Crv/Edg/Axis (曲线/边/轴) 命令，然后选取

图 4.3.72 所示的边线，选择Okay（确定）命令，接受图 4.3.72 中的箭头方向为延伸方向。

a）定义延伸前　　　　　　　　　　　　　　　b）定义延伸后

图 4.3.72　定义延伸点集（一）

（3）定义延伸点集（二）。

① 在"延伸控制"对话框中，单击 添加 按钮，在 ⇨选择曲线端点和/或边界的其他点来设置方向。 的提示下，按住<Ctrl>键，选取图 4.3.73 所示的六个点，然后单击"选择"对话框中的 确定 按钮，在 ▼GEN PNT SEL（一般点选取）菜单中选择Done（完成）命令。

② 在弹出的 ▼ GEN SEL DIR（一般选择方向）菜单中选择Crv/Edg/Axis（曲线/边/轴）命令，然后选取图 4.3.73 所示的边线，调整延伸方向，如图 4.3.73 所示，然后选择Okay（确定）命令。

a）定义延伸前　　　　　　　　　　　　　　　b）定义延伸后

图 4.3.73　定义延伸点集（二）

（4）定义延伸点集（三）。

① 在"延伸控制"对话框中单击 添加 按钮，按住<Ctrl>键，选取图 4.3.74 所示的三个点，然后单击"选择"对话框中的 确定 按钮，选择Done（完成）命令。

② 在弹出的 ▼GEN SEL DIR（一般选择方向）菜单中选择Crv/Edg/Axis（曲线/边/轴）命令，然后选取图 4.3.74 所示的边线，选择Okay（确定）命令，接受图 4.3.74 中的箭头方向为延伸方向。

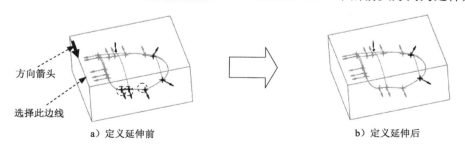

a）定义延伸前　　　　　　　　　　　　　　　b）定义延伸后

图 4.3.74　定义延伸点集（三）

（5）定义延伸点集（四）。

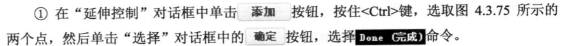

① 在"延伸控制"对话框中单击 添加 按钮，按住<Ctrl>键，选取图 4.3.75 所示的两个点，然后单击"选择"对话框中的 确定 按钮，选择 Done (完成)命令。

② 在弹出的 ▼ GEN SEL DIR (一般选择方向)菜单中选择 Crv/Edg/Axis (曲线/边/轴)命令，然后选取图 4.3.75 所示的边线，选择 Okay (确定)命令，接受图 4.3.75 中的箭头方向为延伸方向。定义了以上四个延伸点集后，单击"延伸控制"对话框中的 确定 按钮。

（6）在"裙边曲面"对话框中单击 预览 按钮，预览所创建的分型面，可以看到此时分型面已向四周延伸至坯料的表面。

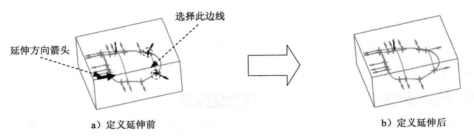

图 4.3.75　定义延伸点集（四）

Step7. 在裙边曲面上创建"束子"特征。

（1）定义"束子"的轮廓。

① 在图 4.3.76 所示的"裙边曲面"对话框（二）中双击 ShutOff Ext (关闭延伸)元素。

② 在图 4.3.77 所示的 ▼ SHUTOFF EXT (关闭延伸)菜单中，依次选择 Boundary (边界) ➡ Sketch (草绘)命令。

③ 设置草绘平面。在弹出的 ▼ SETUP SK PLN (设置草绘平面)菜单中选择 Setup New (新设置)命令，在系统 ➡ 选择或创建一个草绘平面。的提示下，选取图 4.3.78 所示的坯料表面为草绘平面，选择 Okay (确定) ➡ Right (右)命令，再选取图 4.3.78 所示的坯料表面为参考平面。

④ 绘制"束子"轮廓。进入草绘环境后，选取 MAIN_PARTING_PLN 和 MOLD_RIGHT 两个基准平面为草绘参考，绘制图 4.3.79 所示的截面草图。完成特征截面的绘制后，单击"草绘"操控板中的"确定"按钮 ✔。

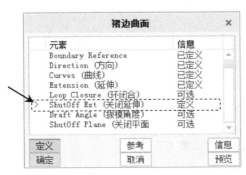

图 4.3.76　"裙边曲面"对话框（二）

图 4.3.77　菜单管理器

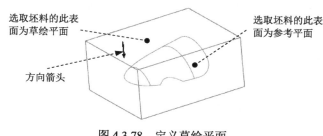

图 4.3.78 定义草绘平面

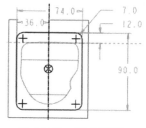

图 4.3.79 截面草图

（2）创建图 4.3.80 所示的基准平面 ADTM1，该基准平面将在后面作为"束子"终止平面的参考平面。

① 在 基准 ▾ 区域中单击"平面"按钮 □ 。

② 系统弹出"基准平面"对话框，选取 MOLD_FRONT 基准平面为参考平面，然后输入偏移值 5.0（此基准平面应在 MOLD_FRONT 基准平面的下方，若方向相反应输入负值）。

③ 单击"基准平面"对话框中的 确定 按钮。

（3）定义"束子"的拔模角度。

① 在"裙边曲面"对话框中双击 Draft Angle（拔模角度）元素。

② 在系统弹出的 输入拔模角值 文本框中，输入拔模角度值 15，单击 ✔ 按钮。

（4）定义"束子"的终止平面。

① 在"裙边曲面"对话框中双击 ShutOff Plane（关闭平面）元素，然后进行下面的操作。

② 系统弹出 ▾ ADD RMV REF（加入删除参考）菜单，在系统 ⇨ 选择一切断平面 的提示下，选取上一步创建的 ADTM1 基准平面为参考平面。

③ 在 ▾ ADD RMV REF（加入删除参考）菜单中选择 Done/Return（完成/返回）命令。

Step8. 单击"裙边曲面"对话框中的 预览 按钮，预览所创建的分型面（图 4.3.81），然后单击 确定 按钮完成操作。

Step9. 在"分型面"操控板中单击"确定"按钮 ✔ ，完成分型面的创建。

图 4.3.80 创建基准平面 ADTM1

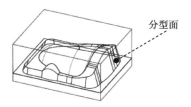

图 4.3.81 分型面

Task3. 用分型面创建上、下两个体积块

Step1. 选择 模具 功能选项卡 分型面和模具体积块 ▾ 区域中的按钮 模具体积块 ▾ ➡ 🗗 体积块分割 命令。

Step2. 在系统弹出的"体积块分割"操控板中单击"参考零件切除"按钮，此时系统弹出"参考零件切除"操控板；单击 ✔ 按钮，完成参考零件切除的创建。

Step3. 在系统弹出的"体积块分割"操控板中单击 ▶ 按钮，将"体积块分割"操控板激活，此时系统已经将分割的体积块选中。

Step4. 选取分割曲面。在"体积块分割"操控板中单击 ⌒ 右侧的 单击此处添加项 按钮将其激活。然后选取分型面。

Step5. 在"体积块分割"操控板中单击 体积块 按钮，在"体积块"界面中单击 1 ☑ 体积块_1 区域，此时模型的下半部分变亮，如图 4.3.82 所示，然后在选中的区域中将名称改为 lower_mold；在"体积块"界面中单击 2 ☑ 体积块_2 区域，此时模型的上半部分变亮，如图 4.3.83 所示，然后在选中的区域中将名称改为 upper_mold。

Step6. 在"体积块分割"操控板中单击 ✔ 按钮，完成体积块分割的创建。

图 4.3.82　着色后的下半部分　　　　　图 4.3.83　着色后的上半部分

Task4．抽取模具元件及生成浇注件

将浇注件命名为 MOLDING。

4.3.10　裙边法范例（七）——塑料前盖的分模

图 4.3.84 所示的模具分型面是采用裙边法设计的，下面说明其操作过程。

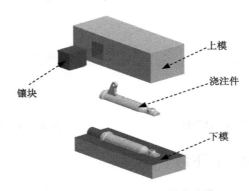

上模

浇注件

镶块

下模

图 4.3.84　塑料前盖的分模

Stage1．打开模具模型

将工作目录设置至 D:\creo6.3\work\ch04.03.10，打开文件 front_cover_mold.asm。

Stage2．创建主分型面

先采用裙边法创建模具的主分型面（图 4.3.85），主分型面的作用是分离模具的上模和下模。

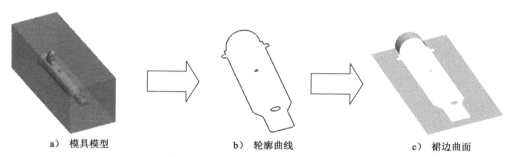

| a）模具模型 | b）轮廓曲线 | c）裙边曲面 |

图 4.3.85　用裙边法设计分型面

Step1．创建轮廓曲线。

（1）单击 模具 功能选项卡中 设计特征 区域的"轮廓曲线"按钮 ⬭ ，系统弹出图 4.3.86 所示的"轮廓曲线"操控板。

图 4.3.86　"轮廓曲线"操控板

（2）选取图 4.3.87 所示的坯料表面来定义光线方向，单击 ⬚ 按钮调整箭头方向如图 4.3.87 所示。

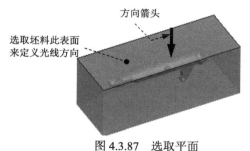

方向箭头

选取坯料此表面
来定义光线方向

图 4.3.87　选取平面

（3）排除轮廓曲线中无用的环。

① 选择 视图 功能选项卡 可见性 区域中的"模具显示"按钮 ▦ ，将坯料遮蔽起来。

② 在图 4.3.86 所示的操控板中，单击 环选择 选项卡，系统弹出图 4.3.88 所示的"环选择"对话框，在该对话框的列表中选取 4　　　包括 ，此时模型中的"环 4"加亮，如图 4.3.89a

所示，单击 排除 按钮后，"环 4"曲线段便从轮廓曲线中排除了。采用同样方法，分别排除"环5""环6"。

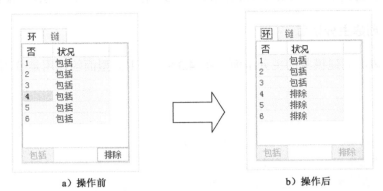

a）操作前　　　　　　　　　　　　　　　b）操作后

图 4.3.88　"环选择"对话框

（4）预览所创建的轮廓曲线，然后单击"轮廓曲线"对话框的 ✔ 按钮。

（5）选择 视图 功能选项卡 可见性 区域中的"模具显示"按钮 ，取消坯料的遮蔽。

a）排除环4　　　　　　　　　b）排除环5　　　　　　　　　c）排除环6

图 4.3.89　排除环4、环5和环6

Step2. 采用裙边法创建主分型面。

（1）单击 模具 功能选项卡 分型面和模具体积块 ▾ 区域中的"分型面"按钮 ，系统弹出"分型面"操控板。

（2）在系统弹出的"分型面"操控板中的 控制 区域单击 按钮，在"属性"文本框中输入分型面名称 main_ps，然后单击 确定 按钮。

（3）单击 分型面 功能选项卡中 曲面设计 ▾ 区域中的"裙边曲面"按钮 ，系统弹出"裙边曲面"对话框。

（4）在系统 选择包含曲线的特征. 的提示下，用"列表选取"的方法选取前面创建的轮廓曲线（ F7(SILH_CURVE_1) 选项），选择 Done (完成) 命令。

（5）在图4.3.86所示的对话框中，双击 Direction (方向) 元素，在系统 选择将垂直于此方向的平面. 的提示下，选取图4.3.90所示的坯料表面来定义光线方向，选择 Okay (确定) 命令，接受图4.3.90中的箭头方向为光线投影方向。

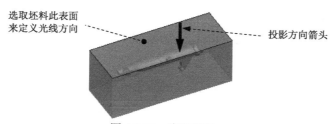

图 4.3.90　选取平面

（6）单击"裙边曲面"对话框中的 确定 按钮。

（7）在"分型面"操控板中单击"确定"按钮 ✔，完成分型面的创建。

Stage3．创建侧分型面

Step1．创建图 4.3.91 所示的镶块体积块。

（1）选择 模具 功能选项卡 分型面和模具体积块 ▾ 区域中的 模具体积块 ➡ 📦模具体积块 命令。

（2）在系统弹出的 编辑模具体积块 功能选项卡 控制 区域单击 📷 按钮，在"属性"文本框中输入分型面名称 insert，单击 确定 按钮。

（3）单击 编辑模具体积块 功能选项卡 形状 ▾ 区域中的 🔲拉伸 按钮，此时系统弹出"拉伸"操控板。

（4）定义草绘截面放置属性。右击，从弹出的菜单中选择 定义内部草绘... 命令，在系统 ⏵选择一个平面或曲面以定义草绘平面. 的提示下，选取图 4.3.92 所示的坯料表面为草绘平面，选取图 4.3.92 所示的坯料顶面为参考平面，方向为 上 。

图 4.3.91　镶块体积块

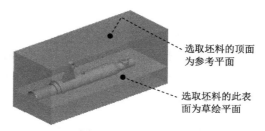

图 4.3.92　定义草绘平面

（5）进入草绘环境后，选取图 4.3.93 所示的边线为草绘参考，绘制图 4.3.93 所示的矩形截面草图。完成特征截面的绘制后，单击"确定"按钮 ✔。

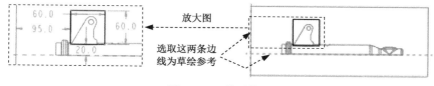

图 4.3.93　截面草图

（6）设置拉伸深度。

① 在操控板中选取深度类型 ⊥（到选定的）。

② 将模型调整到图 4.3.94 所示的方位，选取图 4.3.94 所示的参考模型的表面为拉伸终止面。

③ 在"拉伸"操控板中单击 ✔ 按钮，完成特征的创建。

（7）选择 编辑模具体积块 功能选项卡 体积块工具 ▾ 区域中的 修剪到几何 ▾ 下拉列表中的 参考零件切除 命令。

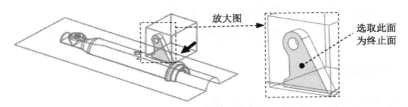

图 4.3.94　选取拉伸的终止面

（8）着色显示所创建的镶块体积块。单击 编辑模具体积块 功能选项卡 可见性 区域中的"着色"按钮 ▭，系统自动将刚创建的镶块体积块着色，然后在 ▼ CntVolSel（继续体积块选取）菜单中选择 Done/Return（完成/返回）命令。

（9）在"编辑模具体积块"选项卡中单击"确定"按钮 ✔，完成镶块体积块的创建。

Step2. 创建主体积块。图 4.3.95 所示的体积块是从坯料中减去镶块体积块后的剩余部分，这部分体积块称为主体积块，后面将用主分型面将该主体积块分割成上、下两个模具体积块。下面说明该主体积块的创建过程。

（1）选择 模具 功能选项卡 分型面和模具体积块 ▾ 区域中的 模具体积块 ▾ ➡ 体积块分割 命令。

（2）在系统弹出的"体积块分割"操控板中单击"参考零件切除"按钮 ⬜，此时系统弹出"参考零件切除"操控板；单击 ✔ 按钮，完成参考零件切除的创建。

（3）在系统弹出的"体积块分割"操控板中单击 ▶ 按钮，将"体积块分割"操控板激活，此时系统已经将分割的体积块选中。

（4）选取分割曲面。在"体积块分割"操控板中单击 ⬭ 右侧的 单击此处添加项 按钮将其激活。然后选取图 4.3.96 所示的分型面。

图 4.3.95　创建主体积块

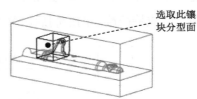

图 4.3.96　选取分型面

（5）在"体积块分割"操控板中单击 体积块 按钮，在"体积块"界面中单击 1 ☑ 体积块_1 区域，可观察到镶块以外的体积块加亮，如图 4.3.95 所示，然后在选中的区域中将名称改为

body；取消选中 2 □ 体积块_2 。

（6）在"体积块分割"操控板中单击 ✔ 按钮，完成体积块分割的创建。

Step3.用主分型面将主体积块分割成上、下两个体积块。

（1）选择 **模具** 功能选项卡 分型面和模具体积块 ▾ 区域中的按钮 模具体积块 ▾ ➡ 🗐 体积块分割 命令。

（2）选取 BODY 作为要分割的模具体积块；选取图 4.3.97 所示的分型面为分割曲面。

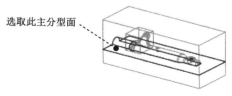

选取此主分型面

图 4.3.97　选取主分型面

（3）在"体积块分割"操控板中单击 体积块 按钮，在"体积块"界面中单击 1 ☑ 体积块_1 区域，此时模型的上半部分变亮，如图 4.3.98 所示，然后在选中的区域中将名称改为 upper_mold；在"体积块"界面中单击 2 ☑ 体积块_2 区域，此时模型的下半部分变亮，如图 4.3.99 所示，然后在选中的区域中将名称改为 lower_mold。

（4）在"体积块分割"操控板中单击 ✔ 按钮，完成体积块分割的创建。

图 4.3.98　着色后的上半部分

图 4.3.99　着色后的下半部分

Stage4．抽取模具元件及生成浇注件

将浇注件命名为 MOLDING。

学习拓展：扫码学习更多视频讲解。

讲解内容：主要包含产品设计基础，曲面设计的基本概念，常用的曲面设计方法及流程，曲面转实体的常用方法，典型曲面设计案例等。

读者想要了解更多分型面的设计方法，本部分的内容非常必要。

第5章 使用分型面法进行模具设计

本章提要 本章将通过几个范例来介绍使用分型面法进行模具设计的一般过程，并讲解一些复杂模具的设计方法，其中包括带型芯的模具、带滑块的模具、带销的模具、带破孔塑件的模具、一模多穴模具以及内外侧同时抽芯的模具设计。在学过本章之后，读者能够熟练掌握使用分型面法进行模具设计的一般方法和技巧。

5.1 概　述

使用分型面法进行模具设计是 Creo 中最为常用的一种模具设计方法。通过该方法几乎可以完成从简单到复杂的所有模具设计。在这种设计方法中，分型面的创建起着关键的作用，所以在学习本章之前，读者应该熟练掌握创建分型面的各种方法，详细内容可以参看本书第 4 章。

在第 2 章的 Creo 模具设计入门中，已经通过一个简单的例子详细地讲解了使用分型面设计模具的一般过程，所以本章将重点放在了一些较为复杂的模具设计上，如带型芯的模具设计、带滑块的模具设计、带销的模具设计、带破孔塑件的模具设计、一模多穴模具设计以及内外侧同时抽芯的模具设计。

无论怎样复杂的模具，其设计思路是大致相同的：第一，将要开模的产品零件引入到 Creo 模具模块中；第二，通过手动或自动的方式来完成坯料的创建；第三，设置产品零件的收缩率；第四，在进入创建分型面的环境下，使用各种方法来完成分型面的创建（在创建分型面时，首先可以考虑的创建方法就是 Creo 模具模块中自带的自动分模技术，其次是通过特征命令来创建分型面，在很多的情况下是通过阴影法和裙边法两种方法相结合共同来完成的）；第五，通过创建的分型面来提取出模具体积块；第六，生成浇注件；第七，定义模具的开启。

5.2 带型芯的模具设计

这里将介绍另一款手柄的模具设计，该手柄与第 2 章模具设计中所介绍的手柄的区别是多了一个不通孔（盲孔），如图 5.2.1 所示。如果在设计该手柄的模具时，仍然将模具的开模方向定义为竖直方向，那么手柄中不通孔（盲孔）的轴线方向就与开模方向垂直，这就需要设计型芯模具元件后才能构建该孔，因而该手柄的设计过程将会复杂一些。下面介绍该模具的设计过程。

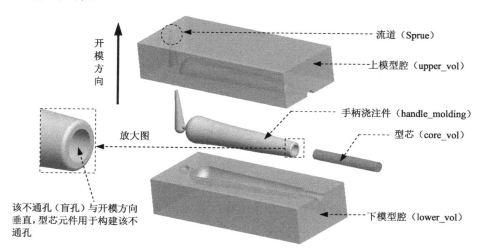

开
模
方
向

流道（Sprue）

上模型腔（upper_vol）

手柄浇注件（handle_molding）

放大图

型芯（core_vol）

该不通孔（盲孔）与开模方向垂直，型芯元件用于构建该不通孔

下模型腔（lower_vol）

图 5.2.1 带型芯的手柄模具设计

Task1. 新建一个模具制造模型，进入模具模块

注意：由于以前所执行的操作，内存中可能存在一些无用的文件，如果这些文件与将要进行的模具设计中的某些文件名称相同，就会造成模具设计的混乱，所以在开始一个新的模具设计前，务必要清除这些无用的文件。操作方法为：先选择下拉菜单 文件▼ ➡️ 关闭(C) 命令，关闭所有窗口，然后选择 文件▼ ➡️ 管理会话(M) ▶ ➡️ 拭除未显示的(D) 从此会话中拭除不在窗口中的所有对象。命令，拭除所有不显示的文件。

Step1. 选择下拉菜单 文件▼ ➡️ 管理会话(M) ▶ ➡️ 选择工作目录(W) 选择工作目录。命令，将工作目录设置至 D:\creo6.3\work\ch05.02。

Step2. 选择下拉菜单 文件▼ ➡️ 新建(B) 命令（或单击"新建"按钮 ▯）。

Step3. 在"新建"对话框中，在 类型 区域中选中 ● 🏭 制造 单选项，在 子类型 区域中选中 ● 模具型腔 单选项，在 文件名: 文本框中输入文件名 handle_mold，取消 ☑ 使用默认模板 复选框中的"√"号，然后单击 确定 按钮。

Step4. 在"新文件选项"对话框中选取 mmns_mfg_mold 模板，单击 确定 按钮。

Task2. 建立模具模型

模具模型主要包括参考模型（Ref Model）和坯料（Workpiece），如图 5.2.2 所示。

Stage1. 引入参考模型

Step1. 单击 模具 功能选项卡 参考模型和工件 区域中的按钮 参考模型▼，然后在系统弹出的列表中选择组装参考模型命令，系统弹出"打开"对话框。

Step2. 在"打开"对话框中选取三维零件模型 handle.prt 作为参考零件模型，然后单击 打开 按钮。

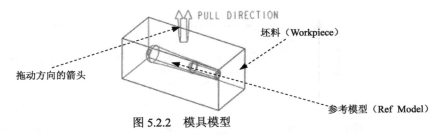

图 5.2.2　模具模型

Step3. 定义约束参考模型的放置位置。

（1）指定第一个约束。在操控板中单击 放置 按钮，在"放置"界面的"约束类型"下拉列表中选择 重合，选取参考件的 RIGHT 基准平面为元件参考，选取装配体的 MAIN_PARTING_PLN 基准平面为组件参考。

（2）指定第二个约束。单击 新建约束 字符，在"约束类型"下拉列表中选择 重合，选取参考件的 TOP 基准平面为元件参考，选取装配体的 MOLD_FRONT 基准平面为组件参考。

（3）指定第三个约束。单击 新建约束 字符，在"约束类型"下拉列表中选择 重合，选取参考件的 FRONT 基准平面为元件参考，选取装配体的 MOLD_RIGHT 基准平面为组件参考。

（4）至此，约束定义完成，单击元件放置操控板中的 ✔ 按钮，系统自动弹出"创建参考模型"对话框。

Step4. 在"创建参考模型"对话框中选中 ● 按参考合并 单选项，然后在 参考模型 区域的 名称 文本框中，接受系统给出的默认的参考模型名称 HANDLE_MOLD_REF，再单击 确定 按钮，系统弹出"警告"对话框，单击 确定 按钮。放置后的结果如图 5.2.3 所示。

Stage2. 定义坯料

Step1. 单击 模具 功能选项卡 参考模型和工件 区域的按钮 工件，然后在系统弹出的列表中选择 创建工件 命令，系统弹出"创建元件"对话框。

Step2. 在"创建元件"对话框的 类型 区域选中 ● 零件 单选项，在 子类型 区域选中 ● 实体 单选项，在 文件名 文本框中输入坯料的名称 handle_mold_wp，然后单击 确定 按钮。

Step3. 在弹出的"创建选项"对话框中选中 ● 创建特征 单选项，然后单击 确定 按钮。

Step4. 创建坯料特征。

（1）选择命令。单击 **模具** 功能选项卡 形状 ▾ 区域中的 ⬚ 拉伸 按钮。此时出现"拉伸"操控板。

（2）创建实体拉伸特征。

① 选取拉伸类型。在出现的操控板中，确认"实体"按钮 ⬚ 被按下。

② 定义草绘截面放置属性。在绘图区中右击，从弹出的快捷菜单中选择 定义内部草绘... 命令。系统弹出对话框，然后选择参考模型 MAIN_PARTING_PLN 基准平面作为草绘平面，草绘平面的参考平面为 MOLD_FRONT 基准平面，方位为 **右**，单击 草绘 按钮，至此系统进入截面草绘环境。

③ 进入截面草绘环境后，系统弹出"参考"对话框，选取 MOLD_FRONT 基准平面和 MOLD_RIGHT 基准平面为草绘参考，然后单击 关闭(C) 按钮，绘制图 5.2.4 所示的特征截面草图。完成特征截面的绘制后，单击"草绘"操控板中的"确定"按钮 ✔ 。

④ 选取深度类型并输入深度值。在操控板中选取深度类型 ⬓ （对称），再在深度文本框中输入深度值 60.0，并按<Enter>键。

⑤ 完成特征。在操控板中单击 ✔ 按钮，则完成拉伸特征的创建。

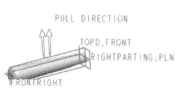

图 5.2.3　放置后

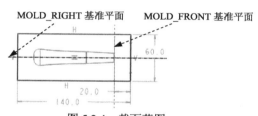

图 5.2.4　截面草图

Task3．设置收缩率

Step1. 单击 **模具** 功能选项卡 生产特征 ▾ 区域中的按钮 生产特征 ▾ ，在系统弹出的下拉菜单中单击按钮 🔲 按比例收缩 ▸，然后选择 🔲 按尺寸收缩 命令。

Step2. 系统弹出"按尺寸收缩"对话框，确认 公式 区域的 1+S 按钮被按下，在 收缩选项 区域选中 ✔ 更改设计零件尺寸 复选框，在 收缩率 区域的 比率 栏中输入收缩率值 0.006，并按<Enter>键，然后单击对话框中的 ✔ 按钮。

Task4．创建模具分型曲面

Stage1．定义型芯分型面

下面的操作是创建零件 handle.prt 模具的型芯分型曲面（图 5.2.5），以分离模具元件——型芯，其操作过程如下。

Step1. 单击 **模具** 功能选项卡 分型面和模具体积块 ▾ 区域中的"分型面"按钮 ▢ ，系统弹出"分型面"操控板。

Step2. 在系统弹出的"分型面"操控板中的 控制 区域单击"属性"按钮 🖺，在图 5.2.6 所示的"属性"对话框中，输入分型面名称 core_ps，单击对话框中的 确定 按钮。

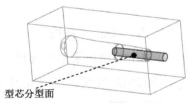

型芯分型面

图 5.2.5　创建型芯分型曲面

图 5.2.6　"属性"对话框

Step3. 通过曲面"复制"的方法，复制参考模型（手柄）上孔的内表面。

（1）采用"种子面与边界面"的方法选取所需的曲面。用户分别选取种子面和边界面后，系统则会自动选取从种子曲面开始向四周延伸，直到边界曲面的所有曲面（其中包括种子曲面，但不包括边界曲面）。在屏幕右下方的"智能选取栏"中选择"几何"选项，如图 5.2.7 所示。

图 5.2.7　智能选取栏

（2）下面先选取"种子面"（Seed Surface），操作方法如下。

① 利用图 5.2.8 所示的 视图 功能选项卡 模型显示 区域中的"显示样式"按钮 🗂，可以切换模型的显示状态。按下 🗂 线框 按钮，将模型的显示状态切换到虚线线框显示方式。

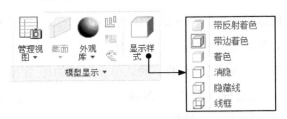

图 5.2.8　"显示样式"按钮

② 将模型调整到图 5.2.9 所示的视图方位，选取图 5.2.9 所示的种子面。

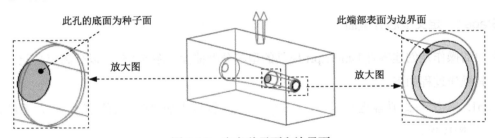

此孔的底面为种子面　　　　　　　　　　此端部表面为边界面

放大图　　　　　　　　　　放大图

图 5.2.9　定义种子面和边界面

（3）然后选取"边界面"（boundary surface），其操作方法如下：按住<Shift>键，先将鼠标指针移至模型中的目标位置，选取图 5.2.9 所示的边界面。

（4）单击 **模具** 功能选项卡 操作 ▾ 区域中的"复制"按钮 📋。

（5）单击 **模具** 功能选项卡 操作 ▾ 区域中的"粘贴"按钮 📋 ▾。在系统弹出的 曲面：复制 操控板中单击 ✔ 按钮。

Step4. 将复制后的表面延伸至坯料的表面。

（1）选取图 5.2.10 所示的圆弧为延伸边，首先要注意，要延伸的曲面是前面的复制曲面，延伸边线是该复制曲面端部的圆，该圆由两个半圆弧组成。

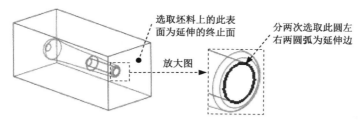

图 5.2.10 选取延伸边和延伸的终止面

① 选择 **视图** 功能选项卡 可见性 区域中的"模具显示"按钮 🖥，将参考零件和坯料遮蔽起来；然后在绘图区域中选取图 5.2.11 所示的圆弧边线。

图 5.2.11 选取延伸边线

② 单击 **分型面** 功能选项卡 编辑 ▾ 区域中的 📐延伸 按钮，此时出现图 5.2.12 所示的"延伸"操控板。

③ 按住<Shift>键，选择第二个半圆弧为延伸边。

图 5.2.12 "延伸"操控板

（2）选取延伸的终止面。

① 在操控板中按下 📐按钮（延伸类型为至平面）。

② 在系统 🔄 选择曲面延伸所至的平面. 的提示下，选择 **视图** 功能选项卡 可见性 区域中的"模具显示"按钮 🖥，取消参考零件和坯料的遮蔽。选取图 5.2.13 所示的坯料的表面为延伸的终

止面。

③ 单击 ∞ 按钮，预览延伸后的面组，确认无误后，单击 ✓ 按钮，完成后的延伸曲面如图 5.2.13 所示。

Step5. 在"分型面"操控板中单击"确定"按钮 ✓，完成分型面的创建。

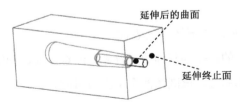

图 5.2.13 完成后的延伸曲面

Step6. 为了方便查看前面所创建的型芯分型面，将其着色显示。

（1）单击 视图 功能选项卡 可见性 区域中的"着色"按钮 ▱。

（2）系统弹出图 5.2.14 所示的"搜索工具"对话框，系统在 找到 1 项 列表中默认选择了 面组:F7(CORE_PS) 列表项，即型芯分型面，然后单击 >> 按钮，将其加入到 已选择 0 个项:(预期 1 个) 列表中，再单击 关闭 按钮，着色后的型芯分型面如图 5.2.15 所示。

（3）在图 5.2.16 所示的 ▼ CntVolSel (继续体积块选取) 菜单中选择 Done/Return (完成/返回) 命令。

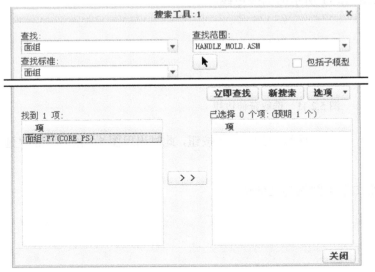

图 5.2.14 "搜索工具"对话框

图 5.2.15 着色后的型芯分型面

图 5.2.16 "继续体积块选取"菜单

Step7. 在模型树中查看前面创建的型芯分型面特征。

（1）在图 5.2.17 所示的模型树界面中，选择 ▾ ➡ 树过滤器(F)... 命令。

（2）在系统弹出的对话框中选中 ☑特征 复选框，然后单击该对话框中的 确定 按钮。此时，模型树中会显示型芯分型面的两个曲面特征：复制曲面特征和延伸曲面特征，如图 5.2.18 所示。通过在模型树上右击曲面特征，从弹出的快捷菜单中可以选择删除（Delete）、编辑定义（Edit Defintion）等命令进行相应的操作，如图 5.2.19 所示。

图 5.2.17 模型树界面   图 5.2.18 查看型芯分型面特征

图 5.2.19 在模型树上右击

Stage2. 定义主分型面

下面的操作是创建零件 handle.prt 模具的主分型面（图 5.2.20），以分离模具的上模型腔和下模型腔，其操作过程如下。

Step1. 单击 **模具** 功能选项卡 分型面和模具体积块 ▼ 区域中的"分型面"按钮 。系统弹出"分型面"操控板。

Step2. 在系统弹出的"分型面"操控板中的 控制 区域单击"属性"按钮 ，在"属性"对话框中输入分型面名称 main_ps，单击 确定 按钮。

Step3. 通过"拉伸"的方法创建主分型面。

（1）单击 **分型面** 功能选项卡 形状 ▼ 区域中的 拉伸 按钮，此时系统弹出"拉伸"操控板。

（2）定义草绘截面放置属性。右击，从弹出的快捷菜单中选择 定义内部草绘... 命令，在系统 选择一个平面或曲面以定义草绘平面. 的提示下，选取图 5.2.21 所示的坯料表面 1 为草绘平面，接受图 5.2.21 中默认的箭头方向为草绘视图方向，然后选取图 5.2.21 所示的坯料表面 2 为参考平面，方向为 右 。

图 5.2.20　创建主分型面　　　　　　图 5.2.21　定义草绘平面

（3）截面草图。选取图 5.2.22 所示的坯料的边线和 MAIN_PARTING_PIN 基准平面为草绘参考，绘制图 5.2.22 所示的截面草图（截面草图为一条线段），完成截面的绘制后，单击"草绘"选项卡中的"确定"按钮 ✔ 。

（4）设置深度选项。

① 在操控板中选取深度类型 ⏚（到选定的）。

② 将模型调整到图 5.2.23 所示的视图方位，选取图 5.2.23 所示的坯料表面为拉伸终止面。

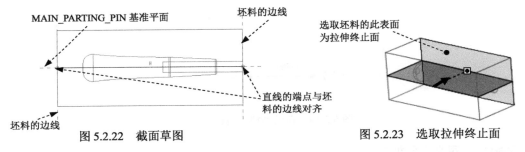

图 5.2.22　截面草图　　　　　　　　图 5.2.23　选取拉伸终止面

③ 在"拉伸"操控板中单击 ✔ 按钮，完成特征的创建。

Step4. 在"分型面"操控板中单击"确定"按钮 ✔ ，完成分型面的创建。

Task5. 在模具中创建浇注系统

下面的操作是在零件 handle 的模具坯料中创建图 5.2.24 所示的浇注系统。

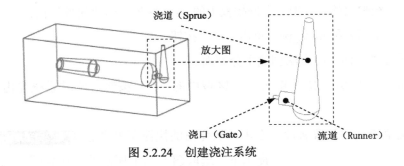

图 5.2.24　创建浇注系统

Stage1. 创建浇道（Sprue）

Step1. 为了使屏幕简洁，将主分型面遮蔽起来。

（1）选择 视图 功能选项卡 可见性 区域中的"模具显示"按钮 ，弹出"遮蔽和取消遮蔽"对话框。

（2）在该对话框中按下 分型面 按钮，选择 MAIN_PS 选项，单击下方的 遮蔽 按钮。

（3）单击对话框中的 确定 按钮。

Step2. 创建图 5.2.25 所示的基准平面 ADTM1，该基准平面将在后面作为浇道特征的草绘平面。

（1）单击 模型 功能选项卡 基准 ▾ 区域中的"平面"按钮 。

（2）系统弹出"基准平面"对话框，选取图 5.2.26 所示的参考件的顶面为参考平面，然后输入偏移值 10.0。

（3）单击"基准平面"对话框中的 确定 按钮。

Step3. 单击 模型 功能选项卡 切口和曲面 ▾ 区域中的 旋转 按钮。

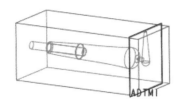

图 5.2.25　创建基准平面 ADTM1

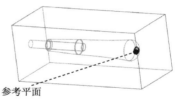

图 5.2.26　选取参考平面

Step4. 创建一个旋转特征作为浇道。

（1）在出现的操控板中，确认"实体"类型按钮 被按下。

（2）定义草绘属性。右击，从弹出的快捷菜单中选择 定义内部草绘... 命令。选取图 5.2.27 所示的 ADTM1 基准平面为草绘平面，草绘平面的参考平面为图 5.2.27 所示的坯料表面，方位为 上 ，单击 草绘 按钮。至此系统进入截面草绘环境。

（3）进入截面草绘环境后，选取图 5.2.28 所示的边线为草绘参考，然后绘制图 5.2.28 所示的截面草图，完成特征截面的绘制后，单击"草绘"操控板中的"确定"按钮 。

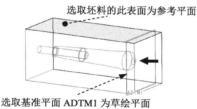

选取坯料的此表面为参考平面

选取基准平面 ADTM1 为草绘平面

图 5.2.27　定义草绘平面

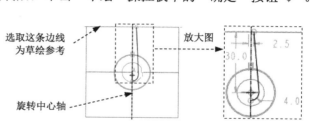

选取这条边线为草绘参考

放大图

旋转中心轴

图 5.2.28　截面草图

注意：要绘制旋转中心轴。

（4）定义深度类型。在操控板中，选取旋转角度类型 ⊥，旋转角度为 360°。

（5）单击操控板中的 ✔ 按钮，完成特征的创建。

Stage2．创建流道（Runner）

Step1．创建图 5.2.29 所示的基准平面 ADTM2，该基准平面将在后面作为流道特征的草绘平面。

（1）在 模型 功能选项卡中单击"平面"按钮 ⬜，系统弹出"基准平面"对话框，选取图 5.2.26 所示的参考件的顶面为参考平面，然后输入偏移值 2.0。

（2）单击"基准平面"对话框中的 确定 按钮。

Step2．单击 模型 功能选项卡 切口和曲面 ▾ 区域中的 ⬜ 拉伸 按钮，在操控板中确认"实体"按钮 ⬜ 被按下。

Step3．创建一个拉伸特征作为流道。

（1）定义草绘属性。右击，从弹出的快捷菜单中选择 定义内部草绘... 命令。选取图 5.2.30 所示的 ADTM2 基准平面为草绘平面，草绘平面的参考平面为图 5.2.30 所示的坯料表面，方位为 上，单击 草绘 按钮。至此，系统进入截面草绘环境。

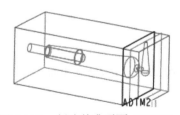

图 5.2.29　创建基准平面 ADTM2

图 5.2.30　定义草绘平面

（2）进入截面草绘环境后，选取 MAIN_PARTING_PIN 基准平面和轴线为草绘参考，绘制图 5.2.31 所示的截面草图，完成特征截面的绘制后，单击"草绘"操控板中的"确定"按钮 ✔。

（3）在操控板中选取深度选项 ⊥（至曲面），然后选择图 5.2.32 所示的基准平面 ADTM1 为终止面。

（4）单击操控板中的 ✔ 按钮，完成特征的创建。

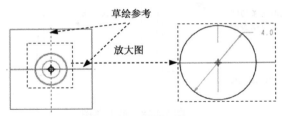

图 5.2.31　截面草图

图 5.2.32　选取拉伸的终止面

Stage3．创建浇口（Gate）

Step1．单击 模型 功能选项卡 切口和曲面 ▼ 区域中的 ⬚拉伸 按钮，此时系统在屏幕下方出现"拉伸"操控板。

Step2．创建一个拉伸特征作为浇口。

（1）在出现的操控板中，确认"实体"按钮 ⬚ 被按下。

（2）定义草绘属性。右击，从弹出的快捷菜单中选择 定义内部草绘... 命令。选择图 5.2.33 所示的 ADTM2 基准平面为草绘平面，草绘平面的参考平面为图 5.2.33 所示的坯料表面，方位为 上 ，单击 草绘 按钮。至此，系统进入截面草绘环境。

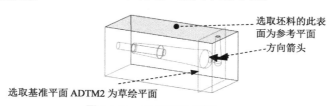

选取坯料的此表面为参考平面

方向箭头

选取基准平面 ADTM2 为草绘平面

图 5.2.33　定义草绘平面

（3）进入截面草绘环境后，选取 MAIN_PARTING_PIN 基准平面和轴线为草绘参考，绘制图 5.2.34 所示的截面草图，完成特征截面的绘制后，单击"草绘"操控板中的"确定"按钮 ✔ 。

（4）在操控板中选取深度选项 ⬒ （至曲面），然后选取图 5.2.35 所示的参考件的顶面为拉伸的终止面。

（5）单击操控板中的 ✔ 按钮，完成特征创建。

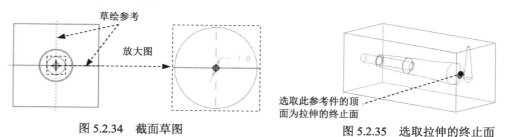

草绘参考

放大图

选取此参考件的顶面为拉伸的终止面

图 5.2.34　截面草图

图 5.2.35　选取拉伸的终止面

Task6．构建模具元件的体积块

Stage1．用型芯分型面创建型芯元件的体积块

下面的操作是在零件 handle 的模具坯料中，用前面创建的型芯分型面——core_ps 来分割型芯元件的体积块，该体积块将来会抽取为模具的型芯元件。在该例子中，由于主分型面穿过型芯分型面，为了便于分割出各个模具元件，将先从整个坯料中分割出型芯体积块，然后从其余的体积块（即分离出型芯体积块后的坯料）中再分割出上、下型腔体积块。

Step1. 选择 模具 功能选项卡 分型面和模具体积块 ▾ 区域中的 模具体积块 ▾ ➡ 体积块分割 命令（即用"分割"的方法构建体积块）。

Step2. 在系统弹出的"体积块分割"操控板中单击"参考零件切除"按钮 🗗，此时系统弹出"参考零件切除"操控板；单击 ✔ 按钮，完成参考零件切除的创建。

Step3. 在系统弹出的"体积块分割"操控板中单击 ▶ 按钮，将"体积块分割"操控板激活，此时系统已经将分割的体积块选中。

Step4. 选取分割曲面。在"体积块分割"操控板中单击 ➴ 右侧的 单击此处添加项 按钮将其激活。先将鼠标指针移至模型中的型芯分型面的位置并右击，然后从快捷菜单中选择 从列表中拾取 命令，在图 5.2.36 所示的"从列表中拾取"对话框中，单击列表中的 面组:F7(CORE_PS) 分型面，然后单击 确定(O) 按钮。

图 5.2.36 "从列表中拾取"对话框

Step5. 在"体积块分割"操控板中单击 体积块 按钮，在"体积块"界面中单击 1 ☑ 体积块_1 区域，此时模型的主体部分变亮，然后在选中的区域中将名称改为 body_vol；在"体积块"界面中单击 2 ☑ 体积块_2 区域，此时模型的型芯部分变亮，然后在选中的区域中将名称改为 core_vol。

Step6. 在"体积块分割"操控板中单击 ✔ 按钮，完成体积块分割的创建。

Stage2. 用主分型面创建上下模腔的体积块

下面的操作是在零件 handle 的模具坯料中，用前面创建的主分型面——main_ps 来将前面生成的体积块 body_vol 分成上、下两个体积腔（块），这两个体积腔（块）将来会抽取为模具的上、下模具型腔。

Step1. 显示主分型面。

Step2. 选择 模具 功能选项卡 分型面和模具体积块 ▾ 区域中的 模具体积块 ▾ ➡ 体积块分割 命令。

Step3. 选取 body_vol 作为要分割的模具体积块；选取主分型面（面组:F9(MAIN_PS)）为分割曲面。

Step4. 在"体积块分割"操控板中单击 体积块 按钮,在"体积块"界面中单击 1 ☑ 体积块_1 区域,此时模型的下半部分变亮,如图 5.2.37 所示,然后在选中的区域中将名称改为 lower_vol;在"体积块"界面中单击 2 ☑ 体积块_2 区域,此时模型的上半部分变亮,如图 5.2.38 所示,然后在选中的区域中将名称改为 upper_vol。

Step5. 在"体积块分割"操控板中单击 ✔ 按钮,完成体积块分割的创建。

图 5.2.37 着色后的下半部分体积块

图 5.2.38 着色后的上半部分体积块

Task7. 抽取模具元件及生成浇注件

将浇注件命名为 HANDLE_MOLDING。

Task8. 定义模具开启

Stage1. 将参考零件、坯料和分型面在模型中遮蔽起来

Stage2. 开模步骤 1:移动型芯

Step1. 单击 模具 功能选项卡 分析 ▾ 区域中的"模具开模"按钮 ❆ (注:此处应翻译成"开启模具"),在系统弹出的 ▾ MOLD OPEN (模具开模) 菜单中选择 Define Step (定义步骤) 命令(注:此处应翻译成"定义开模步骤")。

Step2. 在 Define Step (定义步骤) 菜单中选择 Define Move (定义移动) 命令。

Step3. 用"列表选取"的方法选取要移动的模具元件。

(1)在系统 ⇨ 为迁移号码1 选择构件. 提示下,先将鼠标指针移至图 5.2.39 所示模型中的位置 A 并右击,选取快捷菜单中的 从列表中拾取 命令。

(2)在系统弹出的"从列表中拾取"对话框中单击列表中的型芯模具零件 CORE_VOL.PRT ,然后单击 确定(0) 按钮。

(3)在"选择"对话框中单击 确定 按钮。

Step4. 在系统 ⇨ 通过选择边、轴或面选择分解方向. 的提示下,选取图 5.2.39 所示的边线为移动方向,然后在系统 输入沿指定方向的位移 的提示下,输入要移动的距离值 100(由于图中箭头的指向与型芯要移动的方向相同,所以移动的距离值为正),并按<Enter>键。

Step5. 干涉检查。

(1)检查型芯与上模的干涉。

① 在 Define Step (定义步骤) 菜单中选择 Interference (干涉) 命令。

② 系统提示 ⇨选择移动进行干涉检查。，在"模具移动"菜单中选取 移动1 命令。

③ 在模具干涉菜单中选择 Static Part (静态零件) 命令，此时系统提示 ⇨选择统计零件。（注：此处应翻译成"选择静止的模具零件"），从屏幕的模型中选取上模，系统在信息区提示 ● 没有发现干扰。。

④ 选择 Done/Return (完成/返回) 命令，完成干涉检查。

（2）依照同样的方法，检查型芯与下模的干涉。

（3）依照同样的方法，检查型芯与浇注件的干涉。

Step6. 在 Define Step (定义步骤) 菜单中选择 Done (完成) 命令，完成型芯的移动，如图 5.2.40 所示。

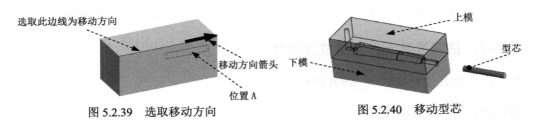

图 5.2.39　选取移动方向　　　　　　　图 5.2.40　移动型芯

Stage3. 开模步骤 2：移动上模

Step1. 参考开模步骤 1 的操作方法，选取上模，选取图 5.2.41 所示的边线为移动方向，然后输入要移动的距离值 100（如果移动方向箭头向下，则输入值-100）。

Step2. 在 Define Step (定义步骤) 菜单中选择 Done (完成) 命令，完成上模的移动。

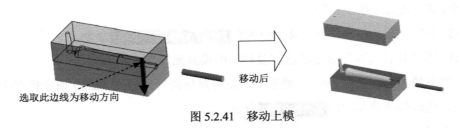

图 5.2.41　移动上模

Stage4. 开模步骤 3：移动下模

Step1. 参考开模步骤 1 的操作方法，选取下模，选取图 5.2.42 所示的边线为移动方向，然后输入要移动的距离值-100（如果移动方向箭头向下，则输入值 100）。

Step2. 在 Define Step (定义步骤) 菜单中选择 Done (完成) 命令，完成下模的移动。

Step3. 在 ▼ MOLD OPEN (模具开模) 菜单中选择 Done/Return (完成/返回) 命令，完成模具的开启。

Step4. 保存设计结果。选择下拉菜单 文件 ▾ ➡ 🖫 保存(S) 命令。

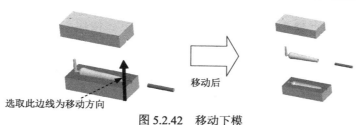

选取此边线为移动方向

移动后

图 5.2.42 移动下模

5.3 带滑块的模具设计（一）

在图 5.3.1 所示的模具中，显示器的表面有许多破孔，这样，模具中必须设计滑块，开模时，先将滑块移出，上、下模具才能顺利脱模。下面介绍该模具的主要设计过程。

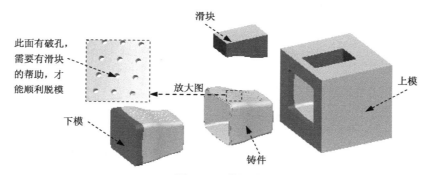

此面有破孔，
需要有滑块
的帮助，才
能顺利脱模

滑块

放大图

上模

下模

铸件

图 5.3.1 带滑块的模具设计

Task1. 新建一个模具制造模型

Step1. 将工作目录设置至 D:\creo6.3\work\ch05.03。

Step2. 新建一个模具型腔文件，命名为 display_mold，选取 `mmns_mfg_mold` 模板。

Task2. 建立模具模型

Stage1. 引入参考模型

Step1. 单击 **模具** 功能选项卡 **参考模型和工件** 区域的"参考模型"按钮 `参考模型`，然后在系统弹出的列表中选择 `定位参考模型` 命令，系统弹出"打开"和"布局"对话框。

Step2. 从弹出的文件"打开"对话框中，选取三维零件模型显示器外壳——display.prt 作为参考零件模型，并将其打开，系统弹出"创建参考模型"对话框。

Step3. 在"创建参考模型"对话框中选中 ● `按参考合并` 单选项，然后接受 `参考模型` 区域的 `名称` 文本框中系统默认的名称，再单击 `确定` 按钮。

Step4. 在"布局"对话框中的 `布局` 区域中，单击选中 ⊙ `单一` 单选项，在"布局"对话框中单击 `预览` 按钮，结果如图 5.3.2 所示，然后单击 `确定` 按钮。

Step5. 系统弹出"警告"对话框，单击 确定 按钮。单击 **Done/Return (完成/返回)** 命令。

说明： 使用上述的方法引入参考模型，可以定义模型在模具中的放置位置和方向。

Stage2. 创建坯料

创建图 5.3.3 所示的坯料，操作步骤如下。

Step1. 单击 **模具** 功能选项卡 参考模型和工件 区域中的按钮 工件，然后在系统弹出的列表中选择 创建工件 命令，系统弹出"创建元件"对话框。

Step2. 在"创建元件"对话框中的 类型 区域选中 ● 零件 单选项，在 子类型 区域选中 ● 实体 单选项，在 文件名: 文本框中输入坯料的名称 display_mold_wp，然后单击 确定 按钮。

Step3. 在弹出的"创建选项"对话框中选中 ● 创建特征 单选项，然后单击 确定 按钮。

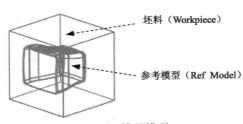

图 5.3.2　放置参考模型　　　　　　　图 5.3.3　模具模型

Step4. 创建坯料特征。

（1）选择命令。单击 **模具** 功能选项卡 形状 ▾ 区域中的 拉伸 按钮。此时出现"拉伸"操控板。

（2）创建实体拉伸特征。

① 选取拉伸类型。在出现的操控板中，确认"实体"按钮 被按下。

② 定义草绘截面放置属性。在绘图区中右击，从弹出的快捷菜单中选择 **定义内部草绘...** 命令。选择 MOLD_FRONT 基准平面作为草绘平面，草绘平面的参考平面为 MOLD_RIGHT 基准平面，方位为 **左**，单击 草绘 按钮，至此系统进入截面草绘环境。

③ 绘制截面草图。进入截面草绘环境后，选取 MOLD_RIGHT 基准平面和 MAIN_PARTING_PLN 基准平面为草绘参考，截面草图如图 5.3.4 所示，完成特征截面的绘制后，单击"草绘"操控板中的"确定"按钮 ✔。

④ 选取深度类型并输入深度值。在操控板中选取深度类型 日（对称），再在深度文本框中输入深度值 500.0，并按<Enter>键，单击 ✔ 按钮，完成特征的创建。

Task3. 设置收缩率

将参考模型收缩率设置为 0.006。

Task4. 创建主分型面

以下操作是创建显示器模具的主分型曲面（图 5.3.5），其操作过程如下。

Step1. 单击 **模具** 功能选项卡 分型面和模具体积块 ▼ 区域中的"分型面"按钮 ◻，系统弹出"分型面"操控板。

Step2. 在系统弹出的"分型面"操控板中的 控制 区域单击"属性"按钮 ◻，在"属性"对话框中输入分型面名称 main_ps，单击对话框中的 确定 按钮。

Step3. 为了方便选取图元，将坯料遮蔽。在模型树中右击 ◻ **DISPLAY_MOLD_WP.PRT**，从弹出的快捷菜单中选择 👁 命令。

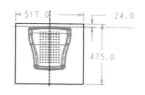

图 5.3.4 截面草图

图 5.3.5 创建主分型曲面

Step4. 通过曲面复制的方法，复制参考模型上的外表面。

（1）在屏幕右下方的"智能选取栏"中，选择"几何"选项，选取模型上的外表面（按住<Ctrl>键依次选取），选取结果如图 5.3.6 所示。

（2）单击 **模具** 功能选项卡 操作 ▼ 区域中的"复制"按钮 ◻。

（3）单击 **模具** 功能选项卡 操作 ▼ 区域中的"粘贴"按钮 ◻ ▼，系统弹出 **曲面：复制** 操控板。

（4）填补复制曲面上的破孔。在操控板中单击 选项 按钮，在"选项"界面选中 ◉ 排除曲面并填充孔 单选项，在系统 ⇨ 选择封闭的边环或曲面以填充孔. 的提示下，按住<Ctrl>键，分别选择图 5.3.7 中的曲面 1、曲面 2 和曲面 3。

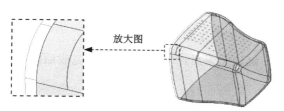

图 5.3.6 选取外表面

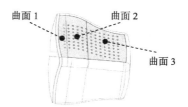

图 5.3.7 填补曲面上的破孔

（5）填补复制曲面 2 与曲面 3 之间的破孔。按住<Ctrl>键，选择图 5.3.8 所示的一条直线上的八条边线。

（6）单击操控板中的 ✔ 按钮。

Step5. 将复制后的表面延伸至坯料的表面。

（1）选取图 5.3.9 所示的一整圈边线为延伸边，首先要注意，要延伸的曲面是前面的复制曲面，延伸边线是该复制曲面端部的边线，该边线由若干段圆弧和曲线组成。

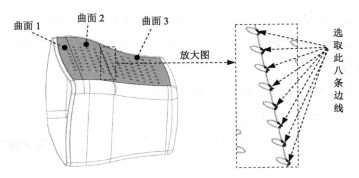

图 5.3.8　填补曲面与曲面之间的破孔

（2）首先将参考模型遮蔽，然后选取图 5.3.10 所示的圆弧边线。

图 5.3.9　选取延伸边

图 5.3.10　选取第一条曲线

（3）选取延伸的终止面。

① 单击 分型面 功能选项卡 编辑 ▼ 区域中的 ⊡延伸 按钮，在系统出现的操控板中按下 ⬜ 按钮（延伸类型为至平面）。

② 在系统 ➪ 选择曲面延伸所至的平面. 的提示下，按住<Shift>键，将鼠标指针移到与图 5.3.9 中圆弧边相接的曲线链附近，系统自动加亮一圈边线的余下部分，选择此边线作为另一段延伸边。

③ 选取图 5.3.11 所示的坯料的表面为延伸的终止面。

④ 单击 ∞ 按钮，预览延伸后的面组，确认无误后，单击 ✓ 按钮。完成后的延伸曲面如图 5.3.12 所示。

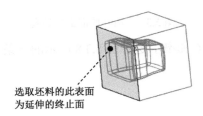

选取坯料的此表面
为延伸的终止面

图 5.3.11　选取延伸的终止面

图 5.3.12　完成后的延伸曲面

Step6. 在"分型面"操控板中单击"确定"按钮 ✓，完成分型面的创建。

Task5.　创建滑块分型面

下面的操作是创建零件 display.prt 模具的滑块分型曲面（图 5.3.13），其操作过程如下。

Step1. 单击 **模具** 功能选项卡 分型面和模具体积块 ▾ 区域中的"分型面"按钮▢，系统弹出"分型面"操控板。

Step2. 在系统弹出的"分型面"操控板中的 控制 区域单击"属性"按钮▧，在"属性"对话框中输入分型面名称 slide_ps，单击对话框中的 确定 按钮。

Step3. 通过曲面复制的方法，复制显示器上的三个内表面。

（1）为了方便选取图元，再次遮蔽坯料和分型面。

（2）将模型调整到图 5.3.14 所示的视图方位，先将鼠标指针移至模型中的目标位置，即图 5.3.14 中显示器内表面的附近，按住<Ctrl>键，选取图 5.3.14 所示的三个曲面。

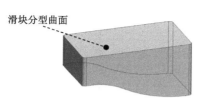

图 5.3.13　创建滑块分型曲面

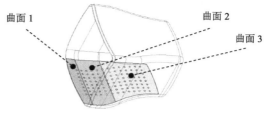

图 5.3.14　选取显示器的三个内表面

（3）单击 **模具** 功能选项卡 操作 ▾ 区域中的"复制"按钮▤。

（4）单击 **模具** 功能选项卡 操作 ▾ 区域中的"粘贴"按钮▤ ▾，系统弹出 **曲面：复制** 操控板。

（5）填补复制曲面上的破孔。在操控板中单击 选项 按钮，在"选项"界面选中 ◉ 排除曲面并填充孔 单选项，在系统 ➡ 选择封闭的边环或曲面以填充孔 的提示下，按住<Ctrl>键，分别选取图 5.3.15 中的三个内表面。

（6）填补复制曲面 2 与曲面 3 之间的破孔。按住<Ctrl>键，选取图 5.3.16 所示的八条边线。

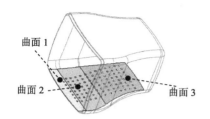

图 5.3.15　选取显示器的三个内表面

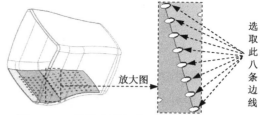

图 5.3.16　填补曲面与曲面之间的破孔

（7）单击操控板中的 ✔ 按钮。

Step4. 用拉伸的方法创建曲面。

（1）将坯料和分型面遮蔽取消。

（2）单击 **分型面** 功能选项卡 形状 ▼ 区域中的 拉伸 按钮，此时系统弹出"拉伸"操控板。

（3）定义草绘截面放置属性。右击，从弹出的快捷菜单中选择 定义内部草绘... 命令，在系统 ➡ 选择一个平面或曲面以定义草绘平面. 的提示下，选取图 5.3.17 所示的坯料表面 1 为草绘平面，接受图 5.3.17 中默认的箭头方向为草绘视图方向，然后选取图 5.3.17 所示的坯料表面 2 为参考平面，方向为 右 。

（4）绘制截面草图。进入草绘环境后，选取 MAIN_PARTING_PLN 基准平面和 MOLD_RIGHT 基准平面为草绘参考，截面草图如图 5.3.18 所示。完成特征截面的绘制后，单击"草绘"选项卡中的"确定"按钮 ✔ 。

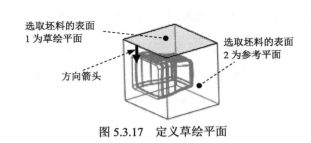

图 5.3.17　定义草绘平面

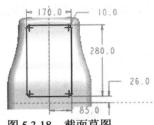

图 5.3.18　截面草图

注意：截面草图中的四个圆角半径相等。

（5）设置拉伸属性。

① 在操控板中选取深度类型 ⊥ （到选定的）。

② 采用"列表选取"的方法，选取 Step3 中创建的复制面组为终止面（可由列表选取，面组名称为 面组:F9(SLIDE_PS) ）。拉伸方向如图 5.3.17 所示。

③ 在操控板中单击 选项 按钮，在"选项"界面中选中 ✔ 封闭端 复选框。

（6）在操控板中单击 ✔ 按钮，完成特征的创建。

Step5. 将前面的复制面组与拉伸面组进行合并。

（1）按住<Ctrl>键，选取 Step3 创建的复制面组和 Step4 创建的拉伸面组。

（2）单击 **分型面** 功能选项卡 编辑 ▼ 区域中的"合并"按钮 □ ，此时系统弹出"合并"操控板。

（3）在模型中选取要合并的面组的侧，如图 5.3.19 所示。

（4）在操控板中单击 选项 按钮，在"选项"界面中选中 ◉ 相交 单选项。

（5）单击 ∞ 按钮，预览合并后的面组，确认无误后，单击 ✔ 按钮。

注意：合并面组时，若先选择拉伸面组，再选择复制面组，则合并后的面组将不能进行重定义。

Step6. 在"分型面"操控板中单击"确定"按钮 ✔ ，完成分型面的创建。

Task6. 用滑块分型面创建滑块体积块

Step1. 选择 **模具** 功能选项卡 分型面和模具体积块 ▼ 区域中的 模具体积块 ▼ ➡ 🗗体积块分割 命令（即用"分割"的方法构建体积块）。

Step2. 在系统弹出的"体积块分割"操控板中单击"参考零件切除"按钮 🗗，此时系统弹出"参考零件切除"操控板；单击 ✔ 按钮，完成参考零件切除的创建。

Step3. 在系统弹出的"体积块分割"操控板中单击 ▶ 按钮，将"体积块分割"操控板激活，此时系统已经将分割的体积块选中。

Step4. 选取分割曲面。在"体积块分割"操控板中单击 ⌒ 右侧的 单击此处添加项 按钮将其激活。然后选取 slide-ps 分型面。

Step5. 在"体积块分割"操控板中单击 体积块 按钮，在"体积块"界面中单击 1 ☑ 体积块_1 区域，此时模型中的滑块以外的部分变亮，如图 5.3.20 所示，然后在选中的区域中将名称改为 body_vol；在"体积块"界面中单击 2 ☑ 体积块_2 区域，此时模型中的滑块部分变亮，如图 5.3.21 所示，然后在选中的区域中将名称改为 slide_vol。

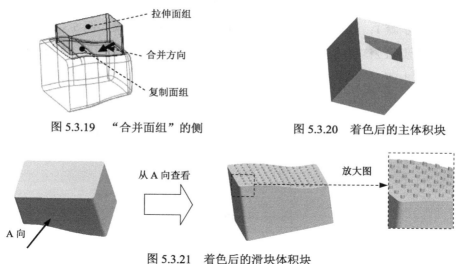

图 5.3.19 "合并面组"的侧   图 5.3.20 着色后的主体积块

图 5.3.21 着色后的滑块体积块

Step6. 在"体积块分割"操控板中单击 ✔ 按钮，完成体积块分割的创建。

Task7. 用主分型面创建上下模体积腔

Step1. 选择 **模具** 功能选项卡 分型面和模具体积块 ▼ 区域中的按钮 模具体积块 ▼ ➡ 🗗体积块分割 命令。

Step2. 选取 body_vol 作为要分割的模具体积块；选取 main-ps 分型面为分割曲面。

Step3. 在"体积块分割"操控板中单击 体积块 按钮，在"体积块"界面中单击 1 ☑ 体积块_1 区域，此时 BODY_VOL 体积块的外面变亮，如图 5.3.22 所示，然后在选中的区域中将名称改为 upper_vol；在"体积块"界面中单击 2 ☑ 体积块_2 区域，此时 BODY_VOL 体积块的里面部分变亮，如图 5.3.23 所示，然后在选中的区域中将名称改为 lower_vol。

Step4. 在"体积块分割"操控板中单击 ✔ 按钮，完成体积块分割的创建。

图 5.3.22　着色后的上模体积块　　　　图 5.3.23　着色后的下模体积块

Task8. 抽取模具元件及生成浇注件

将浇注件命名为 DISPLAY_MOLDING。

Task9. 定义开模动作

Step1. 将参考零件、坯料和分型面在模型中遮蔽起来。

Step2. 开模步骤 1：移动滑块，输入移动的距离值-300，结果如图 5.3.24 所示。

Step3. 开模步骤 2：移动上模，输入移动的距离值-600，结果如图 5.3.25 所示。

Step4. 开模步骤 3：移动下模，输入移动的距离值 600，结果如图 5.3.26 所示。

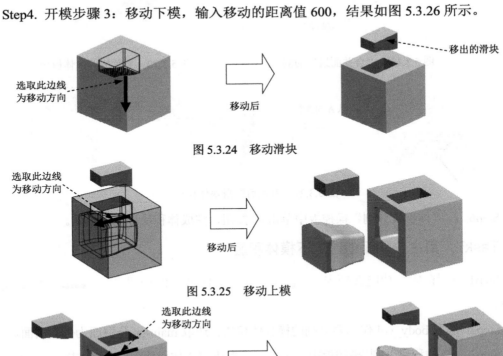

图 5.3.24　移动滑块

图 5.3.25　移动上模

图 5.3.26　移动下模

Step5. 保存设计结果。选择下拉菜单 文件 ➡ ▣ 保存(S) 命令。

5.4 带滑块的模具设计（二）

在图 5.4.1 所示的复杂模具中，设计模型中有凸肋，在上、下开模时，此凸肋区域将成为倒钩区，形成型腔与浇注件之间的干涉，所以必须设计滑块。开模时，先将滑块由侧面移出，然后才能移动浇注件，使该零件顺利脱模，下面将说明该模具的创建过程。

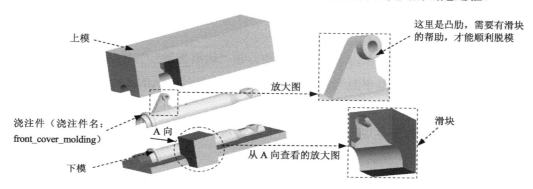

图 5.4.1 带滑块的复杂模具设计

Task1. 新建一个模具制造模型，进入模具模块

Step1. 将工作目录设置至 D:\creo6.3\work\ch05.04。

Step2. 新建一个模具型腔文件，命名为 front_cover_mold，选取 mmns_mfg_mold 模板。

Task2. 建立模具模型

在开始设计一个模具前，应先创建一个"模具模型"，模具模型包括参考模型（Ref Model）和坯料（Workpiece），如图 5.4.2 所示。

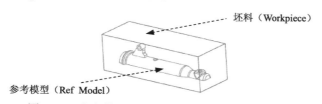

图 5.4.2 参考模型（Ref Model）和坯料（Workpiece）

Stage1. 引入参考模型

Step1. 单击 模具 功能选项卡 参考模型和工件 区域中的按钮 参考模型，然后在系统弹出的列表中选择 ⬚ 组装参考模型 命令，系统弹出"打开"对话框。

Step2. 从弹出的"打开"对话框中，选取三维零件模型 front_cover.prt 作为参考零件模

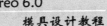

型，并将其打开。

Step3. 定义约束参考模型的放置位置。

（1）指定第一个约束。在操控板中单击 放置 按钮，在"放置"界面的"约束类型"下拉列表中选择 ⊥ 重合 ，选取参考件的 TOP 基准平面为元件参考，选取装配体的 MOLD_FRONT 基准平面为组件参考，单击 反向 按钮。

说明：若参考件的基准平面没有显示出来，应先将基准平面显示出来。

（2）指定第二个约束。单击 ➡新建约束 字符，在"约束类型"下拉列表中选择 ⊥ 重合 ，选取参考件的 RIGHT 基准平面为元件参考，选取装配体的 MOLD_RIGHT 基准平面为组件参考。

（3）指定第三个约束。单击 ➡新建约束 字符，在"约束类型"下拉列表中选择 ⊥ 重合 ，选取参考件的 FRONT 基准平面为元件参考，选取装配体的 MAIN_PARTING_PLN 基准平面为组件参考。

（4）至此，约束定义完成，单击元件放置操控板中的 ✔ 按钮，系统弹出"创建参考模型"对话框。

Step4. 在"创建参考模型"对话框中选中 ⊙ 按参考合并 单选项，然后在 参考模型 区域的 名称 文本框中接受默认的名称，再单击 确定 按钮，系统弹出"警告"对话框，单击 确定 按钮。放置后的结果如图 5.4.3 所示。

Stage2. 创建坯料

Step1. 单击 模具 功能选项卡 参考模型和工件 区域的 工件 按钮，然后在系统弹出的列表中选择 ⊐创建工件 命令，系统弹出"创建元件"对话框。

Step2. 在"创建元件"对话框中的 类型 区域选中 ⊙ 零件 单选项，在 子类型 区域选中 ⊙ 实体 单选项，在 文件名: 文本框中输入坯料的名称 wp，然后单击 确定 按钮。

Step3. 在弹出的"创建选项"对话框中选中 ⊙ 创建特征 单选项，然后单击 确定 按钮。

Step4. 创建坯料特征。

（1）选择命令。单击 模具 功能选项卡 形状 ▾ 区域中的 ⬦拉伸 按钮。此时出现"拉伸"操控板。

（2）创建实体拉伸特征。

① 选取拉伸类型。在出现的操控板中，确认"实体"按钮 □ 被按下。

② 定义草绘截面放置属性。在绘图区中右击，从系统弹出的快捷菜单中选择 定义内部草绘... 命令。系统弹出"草绘"对话框，然后选择参考模型 MOLD_RIGHT 基准平面作为草绘平面，单击 反向 按钮。草绘平面的参考平面为 MOLD_FRONT 基准平面，方向

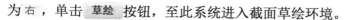

为 右 ，单击 草绘 按钮，至此系统进入截面草绘环境。

③ 进入截面草绘环境后，选取 MOLD_FRONT 基准平面和图 5.4.4 所示的参考件的底边为草绘参考，绘制图 5.4.4 所示的特征截面草图。完成特征截面的绘制后，单击"草绘"操控板中的"确定"按钮 ✔ 。

④ 选取深度类型并输入深度值。在操控板中选取深度类型 ⊟ （对称），再在深度文本框中输入深度值 111，并按<Enter>键。

⑤ 完成特征。在操控板中单击 ✔ 按钮，完成拉伸特征的创建。

图 5.4.3 放置后

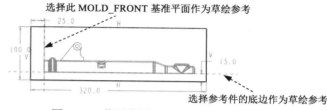

图 5.4.4 截面草图

Task3．设置收缩率

将参考模型收缩率设置为 0.006。

Task4．创建模具分型曲面

Stage1．创建滑块分型曲面

下面的操作是创建图 5.4.5 所示的模具的滑块分型曲面，以分离模具元件——滑块，其操作过程如下。

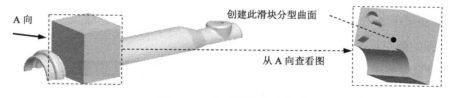

图 5.4.5 创建滑块分型曲面

Step1．单击 模具 功能选项卡 分型面和模具体积块 ▾ 区域中的"分型面"按钮 📖，系统弹出"分型面"操控板。

Step2．在系统弹出的"分型面"操控板中的 控制 区域单击"属性"按钮 📄，在弹出的"属性"对话框中输入分型面名称 slide_pt_surf，单击对话框中的 确定 按钮。

Step3．通过拉伸的方法创建图 5.4.6 所示的曲面。

（1）单击 分型面 功能选项卡 形状 ▾ 区域中的 ⬠ 拉伸 按钮，此时系统弹出"拉伸"操控板。

（2）定义草绘截面放置属性。右击，从弹出的快捷菜单中选择 定义内部草绘... 命令，在系统 ➡选择一个平面或曲面以定义草绘平面. 的提示下，选取图 5.4.7 所示的坯料表面 1 为草绘平面，接受图 5.4.7 中默认的箭头方向为草绘视图方向，然后选取图 5.4.7 所示的坯料表面 2 为参考平面，方向为 上 。

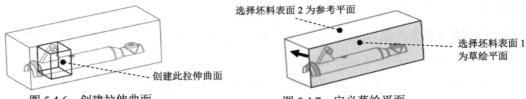

图 5.4.6 创建拉伸曲面   图 5.4.7 定义草绘平面

（3）进入草绘环境后，选取 MOLD_FRONT 基准平面和图 5.4.8 所示的投影曲线为草绘参考，截面草图如图 5.4.8 所示。完成特征截面草图的绘制后，单击"草绘"选项卡中的"确定"按钮 ✔ 。

（4）设置深度选项。

① 在操控板中选取深度类型 ⊥ （到选定的）。

② 将模型调整到图 5.4.9 所示的视图方位，采用"列表选取"的方法，选取图 5.4.9 所示的平面为拉伸终止面，在"从列表中拾取"对话框中选择 曲面:F1(外部合并):FRONT_COVER_MOLD_REF 选项，单击 确定(0) 按钮。

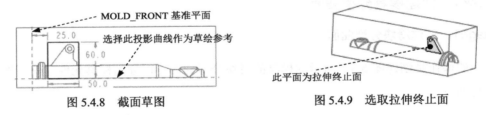

图 5.4.8 截面草图   图 5.4.9 选取拉伸终止面

③ 在操控板中单击 选项 按钮，在"选项"界面中选中 ✔ 封闭端 复选框。

（5）在操控板中单击 ✔ 按钮，完成特征的创建。

Step4. 设置模型树。在模型树界面中选择 T↑ ▾ ➡ 🔲 树过滤器(F)... 命令。在系统弹出的"模型树项目"对话框中选中 ✔ 特征 复选框，然后单击该对话框中的 确定 按钮。

Step5. 遮蔽坯料和滑块分型曲面。

Step6. 通过曲面复制的方法，复制图 5.4.10 所示模型上的表面。操作方法如下。

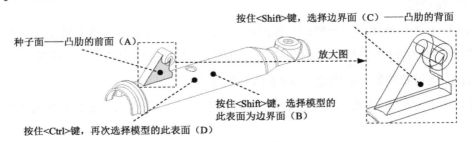

图 5.4.10 定义种子面和边界面

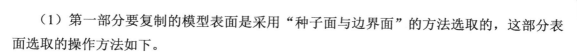

（1）第一部分要复制的模型表面是采用"种子面与边界面"的方法选取的，这部分表面选取的操作方法如下。

① 在"智能选取栏"中选择"几何"选项。

② 选取"种子面"（Seed Surface）。操作方法如下。

a）将模型的显示状态切换到虚线线框显示方式。在 视图 功能选项卡 模型显示 区域中单击"显示样式"按钮 ，按下 线框 按钮，将模型的显示状态切换到虚线线框显示方式。

b）选取"种子面"。选取图 5.4.10 所示的种子面（A）。

③ 选取"边界面"。

a）先按住<Shift>键，从列表中选取图 5.4.10 所示的边界面（B）。

b）按住<Shift>键不放，从列表中选取图 5.4.10 所示的边界面（C）。

c）再按住<Ctrl>键，从列表中选取图 5.4.10 所示的表面（D）。

说明：表面（D）与边界面（B）其实是模型的同一个表面。

注意：在选取"边界面（B）"和"边界面（C）"的过程中，要保证<Shift>键始终被按下，否则不能达到预期的效果。

（2）单击 模具 功能选项卡 操作 ▾ 区域中的"复制"按钮 。

（3）单击 模具 功能选项卡 操作 ▾ 区域中的"粘贴"按钮 ▾ ，系统弹出"曲面：复制"操控板。

（4）单击操控板中的 ✔ 按钮。

Step7. 将滑块分型面重新显示在画面上。

Step8. 将 Step3 中创建的拉伸面组与 Step6 中创建的复制面组组合并在一起。

（1）按住<Ctrl>键，选取 Step3 创建的拉伸面组和 Step6 创建的复制面组，如图 5.4.11 所示。

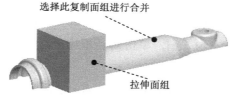

图 5.4.11　将复制面组与拉伸面组进行合并

（2）单击 分型面 功能选项卡 编辑 ▾ 区域中的"合并"按钮 ，此时系统弹出"合并"操控板。

（3）在模型中选取要合并的面组的侧，如图 5.4.12 所示。

（4）在操控板中单击 选项 按钮，在"选项"界面中选中 ◉ 相交 单选项。

（5）单击 ∞ 按钮，预览合并后的面组，确认无误后，单击 ✔ 按钮。

Step9. 着色显示所创建的分型面。

（1）单击 视图 功能选项卡 可见性 区域中的"着色"按钮▱。

（2）系统自动将刚创建的滑块分型面 slide_pt_surf 着色，着色后的滑块分型曲面如图
5.4.13 所示。

（3）在 ▼CntVolSel (继续体积块选取) 菜单中选择 Done/Return (完成/返回) 命令。

Step10. 在"分型面"操控板中单击"确定"按钮✔，完成滑块分型面的创建。

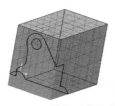

图 5.4.12 "合并面组"的侧

图 5.4.13 着色后的滑块分型曲面

Stage2. 定义主分型面

下面的操作是创建图 5.4.14 所示的主分型面，以分离模具的上模型腔和下模型腔，其
操作过程如下。

Step1. 单击 模具 功能选项卡 分型面和模具体积块 ▼ 区域中的"分型面"按钮▱，系统弹出
"分型面"操控板。

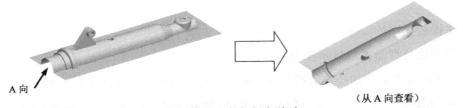

图 5.4.14 定义主分型面

Step2. 在系统弹出的"分型面"操控板中的 控制 区域单击"属性"按钮▣，在"属性"
对话框中输入分型面名称 main_pt_surf，单击对话框中的 确定 按钮。

Step3. 遮蔽分型面 SLIDE_PT_SURF。

Step4. 通过曲面复制的方法，复制参考模型上的内表面。

（1）采用"种子面与边界面"的方法选取所需要的曲面。在屏幕右下方的"智能选取
栏"中选择"几何"选项。

（2）先选取"种子面"（Seed Surface）。操作方法如下。

① 在 视图 功能选项卡 模型显示 区域中的"显示样式"按钮▱，按下 ▱线框 按钮，将
模型的显示状态切换到无隐线显示方式。

② 选取图 5.4.15 所示的种子面（A）。

（3）然后选取"边界面"（boundary surface）。操作方法如下。

① 按住<Shift>键，选取图 5.4.15 所示的边界面（B）。

② 按住<Shift>键不放，选取图 5.4.15 所示的边界面（C）。

③ 按住<Shift>键不放，选取图 5.4.15 所示的边界面（D）。

④ 按住<Shift>键不放，选取图 5.4.15 所示的边界面（E）。

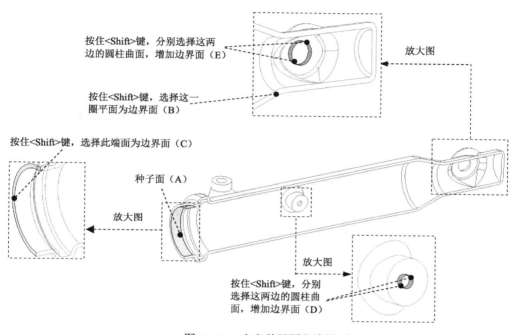

图 5.4.15 定义种子面和边界面

（4）单击 模具 功能选项卡 操作 ▼ 区域中的"复制"按钮 🗐 。

（5）单击 模具 功能选项卡 操作 ▼ 区域中的"粘贴"按钮 🗐 ▼ ，系统弹出"曲面：复制"操控板。

（6）填补复制曲面上的破孔。在操控板中单击 选项 按钮，在弹出的"选项"界面中选中 ◉ 排除曲面并填充孔 单选项，在 填充孔/曲面 文本框中单击"单击此处添加项"字符，在系统 ⇨ 选择封闭的边环或曲面以填充孔. 的提示下，按住<Ctrl>键，然后分别选取图 5.4.16 中的两个平面作为填充破孔的平面。

（7）单击操控板中的 ✔ 按钮，复制填充完成后的曲面如图 5.4.17 所示。

Step5. 取消坯料的遮蔽。

Step6. 创建图 5.4.18 所示的（填充）曲面。

（1）单击 分型面 功能选项卡 曲面设计 ▼ 区域中的"填充"按钮 🔲，此时系统弹出"填充"操控板。

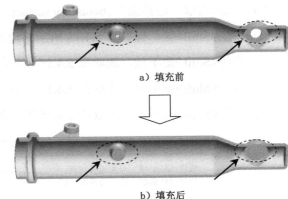

a）填充前

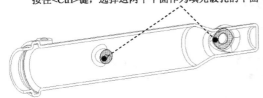

按住<Ctrl>键，选择这两个平面作为填充破孔的平面

b）填充后

图 5.4.16　选取填充破孔的平面　　　　图 5.4.17　复制填充完成后的曲面

（2）定义草绘截面放置属性。右击，从弹出的快捷菜单中选择 定义内部草绘... 命令，在系统 ➡ 选择一个平面或曲面以定义草绘平面. 的提示下，选取图 5.4.19 所示的模型表面 1 为草绘平面，然后选取图 5.4.19 所示的坯料表面 2 为参考平面，方向为 上 。

（3）创建截面草图。进入草绘环境后，选择坯料的边线为参考，用"投影"的命令创建图 5.4.20 所示的截面草图。完成特征截面后，单击"草绘"选项卡中的"确定"按钮 ✔ 。

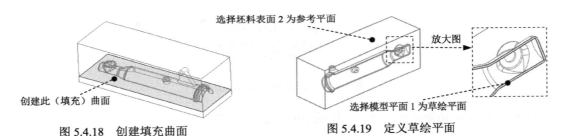

选择坯料表面 2 为参考平面

放大图

创建此（填充）曲面

选择模型平面 1 为草绘平面

图 5.4.18　创建填充曲面　　　　图 5.4.19　定义草绘平面

（4）在操控板中单击 ✔ 按钮，完成特征的创建。

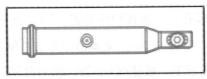

图 5.4.20　截面草图

Step7. 将 Step4 中创建的复制面组延伸至坯料的表面。

（1）选取图 5.4.21 所示的圆弧为延伸边。

（2）单击 分型面 功能选项卡 编辑 ▾ 区域中的 ⬓延伸 按钮，此时弹出 延伸 操控板。

（3）选取延伸的终止面。

① 在操控板中按下 ⬓ 按钮（延伸类型为至平面）。

② 在系统 ➡ 选择曲面延伸所至的平面. 的提示下，选取图 5.4.21 所示的坯料的表面为延伸的终

止面。

③ 单击 ∞ 按钮，预览延伸后的面组，确认无误后，单击 ✔ 按钮。完成后的延伸曲面如图 5.4.22 所示。

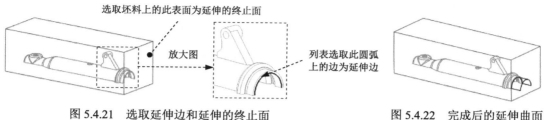

图 5.4.21　选取延伸边和延伸的终止面　　　　图 5.4.22　完成后的延伸曲面

Step8. 将复制面组（包含延伸部分）与 Step6 中创建的填充曲面进行合并，如图 5.4.23 所示。

（1）按住<Ctrl>键，选取复制面组和 Step6 中创建的填充曲面。

（2）单击 **分型面** 功能选项卡　编辑 ▼ 区域中的"合并"按钮 ⬚ ，此时系统弹出"合并"操控板。

图 5.4.23　将延伸部分复制面组与填充曲面合并在一起

（3）在模型中选取要合并的面组的侧。

（4）在操控板中单击　选项　按钮，在"选项"界面中选中 ◉ 相交 单选项。

（5）单击 ∞ 按钮，预览合并后的面组，确认无误后，单击 ✔ 按钮。

Step9. 在"分型面"操控板中单击"确定"按钮 ✔ ，完成分型面的创建。

Step10. 将分型面 SLIDE_PT_SURF 重新显示在画面上。

Task5. 构建模具元件的体积块

Stage1. 用滑块分型面创建滑块元件的体积块

用前面创建的滑块分型面 SLIDE_PT_SURF 来分离出滑块元件的体积块，该体积块将来会抽取为模具的滑块元件。

Step1. 选择 **模具** 功能选项卡 分型面和模具体积块 ▼ 区域中的 模具体积块 ➡ ⬚体积块分割 命令（即用"分割"的方法构建体积块）。

Step2. 在系统弹出的"体积块分割"操控板中单击"参考零件切除"按钮 ⬚ ，此时系统弹出"参考零件切除"操控板；单击 ✔ 按钮，完成参考零件切除的创建。

Step3. 在系统弹出的"体积块分割"操控板中单击 ▶ 按钮，将"体积块分割"操控板激活，此时系统已经将分割的体积块选中。

Step4. 选取分割曲面。在"体积块分割"操控板中单击 ⌒ 右侧的 [单击此处添加项] 按钮将其激活。然后选取滑块分型面。

Step5. 在"体积块分割"操控板中单击 [体积块] 按钮，在"体积块"界面中单击 [1 ☑ 体积块_1] 区域，此时坯料中的大部分体积块变亮，然后在选中的区域中将名称改为 body_vol；在"体积块"界面中单击 [2 ☑ 体积块_2] 区域，此时坯料中的滑块部分变亮，然后在选中的区域中将名称改为 slide_vol。

Step6. 在"体积块分割"操控板中单击 ✔ 按钮，完成体积块分割的创建。

Stage2. 用主分型面创建上下模体积块

用前面创建的主分型面 main_pt_surf 来将前面生成的体积块 body_vol 分成上、下两个体积腔（块），这两个体积腔（块）将来会抽取为模具的上、下模具型腔。

Step1. 选择 模具 功能选项卡 [分型面和模具体积块 ▼] 区域中的按钮 [模具体积块 ▼] ➡ [🗐 体积块分割] 命令。

Step2. 选取 BODY_VOL 作为要分割的模具体积块；选取 main_pt_surf 分型面为分割曲面。

Step3. 在"体积块分割"操控板中单击 [体积块] 按钮，在"体积块"界面中单击 [1 ☑ 体积块_1] 区域，此时 BODY_VOL 体积块的下半部分变亮，如图 5.4.24 所示，然后在选中的区域中将名称改为 lower_vol；在"体积块"界面中单击 [2 ☑ 体积块_2] 区域，此时 BODY_VOL 体积块的上半部分变亮，如图 5.4.25 所示，然后在选中的区域中将名称改为 upper_vol。

Step4. 在"体积块分割"操控板中单击 ✔ 按钮，完成体积块分割的创建。

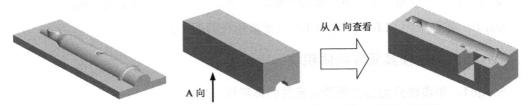

图 5.4.24　着色后的下半部分体积块　　图 5.4.25　着色后的上半部分体积块

Task6. 抽取模具元件及生成浇注件

将浇注件命名为 front_cover_molding。

Task7. 定义开模动作

Step1. 将参考零件、坯料和分型面在模型中遮蔽起来。

Step2. 开模步骤 1：移动滑块，输入移动的距离值 100，结果如图 5.4.26 所示。

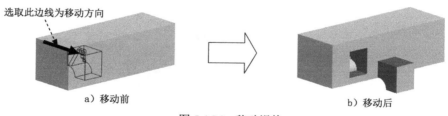

选取此边线为移动方向

a）移动前　　　　　　　　b）移动后

图 5.4.26　移动滑块

Step3. 开模步骤 2：移动上模，输入移动的距离值-200，结果如图 5.4.27 所示。

m

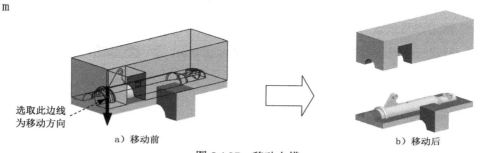

选取此边线
为移动方向

a）移动前　　　　　　　　b）移动后

图 5.4.27　移动上模

Step4. 开模步骤 3：移动浇注件，输入移动的距离值-100，结果如图 5.4.28 所示。

选取此边线
为移动方向

a）移动前　　　　　　　　b）移动后

图 5.4.28　移动浇注件

Step5. 保存设计结果。选择下拉菜单 文件 ▾ ➡ 🖫 保存(S) 命令。

5.5　带滑块的模具设计（三）

在图 5.5.1 所示的模具中，该模具的设计重点和难点在于分型面的设计，分型面设计得是否合理将直接影响到模具是否能够顺利地开模。通过对本实例的学习，读者会对"分型面法"有进一步的认识。下面将说明该模具的创建过程。

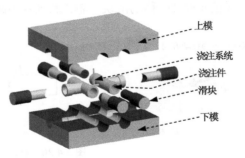

上模
浇注系统
浇注件
滑块
下模

图 5.5.1　带滑块的复杂模具设计

Task1．新建一个模具制造模型，进入模具模块

Step1．将工作目录设置至 D:\creo6.3\work\ch05.05。

Step2．新建一个模具型腔文件，命名为 pipeline_mold；选取 `mmns_mfg_mold` 模板。

Task2．建立模具模型

在开始设计一个模具前，应先创建一个图 5.5.2 所示的"模具模型"，模具模型包括参考模型和坯料。

Stage1．引入参考模型

Step1．单击 模具 功能选项卡 参考模型和工件 区域中的按钮 参考模型 ，然后在系统弹出的列表中选择 组装参考模型 命令，系统弹出"打开"对话框。

Step2．在"打开"对话框中选取三维零件模型 pipeline.prt 作为参考零件模型，然后单击 打开 按钮。

Step3．定义约束参考模型的放置位置。

（1）指定第一个约束。在操控板中单击 放置 按钮，在"放置"界面的"约束类型"下拉列表中选择 重合 ，选取参考件的 FRONT 基准平面为元件参考，选取装配体的 MAIN_PARTING_PLN 基准平面为组件参考。

（2）指定第二个约束。单击 新建约束 字符，在"约束类型"下拉列表中选择 重合 ，选取参考件的 TOP 基准平面为元件参考，选取装配体的 MOLD_FRONT 基准平面为组件参考。

（3）指定第三个约束。单击 新建约束 字符，在"约束类型"下拉列表中选择 距离 ，选取参考件的 RIGHT 基准平面为元件参考，选取装配体的 MOLD_RIGHT 基准平面为组件参考，偏移值设为 60。

（4）约束定义完成，在操控板中单击 ✓ 按钮，完成参考模型的放置；系统自动弹出"创建参考模型"对话框。

Step4. 在"创建参考模型"对话框中选中 ● 按参考合并 单选项，然后在 参考模型 区域的 名称 文本框中接受默认的名称（或输入参考模型的名称）。单击 确定 按钮，完成参考模型的命名。系统弹出"警告"对话框，单击 确定 按钮。

Step5. 创建镜像参考模型

（1）单击 模具 功能选项卡 参考模型和工件 区域的按钮 参考模型 ，在系统弹出的菜单中单击)|(镜像参考模型 按钮，系统弹出"镜像元件"对话框。

（2）在"镜像元件"对话框中的 元件: 区域单击字符"选择项"， 然后选取图 5.5.3 所示要镜像的参考零件。

（3）在"镜像元件"对话框中的 镜像平面: 区域单击字符"选择项"， 选取图 5.5.3 所示的镜像平面参考。

（4）在"镜像元件"对话框 新建元件 区域的 文件名: 文本框中输入名称 pipeline_mold_ref_02，然后单击 确定 按钮完成镜像操作。

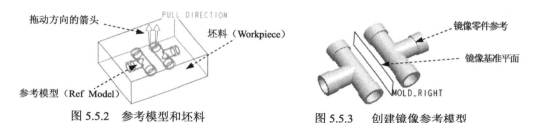

图 5.5.2 参考模型和坯料   图 5.5.3   创建镜像参考模型

Stage2. 创建坯料

Step1. 单击 模具 功能选项卡 参考模型和工件 区域中的按钮 工件 ，然后在系统弹出的列表中选择 创建工件 命令，系统弹出"创建元件"对话框。

Step2. 在"创建元件"对话框中选中 类型 区域中的 ● 零件 单选项，选中 子类型 区域中的 ⊙ 实体 单选项，在 文件名: 文本框中输入坯料的名称 wp，然后再单击 确定 按钮。

Step3. 在系统弹出的"创建选项"对话框中选中 ⊙ 创建特征 单选项，然后再单击 确定 按钮。

Step4. 创建图 5.5.4 所示的坯料特征。

（1）选择命令。单击 模具 功能选项卡 形状 ▼ 区域中的 拉伸 按钮。

（2）创建实体拉伸特征。

① 定义草绘截面放置属性。在绘图区中右击，从系统弹出的快捷菜单中选择 定义内部草绘... 命令。然后选择 MAIN_PARTING_PLN 基准平面作为草绘平面，草绘平面的参考平面为 MOLD_RIGHT 基准平面，方位为 右 ，单击 草绘 按钮，系统至此进入截面草绘环境。

② 进入截面草绘环境后，选取 MOLD_RIGHT 基准平面和 MOLD_FRONT 基准平面为草绘参考，然后绘制图 5.5.5 所示的截面草图。完成截面草图的绘制后，单击"草绘"操控板中的"确定"按钮✔。

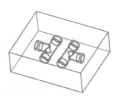

图 5.5.4　创建坯料

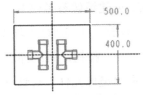

图 5.5.5　截面草图

③ 选取深度类型并输入深度值。在操控板中选取深度类型 日（即"对称"），再在深度文本框中输入深度值 180.0，并按<Enter>键。

Step5. 在 拉伸 操控板中单击 ✔ 按钮。完成特征的创建。

Task3．设置收缩率

将参考模型收缩率设置为 0.006。

Task4．创建浇注系统

Stage1．创建浇道

创建图 5.5.6 所示的浇道，其操作过程如下。

Step1. 选择命令。单击 模型 功能选项卡 切口和曲面 ▾ 区域中的 中 旋转 按钮。

Step2. 此时出现旋转特征操控板。

（1）定义草绘截面放置属性。右击，从快捷菜单中选择 定义内部草绘... 命令。草绘平面为 MOLD_FRONT 基准平面，草绘平面的参考平面为 MOLD_RIGHT 基准平面，草绘平面的参考方位为 右。单击 草绘 按钮，系统至此进入截面草绘环境。

（2）进入截面草绘环境后，选取图 5.5.7 所示的坯料边线为草绘参考，绘制图 5.5.7 所示的截面草图。完成特征截面的绘制后，单击"草绘"操控板中的"确定"按钮✔。

（3）特征属性。旋转角度类型为 ⊥，旋转角度为 360。

（4）单击操控板中的 ✔ 按钮，完成特征的创建。

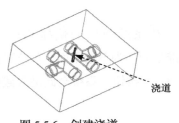

图 5.5.6　创建浇道

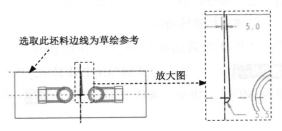

图 5.5.7　截面草图

Stage2. 创建图 5.5.8 所示的主流道

Step1. 单击 模具 功能选项卡 生产特征 ▾ 区域中的 ✕ 流道 按钮。系统弹出"流道"信息对话框，在系统弹出的 ▾ Shape (形状) 菜单中选择 Round (倒圆角) 命令。

Step2. 定义流道的直径。在系统 输入流道直径 的提示下，输入直径值 10，然后按<Enter>键。

Step3. 在 ▾ FLOW PATH (流道) 菜单中选择 Sketch Path (草绘路径) 命令，在"设置草绘平面"菜单中选择 Setup New (新设置) 命令。

Step4. 选取草绘平面。执行命令后，在系统 ⇨ 选择或创建一个草绘平面. 的提示下，选择 MAIN_PARTING_PLN 基准平面为草绘平面。在 ▾ DIRECTION (方向) 菜单中选择 Okay (确定) 命令，即接受系统默认的草绘的方向。在 ▾ SKET VIEW (草绘视图) 菜单中选择 Right (右) 命令，选取 MOLD_RIGHT 基准平面为参考平面。

Step5. 绘制截面草图。进入草绘环境后，绘制图 5.5.9 所示的截面草图(即一条中间线段)。完成特征截面的绘制后，单击"草绘"操控板中的"确定"按钮✔。

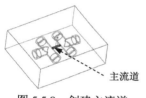

图 5.5.8 创建主流道

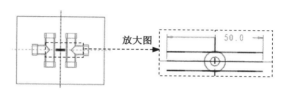

图 5.5.9 截面草图

Step6. 定义相交元件。在系统弹出的"相交元件"对话框中按下 自动添加 按钮，选中 ✔ 自动更新 复选框，然后单击 确定 按钮。

Step7. 单击"流道"信息对话框中的 预览 按钮，再单击"重画"按钮 ▱，预览所创建的"流道"特征，然后单击 确定 按钮完成操作。

Stage3. 浇口的设计

创建图 5.5.10 所示的浇口，其操作过程如下。

Step1. 选择命令。单击 模型 功能选项卡 切口和曲面 ▾ 区域中的 ⬜拉伸 按钮。

Step2. 创建拉伸特征。

（1）定义草绘属性。右击，从快捷菜单中选择 定义内部草绘... 命令。草绘平面为 MOLD_RIGHT，草绘平面的参考平面为 MOLD_FRONT 基准平面，草绘平面的参考方位为 左。单击 草绘 按钮，至此系统进入截面草绘环境。

（2）进入截面草绘环境后，绘制图 5.5.11 所示的截面草图。完成特征截面的绘制后，单击"草绘"操控板中的"确定"按钮✔。

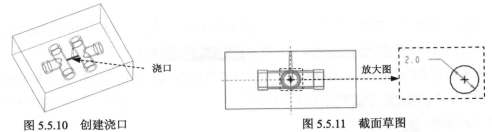

图 5.5.10　创建浇口　　　　　　　　　　图 5.5.11　截面草图

（3）在"拉伸"操控板中单击 选项 按钮，在系统弹出的界面中选取双侧的深度选项均为 ⊥ 到选定项 ，然后选取图 5.5.12 所示的参考零件的表面为拉伸的终止面。

（4）单击操控板中的 ✔ 按钮，完成特征创建。

Task5．创建主分型面

创建图 5.5.13 所示模具的主分型面，其操作过程如下。

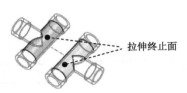

图 5.5.12　拉伸终止面

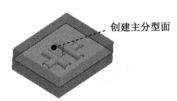

图 5.5.13　创建主分型面

Step1．单击 模具 功能选项卡 分型面和模具体积块 ▾ 区域中的"分型面"按钮 📖 ，系统弹出"分型面"操控板。

Step2．在系统弹出的"分型面"操控板中的 控制 区域单击"属性"按钮 📑 ，在 "属性"对话框中输入分型面名称 main_ps，单击 确定 按钮。

Step3．通过"拉伸"的方法创建主分型面。

（1）单击 分型面 操控板 形状 ▾ 区域中的 拉伸 按钮，此时系统弹出"拉伸"操控板。

（2）定义草绘截面放置属性。右击，从系统弹出的菜单中选择 定义内部草绘... 命令；在系统 ↪ 选择一个平面或曲面以定义草绘平面. 的提示下，选取图 5.5.14 所示的坯料前表面为草绘平面，接受默认选取的箭头方向和平面为草绘视图方向和参考平面，方向为 下 ；单击 草绘 按钮，系统至此进入截面草绘环境。

（3）绘制截面草图。选取图 5.5.15 所示的坯料的边线和 MAIN_PARTING_PLN 基准平面为草绘参考；绘制图 5.5.15 所示的截面草图（截面草图为一条线段），完成截面的绘制后，单击"草绘"操控板中的"确定"按钮 ✔ 。

（4）设置深度选项。

① 在操控板中选取深度类型 ⊥ （到选定的）。

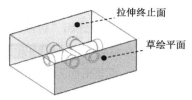

图 5.5.14 草绘平面和拉伸终止面

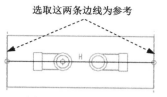

图 5.5.15 截面草图

② 将模型调整到合适位置，选取图 5.5.14 所示的模型表面为拉伸终止面。

③ 在"拉伸"操控板中单击 ✓ 按钮，完成特征的创建。

Step4. 在"分型面"操控板中单击"确定"按钮 ✓，完成分型面的创建。

Task6. 创建滑块分型面

创建图 5.5.16 所示模具的滑块分型面，其操作过程如下。

Step1. 单击 模具 功能选项卡 分型面和模具体积块 ▾ 区域中的"分型面"按钮 📖，系统弹出 "分型面"操控板。

Step2. 在系统弹出的"分型面"操控板中的 控制 区域单击"属性"按钮 📄，在"属性" 对话框中输入分型面名称 slide_ps，单击 确定 按钮。

Step3. 遮蔽坯料和主分型面，在屏幕右下方的"智能选取栏"中选择"几何"选项。

Step4. 通过曲面复制的方法复制图 5.5.17 所示参考模型上的表面。

图 5.5.16 创建滑块分型面

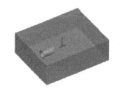

图 5.5.17 创建复制曲面

（1）按住<Ctrl>键选取图 5.5.18 所示的三个曲面。

（2）单击 模具 功能选项卡 操作 ▾ 区域中的"复制"按钮 📋。

（3）单击 模具 功能选项卡 操作 ▾ 区域中的"粘贴"按钮 📋 ▾，系统弹出"曲面：复制" 操控板。

（4）在系统弹出的"曲面：复制"操控板中单击 ✓ 按钮。

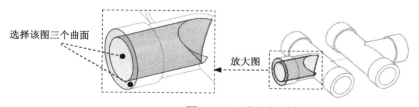

选择该图三个曲面

放大图

图 5.5.18 选取复制曲面

Step5. 通过"拉伸"的方法创建图 5.5.19 所示的曲面。

（1）单击 分型面 功能选项卡 形状 ▼ 区域中的 拉伸 按钮，此时系统弹出"拉伸"操控板。

（2）定义草绘截面放置属性。在图形区右击，从系统弹出的菜单中选择 定义内部草绘... 命令；选取 MOLD_FRONT 基准平面为草绘平面，MOLD_RIGHT 基准平面为参考平面，方向为 右 ；单击 草绘 按钮，系统至此进入截面草绘环境。

（3）绘制截面草图。接受系统默认的草绘参考；绘制图 5.5.20 所示的截面草图（使用投影命令）；完成截面的绘制后，单击"草绘"操控板中的"确定"按钮 ✔ 。

图 5.5.19　拉伸曲面

图 5.5.20　截面草图

（4）设置深度选项。

① 在操控板中选取深度类型 ⊟ （对称），在深度文本框中输入深度值 60.0。

② 在操控板中单击 ✔ 按钮，完成拉伸特征的创建。

Step6. 将坯料撤销遮蔽。

Step7. 创建图 5.5.21 所示的合并曲面。

（1）按住<Ctrl>键，在模型树中选取复制面 1 与拉伸 3 的面。

（2）单击 分型面 功能选项卡 编辑 ▼ 区域中的 合并 按钮，系统"合并"操控板。

（3）在"合并"操控板中单击 ✔ 按钮，合并结果如图 5.5.21 所示。

Step8. 创建图 5.5.22 所示的延伸曲面。

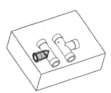

图 5.5.21　合并曲面

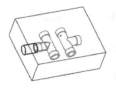

图 5.5.22　延伸曲面

（1）按住<Shift>键，选取图 5.5.23 所示的复制边线。

注意：选取延伸边线时，必须保证选取的是前面复制的曲面边线，否则将无法使用延伸命令。

（2）单击 分型面 功能选项卡 编辑 ▼ 区域的 延伸 按钮，此时出现 延伸 操控板。

（3）选取延伸的终止面。在操控板中按下按钮 ▢。选取图 5.5.23 所示的坯料的表面为延伸的终止面。

（4）单击 ✔ 按钮，完成延伸曲面的创建。

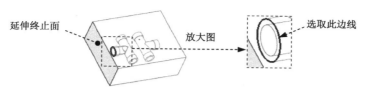

图 5.5.23　选取延伸终止面

Step9. 创建图 5.5.24 所示的镜像面组。

（1）选取要镜像的面组。在绘图区域中选取 slide_ps 面组。

（2）单击 **分型面** 功能选项卡中的 编辑 ▾ 按钮，然后在下拉菜单中选择 镜像 命令。

（3）定义镜像中心平面。选择基准平面 MOLD_RIGHT 为镜像中心平面。

（4）在操控板中单击"完成"按钮 ✔，完成镜像特征的创建。

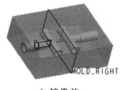

a）镜像前

b）镜像后

图 5.5.24　镜像面组

Step10. 创建图 5.5.25 所示的拉伸曲面。

（1）单击 **分型面** 功能选项卡 形状 ▾ 区域中的"拉伸"按钮 拉伸 。此时系统弹出"拉伸"操控板。

（2）定义草绘截面放置属性。在图形区右击，从系统弹出的菜单中选择 定义内部草绘... 命令；选取 MOLD_FRONT 基准平面为草绘平面，MOLD_RIGHT 基准平面为参考平面，方向为 右 ；单击 草绘 按钮，至此系统进入截面草绘环境。

（3）绘制截面草图。接受系统默认参考；绘制图 5.5.26 所示的截面草图（使用投影命令）；完成截面的绘制后，单击"草绘"操控板中的"确定"按钮 ✔ 。

（4）设置深度选项。

① 在操控板中选取深度类型 ⊥ （到选定的）。

② 将模型调整到合适位置，选取图 5.5.27 所示的模型表面为拉伸终止面。

③ 在操控板中单击 选项 按钮，在"选项"界面中选中 ✔ 封闭端 复选框。

（5）在操控板中单击 ✔ 按钮，完成特征的创建。

图 5.5.25　拉伸曲面

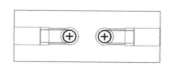

图 5.5.26　截面草图

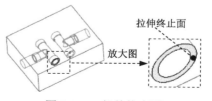

图 5.5.27　拉伸终止面

Step11. 创建图 5.5.28 所示的拉伸曲面。

（1）单击 **分型面** 功能选项卡 形状 ▼ 区域中的"拉伸"按钮 拉伸 。此时系统弹出"拉伸"操控板。

（2）定义草绘截面放置属性。在图形区右击，从系统弹出的菜单中选择 定义内部草绘... 命令；选取图 5.5.28 所示的坯料前表面为草绘平面，MOLD_RIGHT 基准平面为参考平面，方向为 右 ；单击 草绘 按钮，系统至此进入截面草绘环境。

（3）绘制截面草图。选取 MAIN_PARTING_PLN 基准平面为参考平面，绘制图 5.5.29 所示的截面草图（使用投影命令）；完成截面的绘制后，单击"草绘"操控板中的"确定"按钮 ✔ 。

（4）设置深度选项。

① 在操控板中选取深度类型 ⊥（到选定的）。

② 将模型调整到合适位置，选取图 5.5.27 所示的模型表面为拉伸终止面。

③ 在操控板中单击 选项 按钮，在"选项"界面中选中 ☑ 封闭端 复选框。

（5）在操控板中单击 ✔ 按钮，完成特征的创建。

Step12. 创建图 5.5.30 所示的合并曲面特征。

（1）按住<Ctrl>键，在模型树中选取拉伸 4 和拉伸 5 曲面。

（2）单击 **分型面** 功能选项卡 编辑 ▼ 区域中的 合并 按钮，此时系统弹出"合并"操控板。

（3）在"合并"操控板中单击 ✔ 按钮。

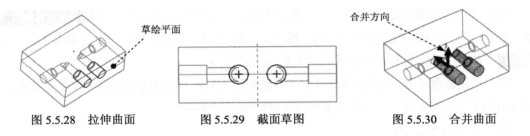

图 5.5.28 拉伸曲面　　　图 5.5.29 截面草图　　　图 5.5.30 合并曲面

Step13. 将面组进行图 5.5.31 所示的镜像。

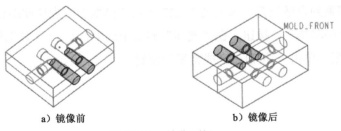

a）镜像前　　　　　　　　b）镜像后

图 5.5.31 镜像面组

（1）选取上一步创建的合并 2 面组为要镜像的面组。

（2）单击 **分型面** 功能选项卡中的 编辑 ▼ 按钮，然后在下拉菜单中选择 镜像 命令。

（3）定义镜像中心平面。选取基准平面 MOLD_FRONT 为镜像中心平面。

（4）在"镜像"操控板中单击 ✔ 按钮，完成镜像特征的创建。

Step14. 在"分型面"操控板中单击"确定"按钮 ✔，完成分型面的创建。

Task7. 构建模具元件的体积块

Stage1. 创建第一个滑块体积块

Step1. 选择 模具 功能选项卡 分型面和模具体积块 ▼ 区域中的 模具体积块 ➡ 🗐 体积块分割 命令，可进入"体积块分割"操控板。

Step2. 在系统弹出的"体积块分割"操控板中单击"参考零件切除"按钮 🔲，此时系统弹出"参考零件切除"操控板；单击 参考 选项卡，然后选中 参考零件: 区域中的 ☑ 包括全部 单选项，单击 ✔ 按钮，完成参考零件切除的创建。

Step3. 在系统弹出的"体积块分割"操控板中单击 ▶ 按钮，将"体积块分割"操控板激活，此时系统已经将分割的体积块选中。

Step4. 选取分割曲面。在"体积块分割"操控板中单击 ➲ 右侧的 ⬚单击此处添加项 按钮将其激活。然后选取 面组:F17 分型面。

Step5. 在"体积块分割"操控板中单击 体积块 按钮，在"体积块"界面中单击 1 ☑ 体积块_1 区域，如图 5.5.32 所示，然后在选中的区域中将名称改为 BODY_VOL；在"体积块"界面中单击 2 ☑ 体积块_2 区域，如图 5.5.33 所示，然后在选中的区域中将名称改为 SLIDE_VOL_01；在"体积块"界面中单击 3 ☑ 体积块_3 区域，如图 5.5.33 所示，然后在选中的区域中将名称改为 SLIDE_VOL_02。

Step6. 在"体积块分割"操控板中单击 ✔ 按钮，完成体积块分割的创建。

图 5.5.32 着色后的部分体积块

图 5.5.33 着色后的滑块

Stage2. 创建第二个滑块体积块

Step1. 选择 模具 功能选项卡 分型面和模具体积块 ▼ 区域中的 模具体积块 ➡ 🗐 体积块分割 命令，可进入"体积块分割"操控板。

Step2. 选取 BODY_VOL 作为要分割的模具体积块；选取选取 面组:F12(SLIDE_PS) （使用"列表选取"）分型面为分割曲面。

Step3. 在"体积块分割"操控板中单击 体积块 按钮，在"体积块"界面中单击 2 ☑ 体积块_2 区域，如图 5.5.34 所示，然后在选中的区域中将名称改为 SLIDE_VOL_03；

在"体积块"界面中取消选中 1 □ 体积块_1 。

Step4. 在"体积块分割"操控板中单击 ✔ 按钮，完成体积块分割的创建。

图 5.5.34 着色后的滑块

Stage3. 创建第三、第四个滑块体积块

参见 Stage2 完成第三、第四个滑块的创建。分别命名为 SLIDE_VOL_04 、SLIDE_VOL_05 和 SLIDE_VOL_06。

Stage4. 创建上下模板

Step1. 选择 模具 功能选项卡 分型面和模具体积块 ▾ 区域中的 模具体积块 ▾ ➡ 🗋 体积块分割 命令，可进入"体积块分割"操控板。

Step2. 选取 BODY_VOL 作为要分割的模具体积块；选取选取 面组:F11(MAIN_PS) (使用"列表选取")分型面为分割曲面。

Step3. 在"体积块分割"操控板中单击 体积块 按钮，在"体积块"界面中单击 1 ☑ 体积块_1 区域，此时模型的下半部分变亮，如图 5.5.35 所示，然后在选中的区域中将名称改为 LOWER_VOL；在"体积块"界面中单击 2 ☑ 体积块_2 区域，此时模型的上半部分变亮，如图 5.5.36 所示，然后在选中的区域中将名称改为 UPPER_VOL。

图 5.5.35 着色后的下半部分体积块

图 5.5.36 着色后的上半部分体积块

Task8. 抽取模具元件及生成浇注件

将浇注件的名称命名为 molding。

Task9. 定义开模动作

Step1. 将参考零件、坯料、所有体积快和分型面在模型中遮蔽起来。

Step2. 移动第一个滑块。

（1）选择 模具 功能选项卡 分析 ▾ 区域中的 🗟 命令。系统弹出 ▾ MOLD OPEN (模具开模) 菜

单管理器。

（2）在系统弹出的"菜单管理器"菜单中选择 Define Step (定义步骤) ➡ Define Move (定义移动) 命令。

（3）在系统 ⇨ 为迁移号码1 选择构件. 的提示下，在模型树上选取第一个滑块，在"选择"对话框中单击 确定 按钮。

（4）在系统 ⇨ 通过选择边、轴或面选择分解方向. 的提示下，选取图 5.5.37 所示的边线为移动方向，输入要移动的距离值 200，然后按<Enter>键。

（5）在 ▼ DEFINE STEP (定义间距) 菜单中选择 Done (完成) 命令，移出后的状态如图 5.5.37 所示。

图 5.5.37　移动滑块

Step3. 参见 Step2 移动其他滑块。

Step4. 移动上模。

（1）在系统弹出的"菜单管理器"菜单中选择 Define Step (定义步骤) ➡ Define Move (定义移动) 命令。

（2）在系统 ⇨ 为迁移号码1 选择构件. 的提示下，在模型中选取上模零件，然后在"选择"对话框中单击 确定 按钮。

（3）在系统 ⇨ 通过选择边、轴或面选择分解方向. 的提示下，选取图 5.5.38 所示的边线为移动方向，输入要移动的距离值 200，然后按<Enter>键。

（4）在 ▼ DEFINE STEP (定义步骤) 菜单中选择 Done (完成) 命令，移出后的状态如图 5.5.38 所示。

图 5.5.38　移动上模

Step5. 移动下模。参考 Step4 的操作方法，在模型中选取下模，选取图 5.5.39 所示的边线为移动方向，输入要移动的距离值-200，然后按<Enter>键，选择 Done (完成) 命令，完成下模的开模动作。在"模具开模"菜单中单击 Done/Return (完成/返回) 按钮。

选取此边线为移动方向

移动后

图 5.5.39　移动下模

Step6. 保存设计结果。单击 **模具** 功能选项卡中 操作 ▼ 区域的 重新生成 ▼ 按钮，在系统弹出的下拉菜单中单击 重新生成 按钮，选择下拉菜单 文件 ▼ ➡ 保存(S) 命令。

5.6　带镶块的模具设计

本实例通过底部护垫的模具设计来介绍镶块体积块在模具设计中的应用。下面介绍计算机机箱底部护垫的模具设计，如图 5.6.1 所示。下面将介绍这套模具的设计过程。

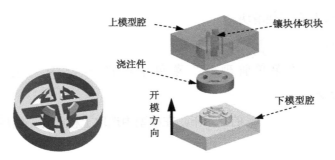

上模型腔　　　　　　镶块体积块

浇注件

开模方向

下模型腔

图 5.6.1　带镶块的模具设计

Task1. 新建一个模具制造模型，进入模具模块

Step1. 将工作目录设置至 D:\creo6.3\work\ch05.06。

Step2. 新建一个模具型腔文件，命名为 foot_pad_mold；选取 mmns_mfg_mold 模板。

Task2. 建立模具模型

在开始设计一个模具前，应先创建一个"模具模型"，模具模型包括参考模型和坯料，如图 5.6.2 所示。

Stage1. 引入参考模型

Step1. 单击 **模具** 功能选项卡 参考模型和工件 区域中的按钮 参考模型 ▼ ，然后在系统弹出的列表中选择 定位参考模型 命令，系统弹出"打开""布局"对话框和 ▼ CAV LAYOUT (型腔布置) 菜单管理器。

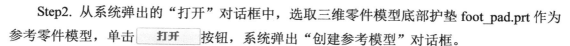

Step2. 从系统弹出的"打开"对话框中，选取三维零件模型底部护垫 foot_pad.prt 作为参考零件模型，单击 打开 按钮，系统弹出"创建参考模型"对话框。

Step3. 在"创建参考模型"对话框中选中 ⊙ 按参考合并 单选项，然后在 参考模型 文本框中接受默认的名称，再单击 确定 按钮。

Step4. 在"布局"对话框的 布局–区域中单击 ⊙ 单一 单选项，在"布局"对话框中单击 预览 按钮，单击 确定 按钮；单击 Done/Return (完成/返回) 命令，结果如图 5.6.3 所示。

Stage2. 创建坯料

Step1. 单击 模具 功能选项卡 参考模型和工件 区域中的按钮 工件▾，然后在系统弹出的列表中选择 ☐创建工件 命令，系统弹出"创建元件"对话框。

Step2. 在系统弹出的"创建元件"对话框中，在 类型 区域选中 ⊙ 零件 单选项，在 子类型 区域选中 ⊙ 实体 单选项，在 文件名:文本框中输入坯料的名称 foot_pad_wp，然后单击 确定 按钮。

Step3. 在系统弹出的"创建选项"对话框中选中 ⊙ 创建特征 单选项，然后单击 确定 按钮。

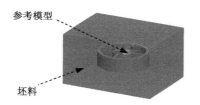

图 5.6.2 参考模型和坯料

图 5.6.3 参考件组装完成后

Step4. 创建坯料特征。

（1）选择命令。单击 模具 功能选项卡 形状 ▾ 区域中的 ☐拉伸 按钮。

（2）创建实体拉伸特征。

① 选取拉伸类型。在出现的操控板中，确认"实体"类型按钮 ☐ 被按下。

② 定义草绘截面放置属性。在绘图区中右击，从快捷菜单中选择 定义内部草绘... 命令。系统弹出"草绘"对话框，然后选择 MOLD_FRONT 基准平面作为草绘平面，接受系统默认的箭头方向为草绘视图方向，然后选取 MAIN_PARTING_PLN 基准平面为参考平面，方位为 上，单击 草绘 按钮，系统至此进入截面草绘环境。

③ 进入截面草绘环境后，选取 MOLD_RIGHT 基准平面和 MAIN_PARTING_PLN 基准平面为草绘参考，然后绘制图 5.6.4 所示的截面草图。完成特征截面的绘制后，单击"草绘"操控板中的"确定"按钮 ✔。

④ 选取深度类型并输入深度值：在操控板中选取深度类型 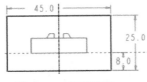（即"对称"），再在深度文本框中输入深度值 35.0，并按<Enter>键。

⑤ 完成特征。在操控板中单击 ✔ 按钮，完成特征的创建。

Task3．设置收缩率

将参考模型收缩率设置为 0.006。

Task4．创建模具分型面

以下操作为创建 foot_pad.prt 模具的分型曲面，如图 5.6.5 所示。

Stage1．创建复制曲面

Step1. 单击 模具 功能选项卡 分型面和模具体积块 ▼ 区域中的"分型面"按钮 ▱。系统弹出"分型面"操控板。

Step2. 在系统弹出的"分型面"操控板中的 控制 区域单击"属性"按钮 ▤，在"属性"对话框中输入分型面名称 PS，单击 确定 按钮。

图 5.6.4　截面草图

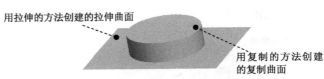

图 5.6.5　创建分型曲面

Step3. 为了方便选取图元，将坯料遮蔽。

Step4. 通过曲面复制的方法，复制参考模型上的外表面。

（1）在屏幕右下方的"智能选取栏"中选择"几何"选项。

（2）选取要复制的面组，操作方法如下。

① 选择 视图 功能选项卡 模型显示 ▼ 区域中的"显示样式"按钮 ▱，按下 ▱ 线框 按钮，将模型的显示状态切换到实线线框显示方式。

② 将模型调整到图 5.6.6 所示的视图方位，采用"从列表中拾取"的方法选取图 5.6.6 所示的模型表面（A），按住<Ctrl>键，采用同样的方法选取模型表面（B）和模型表面（C）。

（3）单击 模具 功能选项卡 操作 ▼ 区域中的"复制"按钮 ▤。

（4）单击 模具 功能选项卡 操作 ▼ 区域中的"粘贴"按钮 ▤ ▼。系统弹出 曲面：复制 操控板。

（5）填补复制曲面上的破孔。在操控板中单击 选项 按钮，在"选项"界面选中 ⊙ 排除曲面并填充孔 单选项，选择图 5.6.6 中的模型表面（C）。

（6）单击操控板中的 ✔ 按钮。

Stage2. 创建拉伸曲面

Step1. 将坯料的遮蔽取消。

Step2. 通过拉伸的方法创建图 5.6.7 所示的曲面。

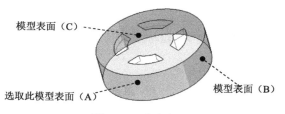

图 5.6.6　定义复制曲面

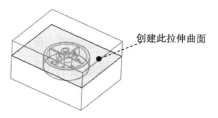

图 5.6.7　创建拉伸曲面

（1）单击 **分型面** 功能选项卡 形状 ▼ 区域中的 □ 拉伸 按钮，此时系统弹出"拉伸"操控板。

（2）定义草绘截面放置属性。右击，从系统弹出的菜单中选择 定义内部草绘... 命令；选取图 5.6.8 所示的坯料表面 1 为草绘平面，接受默认的草绘视图方向，然后选取图 5.6.8 所示的坯料表面 2 为参考平面，方向为 上 。然后单击 草绘 按钮。

（3）进入草绘环境后，选取图 5.6.9 所示的坯料边线和模型边线为草绘参考，然后绘制截面草图（草图为一条直线），如图 5.6.9 所示。完成特征截面的绘制后，单击"草绘"操控板中的"确定"按钮 ✔ 。

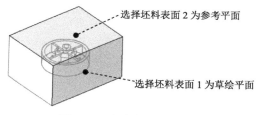

图 5.6.8　定义草绘平面

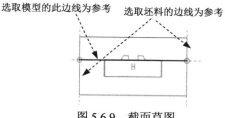

图 5.6.9　截面草图

（4）设置深度选项。

① 在操控板中选取深度类型 ⊥ （到选定的）。

② 将模型调整到图 5.6.10 所示的视图方位，选取图 5.6.10 所示的平面为拉伸终止面。

（5）在"拉伸"操控板中单击 ✔ 按钮，完成特征的创建。

Stage3. 曲面合并

Step1. 遮蔽坯料和参考零件。

Step2. 将 Stage1 创建的复制面组与 Stage2 创建的拉伸面组进行合并。

（1）按住<Ctrl>键，选取 Stage1 创建的复制面组和 Stage2 创建的拉伸面组，如图 5.6.11 所示。

（2）单击 **分型面** 功能选项卡 编辑 ▼ 区域中的 ⬚合并 按钮，系统弹出"合并"操控板。

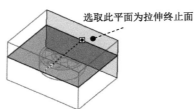

图 5.6.10　选取拉伸终止面

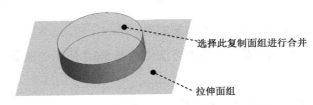

图 5.6.11　将复制面组与拉伸面组进行合并

（3）在模型中选取要合并的面组的侧，如图 5.6.12 所示。

（4）在操控板中单击 选项 按钮，在"选项"界面中选中 ● 相交 单选项，单击 ✔ 按钮。

Step3. 着色显示所创建的分型面。

（1）单击 视图 功能选项卡 可见性 区域中的"着色"按钮 ☐。

（2）系统自动将刚创建的分型面 PS 着色，着色后的分型曲面如图 5.6.13 所示。

（3）在 ▼ CntVolSel（继续体积块选取）菜单中选择 Done/Return（完成/返回）命令。

Step4. 在"分型面"操控板中单击"确定"按钮 ✔，完成分型面的创建。

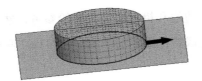

图 5.6.12　"合并面组"的侧

图 5.6.13　着色后的分型曲面

Task5．创建模具体积块

Stage1．定义镶块体积块 1

下面的操作是创建零件 foot_pad.prt 模具的镶块体积块 INSERT_01（图 5.6.14），其操作过程如下。

Step1. 为了使屏幕简洁，将分型面遮蔽起来，同时撤销对坯料、参考零件的遮蔽。

Step2. 选择命令。选择 模具 功能选项卡 分型面和模具体积块 ▼ 区域中的 模具体积块 ▼ ➡ ⬛模具体积块 命令。

Step3. 在系统弹出的"编辑模具体积块"操控板中的 控制 区域单击"属性"按钮 ☞，在"属性"对话框中输入分型面名称 INSERT_01，单击 确定 按钮。

Step4. 通过拉伸的方法创建图 5.6.15 所示的曲面。

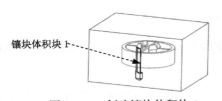

图 5.6.14　创建镶块体积块 1

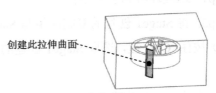

图 5.6.15　创建拉伸曲面

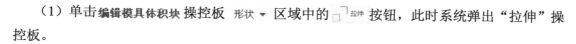
（1）单击**编辑模具体积块**操控板 形状 ▼ 区域中的 □拉伸 按钮，此时系统弹出"拉伸"操控板。

（2）选择 **视图** 功能选项卡 模型显示 ▼ 区域中的"显示样式"按钮显示样式 ▼，按下 □消隐 按钮，将模型的显示状态切换到实线线框显示方式。

（3）定义草绘截面放置属性。在绘图区空白处右击，从系统弹出的菜单中选择 **定义内部草绘...** 命令；选取图 5.6.16 所示的坯料表面 1 为草绘平面，接受图 5.6.16 中默认的箭头方向为草绘视图方向，然后选取图 5.6.16 所示的坯料表面 2 为参考平面，方向为 上 。单击 草绘 按钮，进入草绘环境。

（4）进入草绘环境后，选取 MOLD_RIGHT 基准平面和 MAIN_FRONT 基准平面为草绘参考，利用"投影"命令绘制图 5.6.17 所示的截面草图（参考录像选取）。完成特征截面的绘制后，单击"草绘"操控板中的"确定"按钮 ✔ 。

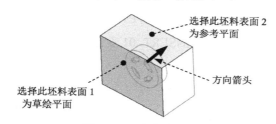

图 5.6.16　定义草绘平面

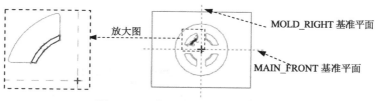

图 5.6.17　截面草图

（5）设置深度选项。

① 在操控板中选取深度类型 ⊥ （到选定的）。

② 调整视图方位，选择图 5.6.18 所示的平面为拉伸终止面。

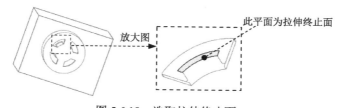

图 5.6.18　选取拉伸终止面

（6）在"拉伸"操控板中单击 ✔ 按钮，完成特征的创建。

Step5. 创建拉伸曲面。

（1）单击**编辑模具体积块**操控板 形状 ▼ 区域中的 □拉伸 按钮，此时系统弹出"拉伸"操控板。

（2）定义草绘截面放置属性。右击，从系统弹出的菜单中选择 定义内部草绘... 命令；在系统弹出的"草绘"对话框中单击 使用先前的 按钮。

（3）进入草绘环境后，选取 MOLD_RIGHT 基准平面和 MAIN_FRONT 基准平面为草绘参考，利用"投影"命令绘制图 5.6.19 所示的截面草图。完成特征截面的绘制后，单击"草绘"操控板中的"确定"按钮 ✓ 。

（4）在操控板中选取深度类型 ⊥（不通孔），单击反向按钮 ％，使拉伸方向为指向坯料方向，然后输入深度值 3.0，并按<Enter>键。

（5）在"拉伸"操控板中单击 ✓ 按钮，完成特征的创建。

Step6. 着色显示所创建的体积块。

（1）单击**视图**功能选项卡 可见性 区域中的"着色"按钮 ◻ 。

（2）系统自动将刚创建的镶块体积块 INSERT_01 着色，着色后的镶块体积块如图 5.6.20 所示。

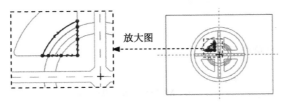

图 5.6.19　截面草图

图 5.6.20　着色后的镶块体积块 1

（3）在 ▼ CntVolSel（继续体积块选取）菜单中选择 Done/Return（完成/返回）命令。

Step7. 在**编辑模具体积块**操控板中单击"确定"按钮 ✓ ，完成体积块的创建。

Stage2．参考 Stage1，定义镶块体积块 2（INSERT_02）

Stage3．参考 Stage1，定义镶块体积块 3（INSERT_03）

Stage4．参考 Stage1，定义镶块体积块 4（INSERT_04）

Task6．构建模具元件的体积块

Stage1．创建第一个镶块体积腔

Step1. 选择 **模具** 功能选项卡 分型面和模具体积块 ▼ 区域中的 模具体积块 ➡ 🗂 体积块分割 命令，可进入"体积块分割"操控板。

Step2. 在系统弹出的"体积块分割"操控板中单击"参考零件切除"按钮 ◻ ，此时系统弹出"参考零件切除"操控板；单击 ✓ 按钮，完成参考零件切除的创建。

Step3. 在系统弹出的"体积块分割"操控板中单击 ▶ 按钮，将"体积块分割"操控板激活，此时系统已经将分割的体积块选中。

Step4. 选取分割曲面。在"体积块分割"操控板中单击 ⌒ 右侧的 单击此处添加项 按钮将其激活。然后选取 面组:F10(INSERT_01) 分型面。

Step5. 在"体积块分割"操控板中单击 体积块 按钮，在"体积块"界面中单击 1 ☑ 体积块_1 区域，然后在选中的区域中将名称改为 INSERT_01_BODY；在"体积块"界面中单击 2 ☑ 体积块_2 区域，然后在选中的区域中将名称改为 INSERT_01_MOLD。

Step6. 在"体积块分割"操控板中单击 ✔ 按钮，完成体积块分割的创建。

Stage2. 创建第二个镶块体积腔

Step1. 选择 模具 功能选项卡 分型面和模具体积块 ▾ 区域中的 模具体积块▾ ➡ 🗂 体积块分割 命令，可进入"体积块分割"操控板。

Step2. 选取 INSERT_01_BODY 作为要分割的模具体积块；选取 面组:F12(INSERT_02) 分型面为分割曲面。

Step3. 在"体积块分割"操控板中单击 体积块 按钮，在"体积块"界面中单击 1 ☑ 体积块_1 区域，然后在选中的区域中将名称改为 INSERT_02_BODY；在"体积块"界面中单击 2 ☑ 体积块_2 区域，然后在选中的区域中将名称改为 INSERT_02_MOLD。

Step4. 在"体积块分割"操控板中单击 ✔ 按钮，完成体积块分割的创建。

Stage3. 创建第三个镶块体积腔

参考 Stage2，将分割得到的两个体积块分别命名为 INSERT_03_BODY 和 INSERT_03_MOLD。

Stage4. 创建第四个镶块体积腔

参考 Stage2，将分割得到的两个体积块分别命名为 INSERT_04_BODY 和 INSERT_04_MOLD。

Stage5. 用分型面创建上、下两个体积腔

用前面创建的主分型面 PS 来将前面生成的体积块 INSERT_04_BODY 分成上、下两个体积腔（块），这两个体积块将来会被抽取为模具的上、下模具型腔。

Step1. 取消分型面的遮蔽。

Step2. 选择 模具 功能选项卡 分型面和模具体积块 ▾ 区域中的 模具体积块▾ ➡ 🗂 体积块分割 命令，可进入"体积块分割"操控板。

Step3. 选取 INSERT_04_BODY 作为要分割的模具体积块；选取 面组:F7(PS) 分型面为分割曲面。

Step4. 在"体积块分割"操控板中单击 体积块 按钮,在"体积块"界面中单击 1 ☑ 体积块_1 区域,此时模型的上半部分变亮,如图 5.6.21 所示,然后在选中的区域中将名称改为 UPPER_MOLD;在"体积块"界面中单击 2 ☑ 体积块_2 区域,此时模型的下半部分变亮,如图 5.6.22 所示,然后在选中的区域中将名称改为 LOWER_MOLD。

Step5. 在"体积块分割"操控板中单击 ✔ 按钮,完成体积块分割的创建。

图 5.6.21　着色后的上半部分体积块

图 5.6.22　着色后的下半部分体积块

Task7. 抽取模具元件

Step1. 选择命令。选择 模具 功能选项卡 元件 ▾ 区域中的 模具元件▾ ➡ ⊕型腔镶块 命令。

Step2. 在系统弹出的"创建模具元件"对话框中,选取除 INSERT_01、INSERT_02、INSERT_03 和 INSERT_04 以外的所有体积块,然后单击 确定 按钮。

Task8. 生成浇注件

将浇注件的名称命名为 MOLDING。

Task9. 定义开模动作

Stage1. 将参考零件、坯料和分型面在模型中遮蔽起来

Stage2. 开模步骤 1:移动上模和镶块

Step1. 选择 模具 功能选项卡 分析 ▾ 区域中的 🖳 命令。系统弹出 ▾ MOLD OPEN (模具开模) 菜单管理器。

Step2. 在系统弹出的"菜单管理器"菜单中选择 Define Step (定义步骤) ➡ Define Move (定义移动) 命令。此时系统弹出"选择"对话框。

Step3. 选取要移动的模具元件。

(1)按住<Ctrl>键,在模型树中选取 INSERT_01_MOLD.PRT、INSERT_02_MOLD.PRT、INSERT_03_MOLD.PRT、INSERT_04_MOLD.PRT 和 UPPER_ MOLD.PRT。此时步骤 1 中要移动的元件模型被加亮。

(2)在"选择"对话框中单击 确定 按钮。

Step4. 在系统 ⇨ 通过选择边、轴或面选择分解方向. 的提示下,选取图 5.6.23 所示的边线为移动方

向，然后在系统 输入沿指定方向的位移 的提示下，输入要移动的距离值 50，并按<Enter>键。

Step5. 在 ▼ DEFINE STEP (定义步骤) 菜单中选择 Done (完成) 命令，移出后的模型如图 5.6.24 所示。

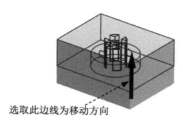

选取此边线为移动方向

图 5.6.23　选取移动方向

图 5.6.24　移动上模和镶块后的状态

Stage3. 开模步骤2：移动浇注件

Step1. 在系统弹出的"菜单管理器"菜单中选择 Define Step (定义步骤) ➡ Define Move (定义移动) 命令。此时系统弹出"选择"对话框。

Step2. 用"列表选取"的方法选取要移动的模具元件 MOLDING.PRT （浇注件），在"从列表中拾取"对话框中单击 确定(O) 按钮，在"选择"对话框中单击 确定 按钮。

Step3. 在系统 ⬦ 通过选择边、轴或面选择分解方向. 的提示下，选取图 5.6.25 所示的边线为移动方向，输入要移动的距离值-25，并按<Enter>键。

Step4. 在 ▼ DEFINE STEP (定义步骤) 菜单中选择 Done (完成) 命令，移出后的模型如图 5.6.26 所示。在"模具开模"菜单中单击 Done/Return (完成/返回)按钮。

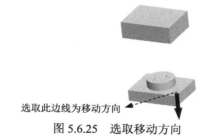

选取此边线为移动方向

图 5.6.25　选取移动方向

图 5.6.26　移动浇注件后的状态

Step5. 保存设计结果。单击 模具 功能选项卡中 操作 ▼ 区域的 重新生成 按钮，在系统弹出的下拉菜单中单击 重新生成 按钮，选择下拉菜单 文件 ▼ ➡ 保存(S) 命令。

5.7　含滑销的模具设计

图 5.7.1 所示为一个手机盖的模具，该手机盖上包含有两个卡钩，要使手机盖能顺利脱模，必须有滑销的帮助才能完成，下面将介绍这套模具的设计过程。

Task1. 新建一个模具制造模型，进入模具模块

Step1. 将工作目录设置至 D:\creo6.3\work\ch05.07。

Step2. 新建一个模具型腔文件，命名为 phone_cover_mold，选取 `mmns_mfg_mold` 模板。

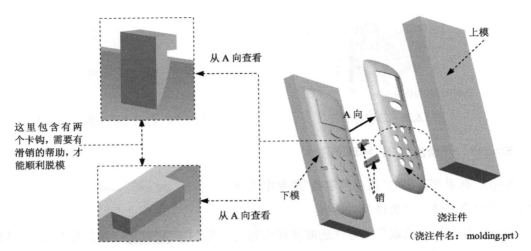

上模

从 A 向查看

这里包含有两
个卡钩，需要有
滑销的帮助，才
能顺利脱模

A 向

从 A 向查看

下模　　　　销

浇注件

（浇注件名：molding.prt）

图 5.7.1　含滑销的模具设计

Task2. 建立模具模型

在开始设计一个模具前，应先创建一个"模具模型"，模具模型包括参考模型（Ref Model）和坯料（Workpiece），如图 5.7.2 所示。

Stage1. 引入参考模型

Step1. 单击 **模具** 功能选项卡 `参考模型和工件` 区域中的 `参考模型`，然后在系统弹出的列表中选择 `组装参考模型` 命令，系统弹出"打开"对话框。

Step2. 从弹出的"打开"对话框中，选取三维零件模型 phone_cover.prt 作为参考零件模型，并将其打开。

Step3. 在"元件放置"操控板的"约束类型"下拉列表中选择 `默认`，将参考模型按默认放置，在操控板中单击 ✔ 按钮。

Step4. 在"创建参考模型"对话框中选中 ⦿ `按参考合并` 单选项，然后在 `参考模型` 区域的 `名称` 文本框中接受默认的名称 PHONE_COVER_MOLD_REF，单击 `确定` 按钮。系统弹出"警告"对话框，单击 `确定` 按钮。

Stage2. 创建坯料

Step1. 单击 **模具** 功能选项卡 `参考模型和工件` 区域中的按钮 `工件`，然后在系统弹出的列表中选择 `创建工件` 命令，系统弹出"创建元件"对话框。

Step2. 在"创建元件"对话框中的 类型 区域选中 ◉ 零件 单选项，在 子类型 区域选中 ◉ 实体 单选项，在 文件名: 文本框中输入坯料的名称 **wp**，然后单击 确定 按钮。

Step3. 在弹出的"创建选项"对话框中选中 ◉ 创建特征 单选项，然后单击 确定 按钮。

Step4. 创建坯料特征。

（1）选择命令。单击 模具 功能选项卡 形状 ▼ 区域中的 拉伸 按钮。此时出现"拉伸"操控板。

（2）创建实体拉伸特征。

① 选取拉伸类型。在出现的操控板中，确认"实体"按钮 □ 被按下。

② 定义草绘截面放置属性。在绘图区中右击，从系统弹出的快捷菜单中选择 定义内部草绘... 命令。然后选择 MOLD_FRONT 基准平面为草绘平面，草绘平面的参考平面为 MOLD_RIGHT 基准平面，方位为 右，单击 草绘 按钮，至此系统进入截面草绘环境。

③ 进入截面草绘环境后，选取 MOLD_RIGHT 基准平面和图 5.7.3 所示的参考件的边线为草绘参考，然后绘制特征截面，完成特征截面的绘制后，单击"草绘"操控板中的"确定"按钮 ✔。

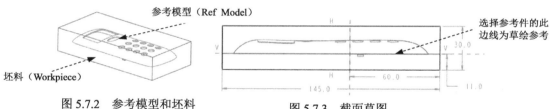

图 5.7.2 参考模型和坯料 　　　　图 5.7.3 截面草图

④ 选取深度类型并输入深度值。在操控板中选取深度类型 ⛶ （对称），再在深度文本框中输入深度值 70.0，并按<Enter>键。

⑤ 完成特征。在操控板中单击 ✔ 按钮，完成特征的创建。

Task3. 设置收缩率

将参考模型收缩率设置为 0.006。

Task4. 建立浇注系统

在模具坯料中，应创建浇道（Sprue）和浇口（Gate），这里省略。

Task5. 创建模具分型曲面

Stage1. 定义主分型面

下面将创建模具的主分型面，以分离模具的上模型腔和下模型腔，其操作过程如下。

Step1. 单击 **模具** 功能选项卡 分型面和模具体积块 ▾ 区域中的"分型面"按钮▢，系统弹出"分型面"操控板。

Step2. 在系统弹出的"分型面"操控板中的 控制 区域单击"属性"按钮▨，在弹出的"属性"对话框中输入分型面名称 main_pt_surf，单击 确定 按钮。

Step3. 通过"阴影曲面"的方法创建主分型面。

（1）单击 **分型面** 功能选项卡中的 曲面设计 ▾ 按钮，在系统弹出的快捷菜单中单击 阴影曲面 按钮。此时系统弹出"阴影曲面"对话框，着色投影的方向箭头如图 5.7.4 所示。

（2）在"阴影曲面"对话框中单击 确定 按钮。

Step4. 着色显示所创建的分型面。

（1）单击 视图 功能选项卡 可见性 区域中的"着色"按钮▱。

（2）系统自动将刚创建的分型面 main_pt_surf 着色，着色后的分型曲面如图 5.7.5 所示。

（3）在 ▾ CntVolSel (继续体积块选取) 菜单中选择 Done/Return (完成/返回) 命令。

Step5. 在"分型面"操控板中单击"确定"按钮✔，完成主分型面的创建。

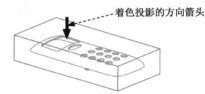

图 5.7.4　着色投影的方向箭头

图 5.7.5　着色显示分型面

Stage2. 定义第一个销分型曲面

下面创建模具的第一个销的分型面（图 5.7.6），以分离第一个销元件，其操作过程如下。

Step1. 遮蔽坯料和分型曲面。

Step2. 单击 **模具** 功能选项卡 分型面和模具体积块 ▾ 区域中的"分型面"按钮▢，系统弹出"分型面"操控板。

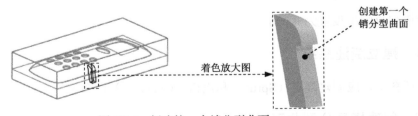

图 5.7.6　创建第一个销分型曲面

Step3. 在系统弹出的"分型面"操控板中的 控制 区域单击"属性"按钮▨，在对话框中输入分型面名称 pin_pt_surf_1，单击对话框中的 确定 按钮。

Step4. 通过"曲面复制"的方法复制模型上的表面。

（1）在屏幕右下方的"智能选取栏"中选择"几何"选项。

（2）选取图 5.7.7 所示的表面（A）。

（3）按住<Ctrl>键，增加面（B）～（F），详细操作顺序如图 5.7.7 所示。

（4）单击 **模具** 功能选项卡 操作 ▾ 区域中的"复制"按钮 📋 。

（5）单击 **模具** 功能选项卡 操作 ▾ 区域中的"粘贴"按钮 📋▾，系统弹出"曲面：复制"操控板。

（6）单击操控板中的 ✔ 按钮。

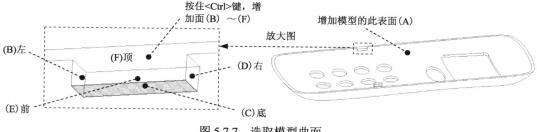

图 5.7.7　选取模型曲面

Step5. 将坯料和分型面重新显示在画面上。

Step6. 通过"拉伸"的方法建立图 5.7.8 所示的拉伸面组。

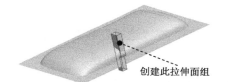

图 5.7.8　创建拉伸面组

（1）单击 **分型面** 功能选项卡 形状 ▾ 区域中的 ⊓ ┐拉伸 按钮，此时系统弹出"拉伸"操控板。

（2）定义草绘截面放置属性。右击，从弹出的快捷菜单中选择 定义内部草绘... 命令，在系统 ⇨ 选择一个平面或曲面以定义草绘平面. 的提示下，采用"列表选取"的方法，选取图 5.7.9 所示的平面为草绘平面，接受图 5.7.9 默认的箭头方向为草绘视图方向，然后选取图 5.7.9 所示的坯料表面 2 为参考平面，方向为 右 。

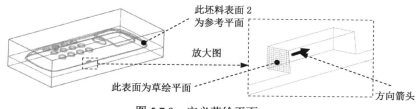

图 5.7.9　定义草绘平面

（3）绘制截面草图。进入草绘环境后，选取图 5.7.10 所示的边线为草绘参考，截面草图如图 5.7.10 所示。完成特征截面的绘制后，单击"草绘"选项卡中的"确定"按钮 ✔ 。

（4）设置拉伸属性。

① 在操控板中选取深度类型 ⊥⊥ （到选定的）。

② 将模型调整到图 5.7.11 所示的视图方位，采用"列表选取"的方法，选取图 5.7.11 所示的平面为拉伸终止面。

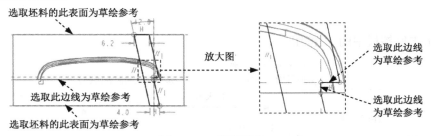

图 5.7.10　截面草图

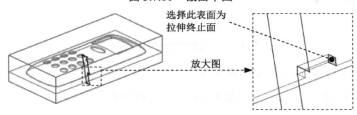

图 5.7.11　选择拉伸终止面

③ 在操控板中单击 选项 按钮，在"选项"界面中选中 ✔ 封闭端 复选框。

（5）在操控板中单击 ✔ 按钮，完成特征的创建。

Step7. 将 Step4 的复制曲面和 Step6 的拉伸曲面合并在一起。

（1）按住<Ctrl>键，选取 Step4 创建的复制曲面和 Step6 创建的拉伸面组，如图 5.7.12 所示。

（2）单击 分型面 功能选项卡 编辑 ▾ 区域中的"合并"按钮 ⛶ ，此时系统弹出"合并"操控板。

（3）在模型中选取要合并的面组的侧。

（4）在操控板中单击 选项 按钮，在"选项"界面中选中 ◉ 相交 单选项。

（5）单击 ⊙⊙ 按钮，预览合并后的面组，确认无误后，单击 ✔ 按钮。

Step8. 着色显示所创建的分型面。

（1）单击 视图 功能选项卡 可见性 区域中的"着色"按钮 ▱ 。

（2）系统自动将刚创建的分型面 pin_pt_surf-1 着色，着色后的第一个销分型曲面如图 5.7.13 所示。

（3）在 ▼ CntVolSel（继续体积块选取） 菜单中选择 Done/Return（完成/返回） 命令。

Step9. 在"分型面"操控板中单击"确定"按钮 ✔ ，完成分型面的创建。

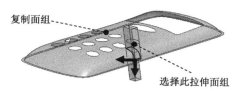

图 5.7.12　选取要合并的拉伸面组

图 5.7.13　着色后的第一个销分型曲面

Stage3. 定义第二个销分型曲面

下面创建零件模具的第二个销分型面（图 5.7.14），分离第二个销元件，其操作过程如下。

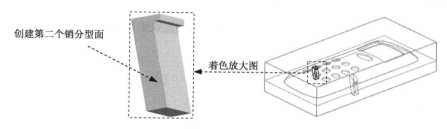

图 5.7.14　创建第二个销分型面

Step1. 单击 **模具** 功能选项卡 分型面和模具体积块 ▼ 区域中的"分型面"按钮 ⬚，系统弹出"分型面"操控板。

Step2. 在系统弹出的"分型面"操控板中的 控制 区域单击"属性"按钮 ⬚，在弹出的"属性"的对话框中输入分型面名称 pin_pt_surf_2，单击对话框中的 确定 按钮。

Step3. 通过"拉伸"的方法建立销的分型曲面。

（1）单击 **分型面** 功能选项卡 形状 ▼ 区域中的 ⬚ 拉伸 按钮，此时系统弹出"拉伸"操控板。

（2）定义草绘截面放置属性。右击，从弹出的快捷菜单中选择 定义内部草绘... 命令，在系统 ⬚ 选择一个平面或曲面以定义草绘平面. 的提示下，采用"列表选取"的方法，选取图 5.7.15 所示的模型表面 1 为草绘平面，接受图 5.7.15 默认的箭头方向为草绘视图方向，然后选取图 5.7.15 所示的坯料表面 2 为参考平面，方向为 右 。

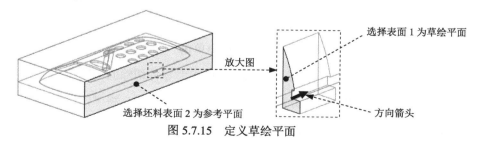

图 5.7.15　定义草绘平面

（3）绘制草图。进入草绘环境后，选取图 5.7.16 所示的边线为参考，绘制图 5.7.16 所示的特征截面。完成特征截面的绘制后，单击"草绘"选项卡中的"确定"按钮 ✓。

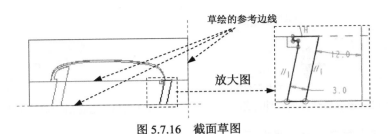

图 5.7.16　截面草图

（4）设置拉伸属性。

① 在操控板中选取深度类型 ⊥（到选定的）。

② 将模型调整到图 5.7.17 所示的视图方位，采用"列表选取"的方法，选取图 5.7.17 所示的平面为拉伸终止面。

③ 在操控板中单击 选项 按钮，在"选项"界面中选中 ☑封闭端 复选框。

（5）在操控板中单击 ✔ 按钮，完成特征的创建。

Step4. 在"分型面"操控板中单击"确定"按钮 ✔，完成分型面的创建。

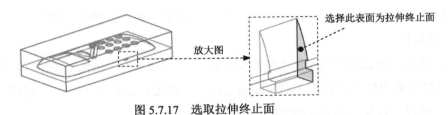

图 5.7.17　选取拉伸终止面

Task6．构建模具元件的体积块

Stage1．用主分型面创建元件的体积块

下面介绍用前面创建的主分型面 main_pt_surf 来分离出各模具元件的体积块，其操作过程如下。

Step1．选择 模具 功能选项卡 分型面和模具体积块 ▾ 区域中的 模具体积块 ▾ ➡ ▤体积块分割 命令（即用"分割"的方法构建体积块）。

Step2．在系统弹出的"体积块分割"操控板中单击"参考零件切除"按钮 ▣，此时系统弹出"参考零件切除"操控板；单击 ✔ 按钮，完成参考零件切除的创建。

Step3．在系统弹出的"体积块分割"操控板中单击 ▶ 按钮，将"体积块分割"操控板激活，此时系统已经将分割的体积块选中。

Step4．选取分割曲面。在"体积块分割"操控板中单击 ➩ 右侧的 单击此处添加项 按钮将其激活。然后在列表中选取图 5.7.18 所示的主分型面 main_pt_surf。

图 5.7.18 "从列表中拾取"对话框

Step5. 在"体积块分割"操控板中单击 体积块 按钮，在"体积块"界面中单击 1 ☑ 体积块_1 区域，此时模型中的上半部分变亮，如图 5.7.19 所示，然后在选中的区域中将名称改为 female_mold；在"体积块"界面中单击 2 ☑ 体积块_2 区域，此时模型中的下半部分变亮，如图 5.7.20 所示，然后在选中的区域中将名称改为 male_mold。

Step6. 在"体积块分割"操控板中单击 ✔ 按钮，完成体积块分割的创建。

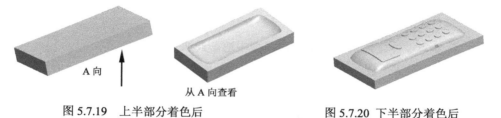

图 5.7.19 上半部分着色后　　　　　图 5.7.20 下半部分着色后

Stage2. 创建第一个销的体积块

Step1. 选择 模具 功能选项卡 分型面和模具体积块 ▾ 区域中的 模具体积块 ▾ ➡ 体积块分割 命令。

Step2. 选取 male_mold 作为要分割的模具体积块；选取 pin_pt_surf_1 分型面为分割曲面。

Step3. 在"体积块分割"操控板中单击 体积块 按钮，在"体积块"对话框（一）中选中 2 ☑ 体积块_2 ，然后在选中的区域中将名称改为 pin-1（如图 5.7.21 所示）；在"体积块"对话框（二）中取消选中 1 ☐ 体积块_1 （如图 5.7.22 所示）。

Step4. 在"体积块分割"操控板中单击 ✔ 按钮，完成体积块分割的创建。

图 5.7.21 "体积块"对话框（一）　　图 5.7.22 "体积块"对话框（二）

Stage3. 用下分型面创建第二个滑块销体积腔

Step1. 选择 **模具** 功能选项卡 分型面和模具体积块 ▼ 区域中的 模具体积块 ▼ ➡ 🗇 体积块分割 命令。

Step2. 选取 male_mold 作为要分割的模具体积块；选取 pin_pt_surf_2 分型面为分割曲面。

Step3. 在"体积块分割"操控板中单击 体积块 按钮，在"体积块"对话框（一）中选中 2 ☑ 体积块_2 ，然后在选中的区域中将名称改为 pin-2（如图 5.7.21 所示）；在"体积块"对话框（二）中取消选中 1 ☐ 体积块_1 （如图 5.7.22 所示）。

Step4. 在"体积块分割"操控板中单击 ✔ 按钮，完成体积块分割的创建。

Task7. 抽取模具元件及生成浇注件

将浇注件命名为 molding。

Task8. 定义开模动作

Step1. 将参考零件、坯料和分型面在模型中遮蔽起来。

Step2. 开模步骤 1：移动上模，输入移动的距离值 150，结果如图 5.7.23 所示。

选取此边线为移动方向

a）移动前   b）移动后

图 5.7.23 移动上模

Step3. 开模步骤 2：移动下模，输入移动的距离值-100，结果如图 5.7.24 所示。

选取此边线为移动方向

a）移动前   b）移动后

图 5.7.24 移动下模

Step4. 开模步骤 3：

（1）移动 pin-1（销-1），输入移动的距离值-15，结果如图 5.7.25 所示。

a）移动前　　　　　　　　　　　　　　　　b）移动后

图 5.7.25　移动销-1

（2）移动 pin-2（销-2），输入要移动的距离值 15，结果如图 5.7.26 所示。

a）移动前　　　　　　　　　　　　　　　　b）移动后

图 5.7.26　移动销-2

Step5. 保存设计结果。选择下拉菜单 文件 ▼ ➡ 🔲 保存(S) 命令。

5.8　含有复杂破孔的模具设计（一）

在图 5.8.1 所示的模具中，设计模型中有一破孔，并且该破孔不与模型底面平行。在一般的情况下，设计这样的模具时必须将这一破孔填补，上、下模具才能顺利脱模，在这里给读者介绍一种非常有技巧性的开模方法。下面介绍该模具的主要设计过程。

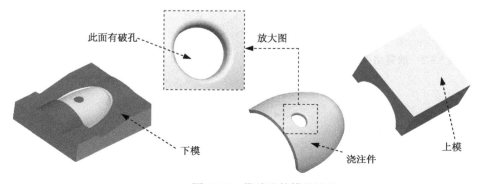

图 5.8.1　带破孔的模具设计

Task1. 新建一个模具制造模型

Step1. 将工作目录设置至 D:\creo6.3\work\ch05.08。

Step2. 新建一个模具型腔文件，命名为 cover_mold，选取 `mmns_mfg_mold` 模板。

Task2. 建立模具模型

Stage1. 引入参考模型

Step1. 单击 模具 功能选项卡 参考模型和工件 区域中的按钮 参考模型 ，然后在系统弹出的列表中选择 定位参考模型 命令，系统弹出"打开""布局"对话框。

Step2. 从弹出的"打开"对话框中，选取三维零件模型塑料杯盖——cover.prt 作为参考零件模型，并将其打开，系统弹出"创建参考模型"对话框。

Step3. 在"创建参考模型"对话框中选中 ● 按参考合并 单选项，然后在 参考模型 区域的 名称 文本框中接受默认的名称，再单击 确定 按钮。

Step4. 在"布局"对话框中的 布局- 区域中选中 ● 单一 单选项，在"布局"对话框中单击 预览 按钮，放置结果如图 5.8.2 所示，然后单击 确定 按钮。系统弹出"警告"对话框，单击 确定 按钮。

Step5. 单击 Done/Return (完成/返回) 命令。

Stage2. 创建坯料

创建图 5.8.3 所示的手动坯料，操作步骤如下。

Step1. 建立两个基准点。

（1）选择 模具 功能选项卡 基准- 区域中的 命令，系统弹出"基准点"对话框，选取图 5.8.4 所示的边线 1 为参考，在"基准点"对话框的 偏移 文本框中输入数值 0.5，单击 确定 按钮，创建的基准点 1 如图 5.8.4 所示。

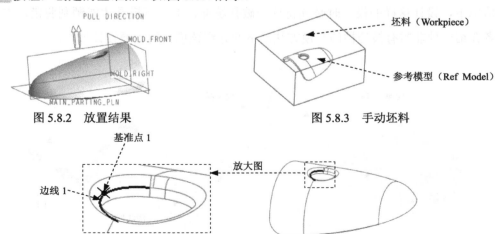

图 5.8.2 放置结果　　　图 5.8.3 手动坯料

图 5.8.4 基准点 1

（2）选择 模具 功能选项卡 基准 ▾ 区域中的 命令，系统弹出"基准点"对话框，选取图 5.8.5 所示的边线 2 为参考，在"基准点"对话框的 偏移 文本框中输入数值 0.5，单击 确定 按钮，创建的基准点 2 如图 5.8.5 所示。

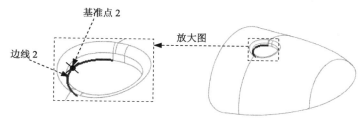

图 5.8.5 基准点 2

Step2. 单击 模具 功能选项卡 参考模型和工件 区域中的按钮 工件，然后在系统弹出的列表中选择 创建工件 命令，系统弹出"创建元件"对话框。

Step3. 在"创建元件"对话框中的 类型 区域选中 ● 零件 单选项，在 子类型 区域选中 ● 实体 单选项，在 文件名 文本框中输入坯料的名称 cover_mold_wp，然后单击 确定 按钮。

Step4. 在弹出的"创建选项"对话框中选中 ● 创建特征 单选项，然后单击 确定 按钮。

Step5. 创建坯料特征。

（1）选择命令。单击 模具 功能选项卡 形状 ▾ 区域中的 拉伸 按钮。此时出现"拉伸"操控板。

（2）创建实体拉伸特征。

① 选取拉伸类型。在出现的操控板中，确认"实体"按钮 被按下。

② 定义草绘截面放置属性。在绘图区中右击，从弹出的快捷菜单中选择 定义内部草绘... 命令。选择 MOLD_FRONT 基准平面为草绘平面，草绘平面的参考平面为 MOLD_RIGHT 基准平面，方向为 右，单击 草绘 按钮，至此系统进入截面草绘环境。

③ 绘制截面草图。进入截面草绘环境后，选取 Step1 创建的两个基准点和图 5.8.6 所示的边线为草绘参考，截面草图如图 5.8.6 所示。完成特征截面的绘制后，单击"草绘"操控板中的"确定"按钮 ✔。

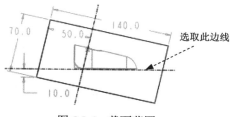

图 5.8.6 截面草图

④ 选取深度类型并输入深度值。在操控板中单击 按钮，在"深度"文本框中输入深

度值 120.0，并按<Enter>键。

⑤ 完成特征。在操控板中单击 ✔ 按钮，完成特征的创建。

Task3. 设置收缩率

将参考模型收缩率设置为 0.006。

Task4. 创建分型面

下面的操作是创建模具的分型曲面（图 5.8.7），其操作过程如下。

Step1. 单击 模具 功能选项卡 分型面和模具体积块 ▾ 区域中的"分型面"按钮 📖，系统弹出"分型面"操控板。

Step2. 在系统弹出的"分型面"操控板中的 控制 区域单击"属性"按钮 📄，在弹出的"属性"对话框中输入分型面名称 main_ps，单击对话框中的 确定 按钮。

图 5.8.7 创建分型曲面

Step3. 通过曲面复制的方法，复制参考模型上的内表面及周围边界的曲面。

（1）为了方便选取图元，将坯料遮蔽。

（2）在屏幕右下方的"智能选取栏"中选择"几何"选项，按住<Ctrl>键，依次选取图 5.8.8 所示的模型的 11 个曲面。

（3）单击 模具 功能选项卡 操作 ▾ 区域中的"复制"按钮 📋。

（4）单击 模具 功能选项卡 操作 ▾ 区域中的"粘贴"按钮 📋 ▾，系统弹出"曲面：复制"操控板。

（5）填补复制曲面上的破孔。在操控板中单击 选项 按钮，在弹出的"选项"界面中选中 ◉ 排除曲面并填充孔 单选项，在 填充孔/曲面 文本框中单击"选择项"字符，按住<Ctrl>键，然后选取图 5.8.8 所示的边线。

（6）单击操控板中的 ✔ 按钮。

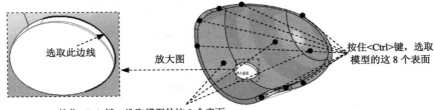

图 5.8.8 选取 11 个表面

Step4. 将复制后的表面延伸至坯料的表面。

（1）遮蔽参考件。

（2）选取图 5.8.9 所示的边线 1 为延伸对象。

（3）单击 **分型面** 功能选项卡 编辑 ▼ 区域中的 延伸 按钮，系统弹出"曲面延伸：曲面延伸"操控板。

（4）取消坯料的遮蔽。

（5）选取延伸的终止面。

① 在操控板中按下 按钮（延伸类型为至平面）。

② 在系统 ⇨ 选择曲面延伸所至的平面. 的提示下，选取图 5.8.10 所示的坯料表面为延伸的终止面。

③ 单击 按钮，预览延伸后的面组，确认无误后，单击 按钮。完成后的延伸曲面如图 5.8.10 所示。

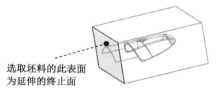

图 5.8.9 选取延伸边 1

图 5.8.10 选取延伸的终止面（一）

Step5. 创建图 5.8.11 所示的延伸面。

（1）选取图 5.8.12 所示的边线 2 为延伸对象。

（2）单击 **分型面** 功能选项卡 编辑 ▼ 区域中的 延伸 按钮。

（3）按住<Shift>键，选取图 5.8.12 所示的其他相连边线。

（4）选取延伸的终止面。在操控板中按下 按钮，在系统 ⇨ 选择曲面延伸所至的平面. 的提示下，选取图 5.8.11 所示的坯料表面为延伸的终止面，单击 按钮。

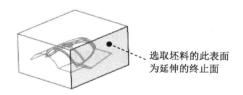

图 5.8.11 选取延伸的终止面（二）

图 5.8.12 选取延伸边 2

Step6. 创建图 5.8.13 所示的延伸面。

（1）选取图 5.8.14 所示的边线 3 为延伸对象，单击 **分型面** 功能选项卡 编辑 ▼ 区域中的 延伸 按钮，按住<Shift>键，选取图 5.8.14 所示的其他相连边线。

（2）选取延伸的终止面。在操控板中按下 按钮（延伸类型为至平面），在系统的提示下，选取图 5.8.13 所示的坯料表面为延伸的终止面，单击 ✔ 按钮。

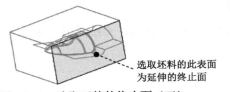
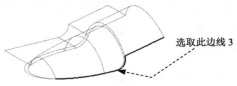

图 5.8.13　选取延伸的终止面（三）　　　　图 5.8.14　选取延伸边 3

Step7. 创建图 5.8.15 所示的延伸面。

（1）选取图 5.8.16 所示的边线 4 为延伸对象，单击 **分型面**功能选项卡 编辑 ▾ 区域中的 ▣延伸 按钮，按住<Shift>键，选取图 5.8.16 所示的其他相连边线。

（2）选取延伸的终止面。在操控板中按下 ▢按钮（延伸类型为至平面），在系统 ◆选择曲面延伸所至的平面. 的提示下，选取图 5.8.15 所示的坯料表面为延伸的终止面，单击 ✔ 按钮。

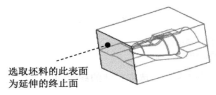
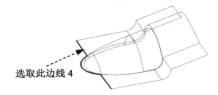

图 5.8.15　选取延伸的终止面（四）　　　　图 5.8.16　选取延伸边 4

Step8. 在"分型面"操控板中单击"确定"按钮 ✔，完成分型面的创建。

Task5．构建模具元件的体积块

Step1. 选择 **模具** 功能选项卡 分型面和模具体积块 ▾ 区域中的 模具体积块 ▾ ➡ 🗎体积块分割 命令（即用"分割"的方法构建体积块）。

Step2. 在系统弹出的"体积块分割"操控板中单击"参考零件切除"按钮 🔲，此时系统弹出"参考零件切除"操控板；单击 ✔ 按钮，完成参考零件切除的创建。

Step3. 在系统弹出的"体积块分割"操控板中单击 ▶ 按钮，将"体积块分割"操控板激活，此时系统已经将分割的体积块选中。

Step4. 选取分割曲面。在"体积块分割"操控板中单击 ⌕ 右侧的 单击此处添加项 按钮将其激活。然后选取 main_ps 分型面。

Step5. 在"体积块分割"操控板中单击 体积块 按钮，在"体积块"界面中单击 1 ☑ 体积块_1 区域，此时模型的下半部分变亮，如图 5.8.17 所示，然后在选中的区域中将名称改为 lower_vol；在"体积块"界面中单击 2 ☑ 体积块_2 区域，此时模型的上半部分变亮，如图 5.8.18 所示，然后在选中的区域中将名称改为 upper_vol。

Step6. 在"体积块分割"操控板中单击 ✔ 按钮，完成体积块分割的创建。

图 5.8.17　着色后的下半部分体积块　　　图 5.8.18　着色后的上半部分体积块

Task6. 抽取模具元件及生成浇注件

将浇注件命名为 cover_molding。

Task7. 定义开模动作

Step1. 将参考零件、坯料和分型面在模型中遮蔽起来。

Step2. 开模步骤 1：移动上模，输入移动的距离值-50，结果如图 5.8.19 所示。

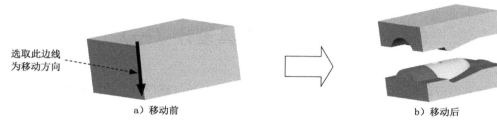

选取此边线为移动方向

a）移动前　　　　　　　　　　　　b）移动后

图 5.8.19　移动上模

Step3. 开模步骤 2：移动下模，输入移动的距离值 50，结果如图 5.8.20 所示。

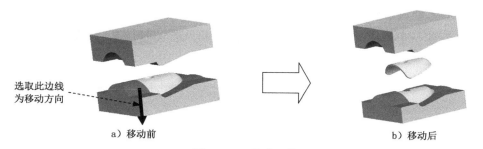

选取此边线为移动方向

a）移动前　　　　　　　　　　　　b）移动后

图 5.8.20　移动下模

Step4. 保存设计结果。选择下拉菜单 文件 ▾ ➡ 🔳 保存(S) 命令。

5.9　含有复杂破孔的模具设计（二）

在图 5.9.1 所示的模具中，设计模型中有一破孔，这样在模具设计时必须将这一破孔填补，上、下模具才能顺利脱模。下面介绍该模具的主要设计过程。

上模

浇注件

下模

图 5.9.1　带破孔的模具设计

新建一个模具制造模型

Step1. 将工作目录设置至 D:\creo6.3\work\ch05.09。

Step2. 新建一个模具型腔文件，命名为 housing_mold；选取 `mmns_mfg_mold` 模板。

Step3. 本案例后面的详细操作过程请参见学习资源 video 文件夹中对应章节的语音视频讲解文件。

5.10　一模多穴的模具设计（一）

一个模具中可以含有多个相同的型腔，浇注时便可以同时获得多个成型零件，这就是一模多穴模具。图 5.10.1 所示的便是一模多穴的例子，下面以此为例，说明其一般设计流程。

Task1. 新建一个模具制造模型，进入模具模块

Step1. 将工作目录设置至 D:\creo6.3\work\ch05.10。

Step2. 新建一个模具型腔文件，命名为 cap_mold，选取 `mmns_mfg_mold` 模板。

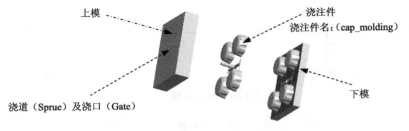

上模

浇注件

浇注件名：（cap_molding）

下模

浇道（Sprue）及浇口（Gate）

图 5.10.1　一模多穴模具的设计

Task2. 建立模具模型

在开始设计模具前，应先创建一个"模具模型"，模具模型包括参考模型（Ref Model）和坯料（Workpiece），如图 5.10.2 所示。

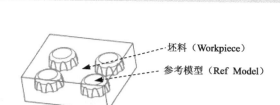

图 5.10.2 参考模型和坯料

Stage1. 引入第一个参考模型

Step1. 单击 **模具** 功能选项卡 **参考模型和工件** 区域中的按钮 参考模型 ，然后在系统弹出的列表中选择 组装参考模型 命令，系统弹出"打开"对话框。

Step2. 从弹出的"打开"对话框中选取三维零件模型 cap.prt 作为参考零件模型，并将其打开。

Step3. 在"元件放置"操控板的"约束类型"下拉列表中选择 默认 ，将参考模型按默认放置，再在操控板中单击 ✔ 按钮。

Step4. 系统弹出"创建参考模型"对话框，在该对话框中选中 按参考合并 单选项，然后在 参考模型 区域的 名称 文本框中，接受默认的名称 CAP_MOLD_REF，单击 确定 按钮。参考件组装完成后，模具的基准平面与参考模型的基准平面对齐，如图 5.10.3 所示。系统弹出"警告"对话框，单击 确定 按钮。

图 5.10.3 第一个参考模型组装完成后

Stage2. 隐藏第一个参考模型的基准平面

为了使屏幕简洁，利用"层"的"遮蔽"功能将参考模型的三个基准平面隐藏起来。

Step1. 选择导航命令卡中的 ➡ 层树(L) 命令，如图 5.10.4 所示。

图 5.10.4 导航命令卡

Step2. 在导航命令卡中，单击 ▶ CAP_MOLD.ASM（顶级模型，活动的）▼ 后面的 ▼ 按钮，选择 CAP_MOLD_REF.PRT 参考模型，如图 5.10.5 所示。

Step3. 在图 5.10.5 所示的层树中，选择参考模型的基准平面层 ⟋ 01__PRT_DEF_DTM_PLN 并右击，在弹出的图 5.10.6 所示的快捷菜单中选择 隐藏 命令，然后单击"重画"按钮 ☑，这样模型的基准平面将不显示。

Step4. 操作完成后，选择导航命令卡中的 ☰ ▼ ➡ 模型树(M) 命令，切换到模型树状态。

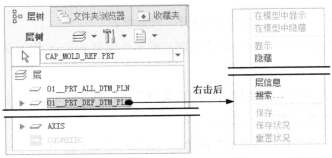

图 5.10.5　层树　　　　图 5.10.6　快捷菜单

Stage3. 引入第二个参考模型

Step1. 单击 模具 功能选项卡 参考模型和工件 区域中的按钮 参考模型，然后在系统弹出的列表中选择 ⌐ 组装参考模型 命令，系统弹出"打开"对话框。

Step2. 从弹出的"打开"对话框中选取三维零件模型 cap.prt 为参考零件模型，并将其打开。

Step3. 系统弹出"元件放置"操控板。

（1）指定第一个约束。

① 在操控板中单击 放置 按钮。

② 在"放置"界面的"约束类型"下拉列表中选择 ⊥ 重合 。

③ 选取参考件的 TOP 基准平面为元件参考，选取装配体的 MAIN_PARTING_PLN 基准平面为组件参考。

（2）指定第二个约束。

① 单击 ➡ 新建约束 字符。

② 在"约束类型"下拉列表中选择 ⊥ 重合 。

③ 选取参考件的 FRONT 基准平面为元件参考，选取装配体的 MOLD_FRONT 基准平面为参考项目。

（3）指定第三个约束。

① 单击 ➡ 新建约束 字符。

② 在"约束类型"下拉列表中选择 距离 。

③ 选取参考件的 RIGHT 基准平面为元件参考，选取装配体的 MOLD_RIGHT 基准平面为组件参考。

④ 在偏移后面的文本框中输入值 100，并按<Enter>键。

（4）至此，约束定义完成，在操控板中单击 ✔ 按钮。

Step4. 系统弹出"创建参考模型"对话框，在该对话框中选中 ⦿ 按参考合并 单选项，然后在参考模型区域的名称文本框中接受默认的名称 CAP_MOLD_REF_1，再单击 确定 按钮。完成的装配体如图 5.10.7 所示。

Stage4．引入第三个参考模型

Step1. 单击 模具 功能选项卡 参考模型和工件 区域中的按钮 参考模型，然后在系统弹出的列表中选择 组装参考模型 命令，系统弹出"打开"对话框。

Step2. 从弹出的"打开"对话框中选取三维零件模型 cap.prt 为参考零件模型，并将其打开。

Step3. 系统弹出"元件放置"操控板。

（1）指定第一个约束。"约束类型"为 重合 ，选取参考件的 TOP 为元件参考，装配体的 MAIN_PARTING_PLN 为组件参考。

（2）指定第二个约束。"约束类型"为 重合 ，选取参考件的 RIGHT 为元件参考，装配体的 MOLD_RIGHT 为组件参考。

（3）指定第三个约束。"约束类型"为 距离 ，选取参考件的 FRONT 为元件参考，装配体的 MOLD_FRONT 为组件参考，在偏移后面的文本框中输入值-80，并按<Enter>键。

（4）在操控板中单击 ✔ 按钮。

Step4. 在"创建参考模型"对话框中选中 ⦿ 按参考合并 单选项，然后接受默认的名称 CAP_MOLD_REF_2，再单击 确定 按钮。完成的装配体如图 5.10.8 所示。

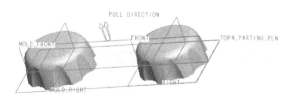

图 5.10.7　第二个参考模型组装完成后　　　图 5.10.8　第三个参考模型组装完成后

Stage5．引入第四个参考模型

Step1. 单击 模具 功能选项卡 参考模型和工件 区域中的按钮 参考模型，然后在系统弹出的列表中选择 组装参考模型 命令，系统弹出"打开"对话框。

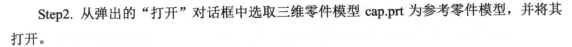

Step2. 从弹出的"打开"对话框中选取三维零件模型 cap.prt 为参考零件模型，并将其打开。

Step3. 系统弹出"元件放置"操控板。

（1）指定第一个约束。"约束类型"为 工 重合 ，选取参考件的 TOP 为元件参考，装配体的 MAIN_PARTING_PLN 为组件参考。

（2）指定第二个约束。"约束类型"为 距离 。选取参考件的 RIGHT 基准平面为元件参考，选取装配体的 MOLD_RIGHT 基准平面为组件参考。在 偏移 后面的文本框中输入值 100，并按<Enter>键。

（3）指定第二个约束。"约束类型"为 距离 。选取参考件的 FRONT 基准平面为元件参考，选取装配体的 MOLD_FRONT 基准平面为组件参考。在 偏移 后面的文本框中输入值 −80，并按<Enter>键。

（4）在操控板中单击 ✔ 按钮。

Step4. 在"创建参考模型"对话框中选中 ● 按参考合并 单选项，然后接受默认的名称 CAP_MOLD_REF_3，再单击 确定 按钮。完成的装配体如图 5.10.9 所示。

Stage6．隐藏第二至第四个参考模型的基准平面

为了使屏幕简洁，将所有参考模型的三个基准平面隐藏起来。

Step1. 隐藏第二个参考模型的三个基准平面。

（1）选择导航命令卡中的 ☰▼ ➡ 层树(L) 命令。

（2）在屏幕左边的导航命令卡中单击 ▼ 按钮，从下拉列表中选择第二个参考模型 CAP_MOLD_REF_1.PRT。

（3）在层树中选择参考模型的基准平面层 ⌀ 01__PRT_DEF_DTM_PLN，然后右击，在弹出的快捷菜单中选择 隐藏 命令，完成该参考模型三个基准平面的隐藏，然后单击"重画"按钮 ⎚，这样模型的基准平面将不显示。

Step2. 隐藏第三个参考模型的三个基准平面，详细步骤请参考 Step1。

Step3. 隐藏第四个参考模型的三个基准平面，详细步骤请参考 Step1。

Step4. 操作完成后，选择导航命令卡中的 ☰▼ ➡ 模型树(M)命令，切换到模型树状态。

Stage7．创建基准平面 ADTM1

这里要创建的基准平面 ADTM1 将作为后面坯料特征的草绘平面。

Step1. 单击 模具 功能选项卡 基准 ▼ 区域中的"平面"按钮 ⎚。

Step2. 系统弹出"基准平面"对话框，选取 MAIN_PARTING_PLN 基准平面为参考平

面，偏移值为-20.0。

Step3. 在"基准平面"对话框中单击 确定 按钮，创建结果如图 5.10.10 所示。

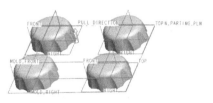

图 5.10.9　第四个参考模型组装完成后

图 5.10.10　基准平面

Stage8. 创建坯料

Step1. 单击 模具 功能选项卡 参考模型和工件 区域中的按钮 工件，然后在系统弹出的列表中选择 创建工件 命令，系统弹出"创建元件"对话框。

Step2. 在"创建元件"对话框中的 类型 区域选中 ● 零件 单选项，在 子类型 区域选中 ● 实体 单选项，在 文件名:文本框中输入坯料的名称 cap_mold_wp，然后单击 确定 按钮。

Step3. 在弹出的"创建选项"对话框中选中 ● 创建特征 单选项，然后单击 确定 按钮。

Step4. 创建坯料特征。

（1）选择命令。单击 模具 功能选项卡 形状 ▾ 区域中的 拉伸 按钮。此时出现"拉伸"操控板。

（2）创建实体拉伸特征。

① 选取拉伸类型。在出现的操控板中，确认"实体"按钮 被按下。

② 在绘图区中右击，从系统弹出的快捷菜单中选择 定义内部草绘... 命令。然后选择 ADTM1 基准平面作为草绘平面，草绘平面的参考平面为 MOLD_FRONT 基准平面，方位为 下 。单击 草绘 按钮，至此系统进入截面草绘环境。

③ 进入截面草绘环境后，选取 MOLD_FRONT 和 MOLD_RIGHT 基准平面为草绘参考，绘制图 5.10.11 所示的特征截面，完成特征截面的绘制后，单击"草绘"操控板中的"确定"按钮 ✔ 。

④ 选取深度类型并输入深度值。在操控板中选取深度类型 （"定值"拉伸），再在"深度"文本框中输入深度值 60.0，并按<Enter>键。

⑤ 完成特征。在操控板中单击 ✔ 按钮，则完成拉伸特征的创建。

Task3. 设置收缩率

将参考模型收缩率设置为 0.006。

说明：因为参考的是同一个模型，当设置第一个模型的收缩率为 0.006 后，系统自动会将其余三个模型的收缩率调整到 0.006，不需要再进行设置。

Task4．建立浇注系统

下面讲述如何在零件 cap 的模具坯料中创建浇道和浇口（图 5.10.12），以下是操作过程。此例创建浇注系统是通过在坯料中切除材料来创建的。

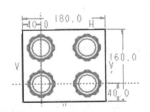

图 5.10.11　截面草图

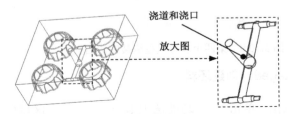

图 5.10.12　建立浇道和浇口

Stage1．创建基准平面

这里要创建的基准平面 ADTM2 和 ADTM3 将作为后面浇道和浇口特征的草绘平面及其参考平面。ADTM2 和 ADTM3 位于坯料的中间位置。

Step1．创建基准平面 ADTM2。

（1）单击 模具 功能选项卡 基准 ▾ 区域中的"平面"按钮 ▱ 。

（2）系统弹出"基准平面"对话框，选取 MOLD_FRONT 基准平面为参考平面，偏移值为 40.0（若方向相反应输入值-40.0）。

（3）在"基准平面"对话框中单击 确定 按钮。

Step2．创建基准平面 ADTM3。

（1）单击 模具 功能选项卡 基准 ▾ 区域中的"平面"按钮 ▱ 。

（2）系统弹出"基准平面"对话框，选取 MOLD_RIGHT 基准平面为参考平面，偏移值为-50.0（若方向相反应输入值 50.0）。

（3）在"基准平面"对话框中单击 确定 按钮，创建的两个基准平面如图 5.10.13 所示。

Stage2．创建图 5.10.14 所示的浇道（Sprue）

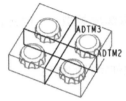

图 5.10.13　创建两个基准平面

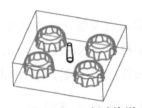

图 5.10.14　创建浇道

Step1．先创建图 5.10.15 所示的基准平面 ADTM4。

（1）单击 模具 功能选项卡 基准 ▾ 区域中的"平面"按钮 ▱ 。

（2）系统弹出"基准平面"对话框，选取 ADTM1 基准平面为参考平面，偏移值为-8.0（若方向相反应输入值 8.0）。

（3）在"基准平面"对话框中单击 确定 按钮。

Step2. 单击 模型 功能选项卡 切口和曲面 ▾ 区域中的 ⊕ 旋转 按钮，此时出现"旋转"操控板。

（1）选取旋转类型。在出现的操控板中，确认"实体"按钮 □ 被按下。

（2）定义草绘截面放置属性。右击，从弹出的快捷菜单中选择 定义内部草绘... 命令。草绘平面为 ADTM2，草绘平面的参考平面为 MOLD_RIGHT 基准平面，草绘平面的参考方位是 右 ，单击 草绘 按钮。至此，系统进入截面草绘环境。

（3）进入截面草绘环境后，选取 ADTM3 和参考边线为草绘参考，绘制图 5.10.16 所示的截面草图，完成特征截面后，单击"草绘"操控板中的"确定"按钮 ✓ 。

图 5.10.15　创建基准平面 ADTM4

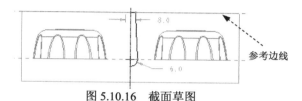

图 5.10.16　截面草图

注意：要绘制旋转中心轴。

（4）定义深度类型。在操控板中选取旋转角度类型 ⊥⊥，旋转角度为 360°。

（5）单击操控板中的 ✓ 按钮，完成特征创建。

Stage3. 创建图 5.10.17 所示的主流道（Runner）

单击 模型 功能选项卡 切口和曲面 ▾ 区域中的 ⊕ 旋转 按钮，此时出现"旋转"操控板。

（1）选取旋转类型。在出现的操控板中，确认"实体"按钮 □ 被按下。

（2）定义草绘截面放置属性。右击，从快捷菜单中选择 定义内部草绘... 命令。草绘平面为 MAIN_PARTING_PLN 基准平面，草绘平面的参考平面为 MOLD_RIGHT 基准平面，草绘平面的参考方位是 右 。单击 草绘 按钮，系统进入截面草绘环境。

（3）进入截面草绘环境后，选取 MOLD_FRONT 和 ADTM3 为参考，绘制图 5.10.18 所示的截面草图，完成特征截面的绘制后，单击"草绘"操控板中的"确定"按钮 ✓ 。

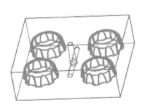

图 5.10.17　创建主流道

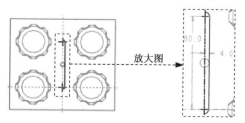

图 5.10.18　截面草图

（4）定义旋转角度。旋转角度类型为 ，旋转角度为-180°。

（5）单击操控板中的 ✔ 按钮，完成特征创建。

Stage4．创建图 5.10.19 所示的分流道（Sub_Runner）

单击 模型 功能选项卡 切口和曲面 ▾ 区域中的 ◔ 旋转 按钮，此时出现"旋转"操控板。

（1）选取旋转类型。在出现的操控板中，确认"实体"按钮 □ 被按下。

（2）定义草绘截面放置属性。右击，从弹出的快捷菜单中选择 定义内部草绘... 命令。草绘平面为 MAIN_PARTING_PLN，草绘平面的参考平面为 MOLD_RIGHT 基准平面，草绘平面的参考方位是 右 ，单击 草绘 按钮，系统进入截面草绘环境。

（3）进入截面草绘环境后，接受系统默认的参考，绘制图 5.10.20 所示的截面草图。完成特征截面的绘制后，单击"草绘"操控板中的"确定"按钮 ✔ 。

（4）定义旋转角度。旋转角度类型为 ，旋转角度为-180°。

（5）单击操控板中的 ✔ 按钮，完成特征创建。

图 5.10.19　创建分流道

放大图

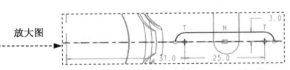

图 5.10.20　截面草图

Stage5．创建图 5.10.21 所示的浇口（Gate）

Step1．单击 模型 功能选项卡 切口和曲面 ▾ 区域中的 拉伸 按钮，出现"拉伸"操控板。

Step2．创建拉伸特征。

（1）在出现的操控板中，确认"实体"按钮 □ 被按下。

（2）右击，从弹出的快捷菜单中选择 定义内部草绘... 命令。草绘平面为 ADTM3，草绘平面的参考平面为 MAIN_PARTING_PLN 基准平面，草绘平面的参考方位为 左，单击 草绘 按钮，系统进入截面草绘环境。

（3）进入截面草绘环境后，选取图 5.10.22 所示的圆弧的边线和 MAIN_PARTING_PLN 基准平面为草绘参考，绘制图 5.10.22 所示的封闭截面草图。完成特征截面的绘制后，单击"草绘"操控板中的"确定"按钮 ✔ 。

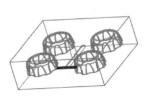

图 5.10.21　创建浇口

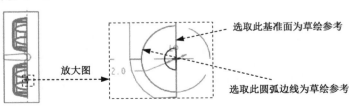

放大图

选取此基准面为草绘参考

选取此圆弧边线为草绘参考

图 5.10.22　封闭截面草图

（4）在操控板中单击 选项 按钮，在弹出的界面中，选取双侧的深度选项均为 ⊥（至曲面），然后选取图 5.10.23 所示的参考零件的表面为左、右拉伸的终止面。

（5）单击操控板中的 ✔ 按钮，完成特征创建。

Stage6. 以镜像的方式在另一端建立分流道和浇口

Step1. 按住<Ctrl>键，在模型树中选取 旋转 3 和 拉伸 1，单击 模型 功能选项卡 修饰符 下拉列表中的 镜像 命令。

Step2. 选取镜像的中心平面 ADTM2，在操控板中单击 ✔ 按钮，在系统弹出的"相交元件"对话框中单击 自动添加(A) 选项，然后单击 确定 按钮，镜像完成后的分流道和浇口如图 5.10.24 所示。

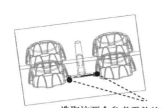
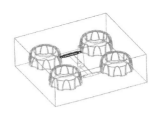

图 5.10.23　选取拉伸的终止面　　　　图 5.10.24　镜像后的分流道和浇口

Task5. 创建模具分型曲面

下面的操作是创建零件 cap.prt 的主分型面（图 5.10.25），以分离模具的上模型腔和下模型腔，其操作过程如下。

Step1. 单击 模具 功能选项卡 分型面和模具体积块 区域中的"分型面"按钮 ，系统弹出"分型面"操控板。

Step2. 在系统弹出的"分型面"操控板中的 控制 区域单击"属性"按钮 ，在"属性"对话框中输入分型面名称 main_ps，单击对话框中的 确定 按钮。

Step3. 通过拉伸的方法，创建主分型面。

（1）单击 分型面 功能选项卡 形状 区域中的 拉伸 按钮，系统弹出"拉伸"操控板。

（2）定义草绘截面放置属性。右击，从弹出的快捷菜单中选择 定义内部草绘... 命令，在系统 选择一个平面或曲面以定义草绘平面. 的提示下，选取图 5.10.26 所示的坯料表面 1 为草绘平面，然后选取图 5.10.26 所示坯料的表面 2 为参考平面，方向为 右 。

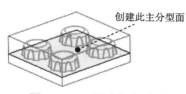
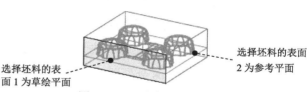

图 5.10.25　创建主分型面　　　　图 5.10.26　定义草绘平面

（3）绘制截面草图。选取图 5.10.27 所示的坯料的边线和 MAIN_PARTING_PLN 基准平面为草绘参考，截面草图为一条线段。绘制完成图 5.10.27 所示的特征截面后，单击"草绘"选项卡中的"确定"按钮 ✔。

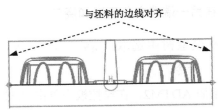

图 5.10.27　截面草图

（4）设置深度选项。

① 在操控板中选取深度类型 ⊥（到选定的）。

② 将模型调整到图 5.10.28 所示的视图方位，然后选取该图中的坯料表面 3 为拉伸终止面。

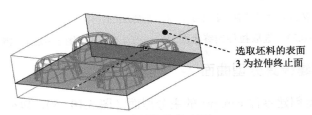

选取坯料的表面
3 为拉伸终止面

图 5.10.28　选择拉伸终止面

③ 在操控板中单击 ✔ 按钮，完成特征的创建。

Step4. 在"分型面"操控板中单击"确定"按钮 ✔，完成分型面的创建。

Task6．构建模具元件的体积块

Step1．选择 模具 功能选项卡 分型面和模具体积块 ▾ 区域中的 模具体积块 ▾ ➡ 🗔 体积块分割 命令（即用"分割"的方法构建体积块）。

Step2．在系统弹出的"体积块分割"操控板中单击"参考零件切除"按钮 🗔，此时系统弹出"参考零件切除"操控板；选取 CAP_MOLD_REF、CAP_MOLD_REF_1、CAP_MOLD_REF_2 与 CAP_MOLD_REF_3 为参考零件；单击 ✔ 按钮，完成参考零件切除的创建。

Step3．在系统弹出的"体积块分割"操控板中单击 ▶ 按钮，将"体积块分割"操控板激活，此时系统已经将分割的体积块选中。

Step4．选取分割曲面。在"体积块分割"操控板中单击 ◠ 右侧的 单击此处添加项 按钮将其激活。然后选取 main_ps 分型面。

Step5. 在"体积块分割"操控板中单击 体积块 按钮，在"体积块"界面中单击 1 ☑ 体积块_1 区域，此时模型的下半部分变亮，如图 5.10.29 所示，然后在选中的区域中将名称改为 lower_vol；在"体积块"界面中单击 2 ☑ 体积块_2 区域，此时模型的上半部分变亮，如图 5.10.30 所示，然后在选中的区域中将名称改为 upper_vol；取消选中其他的体积块。

Step6. 在"体积块分割"操控板中单击 ✔ 按钮，完成体积块分割的创建。

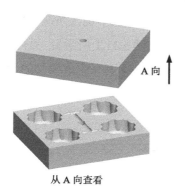

图 5.10.29　着色后的下半部分体积块　　　　图 5.10.30　着色后的上半部分体积块

Task7．抽取模具元件及生成浇注件

将浇注件命名为 cap_molding。

Task8．定义开模动作

Step1. 将参考零件、坯料和分型面在模型中遮蔽起来。

Step2. 移动上模，输入要移动的距离值 150，结果如图 5.10.31 所示。

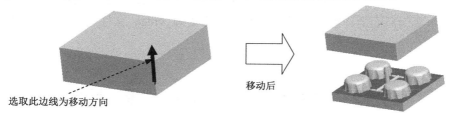

图 5.10.31　移动上模

Step3. 移动下模，输入要移动的距离值 -150，结果如图 5.10.32 所示。

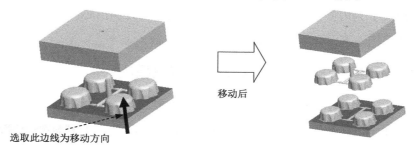

图 5.10.32　移动下模

Step4. 保存设计结果。选择下拉菜单 文件 ▾ ➡ ▣ 保存⒮ 命令。

5.11 一模多穴的模具设计（二）

本实例将介绍图 5.11.1 所示的一款塑料叉子的一模多穴设计，其设计的亮点是产品零件在模具型腔中的布置、浇注系统的设计以及分型面的设计，其中浇注系统采用的是轮辐式浇口（轮辐式浇口是指对型腔填充采用小段圆弧进料，如图 5.11.1 所示）；另外本实例在创建分型面时采用了很巧妙的方法，此处需要读者认真体会。下面介绍该模具的设计过程。

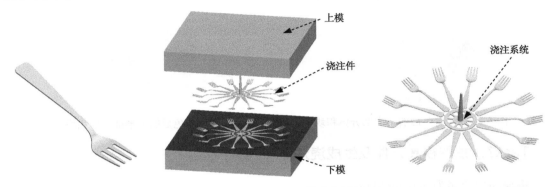

图 5.11.1 叉子的一模多穴设计

新建一个模具制造模型，进入模具模块

Step1. 将工作目录设置至 D:\creo6.3\work\ch05.11。

Step2. 新建一个模具型腔文件，命名为 fork_mold；选取 mmns_mfg_mold 模板。

Step3. 本案例后面的详细操作过程请参见学习资源 video 文件夹中对应章节的语音视频讲解文件。

5.12 内外侧同时抽芯的模具设计

本节将介绍图 5.12.1 所示的内外侧同时抽芯的模具设计，该模型中有三个比较复杂的滑块，其中滑块 1 为内侧抽芯机构，滑块 2 和滑块 3 为外侧抽芯机构，所以此例是比较复杂的模具设计范例。下面介绍该模具的设计过程。

Task1. 新建一个模具制造模型，进入模具模块

Step1. 将工作目录设置至 D:\creo6.3\work\ch05.12。

Step2. 新建一个模具型腔文件，命名为 top_cover_mold，选取 mmns_mfg_mold 模板。

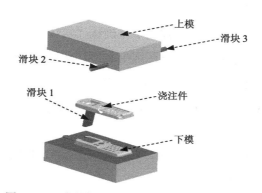

图 5.12.1　内外侧同时抽芯的模具设计

Task2．建立模具模型

模具模型主要包括参考模型（Ref Model）和坯料（Workpiece），如图 5.12.2 所示。

Stage1．引入参考模型

Step1. 单击 **模具** 功能选项卡 参考模型和工件 区域中的按钮 参考模型 ，然后在系统弹出的列表中选择 组装参考模型 命令，系统弹出"打开"对话框。

Step2. 从弹出的"打开"对话框中选取三维零件模型 top_cover.prt 作为参考零件模型，并将其打开。

Step3. 系统弹出"元件放置"操控板，在"约束类型"下拉列表中选择 默认 ，将参考模型按默认放置，再在操控板中单击 ✔ 按钮。

Step4. 在系统的"创建参考模型"对话框中选中 按参考合并 单选项（系统默认选中该单选项），然后在 参考模型 区域的 名称 文本框中接受默认的名称 TOP_COVER_MOLD_REF，单击对话框中的 确定 按钮。参考模型装配后，模具的基准平面与参考模型的基准平面对齐。系统弹出"警告"对话框，单击 确定 按钮。

Stage2．定义坯料

Step1. 单击 **模具** 功能选项卡 参考模型和工件 区域中的按钮 工件 ，然后在系统弹出的列表中选择 创建工件 命令，系统弹出"创建元件"对话框。

Step2. 在弹出的"创建元件"对话框中选中 类型 区域中的 零件 单选项，选中 子类型 区域中的 实体 单选项，在 文件名: 文本框中输入坯料的名称 wp，单击 确定 按钮。

Step3. 在弹出的"创建选项"对话框中选中 创建特征 单选项，然后单击 确定 按钮。

Step4. 创建坯料特征。

（1）选择命令。单击 **模具** 功能选项卡 形状 ▼ 区域中的 拉伸 按钮。此时出现"拉伸"操控板。

（2）创建实体拉伸特征。

① 选取拉伸类型。在出现的操控板中，确认"实体"按钮 ☐ 被按下。

② 定义草绘截面放置属性。在绘图区中右击，从快捷菜单中选择 定义内部草绘... 命令。系统弹出对话框，然后选择参考模型 MOLD_RIGHT 基准平面作为草绘平面，草绘平面的参考平面为 MAIN_PARTING_PLN 基准平面，方位为 左 ，单击 草绘 按钮，至此系统进入截面草绘环境。

③ 进入截面草绘环境后，系统弹出"参考"对话框，选取 MOLD_FRONT 基准平面和图 5.12.3 所示的边线为草绘参考，然后单击 关闭(C) 按钮，绘制图 5.12.3 所示的特征截面。完成特征截面的绘制后，单击"草绘"操控板中的"确定"按钮 ✔ 。

④ 选取深度类型并输入深度值。在操控板中选取深度类型 日 （对称），再在深度文本框中输入深度值 120.0，并按<Enter>键。

⑤ 完成特征。在操控板中单击 ✔ 按钮，则完成特征的创建。

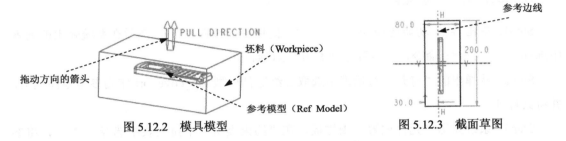

图 5.12.2　模具模型　　　　　　　图 5.12.3　截面草图

Task3．设置收缩率

将参考模型收缩率设置为 0.006。

Task4．创建主分型面

下面将创建图 5.12.4 所示的主分型面，以分离模具的上模型腔和下模型腔。

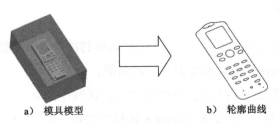

a）模具模型　　　　　　　b）轮廓曲线

图 5.12.4　用裙边法设计分型面

Stage1．创建轮廓曲线

Step1．单击 模具 功能选项卡中 设计特征 区域的"轮廓曲线"按钮 ◁▷ ，系统弹出"轮廓曲线"操控板。

Step2. 选取图 5.12.5 所示的坯料表面，单击 ⟦ ⟧ 按钮调整箭头方向如图 5.12.5 所示。

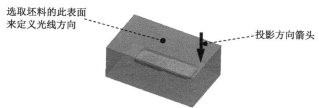

选取坯料的此表面
来定义光线方向

投影方向箭头

图 5.12.5 选取平面

Step3. 排除边线。在"轮廓曲线"操控板中单击 环选择 选项卡，将边线 2、边线 3、边线 4、边线 27 和边线 28 排除，如图 5.12.6 所示，单击 ✔ 按钮。

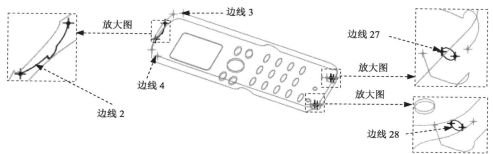

放大图

边线 3

边线 27

边线 4

放大图

放大图

边线 2

边线 28

图 5.12.6 排除边线

Step4. 遮蔽参考零件和坯料，创建的轮廓曲线结果如图 5.12.7 所示。

图 5.12.7 轮廓曲线

Step5. 显示参考零件。

Step6. 复制边线 1。

（1）选择复制对象。选取图 5.12.8 所示的三条边线（按住<Shift>键选取）。

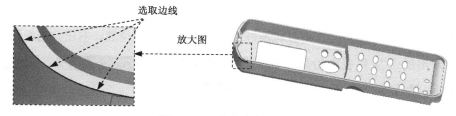

选取边线

放大图

图 5.12.8 选取边线 1

（2）单击 模具 功能选项卡 操作 ▾ 区域中的"复制"按钮 🗎 。

（3）单击 模具 功能选项卡 操作 ▾ 区域中的"粘贴"按钮 🗎 ▾ 。在系统弹出的"曲线：复合"操控板中单击 ✔ 按钮，复制结果如图 5.12.9 所示。

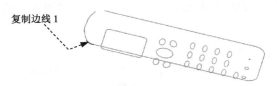

图 5.12.9　复制后的影像曲线 1

Step7. 复制边线 2。

（1）选择复制对象。选取图 5.12.10 所示的三条边线（按住<Shift>键选取）。

（2）单击 **模具** 功能选项卡 操作 ▼ 区域中的"复制"按钮 📋 。

（3）单击 **模具** 功能选项卡 操作 ▼ 区域中的"粘贴"按钮 📋 ▼ 。在系统弹出的"曲线：复合"操控板中单击 ✔ 按钮，复制结果如图 5.12.11 所示。

图 5.12.10　选取边线 2　　　　　图 5.12.11　复制后的影像曲线 2

Step8. 显示坯料。

Stage2．采用裙边法设计分型面

Step1. 单击 **模具** 功能选项卡 分型面和模具体积块 ▼ 区域中的"分型面"按钮 🔲 ，系统弹出"分型面"操控板。

Step2. 在系统弹出的"分型面"操控板中的 控制 区域单击 📄 按钮，在"属性"文本框中输入分型面名称 main_ps，单击 确定 按钮。

Step3. 单击 **分型面** 功能选项卡中 曲面设计 ▼ 区域中的"裙边曲面"按钮 ☁️ ，系统弹出"裙边曲面"对话框。

Step4. 在弹出的 ▼ CHAIN（链） 菜单中选择 Feat Curves（特征曲线） 命令，然后在系统 ⇨选择包含曲线的特征。 的提示下，用"列表选取"的方法分别选取图 5.12.12 所示的轮廓曲线、复制的边线 1 和复制的边线 2，将鼠标指针移至模型中曲线的位置，右击，选择 从列表中拾取 命令，在弹出的"从列表中拾取"对话框中分别选择 F7(SILH_CURVE_1) 项、 F8(复制_1) 项和 F9(复制_2) 项，然后单击 确定(O) 按钮，选择 Done（完成） 命令。

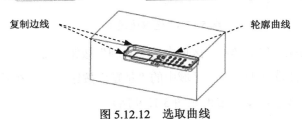

图 5.12.12　选取曲线

Step5. 延伸裙边曲面。单击"裙边曲面"对话框中的 预览 按钮，预览所创建的分型面，在图 5.12.13 中可以看到，此时分型面还没有到达坯料的外表面。进行下面的操作后，可以使分型面延伸到坯料的外表面，如图 5.12.14 所示。

（1）在图 5.12.15 所示的"裙边曲面"对话框中双击 Extension (延伸) 元素，系统弹出"延伸控制"对话框，选择"延伸方向"选项卡（图 5.12.16）。

图 5.12.13 延伸前

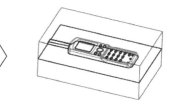

图 5.12.14 延伸后

图 5.12.15 "裙边曲面"对话框

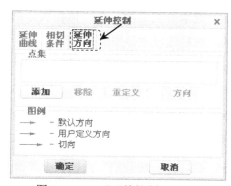

图 5.12.16 "延伸控制"对话框

（2）定义延伸点集 1。

① 在"延伸方向"选项卡中单击 添加 按钮，系统弹出 ▼GEN PNT SEL (一般点选取) 菜单，同时提示 ➡选择曲线端点和/或边界的其他点来设置方向。，按住<Ctrl>键，在模型中选取图 5.12.17 所示的两个点，然后单击"选择"对话框中的 确定 按钮，再在 ▼GEN PNT SEL (一般点选取) 菜单中选择 Done (完成) 命令。

② 在 ▼ GEN SEL DIR (一般选择方向) 菜单中选择 Crv/Edg/Axis (曲线/边/轴) 命令，然后选取图 5.12.17 所示的边线，选择 Okay (确定) 命令，接受该图中的箭头方向为延伸方向。单击"延伸控制"对话框中的 确定 按钮。

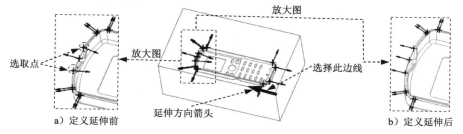

图 5.12.17 定义延伸点集

（3）在"裙边曲面"对话框中单击 预览 按钮，预览所创建的分型面，可以看到此时分型面已向四周延伸至坯料的表面，单击 确定 按钮。

Step6. 在"分型面"操控板中单击"确定"按钮 ✔，完成分型面的创建。

Task5. 用主分型面创建上、下两个体积块

Step1. 选择 模具 功能选项卡 分型面和模具体积块 ▾ 区域中的按钮 模具体积块 ▾ ➡ 🗃 体积块分割 命令。

Step2. 在系统弹出的"体积块分割"操控板中单击"参考零件切除"按钮 🔲，此时系统弹出"参考零件切除"操控板；单击 ✔ 按钮，完成参考零件切除的创建。

Step3. 在系统弹出的"体积块分割"操控板中单击 ▶ 按钮，将"体积块分割"操控板激活，此时系统已经将分割的体积块选中。

Step4. 选取分割曲面。在"体积块分割"操控板中单击 ◠ 右侧的 单击此处添加项 按钮将其激活。然后选取主分型面。

Step5. 在"体积块分割"操控板中单击 体积块 按钮，在"体积块"界面中单击 1 ☑ 体积块_1 区域，此时模型的下半部分变亮，如图 5.12.18 所示，然后在选中的区域中将名称改为 lower_vol；在"体积块"界面中单击 2 ☑ 体积块_2 区域，此时模型的上半部分变亮，如图 5.12.19 所示，然后在选中的区域中将名称改为 upper_vol。

Step6. 在"体积块分割"操控板中单击 ✔ 按钮，完成体积块分割的创建。

图 5.12.18　着色后的下半部分　　　　图 5.12.19　着色后的上半部分

Task6. 创建第一个滑块

Stage1. 通过复制法设计分型面

Step1. 单击 模具 功能选项卡 分型面和模具体积块 ▾ 区域中的"分型面"按钮 ▱，系统弹出"分型面"操控板。

Step2. 在系统弹出的"分型面"操控板中的 控制 区域单击"属性"按钮 🗟，在弹出的"属性"对话框中输入分型面名称 pin_ps，单击对话框中的 确定 按钮。

Step3. 在屏幕右下方的"智能选取栏"中选择"几何"选项。

Step4. 复制曲面。按住<Ctrl>键选取图 5.12.20 所示的五个曲面为复制对象进行复制粘贴。

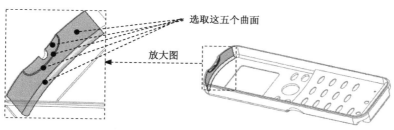

图 5.12.20　选取曲面

Step5. 延伸复制的设计分型面。

（1）选取图 5.12.21a 所示的复制曲面边线，再按住<Shift>键，选取与圆弧边相接的另两条边线。

（2）单击 **分型面** 功能选项卡 编辑▼ 区域中的 匚延伸 按钮，此时弹出 *延伸* 操控板。

① 在操控板中按下 ⬡ 按钮（延伸类型为至平面）。

② 在系统 ➪ 选择曲面延伸所至的平面. 的提示下，选取图 5.12.21a 所示的表面为延伸的终止面。

③ 单击 ∞ 按钮，预览延伸后的面组，确认无误后，单击 ✔ 按钮。完成后的延伸曲面如图 5.12.21b 所示。

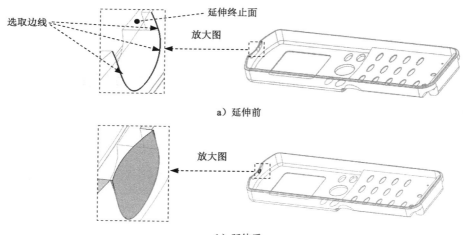

a）延伸前

b）延伸后

图 5.12.21　延伸分型面

Step6. 通过"拉伸"的方法创建图 5.12.22 所示的拉伸曲面。

（1）单击 **分型面** 功能选项卡 形状▼ 区域中的 ⬚拉伸 按钮，此时系统弹出"拉伸"操控板。

（2）定义草绘截面放置属性。右击，从弹出的菜单中选择 定义内部草绘… 命令，在系统 ➪ 选择一个平面或曲面以定义草绘平面. 的提示下，选取 MOLD_RIGHT 基准平面为草绘平面，选取图 5.12.23 所示的坯料表面为参考平面，方向为 右 。

图 5.12.22　创建拉伸面组

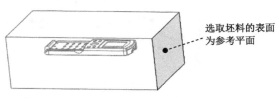

图 5.12.23　定义参考平面

（3）截面草图。选取图 5.12.24 所示的边线为草绘参考，绘制图 5.12.24 所示的截面草图，完成截面的绘制后，单击"草绘"选项卡中的"确定"按钮 ✓。

（4）选取深度类型并输入深度值。在操控板中选取深度类型 ，再在深度文本框中输入深度值 20.0，在操控板中单击 选项 按钮，在"选项"界面中选中 ☑封闭端 复选框。

（5）在操控板中单击 ✓ 按钮，完成特征的创建。

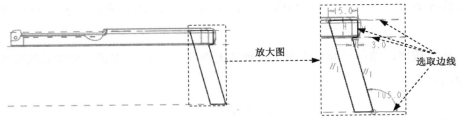

图 5.12.24　截面草图

Step7. 通过"修剪"的方法修剪复制曲面。

（1）选取图 5.12.25 所示的修剪的面组，从列表中选择 面组:F14(PIN_FS) 项。

（2）选择 分型面 功能选项卡 编辑 ▼ 区域中的 ⬚修剪 命令，此时弹出 曲面修剪 操控板。

（3）选择修剪对象。选取图 5.12.26 所示的面组。

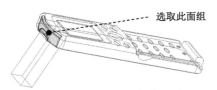

图 5.12.25　选取修剪工具

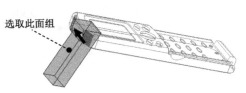

图 5.12.26　选取修剪对象

Step8. 将修剪后的曲面和 Step6 的拉伸曲面合并在一起。

（1）按住<Ctrl>键，选取 Step7 创建的修剪后的曲面和 Step6 创建的拉伸曲面。

（2）单击 分型面 功能选项卡 编辑 ▼ 区域中的"合并"按钮 ，此时系统弹出"合并"操控板。

（3）在模型中选取要合并的面组的侧。

（4）在操控板中单击 选项 按钮，在"选项"界面中选中 ◉相交 单选项。

（5）单击 ∞ 按钮，预览合并后的面组，确认无误后，单击 ✓ 按钮，合并结果如图 5.12.27

所示。

Step9. 着色显示所创建的分型面。

（1）单击 视图 功能选项卡 可见性 区域中的"着色"按钮 ▭ 。

（2）系统自动将刚创建的分型面 pin_ps 着色，着色后的滑块分型曲面如图 5.12.28 所示。

图 5.12.27　选取要合并的拉伸面组

图 5.12.28　着色后的第一个销分型曲面

（3）在 ▼ CntVolSel（继续体积块选取）菜单中选择 Done/Return（完成/返回）命令。

Step10. 在"分型面"操控板中单击"确定"按钮 ✔ ，完成分型面的创建。

Stage2．创建第一个滑块的体积块

Step1. 选择 模具 功能选项卡 分型面和模具体积块 ▼ 区域中的 模具体积块 ▼ ➡ 🗐 体积块分割 命令（即用"分割"的方法构建体积块）。

Step2. 选取 lower_vol 作为要分割的模具体积块；选取 pin_ps 分型面为分割曲面。

Step3. 在"体积块分割"操控板中单击 体积块 按钮，在"体积块"界面中单击 2 ☑ 体积块_2 区域，然后在选中的区域中将名称改为 pin_vol_1；取消选中 1 ☐ 体积块_1 。

Task7．创建第二个和第三个滑块

Stage1．创建第二个滑块分型面

Step1. 单击 模具 功能选项卡 分型面和模具体积块 ▼ 区域中的"分型面"按钮 ▱ ，系统弹出"分型面"操控板。

Step2. 在系统弹出的"分型面"操控板中的 控制 区域单击"属性"按钮 🖺 ，在弹出的"属性"对话框中输入分型面名称 Slide_ps，单击对话框中的 确定 按钮。

Step3. 通过"拉伸"的方法建立拉伸曲面。

（1）单击 分型面 功能选项卡 形状 ▼ 区域中的 ⬚ 拉伸 按钮，此时系统弹出"拉伸"操控板。

（2）定义草绘截面放置属性。右击，从弹出的菜单中选择 定义内部草绘... 命令，在系统 ⬧ 选择一个平面或曲面以定义草绘平面. 的提示下，选取图 5.12.29 所示的表面为草绘平面，选取图 5.12.29 所示的坯料表面为参考平面，方向为 上 。

（3）绘制截面草图。选取图 5.12.30 所示的边线为草绘参考，利用"投影"命令，选取参考的边线为草绘截面草图，完成截面的绘制后，单击"草绘"选项卡中的"确定"按钮 ✔ 。

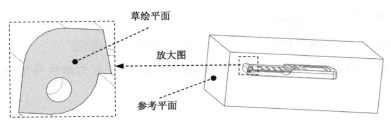

图 5.12.29   定义草绘平面

（4）选取深度类型并输入深度值。在操控板中选取深度类型 ⊥，选取孔的底面为拉伸终止面，在操控板中单击 **选项** 按钮，在"选项"界面中选中 ☑ 封闭端 复选框。

（5）在操控板中单击 ✔ 按钮，完成特征的创建。

Step4. 通过"拉伸"的方法建立拉伸曲面。

（1）单击 **分型面** 功能选项卡 形状 ▾ 区域中的 ⬜拉伸 按钮，此时系统弹出"拉伸"操控板。

（2）定义草绘截面放置属性。右击，从弹出的菜单中选择 **定义内部草绘...** 命令，在系统
➡ 选择一个平面或曲面以定义草绘平面. 的提示下，选取图 5.12.31 所示的表面为草绘平面。

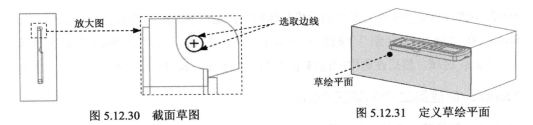

图 5.12.30   截面草图   图 5.12.31   定义草绘平面

（3）绘制截面草图。选取图 5.12.32 所示的边线为草绘参考，利用投影命令，选取参考的边线为草绘截面草图，完成截面的绘制后，单击"草绘"选项卡中的"确定"按钮 ✔。

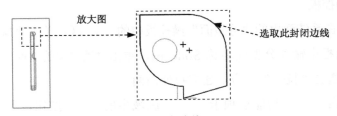

图 5.12.32   选取参考边线

（4）选取深度类型并输入深度值。在操控板中选取深度类型 ⊥，选取图 5.12.33 所示的表面为拉伸终止面，在操控板中单击 **选项** 按钮，在"选项"界面中选中 ☑ 封闭端 复选框。

（5）在操控板中单击 ✔ 按钮，完成特征的创建。

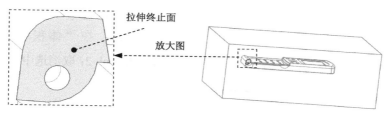

图 5.12.33 拉伸终止面

Step5. 将 Step3 的拉伸曲面和 Step4 的拉伸曲面合并在一起。

（1）按住<Ctrl>键，选取 Step3 创建的拉伸曲面和 Step4 创建的拉伸曲面。

（2）单击 **分型面** 功能选项卡 编辑 ▾ 区域中的"合并"按钮 ⬭，此时系统弹出"合并"操控板。

（3）在模型中选取要合并的面组的侧，如图 5.12.34 所示。

（4）在操控板中单击 选项 按钮，在"选项"界面中选中 ◉ 相交 单选项。

（5）单击 ∞ 按钮，预览合并后的面组，确认无误后，单击 ✔ 按钮。

Step6. 在"分型面"操控板中单击"确定"按钮 ✔，完成分型面的创建。

Stage2. 创建第三个滑块分型面

参考 Stage1，分型面名称 Slide_ps_1，将另一侧的圆孔进行拉伸合并，结果如图 5.12.35 所示。

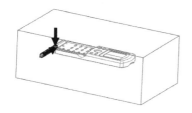

图 5.12.34 合并的面组

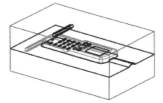

图 5.12.35 合并面组后

Stage3. 创建第二个滑块体积块

Step1. 选择 **模具** 功能选项卡 分型面和模具体积块 ▾ 区域中的 模具体积块 ▾ ➡ ⬚体积块分割 命令（即用"分割"的方法构建体积块）。

Step2. 选取 upper_vol 作为要分割的模具体积块；选取 Slide_ps 分型面为分割曲面。

Step3. 在"体积块分割"操控板中单击 体积块 按钮，在"体积块"界面中单击 2 ☑ 体积块_2 区域，然后在选中的区域中将名称改为 slide_vol_1；取消选中 1 ☐ 体积块_1 。

Stage4. 创建第三个滑块体积块

Step1. 选择 **模具** 功能选项卡 分型面和模具体积块 ▾ 区域中的 模具体积块 ▾ ➡ ⬚体积块分割 命令，（即用"分割"的方法构建体积块）。

Step2. 选取 upper_vol 作为要分割的模具体积块；选取 Slide_ps_1 分型面为分割曲面。

Step3. 在"体积块分割"操控板中单击 体积块 按钮，在"体积块"界面中单击

2 ☑ 体积块_2 区域，然后在选中的区域中将名称改为 slide_vol_2；取消选中 1 □ 体积块_1 。

Task8. 抽取模具元件及生成浇注件

将浇注件命名为 top_cover_molding。

Task9. 定义开模动作

Step1. 将参考零件、坯料和分型面在模型中遮蔽起来。

Step2. 开模步骤 1。

（1）移动滑块 2，输入要移动的距离值 50（如果方向相反则输入值-50），结果如图 5.12.36 所示。

图 5.12.36 移动滑块 2

（2）参考步骤（1），将滑块 3 移动-50（如果方向相反输入值 50）。

Step3. 开模步骤 2：移动上模，输入要移动的距离值-200，结果如图 5.12.37 所示。

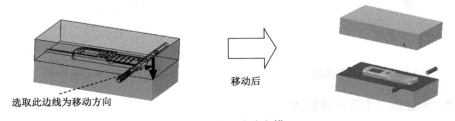

图 5.12.37 移动上模

Step4. 开模步骤 3：移动下模，输入要移动的距离值 80，结果如图 5.12.38 所示。

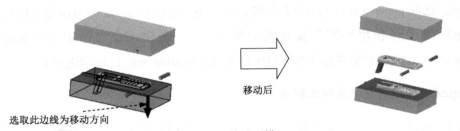

图 5.12.38 移动下模

Step5. 开模步骤 4：移动滑块 1，输入要移动的距离值-10，结果如图 5.12.39 所示。

选取此边线为移动方向

移动后

图 5.12.39　移动滑块 1

Step6. 保存设计结果。选择下拉菜单 文件▼ ➡ 另存为(A) ➡ 保存备份(B) 将对象备份到当前目录。命令，系统弹出"备份"对话框，单击 确定 按钮。

5.13　内螺纹的模具设计

本实例将介绍图 5.13.1 所示的带内螺纹瓶盖的模具设计，其脱模方式采用的是内侧抽脱螺纹。下面介绍该模具的主要设计过程。下面介绍该模具的设计过程。

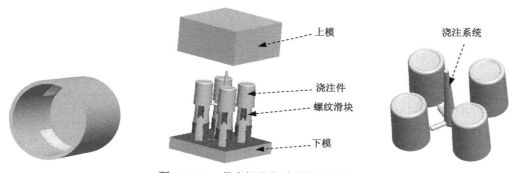

上模

浇注系统

浇注件

螺纹滑块

下模

图 5.13.1　带内螺纹瓶盖的模具设计

新建一个模具制造模型，进入模具模块

Step1. 将工作目录设置至 D:\creo6.3\work\ch05.13。

Step2. 新建一个模具型腔文件，命名为 cover_mold；选取 mmns_mfg_mold 模板。

Step3. 本案例后面的详细操作过程请参见学习资源 video 文件夹中对应章节的语音视频讲解文件。

第 6 章　使用体积块法进行模具设计

本章提要　体积块法是 Creo 模块中设计模具的另外一种常用方法，通过此方法可以完成一些形状不规则的零件模型的模具设计。

6.1　概　　述

在 Creo 模块里进行模具设计除了使用分型面法来进行模具设计外，读者还可以使用体积块的方法进行模具设计，与分型面法相比不同的是，使用体积块法进行模具设计不需要设计分型面，直接通过零件建模的方式创建出体积块，即可抽取出模具元件，完成模具设计。本章将通过塑料杯盖模型、充电器后盖（一模四腔）和塑料板凳的模具设计来说明使用体积块法进行模具设计的一般过程。

6.2　塑料杯盖的模具设计

下面以一款塑料杯盖的模具设计为例（图 6.2.1），讲解通过体积块法进行模具设计的一般过程。在创建该模具中的体积块时，读者需领会使用体积块法进行模具设计的优势及种子面和边界面的选取技巧。下面介绍该模具的设计过程。

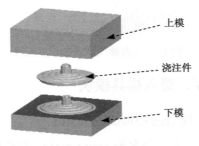

图 6.2.1　塑料杯盖模具

Task1. 新建一个模具制造模型

Step1. 将工作目录设置至 D:\creo6.3\work\ch06.02。

Step2. 新建一个模具型腔文件，命名为 cup_cover_mold，选取 `mmns_mfg_mold` 模板。

Task2. 建立模具模型

Stage1. 引入参考模型

Step1. 单击 **模具** 功能选项卡 参考模型和工件 区域中的"参考模型"按钮 参考模型 ，然后在系统弹出的列表中选择 定位参考模型 命令，系统弹出"打开""布局"对话框。

Step2. 在弹出的"打开"对话框中，选取三维零件模型塑料杯盖——cup_cover.prt 作为参考零件模型，并将其打开，系统弹出"创建参考模型"对话框。

Step3. 在"创建参考模型"对话框中选中 ● 按参考合并 单选项，然后在 参考模型 区域的 名称 文本框中接受默认的名称，再单击 确定 按钮。

Step4. 在"布局"对话框中的 布局 区域中单击 ● 单一 单选项，在"布局"对话框中单击 预览 按钮，结果如图 6.2.2 所示。

Step5. 调整模具坐标系。

（1）在"布局"对话框中的 参考模型起点与定向 区域中单击 ▶ 按钮，系统弹出"获得坐标系类型"菜单和图 6.2.3 所示的"元件"窗口。

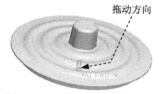

图 6.2.2 调整模具坐标系前

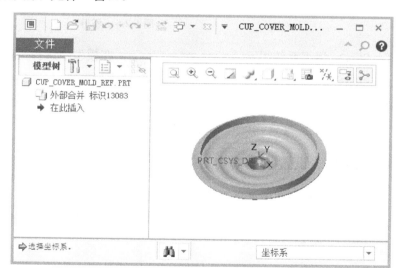

图 6.2.3 "元件"窗口

（2）定义坐标系类型。在"获得坐标系类型"菜单中选择 **Dynamic (动态)** 命令，系统弹出"参考模型方向"对话框。

（3）旋转坐标系。在"参考模型方向"对话框的 角度: 文本框中输入数值 180。

说明： 在 角度: 文本框中输入角度值 180° 是绕着 X 轴旋转的。

（4）在"参考模型方向"对话框中单击 确定 按钮，在"布局"对话框中单击 确定 按钮，系统弹出"警告"对话框，单击 确定 按钮。然后在"型腔布置"对话框中单击 **Done/Return (完成/返回)** 命令，完成坐标系的调整，结果如图 6.2.4 所示。

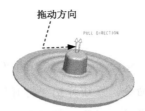

图 6.2.4　调整模具坐标系后

Stage2. 创建坯料

自动创建图 6.2.5 所示的坯料，操作步骤如下。

Step1. 单击 **模具** 功能选项卡 参考模型和工件 区域中的按钮 工件 按钮，然后在系统弹出的列表中选择 自动工件 命令，系统弹出 "自动工件" 对话框。

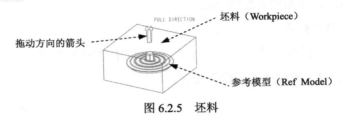

图 6.2.5　坯料

Step2. 根据系统提示 选择铸模原点坐标系。，在模型中选择坐标系 MOLD_DEF_CSYS。

Step3. 在 "自动工件" 对话框 偏移 区域中的 统一偏移 文本框中输入数值 20，然后按 <Enter>键。

Step4. 单击 确定 按钮，完成坯料的创建。

Task3. 设置收缩率

Step1. 在模型树中激活工件。

Step2. 单击模具功能选项卡 修饰符 区域中 收缩 的按钮 ，在系统弹出的下拉菜单中单击 按尺寸收缩 命令。

Step3. 系统弹出 "按尺寸收缩" 对话框，确认 公式 区域的 1+ S 按钮被按下，在 收缩选项 区域选中 更改设计零件尺寸 复选框，在 收缩率 区域的 比率 栏中输入收缩率值 0.006，并按 <Enter>键，然后单击对话框中的 按钮。

Task4. 创建下模体积块

Step1. 选择命令。选择 **模具** 功能选项卡 分型面和模具体积块 区域中的 模具体积块 模具体积块 命令，系统弹出 "编辑模具体积块" 功能选项卡。

Step2. 收集体积块。

（1）选择命令。单击 "编辑模具体积块" 功能选项卡 体积块工具 区域中的 "聚合体积块工具"按钮 ，此时系统弹出图 6.2.6 所示的"聚合体积块"菜单管理器。

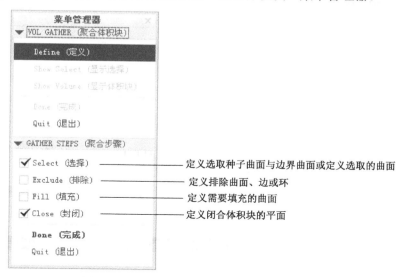

图 6.2.6 "聚合体积块"菜单管理器

（2）定义选取步骤。在"聚合步骤"菜单中选中 ☑ Select（选择）和 ☑ Close（封闭）复选框，单击 **Done（完成）** 命令，此时系统显示"聚合选择"菜单。

（3）定义聚合选择。

① 在"聚合选择"菜单中选择 **Surf & Bnd（曲面和边界）** ➡ **Done（完成）** 命令。

② 定义种子曲面。在系统 ➪ 选择一个种子曲面. 的提示下，先将鼠标指针移至模型中的目标位置并右击，在弹出的快捷菜单中选取 **从列表中拾取** 命令，系统弹出"从列表中拾取"对话框，在对话框中选择 **曲面:F1(外部合并):CUP_COVER_MOLD_REF** ，单击 **确定(0)** 按钮。

说明：在列表框选项中选中 **曲面:F1(外部合并):CUP_COVER_MOLD_REF** 时，此时图 6.2.7 中的塑料杯盖内部的底面会加亮，该侧面就是所要选择的"种子面"。

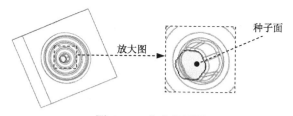

图 6.2.7 定义种子面

③ 定义边界曲面。在系统的 ➪ 指定限制这些曲面的边界曲面. 提示下，从列表中选取图 6.2.8a 所示的边界面 1；按住<Ctrl>键，同样从列表中选取图 6.2.8 b 所示的边界面 2。

④ 单击 **确定** ➡ **Done Refs（完成参考）** ➡ **Done/Return（完成/返回）** 命令，此时系统显示"封合"菜单。

（4）定义封合类型。在"封合"菜单中，选中 ☑ **Cap Plane（顶平面）** ➡ ☑ **All Loops（全部环）**

复选框，单击 **Done（完成）** 命令，此时系统显示"封闭环"菜单。

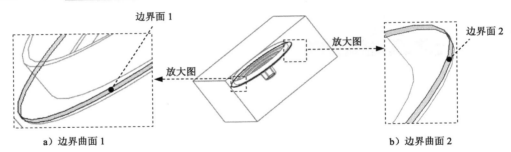

a）边界曲面1　　　　　　　　　　　　　b）边界曲面2

图 6.2.8　定义边界曲面

（5）定义封闭环。根据系统 ⇨ 选择或创建一平面，盖住闭合的体积块. 的提示，选取图 6.2.9 所示的平面为封闭面，此时系统显示"封合"菜单。

（6）在菜单栏中单击 **Done（完成）** ➞ **Done/Return（完成/返回）** ➞ **Done（完成）** 命令，完成收集体积块创建，结果如图 6.2.10 所示。

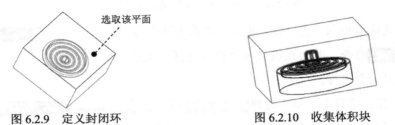

图 6.2.9　定义封闭环　　　　　　　　图 6.2.10　收集体积块

Step3. 拉伸体积块。

（1）选择命令。单击 **编辑模具体积块** 功能选项卡 形状 ▾ 区域中的 拉伸 按钮，此时系统弹出"拉伸"操控板。

（2）定义草绘截面放置属性。在图形区右击，从弹出的菜单中选择 **定义内部草绘...** 命令，在系统 ⇨ 选择一个平面或曲面以定义草绘平面. 的提示下，选取图 6.2.11 所示的毛坯表面为草绘平面，接受默认的箭头方向为草绘视图方向，然后选取图 6.2.11 所示的毛坯侧面为参考平面，方向为 **右**。

（3）绘制截面草图。进入草绘环境后，选取图 6.2.12 所示的毛坯边线为参考，绘制图 6.2.12 所示的截面草图（为一矩形），完成截面的绘制后，单击"草绘"操控板中的"确定"按钮 ✔。

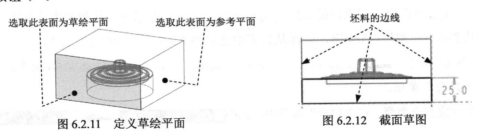

图 6.2.11　定义草绘平面　　　　　　　图 6.2.12　截面草图

（4）定义深度类型。在操控板中选取深度类型⊥（到选定的），选择草绘平面的背面为拉伸终止面。

（5）在操控板中单击✔按钮，完成特征的创建。

Step4. 在"编辑模具体积块"选项卡中单击"确定"按钮✔，完成下模体积块的创建。

Task5. 分割新的模具体积块

Step1. 选择 模具 功能选项卡 分型面和模具体积块 ▾ 区域中的 模具体积块 ▾ ➡ 🖹体积块分割 命令（即用"分割"的方法构建体积块）。

Step2. 在系统弹出的"体积块分割"操控板中单击"参考零件切除"按钮⌐⌐，此时系统弹出"参考零件切除"操控板；单击✔按钮，完成参考零件切除的创建。

Step3. 在系统弹出的"体积块分割"操控板中单击▶按钮，将"体积块分割"操控板激活，此时系统已经将分割的体积块选中。

Step4. 定义分割对象。选取 Task4 创建的下模体积块为分割曲面。

Step5. 在"体积块分割"操控板中单击 体积块 按钮，在"体积块"界面中单击 1 ☑ 体积块_1 区域，此时模型的下半部分变亮，如图 6.2.13 所示，然后在选中的区域中将名称改为 lower_vol；在"体积块"界面中单击 2 ☑ 体积块_2 区域，此时模型的上半部分变亮，如图 6.2.14 所示，然后在选中的区域中将名称改为 upper_vol。

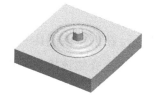
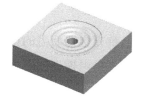

图 6.2.13　着色后的下半部分体积块　　　图 6.2.14　着色后的上半部分体积块

Step6. 在"体积块分割"操控板中单击✔按钮，完成体积块分割的创建。

Task6. 抽取模具元件

Step1. 选择 模具 功能选项卡 元件 ▾ 区域中 模具元件 ➡ 🠗型腔镶块 命令，系统弹出"创建模具元件"对话框。

Step2. 在系统弹出的"创建模具元件"对话框中选取体积块 ⌐UPPER_VOL 和 ⌐LOWER_VOL，然后单击　确定　按钮。

Task7. 生成浇注件

Step1. 选择命令。选择 模具 功能选项卡 元件 ▾ 区域中的 🖉创建铸模 命令。

Step2. 在系统提示文本框中输入浇注零件名称 cup_cover_molding，并按两次<Enter>键。

Task8. 定义模具开启

Step1. 将参考零件、坯料和体积块在模型中遮蔽起来。

Step2. 开模步骤 1: 移动上模, 输入要移动的距离值 50, 结果如图 6.2.15 所示。

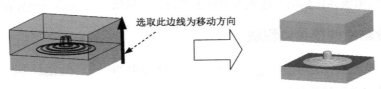

选取此边线为移动方向

图 6.2.15　移动上模

Step3. 开模步骤 2: 移动下模, 输入要移动的距离值-50, 结果如图 6.2.16 所示。

选取此边线为移动方向

图 6.2.16　移动下模

Step4. 保存设计结果。选择下拉菜单 文件 ▾ ➞ 保存(S) 命令。

6.3　充电器后盖的模具设计

这里将介绍一款充电器后盖的模具设计, 如图 6.3.1 所示。在创建该模具中的体积块时, 读者需仔细体会模具参考模型的布置和斜滑块的创建方法。下面介绍该模具的设计过程。

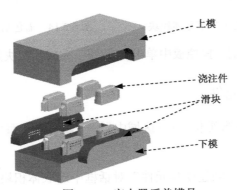

上模

浇注件

滑块

下模

图 6.3.1　充电器后盖模具

Task1. 新建一个模具制造模型.

Step1. 将工作目录设置至 D:\creo6.3\work\ch06.03。

Step2. 新建一个模具型腔文件, 命名为 charger_cover_mold, 选取 mmns_mfg_mold 模板。

Task2. 建立模具模型

Stage1. 引入第一个参考模型

Step1. 单击 **模具** 功能选项卡 参考模型和工件 区域中的按钮参考模型，然后在系统弹出的列表中选择组装参考模型 命令，系统弹出"打开"对话框。

Step2. 在弹出的"打开"对话框中，选取三维零件模型充电器后盖——charger_cover.prt 作为参考零件模型，并将其打开。

Step3. 定义约束参考模型的放置位置。

（1）指定第一个约束。在操控板中单击 放置 按钮，在"放置"界面的"约束类型"下拉列表中选择 重合 ，选取参考件的 FRONT 基准平面为元件参考，选取装配体的 MAIN_PARTING_PLN 基准平面为组件参考。单击"放置"界面的"反向"按钮 反向 。

说明： 单击"反向"按钮 反向 以确定拖动方向与开模方向一致。

（2）指定第二个约束。单击 新建约束 字符，在"约束类型"下拉列表中选择 距离 ，选取参考件的 TOP 基准平面为元件参考，选取装配体的 MOLD_FRONT 基准平面为组件参考，在 偏移 文本框中输入数值-30.0。

（3）指定第三个约束。单击 新建约束 字符，在"约束类型"下拉列表中选择 距离 ，选取参考件的 RIGHT 基准平面为元件参考，选取装配体的 MOLD_RIGHT 基准平面为组件参考，在 偏移 文本框中输入数值-60.0。

（4）至此，约束定义完成，在操控板中单击 ✔ 按钮，系统自动弹出"创建参考模型"对话框，单击 确定 按钮。系统弹出"警告"对话框，单击 确定 按钮。

Step4. 隐藏第一个参考模型的基准平面。

为了使屏幕简洁，利用"层"的"遮蔽"功能将参考模型的三个基准平面隐藏起来。

（1）选择导航命令卡中的 ▤▼ ——→ 层树(L) 命令。

（2）在导航命令卡中单击 ▸ CHARGER_COVER_MOLD.ASM（顶级模型，活动的）▼ 后面的 ▼ 按钮，选择 CHARGER_COVER_MOLD_REF.PRT 参考模型。

（3）在层树中选择参考模型的基准平面层 01___PRT_ALL_DTM_PLN ，右击，在弹出的快捷菜单中选择 隐藏 命令，然后单击"重画"按钮 ▣ ，这样模型的基准曲线将不显示。

（4）操作完成后，选择导航命令卡中的 ▤▼ ——→ 模型树(M) 命令，切换到模型树状态，结果如图 6.3.2 所示。

Stage2. 引入第二个参考模型

Step1. 单击 **模具** 功能选项卡 参考模型和工件 区域中的按钮参考模型，然后在系统弹出的列表中选择 镜像参考模型 命令，此时系统弹出"镜像元件"对话框。

Step2. 定义零件参考。在绘图区域中，选取 Stage1 引入的第一个参考模型为镜像对象。

Step3. 定义平面参考。选取装配体的 MOLD_RIGHT 基准平面为镜像平面。

Step4. 在"镜像元件"对话框中的 文件名: 文本框中输入 charger_cover_mold_ref_02，单击 确定 按钮，结果如图 6.3.3 所示。

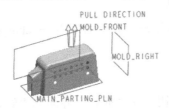
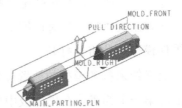

图 6.3.2 第一个参考模型组装完成后　　　图 6.3.3 第二个参考模型组装完成后

Stage3. 引入第三个参考模型

Step1. 单击 模具 功能选项卡 参考模型和工件 区域中的按钮 参考模型，然后在系统弹出的列表中选择 镜像参考模型 命令，此时系统弹出"镜像元件"对话框。

Step2. 定义零件参考。在绘图区域中，选择 Stage1 引入的第一个参考模型为镜像对象。

Step3. 定义平面参考。选择装配体的 MOLD_FRONT 基准平面为镜像平面。

Step4. 在"镜像元件"对话框中的 文件名: 文本框中输入 charger_cover_mold_ref_03，单击 确定 按钮，结果如图 6.3.4 所示。

Stage4. 引入第四个参考模型

Step1. 单击 模具 功能选项卡 参考模型和工件 区域中的按钮 参考模型，然后在系统弹出的列表中选择 镜像参考模型 命令，此时系统弹出"镜像元件"对话框。

Step2. 定义零件参考。在绘图区域中，选取 Stage2 引入的第二个参考模型为镜像对象。

Step3. 定义平面参考。选取装配体的 MOLD_FRONT 基准平面为镜像平面。

Step4. 在"镜像元件"对话框中的 文件名: 文本框中输入 charger_cover_mold_ref_04，单击 确定 按钮，结果如图 6.3.5 所示。

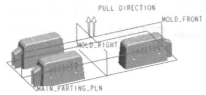
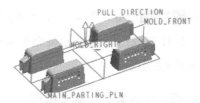

图 6.3.4 第三个参考模型组装完成后　　　图 6.3.5 第四个参考模型组装完成后

Stage5. 创建坯料

手动创建图 6.3.6 所示的坯料，操作步骤如下。

Step1. 单击 **模具** 功能选项卡 参考模型和工件 区域中的按钮 工件，然后在系统弹出的列表中选择 创建工件 命令，系统弹出"创建元件"对话框。

Step2. 在"创建元件"对话框中，在 类型 区域选中 ● 零件 单选项，在 子类型 区域选中 ● 实体 单选项，在 文件名: 文本框中输入坯料的名称 wp，然后单击 确定 按钮。

Step3. 在弹出的"创建选项"对话框中选中 ● 创建特征 单选项，然后单击 确定 按钮。

Step4. 创建坯料特征。

（1）选择命令。单击 **模具** 功能选项卡 形状 ▼ 区域中的 拉伸 按钮。此时出现"拉伸"操控板。

（2）创建实体拉伸特征。

① 选取拉伸类型。在出现的操控板中，确认"实体"按钮 被按下。

② 定义草绘截面放置属性。在绘图区中右击，从弹出的快捷菜单中选择 定义内部草绘... 命令。选择 MLOD_FRONT 基准平面作为草绘平面，草绘平面的参考平面为 MOLD_RIGHT 基准平面，方位为 右 ，单击 草绘 按钮，至此系统进入截面草绘环境。

③ 绘制截面草图。进入截面草绘环境后，选取 MOLD_RIGHT 基准平面和 MAIN_PARTING_PLN 基准平面为草绘参考，截面草图如图 6.3.7 所示，完成特征截面的绘制后，单击"草绘"操控板中的"确定"按钮 ✓ 。

④ 选取深度类型并输入深度值。在操控板中选取深度类型 ▤ （对称），再在深度文本框中输入深度值 150.0，并按<Enter>键。

⑤ 完成特征。在操控板中单击 ✓ 按钮，则完成拉伸特征的创建。

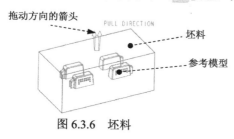

图 6.3.6 坯料

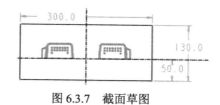

图 6.3.7 截面草图

Task3. 设置收缩率

Step1. 在模型树中将总装配模型激活。

Step2. 单击 **模具** 功能选项卡 修饰符 区域中的按钮 收缩 ▼ ，在系统弹出的下拉菜单中单击 按尺寸收缩 命令，然后在模型树中选择第一个参考模型。

Step3. 系统弹出"按尺寸收缩"对话框，确认 公式 区域的 1+S 按钮被按下，在 收缩选项 区域选中 ✓ 更改设计零件尺寸 复选框，在 收缩率 区域的 比率 栏中输入收缩率值 0.006，并按<Enter>键，然后单击对话框中的 ✓ 按钮。

Step4. 参考 Step2～Step3 步骤对另外三个参考模型进行收缩率的设置。

Task4. 创建下模体积块

Step1. 选择命令。选择 **模具** 功能选项卡 分型面和模具体积块 ▾ 区域中的 模具体积块 ▾ 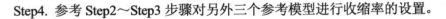 模具体积块 命令，系统弹出"编辑模具体积块"功能选项卡。

Step2. 收集第一个体积块。

（1）选择命令。单击"编辑模具体积块"功能选项卡 体积块工具 ▾ 区域中的"聚合体积块工具"按钮 ，此时系统弹出"聚合体积块"菜单管理器。

（2）定义选取步骤。在"聚合步骤"菜单中选中 ✓ Select (选择) 、 ✓ Fill (填充) 和 ✓ Close (封闭) 复选框，单击 Done (完成) 命令，此时系统显示"聚合选择"菜单。

说明： 为了方便后面选取曲面，可以先将毛坯遮蔽起来。

（3）定义聚合选择。

① 在"聚合选择"菜单中选择 Surf & Bnd (曲面和边界) Done (完成) 命令。

② 定义种子曲面。在系统 ⇨ 选择一个种子曲面。 的提示下，先将鼠标指针移至模型中的目标位置，选取图 6.3.8 所示模型的内底面为种子曲面。

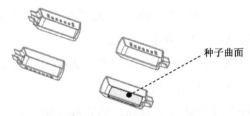

种子曲面

图 6.3.8 定义种子曲面

③ 定义边界曲面。在系统 ⇨ 指定限制这些曲面的边界曲面。 的提示下，按住<Ctrl>键，选取图 6.3.9 所示的模型上表面和侧面为边界曲面。

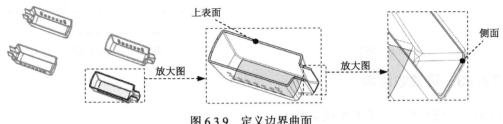

上表面　放大图　侧面　放大图

图 6.3.9 定义边界曲面

④ 单击 确定 Done Refs (完成参考) Done/Return (完成/返回) 命令，此时系统显示"聚合填充"菜单。

（4）定义填充曲面。选取图 6.3.10 所示的侧面（有破孔）为填充面，单击 确定 Done Refs (完成参考) Done/Return (完成/返回) 命令，此时系统显示"封合"菜单。

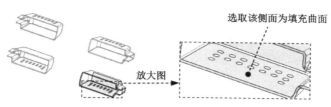

图 6.3.10　定义填充曲面

（5）定义封合类型。在"封合"菜单中选中 ☑ Cap Plane (顶平面) ➡ ☑ All Loops (全部环)
复选框，单击 Done (完成) 命令，此时系统显示"封闭环"菜单。

说明：此处需要将前面遮蔽的坯料零件 ▭ 🔳 去除遮蔽。

（6）定义封闭环。根据系统 ➭ 选择或创建一平面，盖住闭合的体积块. 的提示，选取图 6.3.11 所示的
平面为封闭面，此时系统显示"封合"菜单。

（7）在菜单栏中单击 Done (完成) ➡ Done/Return (完成/返回) ➡ Done (完成) 命令，完
成收集第一个体积块的创建，结果如图 6.3.12 所示。

Step3. 收集其余三个体积块。参考 Step1 的操作，完成其余三个体积块的收集，结果如
图 6.3.13 所示。

注意：在收集其余三个体积块和下面创建的拉伸体积块都不需要退出体积块创建模式，
直接在该模式下完成操作。

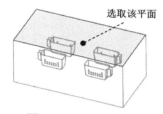 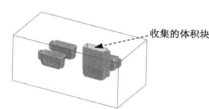 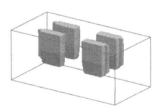

图 6.3.11　定义封闭环　　　图 6.3.12　收集第一个体积块　　　图 6.3.13　收集其余三个体积块

Step4. 拉伸体积块。

（1）选择命令。单击 编辑模具体积块 功能选项卡 形状 ▼ 区域中的 ⬚拉伸 按钮，此时系统
弹出"拉伸"操控板。

（2）定义草绘截面放置属性。在图形区右击，从弹出的菜单中选择 定义内部草绘... 命令；
在系统 ➭ 选择一个平面或曲面以定义草绘平面. 的提示下，选取图 6.3.14 所示的毛坯表面为草绘平面，
接受默认的箭头方向为草绘视图方向，然后选取图 6.3.14 所示的毛坯侧面为参考平面，方
向为 右 。

（3）绘制截面草图。进入草绘环境后选取图 6.3.15 所示的毛坯边线为参考，绘制图 6.3.15
所示的截面草图（为一矩形），完成截面的绘制后，单击"草绘"操控板中的"确定"按钮 ✓。

（4）定义深度类型。在操控板中选取深度类型 ⊥ （到选定的），选择草绘平面的背面为

拉伸终止面。

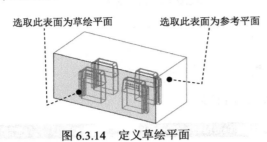

图 6.3.14　定义草绘平面　　　　　图 6.3.15　截面草图

（5）在操控板中单击 按钮，完成特征的创建。

Step5. 在"编辑模具体积块"选项卡中单击"确定"按钮 ✔️，完成下模体积块的创建，结果如图 6.3.16 所示。

说明：在进入体积块模式下创建的所有特征都是属于同一个体积块的，系统将自动将这些特征合并在一起。

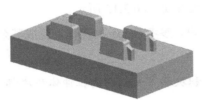

图 6.3.16　下模体积块

Task5．创建滑块体积块

Stage1．创建滑块体积块 1

Step1. 创建拉伸特征。

（1）选择命令。选择 **模具** 功能选项卡 分型面和模具体积块 ▼ 区域中的 模具体积块 ▼ ➡️ 模具体积块 命令，系统进入体积块创建模式。

（2）单击 **编辑模具体积块** 功能选项卡 形状 ▼ 区域中的 拉伸 按钮，此时系统弹出"拉伸"操控板，选取图 6.3.17 所示的毛坯表面为草绘平面，接受默认的箭头方向为草绘视图方向，然后选取图 6.3.17 所示的毛坯侧面为参考平面，方向为 右 。

（3）绘制图 6.3.18 所示的截面草图，单击"草绘"操控板中的"确定"按钮 ✔️。

图 6.3.17　定义草绘平面

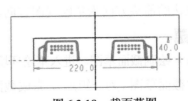

图 6.3.18　截面草图

（4）定义深度类型。在操控板单击 ⊿ 按钮，选取深度类型 ⊥ （给定深度），在文本框中输入数值 30.0。

（5）在操控板中单击 ✓ 按钮，完成特征的创建。

Step2. 创建图 6.3.19 所示的圆角特征。

（1）单击 编辑模具体积块 功能选项卡 工程 区域中的 倒圆角 按钮，此时系统弹出"倒圆角"操控板。

（2）定义圆角对象。选取图 6.3.19a 所示的两条边线为倒圆角对象。

（3）定义圆角半径。在半径文本框中输入数值 30.0。

（4）在操控板中单击 ✓ 按钮，完成圆角特征的创建。

a）圆角前　　　　　　　　　　　　　　　b）圆角后

图 6.3.19　创建圆角特征

Step3. 创建拉伸特征。

（1）单击 编辑模具体积块 功能选项卡 形状 ▼ 区域中的 拉伸 按钮，选取图 6.3.20 所示的表面为草绘平面，接受默认的箭头方向为草绘视图方向，然后选取图 6.3.20 所示的表面为参考平面，方向为 右 。

（2）绘制图 6.3.21 所示的截面草图，单击"草绘"操控板中的"确定"按钮 ✓ 。

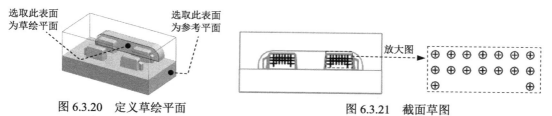

图 6.3.20　定义草绘平面　　　　　　　　　　　图 6.3.21　截面草图

（3）定义深度类型。在操控板中选取深度类型 ⊥ （到选定的），选取图 6.3.22 所示的内侧面为拉伸终止面。

（4）在操控板中单击 ✓ 按钮，完成特征的创建。

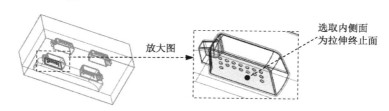

图 6.3.22　定义拉伸终止面

Stage2. 创建滑块体积块 2

Step1. 创建拉伸特征。

（1）单击 编辑模具体积块 功能选项卡 形状 ▼ 区域中的 拉伸 按钮，此时系统弹出"拉伸"操控板，选取图 6.3.23 所示的毛坯表面为草绘平面，接受默认的箭头方向为草绘视图方向，然后选取图 6.3.23 所示的毛坯侧面为参考平面，方向为 左 。

（2）绘制图 6.3.24 所示的截面草图，单击"草绘"操控板中的"确定"按钮 ✔ 。

（3）定义深度类型。在操控板单击 ⧅ 按钮，选取深度类型 ⊥（给定深度），在文本框中输入数值 30.0。

（4）在操控板中单击 ✔ 按钮，完成特征的创建。

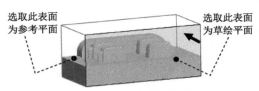

图 6.3.23　定义草绘平面

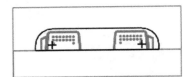

图 6.3.24　截面草图

Step2. 创建拉伸特征。

（1）单击 编辑模具体积块 功能选项卡 形状 ▼ 区域中的 拉伸 按钮，选取图 6.3.25 所示的表面为草绘平面，接受默认的箭头方向为草绘视图方向，然后选取图 6.3.25 所示的表面为参考平面，方向为 右 。

（2）绘制图 6.3.26 所示的截面草图，单击"草绘"操控板中的"确定"按钮 ✔ 。

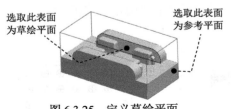

图 6.3.25　定义草绘平面

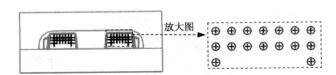

图 6.3.26　截面草图

（3）定义深度类型。在操控板中选取深度类型 ⊥（到选定的），选取图 6.3.27 所示的侧面（有破孔）为拉伸终止面。

（4）在操控板中单击 ✔ 按钮，完成拉伸特征的创建。

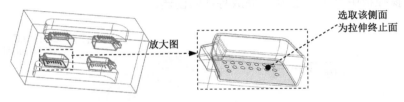

图 6.3.27　定义拉伸终止面

（5）在"编辑模具体积块"选项卡中单击"确定"按钮 ✔ ，完成体积块的创建。

Task6. 分割上下模体积块

Step1. 选择 **模具** 功能选项卡 分型面和模具体积块 ▾ 区域中的 模具体积块 ➜ 体积块分割 命令，系统弹出"体积块分割"操控板。

Step2. 在系统弹出的"体积块分割"操控板中单击"参考零件切除"按钮，此时系统弹出"参考零件切除"操控板；单击 参考 选项卡，选中 ☑ 包括全部 单选项，单击 ✔ 按钮，完成参考零件切除的创建。

Step3. 在系统弹出的"体积块分割"操控板中单击 ▶ 按钮，将"体积块分割"操控板激活，此时系统已经将分割的体积块选中。

Step4. 选取分割曲面。在"体积块分割"操控板中单击 ➔ 右侧的 单击此处添加项 按钮将其激活。然后选取 Task4 创建的下模体积块。

Step5. 在"体积块分割"操控板中单击 体积块 按钮，在"体积块"界面中单击 1 ☑ 体积块_1 区域，此时模型的上半部分变亮，如图 6.3.28 所示，然后在选中的区域中将名称改为 upper_vol；在"体积块"界面中单击 2 ☑ 体积块_2 区域，此时模型的上半部分变亮，如图 6.3.29 所示，然后在选中的区域中将名称改为 lower_vol。

图 6.3.28 着色后的上半部分体积块

图 6.3.29 着色后的下半部分体积块

Step6. 在"体积块分割"操控板中单击 ✔ 按钮，完成体积块分割的创建。

Task7. 分割滑块体积块

Step1. 选择 **模具** 功能选项卡 分型面和模具体积块 ▾ 区域中的 模具体积块 ➜ 体积块分割 命令，可进入"体积块分割"操控板。

Step2. 选取 upper_vol 作为要分割的模具体积块；选取 Task5 创建的滑块体积块为分割曲面。

Step3. 在"体积块分割"操控板中单击 体积块 按钮，在"体积块"界面中单击 2 ☑ 体积块_2 区域，如图 6.3.30 所示，然后在选中的区域中将名称改为 slide_vol_1；在"体积块"界面中单击 3 ☑ 体积块_3 区域，如图 6.3.31 所示，然后在选中的区域中将名称改为 slide_vol_2；取消选中 1 ☐ 体积块_1 。

Task8. 抽取模具元件

Step1. 选择 **模具** 功能选项卡 元件 ▾ 区域中的 模具元件 ➜ 型腔镶块 命令，系统弹出"创建模具元件"对话框。

图 6.3.30　着色后的滑块体积块 1

图 6.3.31　着色后的滑块体积块 2

Step2. 在系统弹出的"创建模具元件"对话框中选取体积块 LOWER_VOL、 SLIDE_VOL_1、 SLIDE_VOL_2 和 UPPER_VOL，然后单击 确定 按钮。

Task9. 生成浇注件

将浇注件命名为 CHARGER_COVER_MOLDING。

Task10. 定义开模动作

Step1. 将参考零件、坯料和体积块在模型中遮蔽起来。

Step2. 开模步骤 1。

（1）移动滑块 1，选取图 6.3.32 所示的边线为移动方向，输入要移动的距离值-50.0（如果方向相反则输入值 50.0）。

（2）移动滑块 2，选取图 6.3.33 所示的边线为移动方向，输入要移动的距离值 50.0（如果方向相反则输入值-50.0），结果如图 6.3.34 所示。

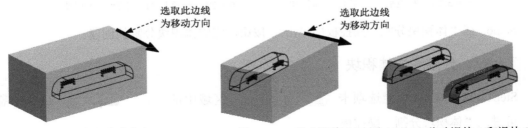

图 6.3.32　选取移动方向　　　　图 6.3.33　移动滑块 1　　图 6.3.34　移动滑块 1 和滑块 2

Step3. 开模步骤 2：移动上模，输入要移动的距离值 200，结果如图 6.3.35 所示。

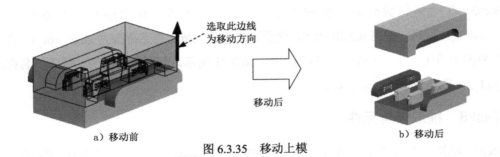

a）移动前　　　　　　　　　　　　　　　b）移动后

图 6.3.35　移动上模

Step4. 开模步骤 3：移动下模，输入要移动的距离值 100，结果如图 6.3.36 所示。

Step5. 保存设计结果。选择下拉菜单 文件▾ ➡ 🖫 保存⑤ 命令。

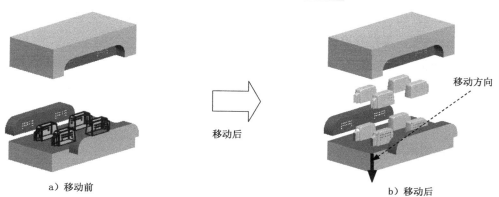

a）移动前　　　　　移动后　　　　　b）移动后

图 6.3.36　移动下模

6.4　塑料板凳的模具设计

下面将介绍一款塑料板凳的模具设计过程，如图 6.4.1 所示。在创建该模具中的体积块时，读者可以对种子面和边界面的选取有进一步的认识。下面介绍该模具的设计过程。

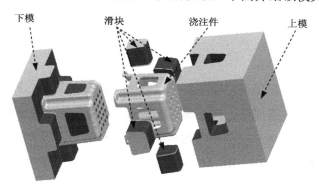

下模　　　滑块　　　浇注件　　　上模

图 6.4.1　塑料板凳的模具设计

Task1. 新建一个模具制造模型

Step1. 将工作目录设置至 D:\creo6.3\work\ch06.04。

Step2. 新建一个模具型腔文件，命名为 plastic_stool_mold，选取 mmns_mfg_mold 模板。

Task2. 建立模具模型

Stage1. 引入参考模型

Step1. 单击 模具 功能选项卡 参考模型和工件 区域中的按钮 参考模型▾，然后在系统弹出的列表中选择 📇 组装参考模型 命令，系统弹出"打开"对话框。

Step2. 从弹出的"打开"对话框中，选取三维零件模型塑料板凳——plastic_stool.prt 作为参考零件模型，并将其打开。

Step3. 系统弹出"元件放置"操控板，在"约束类型"下拉列表中选择 □ 默认，将参考模型按默认放置，再在操控板中单击 ✔ 按钮。

Step4. 在"创建参考模型"对话框中选中 ⦿ 按参考合并 单选项，然后在 参考模型 区域的 名称 文本框中选中默认的名称，再单击 确定 按钮。系统弹出"警告"对话框，单击 确定 按钮。

Stage2. 创建坯料

手动创建图 6.4.2 所示的坯料，操作步骤如下。

Step1. 单击 模具 功能选项卡 参考模型和工件 区域中的按钮 工件，然后在系统弹出的列表中选择 □ 创建工件 命令，系统弹出"创建元件"对话框。

Step2. 在弹出的"创建元件"对话框中选中 类型 区域中的 ⦿ 零件 单选项，选中 子类型 区域中的 ⦿ 实体 单选项，在 文件名: 文本框中输入坯料的名称 plastic_stool_wp，单击 确定 按钮。

Step3. 在弹出的"创建选项"对话框中选中 ⦿ 创建特征 单选项，然后单击 确定 按钮。

Step4. 创建坯料特征。

（1）选择命令。单击 模具 功能选项卡 形状 ▾ 区域中的 □ 拉伸 按钮。此时出现"拉伸"操控板。

（2）创建实体拉伸特征。

① 选取拉伸类型。在出现的操控板中，确认"实体"按钮 □ 被按下。

② 定义草绘截面放置属性。在绘图区中右击，从弹出的快捷菜单中选择 定义内部草绘… 命令。选择 MOLD_FRONT 基准平面为草绘平面，草绘平面的参考平面为 MOLD_RIGHT 基准平面，方位为 右，单击 草绘 按钮，至此系统进入截面草绘环境。

③ 绘制截面草图。进入截面草绘环境后，选取 MOLD_RIGHT 基准平面和 MOLD_PARTING_PLN 基准平面为草绘参考，截面草图如图 6.4.3 所示，完成特征截面的绘制后，单击"草绘"操控板中的"确定"按钮 ✔。

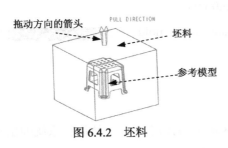

图 6.4.2 坯料

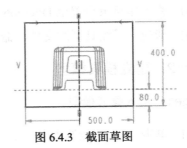

图 6.4.3 截面草图

④ 选取深度类型并输入深度值。在操控板中选取深度类型 ⊟ （即"对称"），再在深

度文本框中输入深度值 500.0，并按<Enter>键。

⑤ 完成特征。在操控板中单击 ✔ 按钮，完成特征的创建。

Task3．设置收缩率

将参考模型收缩率设置为 0.006。

Task4．创建下模体积块

Step1．选择命令。选择 模具 功能选项卡 分型面和模具体积块 ▾ 区域中的 模具体积块 ▾ ➡ 模具体积块 命令，系统弹出"编辑模具体积块"功能选项卡。

Step2．拉伸体积块。

（1）选择命令。单击 编辑模具体积块 功能选项卡 形状 ▾ 区域中的 ⬚ 拉伸 按钮，此时系统弹出"拉伸"操控板。

（2）定义草绘截面放置属性。在图形区右击，从弹出的菜单中选择 定义内部草绘… 命令，在系统 ⇨ 选择一个平面或曲面以定义草绘平面. 的提示下，选取图 6.4.4 所示的毛坯表面为草绘平面，接受默认的箭头方向为草绘视图方向，然后选取图 6.4.4 所示的毛坯侧面为参考平面，方向为 右 。

（3）绘制截面草图。进入草绘环境后，选取图 6.4.5 所示的毛坯边线和凳子底面为参考，绘制图 6.4.5 所示的截面草图（为一矩形），完成截面的绘制后，单击"草绘"操控板中的"确定"按钮 ✔ 。

（4）定义深度类型。在操控板中选取深度类型 ⊥ （到选定的），选择草绘平面的对面为拉伸终止面。

（5）在操控板中单击 ✔ 按钮，完成特征的创建。

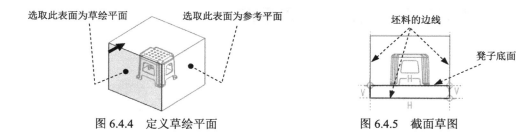

图 6.4.4　定义草绘平面　　　　　图 6.4.5　截面草图

Step3．收集体积块。

（1）选择命令。单击"编辑模具体积块"功能选项卡 体积块工具 ▾ 区域中的"聚合体积块工具"按钮 ▣ ，此时系统弹出"聚合体积块"菜单管理器。

（2）定义选取步骤。在"聚合步骤"菜单中选中 ☑ Select (选择) 、 ☑ Fill (填充) 和 ☑ Close (封闭) 复选框，单击 Done (完成) 命令，此时系统显示"聚合选择"菜单。

（3）定义聚合选择。

① 在"聚合选择"菜单中选择 **Surfaces（曲面）** ➡ **Done（完成）** 命令。

说明： 为了方便后面选取曲面，这里可以将毛坯和前面创建的体积块遮蔽起来。

② 选取曲面。按住<Ctrl>键，选取凳子的所有内表面和底面，如图 6.4.6 所示。单击 **确定** ➡  **Done Refs（完成参考）** 按钮，此时系统显示"聚合填充"菜单。

注意： 凳子的内表面存在较多的曲面，读者在学习此处时应仔细选取，不能有遗漏的面。

③ 定义填充曲面。按住<Ctrl>键，选取凳子的内底面（表面 2）和四个内侧的表面（表面 1、3、4 和 5）为填充面，如图 6.4.7 所示，单击 **确定** ➡ **Done Refs（完成参考）** ➡ **Done/Return（完成/返回）** 命令，此时系统显示"封合"菜单。

（4）定义封合类型。在"封合"菜单中选中 ☑ **Cap Plane（顶平面）** ➡ ☑ **All Loops（全部环）** 复选框，单击 **Done（完成）** 命令，此时系统显示"封闭环"菜单。

说明： 此处需要将前面的遮蔽坯料零件— **PLASTIC_STOOL_WP** 和体积块 **MOLD_VOL_1** 去除遮蔽。

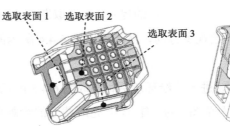

图 6.4.6　选取凳子内表面　　　　　图 6.4.7　定义填充曲面

（5）定义封闭环。

① 根据系统 ➡ 选择或创建一平面，盖住闭合的体积块. 的提示，选取图 6.4.8 所示的平面为封闭面，此时系统显示"封合"菜单，在菜单栏中单击 **Done（完成）** 命令。

② 单击 **Done/Return（完成/返回）** ➡ **Done（完成）** 命令。完成收集体积块创建，结果如图 6.4.9 所示。

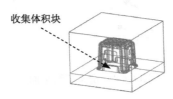

图 6.4.8　定义封闭环　　　　　图 6.4.9　收集体积块

Step4. 添加四个体积块。

（1）添加图 6.4.10 所示的体积块 1。

① 选择命令。单击**编辑模具体积块**功能选项卡 **形状 ▾** 区域中的 ⬚ **拉伸** 按钮，此时系统弹出"拉伸"操控板。

② 定义草绘截面放置属性。在图形区右击，从弹出的菜单中选择 定义内部草绘... 命令，在系统 ➡ 选择一个平面或曲面以定义草绘平面. 的提示下，选取图 6.4.11 所示的毛坯表面为草绘平面，接受默认的箭头方向为草绘视图方向，然后选取图 6.4.11 所示的毛坯侧面为参考平面，方向为 右 。

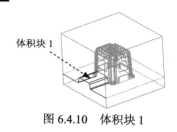

图 6.4.10 体积块 1

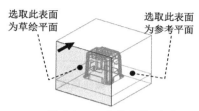

图 6.4.11 定义草绘平面

③ 绘制截面草图。进入草绘环境后，不需要选取参考，绘制图 6.4.12 所示的截面草图，完成截面的绘制后，单击"草绘"操控板中的"确定"按钮 ✔ 。

④ 定义深度类型。在操控板中选取深度类型 ⊥ （到选定的），选取凳子的内侧面为拉伸终止面，如图 6.4.13 所示。

⑤ 在操控板中单击 ✔ 按钮，完成特征的创建。

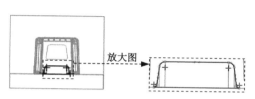

图 6.4.12 截面草图

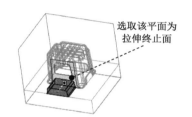

图 6.4.13 定义拉伸终止面

（2）添加图 6.4.14 所示的体积块 2。

① 单击 编辑模具体积块 功能选项卡 形状 ▼ 区域中的 🔲 拉伸 按钮，选取图 6.4.15 所示的毛坯表面为草绘平面，接受默认的箭头方向为草绘视图方向，然后选取图 6.4.15 所示的毛坯侧面为参考平面，方向为 右 。

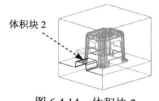

图 6.4.14 体积块 2

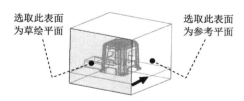

图 6.4.15 定义草绘平面

② 绘制图 6.4.16 所示的截面草图，单击"草绘"操控板中的"确定"按钮 ✔ ，在操控板中选取深度类型 ⊥ （到选定的），选取凳子的内侧面为拉伸终止面，如图 6.4.17 所示。

（3）添加图 6.4.18 所示的体积块 3。

① 单击 编辑模具体积块 功能选项卡 形状 ▼ 区域中的 🔲 拉伸 按钮，选取图 6.4.19 所示的毛

坯表面为草绘平面，接受默认的箭头方向为草绘视图方向，然后选取图 6.4.19 所示的毛坯侧面为参考平面，方向为 右。

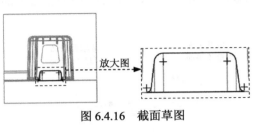

图 6.4.16　截面草图

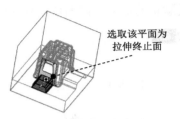

图 6.4.17　定义拉伸终止面

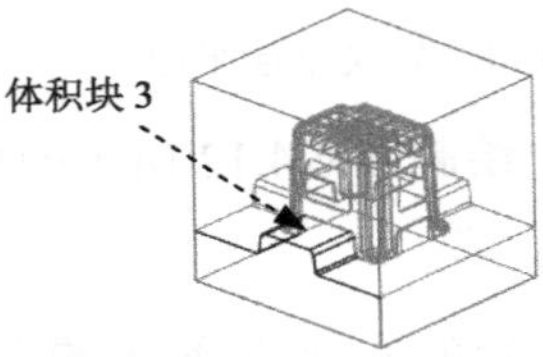

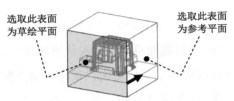

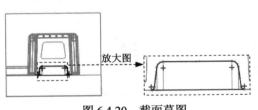

图 6.4.18　体积块 3

图 6.4.19　定义草绘平面

② 绘制图 6.4.20 所示的截面草图，单击"草绘"操控板中的"确定"按钮 ✔，在操控板中选取深度类型 ⊥（到选定的），选取凳子的内侧面为拉伸终止面，如图 6.4.21 所示。

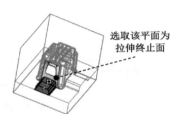

图 6.4.20　截面草图

图 6.4.21　定义拉伸终止面

（4）添加图 6.4.22 所示的体积块 4。

① 单击 编辑模具体积块 功能选项卡 形状 ▾ 区域中的 拉伸 按钮，选取图 6.4.23 所示的毛坯表面为草绘平面，接受默认的箭头方向为草绘视图方向，然后选取图 6.4.23 所示的毛坯侧面为参考平面，方向为 右。

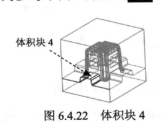

图 6.4.22　体积块 4

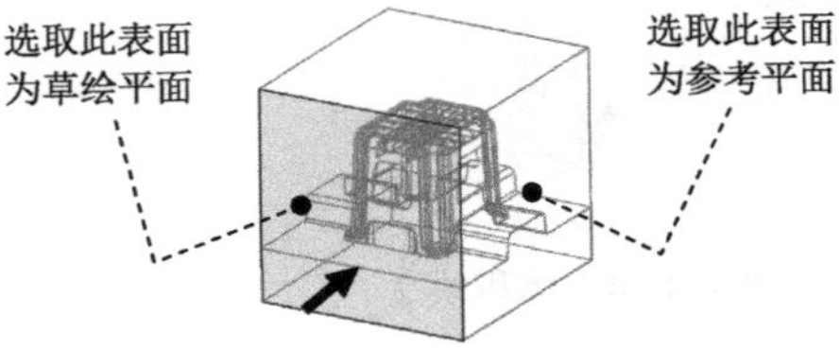

图 6.4.23　定义草绘平面

② 绘制图 6.4.24 所示的截面草图，单击"草绘"操控板中的"确定"按钮 ✔，在操控板中选取深度类型 ⊥（到选定的），选取凳子的内侧面为拉伸终止面，如图 6.4.25 所示。

Step5. 在"编辑模具体积块"选项卡中单击"确定"按钮 ✔，完成下模体积块的创建。

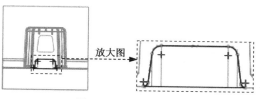

图 6.4.24　截面草图

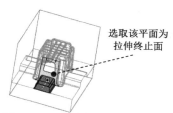

图 6.4.25　定义拉伸终止面

Task5. 创建滑块体积块

Step1. 创建图 6.4.26 所示的滑块体积块 1。

（1）选择命令。选择 模具 功能选项卡 分型面和模具体积块 ▾ 区域中的 模具体积块 ▾ ➡ 模具体积块 命令，系统进入体积块创建模式。

（2）单击 编辑模具体积块 功能选项卡 形状 ▾ 区域中的 □ 拉伸 按钮，选取图 6.4.27 所示的毛坯表面为草绘平面，接受默认的箭头方向为草绘视图方向，然后选取图 6.4.27 所示的毛坯侧面为参考平面，方向为 右 。

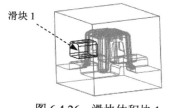

图 6.4.26　滑块体积块 1

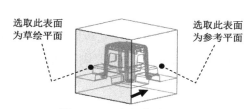

图 6.4.27　定义草绘平面

（3）绘制图 6.4.28 所示的截面草图，单击"草绘"操控板中的"确定"按钮 ✔，在操控板中选取深度类型 ⊥（到选定的），选取凳子的内侧面为拉伸终止面。

（4）在操控板中单击 ✔ 按钮，完成特征的创建。

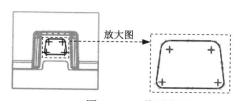

图 6.4.28　截面草图

（5）在"编辑模具体积块"选项卡中单击"确定"按钮 ✔，完成滑块体积块 1 的创建。

Step2. 创建图 6.4.29 所示的滑块体积块 2。

（1）选择命令。选择 模具 功能选项卡 分型面和模具体积块 ▾ 区域中的 模具体积块 ▾ ➡ 模具体积块 命令，系统进入体积块创建模式。

（2）单击**编辑模具体积块**功能选项卡 形状 ▾ 区域中的 拉伸 按钮，选取图 6.4.30 所示的毛坯表面为草绘平面，接受默认的箭头方向为草绘视图方向，然后选取图 6.4.30 所示的毛坯侧面为参考平面，方向为 右 。

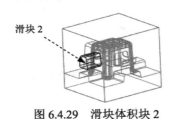

图 6.4.29　滑块体积块 2

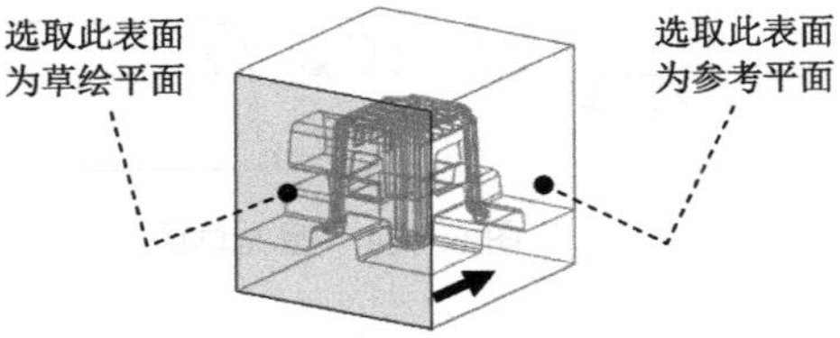

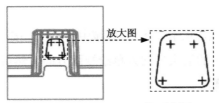

图 6.4.30　定义草绘平面

（3）绘制图 6.4.31 所示的截面草图，单击"草绘"操控板中的"确定"按钮 ✔，在操控板中选取深度类型 ⊥（到选定的），选取凳子的内侧面为拉伸终止面。

图 6.4.31　截面草图

（4）在操控板中单击 ✔ 按钮，完成特征的创建。

（5）在"编辑模具体积块"选项卡中单击"确定"按钮 ✔，完成滑块体积块 2 的创建。

Step3. 创建图 6.4.32 所示的滑块体积块 3。

（1）选择命令。选择 模具 功能选项卡 分型面和模具体积块 ▾ 区域中的 模具体积块 ▾ ➡ 模具体积块 命令，系统进入体积块创建模式。

（2）单击**编辑模具体积块**功能选项卡 形状 ▾ 区域中的 拉伸 按钮，选取图 6.4.33 所示的毛坯表面为草绘平面，接受默认的箭头方向为草绘视图方向，然后选取图 6.4.33 所示的毛坯侧面为参考平面，方向为 右 。

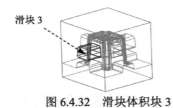

图 6.4.32　滑块体积块 3

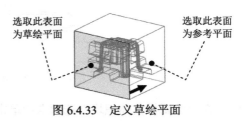

图 6.4.33　定义草绘平面

（3）绘制图 6.4.34 所示的截面草图，单击"草绘"操控板中的"确定"按钮 ✔，在操控板中选取深度类型 ⊥（到选定的），选取凳子的内侧面为拉伸终止面。

（4）在操控板中单击 ✔ 按钮，完成特征的创建。

（5）在"编辑模具体积块"选项卡中单击"确定"按钮 ✓ ，完成滑块体积块 3 的创建。

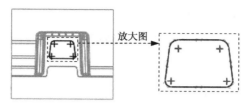

图 6.4.34　截面草图

Step4. 创建图 6.4.35 所示的滑块体积块 4。

（1）选择命令。选择 模具 功能选项卡 分型面和模具体积块 ▼ 区域中的 模具体积块 ➡ 模具体积块 命令，系统进入体积块创建模式。

（2）单击 编辑模具体积块 功能选项卡 形状 ▼ 区域中的 拉伸 按钮，选取图 6.4.36 所示的毛坯表面为草绘平面，接受默认的箭头方向为草绘视图方向，然后选取图 6.4.36 所示的毛坯侧面为参考平面，方向为 右 。

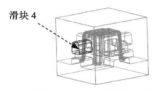

图 6.4.35　滑块体积块 4

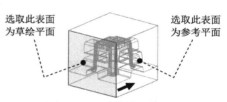

图 6.4.36　定义草绘平面

（3）绘制图 6.4.37 所示的截面草图，单击"草绘"操控板中的"确定"按钮 ✓ 。在操控板中选取深度类型 ⊥ （到选定的），选取凳子的内侧面为拉伸终止面。

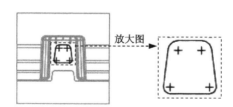

图 6.4.37　截面草图

（4）在操控板中单击 ✓ 按钮，完成特征的创建。

（5）在"编辑模具体积块"选项卡中单击"确定"按钮 ✓ ，完成滑块体积块 4 的创建。

Task6. 分割上下模体积块

Step1. 选择 模具 功能选项卡 分型面和模具体积块 ▼ 区域中的 模具体积块 ➡ 体积块分割 命令，可进入"体积块分割"操控板。

Step2. 在系统弹出的"体积块分割"操控板中单击"参考零件切除"按钮 ，此时系统弹出"参考零件切除"操控板；单击 ✓ 按钮，完成参考零件切除的创建。

Step3. 在系统弹出的"体积块分割"操控板中单击 ▶ 按钮，将"体积块分割"操控板激活，此时系统已经将分割的体积块选中。

Step4. 选取分割曲面。在"体积块分割"操控板中单击 ⌁ 右侧的 单击此处添加项 按钮将其激活。然后选取 Task4 创建的下模体积块。

Step5. 在"体积块分割"操控板中单击 体积块 按钮，在"体积块"界面中单击 1 ☑ 体积块_1 区域，此时模型的上半部分变亮，如图 6.4.38 所示，然后在选中的区域中将名称改为 upper_vol；在"体积块"界面中单击 2 ☑ 体积块_2 区域，此时模型的下半部分变亮，如图 6.4.39 所示，然后在选中的区域中将名称改为 lower_vol。

图 6.4.38　着色后的上半部分体积块

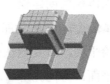
图 6.4.39　着色后的下半部分体积块

Step6. 在"体积块分割"操控板中单击 ✔ 按钮，完成体积块分割的创建。

Task7. 分割滑块体积块

Stage1. 分割滑块体积块 1

Step1. 选择 模具 功能选项卡 分型面和模具体积块 ▾ 区域中的 模具体积块 ▾ ➡ 🗔 体积块分割 命令，可进入"体积块分割"选项卡。

Step2. 选取 upper_vol 作为要分割的模具体积块；选取滑块体积块 1 为分割对象。

Step3. 在"体积块分割"操控板中单击 体积块 按钮，在"体积块"界面中单击 2 ☑ 体积块_2 区域，如图 6.4.40 所示，然后在选中的区域中将名称改为 slide_vol_1；在"体积块"界面中取消选中 1 ☐ 体积块_1 。

Stage2. 分割滑块体积块 2、3 和 4

参考 Stage1，分别分割滑块体积块 2、3 和 4。将滑块体积块 2、3 和 4 分别命名为 slide_vol_2、slide_vol_3 和 slide_vol_4，结果如图 6.4.41 所示。

图 6.4.40　着色后的滑块体积块 1

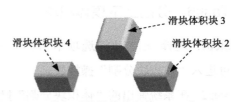
图 6.4.41　着色后的滑块体积块 2、3 和 4

Task8. 抽取模具元件

Step1. 选择 **模具** 功能选项卡 元件 ▼ 区域中的 模具元件 ➡ 型腔镶块 命令,系统弹出"创建模具元件"对话框。

Step2. 在系统弹出的"创建模具元件"对话框中选取体积块 LOWER_VOL 、 SLIDE_VOL_1 、 SLIDE_VOL_2 、 SLIDE_VOL_3 、 SLIDE_VOL_4 和 UPPER_VOL ,然后单击 确定 按钮。

Task9. 生成浇注件

将浇注件命名为 plastic_stool_molding。

Task10. 定义开模动作

Step1. 将参考零件、坯料和体积块在模型中遮蔽起来。

Step2. 开模步骤 1。

(1)移动滑块 1,选取图 6.4.42 所示的边线为移动方向,输入要移动的距离值-150.0(如果方向相反则输入值 150.0),结果如图 6.4.43 所示。

(2)参考 Step2,移动滑块 2、3 和 4,结果如图 6.4.44 所示。

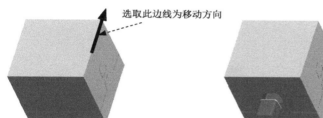

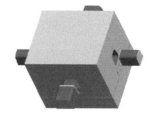

图 6.4.42　选取移动方向　　　图 6.4.43　移动滑块 1　　　图 6.4.44　移动滑块 2、3 和 4

Step3. 移动上模,输入要移动的距离值 300,结果如图 6.4.45 所示。

图 6.4.45　移动上模

Step4. 移动下模,输入要移动的距离值-300,结果如图 6.4.46 所示。

Step5. 保存设计结果。选择下拉菜单 文件 ▼ ➡ 另存为(A) ➡ 保存备份(B) 将对象备份到当前目录。命令,系统弹出"备份"对话框，单击 确定 按钮。

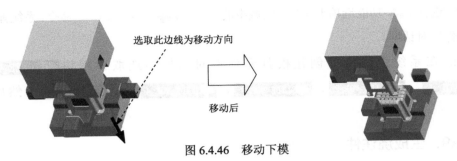

图 6.4.46　移动下模

6.5　饮水机开关的模具设计

下面将介绍一款饮水机开关的模具设计过程，如图 6.5.1 所示。其主要设计思路是：首先，通过"轮廓线"命令创建出一条参考曲线；其次，通过前面创建的参考曲线创建出一个主体积块，并且通过该体积块分割出上、下模具体积块；再次，通过"拉伸"命令创建出滑块体积块和镶件体积块；最后，通过"分割"命令来完成滑块和镶件的创建。通过对本实例的学习，读者将会掌握"体积块法"设计模具的一般方法和过程。下面介绍该模具的设计过程。

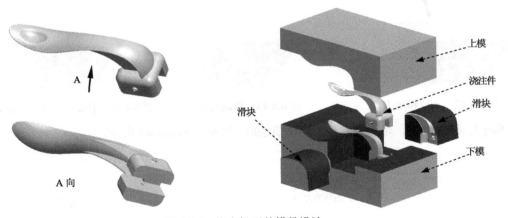

图 6.5.1　饮水机开关模具设计

Task1．新建一个模具制造模型

Step1．将工作目录设置至 D:\creo6.3\work\ch06.05。

Step2．新建一个模具型腔文件，命名为 HANDLE_MOLD，选取 mmns_mfg_mold 模板。

Task2．建立模具模型

模具模型主要包括参考模型和坯料，如图 6.5.2 所示。

Stage1．引入参考模型

Step1．单击 **模具** 功能选项卡 参考模型和工件 区域中的按钮 参考模型 ，然后在系统弹出的列表中选择 组装参考模型 命令，系统弹出"打开"对话框。

Step2．在"打开"对话框中选取三维零件模型 handle.prt 作为参考零件模型，然后单击 打开 按钮。

Step3．在该操控板中单击 放置 按钮，在"放置"界面的 约束类型 下拉列表中选择 默认 选项，将元件按默认设置放置，此时 状况 区域显示的信息为 完全约束 ；单击操控板中的 ✔ 按钮，完成装配件的放置。

Step4．系统弹出"创建参考模型"对话框，选中 按参考合并 单选项（系统默认选中该单选项），然后在 参考模型 区域的 名称 文本框中接受默认的名称 HANDLE_MOLD_REF；单击对话框中的 确定 按钮。系统弹出"警告"对话框，单击 确定 按钮。参考模型装配后，模具的基准平面与参考模型的基准平面对齐。

Stage2．定义坯料

Step1．单击 **模具** 功能选项卡 参考模型和工件 区域中的按钮 工件 ，然后在系统弹出的列表中选择 创建工件 命令，系统弹出"创建元件"对话框。

Step2．在"创建元件"对话框中选中 类型 区域中的 零件 单选项，选中 子类型 区域中的 实体 单选项，在 文件名: 文本框中输入坯料的名称 wp，然后再单击 确定 按钮。

Step3．在系统弹出的"创建选项"对话框中选中 创建特征 单选项，然后再单击 确定 按钮。

Step4．创建坯料特征。

（1）选择命令。单击 **模具** 功能选项卡 形状 区域中的 拉伸 按钮。

（2）创建实体拉伸特征。

① 定义草绘截面放置属性。在绘图区中右击，从系统弹出的快捷菜单中选择 定义内部草绘... 命令。然后选择 MOLD_RIGHT 基准平面作为草绘平面，草绘平面的参考平面为 MAIN_PARTING_PLN 基准平面，方位为 上 ，单击 草绘 按钮。至此，系统进入草绘环境。

② 进入截面草绘环境后，选取 MAIN_PARTING_PLN 基准平面和 MOLD_FRONT 基准平面为草绘参考，单击 关闭(C) 按钮，然后绘制图 6.5.3 所示的截面草图。完成截面草图的绘制后，单击"草绘"操控板中的"确定"按钮 ✔ 。

③ 选取深度类型并输入深度值。在操控板中选取深度类型 ⊟ （对称），再在深度文本框中输入深度值 60.0，并按<Enter>键。

④ 完成特征。在"拉伸"操控板中单击 ✔ 按钮，完成特征的创建。

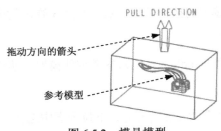

图 6.5.2　模具模型

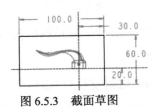

图 6.5.3　截面草图

Task3．设置收缩率

将参考模型收缩率设置为 0.006。

Task4．构建模具元件的体积块

Stage1．创建图 6.5.4 所示的参考曲线

说明： 此参考曲线是通过"轮廓曲线"命令来创建的。

Step1. 创建图 6.5.5 所示的轮廓曲线。

（1）单击 **模具** 功能选项卡中 设计特征 区域的"轮廓曲线"按钮 ⬭，系统弹出"轮廓曲线"操控板。

（2）定义投影方向，接受系统默认投影方向（朝下）。

（3）定义投影曲线。

① 在"轮廓曲线"操控板中单击 环选择 选项卡，系统弹出"环选择"窗口。

② 选取投影曲线。对"环选择"对话框中的选项进行图 6.5.6 所示的设置(将环 2 包括，其余均排除)。

（4）单击"轮廓曲线"操控板中的 ✔ 按钮，完成轮廓曲线的创建。

图 6.5.4　参考曲线

图 6.5.5　轮廓曲线

图 6.5.6　"环选择"对话框

Step2. 创建图 6.5.7 所示的基准点 APNT0。

（1）单击 **模具** 功能选项卡 基准 ▾ 区域中的"创建基准点"按钮 ✕✕，系统弹出"基准点"

对话框。

（2）按住<Ctrl>键，在模型中选取 Step1 创建的轮廓曲线和 MOLD_RIGHT 基准平面为参考。

（3）单击对话框中的 确定 按钮。

Step3. 创建图 6.5.8 所示的修剪曲线。

（1）单击 模具 功能选项卡 分型面和模具体积块 ▼ 区域中的"分型面"按钮 ▢。系统弹出"分型面"操控板。

（2）选中 Step1 创建的轮廓曲线。

（3）单击 分型面 操控板 编辑 ▼ 区域中的 ⬚修剪 按钮，此时系统弹出 曲线修剪 操控板。

（4）选择修剪对象。在模型中选择 Step2 创建的基准点 APNT0，修剪方向如图 6.5.9 所示。

（5）在 曲线修剪 操控板中单击完成 ✔ 按钮。

（6）在 分型面 操控板中单击 ✖ 按钮。

图 6.5.7 基准点 APNT0

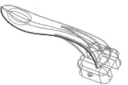
图 6.5.8 修剪曲线

图 6.5.9 定义修剪方向

Stage2. 创建体积块

Step1. 选择 模具 功能选项卡 分型面和模具体积块 ▼ 区域中的 模具体积块 ▼ ➡ ⬚模具体积块 命令。

（1）单击 编辑模具体积块 操控板 形状 ▼ 区域中的 ⬚拉伸 按钮，此时系统弹出"拉伸"操控板。

（2）定义草绘截面放置属性。在绘图区中右击，从系统弹出的快捷菜单中选择 定义内部草绘... 命令；在系统 ➪选择一个平面或曲面以定义草绘平面. 的提示下，选取图 6.5.10 所示的坯料表面为草绘平面，选取图 6.5.10 所示的坯料表面为参考平面，方向为 右 ；单击 草绘 按钮，至此系统进入截面草绘环境。

（3）绘制截面草图。绘制图 6.5.11 所示的截面草图，完成截面的绘制后，单击"草绘"操控板中的"确定"按钮 ✔ 。

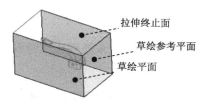
图 6.5.10 草绘平面和拉伸终止面

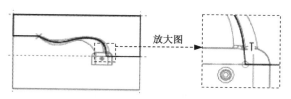
图 6.5.11 截面草图

（4）设置深度选项。

① 在操控板中选取深度类型 ⊥⊥ （到选定的）。

② 将模型调整到合适位置，选取图 6.5.10 所示的坯料表面为拉伸终止面。

③ 在"拉伸"操控板中单击 ✔ 按钮，完成特征的创建。

Step2. 在 **编辑模具体积块** 操控板中单击"确定"按钮 ✔，完成体积块的创建。

Stage3．分割上下模体积块

Step1. 选择 **模具** 功能选项卡 分型面和模具体积块 ▾ 区域中的 模具体积块 ▾ ➡ 🗃 体积块分割 命令，可进入"体积块分割"操控板。

Step2. 在系统弹出的"体积块分割"操控板中单击"参考零件切除"按钮 ⌷，此时系统弹出"参考零件切除"操控板；单击 ✔ 按钮，完成参考零件切除的创建。

Step3. 在系统弹出的"体积块分割"操控板中单击 ▶ 按钮，将"体积块分割"操控板激活，此时系统已经将要分割的体积块选中。

Step4. 选取分割曲面。在"体积块分割"操控板中单击 ⌇ 右侧的 单击此处添加项 按钮将其激活。然后选取 面组:F10(MOLD_VOL_1) （用"列表选取"）作为分型面。

Step5. 在"体积块分割"操控板中单击 体积块 按钮，在"体积块"界面中单击 1 ☑ 体积块_1 区域，此时模型的下半部分变亮，如图 6.5.12 所示，然后在选中的区域中将名称改为 lower_vol；在"体积块"界面中单击 2 ☑ 体积块_2 区域，此时模型的上半部分变亮，如图 6.5.13 所示，然后在选中的区域中将名称改为 upper_vol。

Step6. 在"体积块分割"操控板中单击 ✔ 按钮，完成体积块分割的创建。

图 6.5.12　模型的下半部分体积块

图 6.5.13　模型的上半部分体积块

Stage4．创建图 6.5.14 所示的第一个滑块体积块

Step1. 选择 **模具** 功能选项卡 分型面和模具体积块 ▾ 区域中的 模具体积块 ▾ ➡ ➡ 模具体积块 命令。

Step2. 创建拉伸特征。

（1）单击 **编辑模具体积块** 操控板 形状 ▾ 区域中的 🗁 拉伸 按钮，此时系统弹出"拉伸"操控板。

（2）定义草绘截面放置属性。右击，从系统弹出的快捷菜单中选择 定义内部草绘... 命令；

在系统 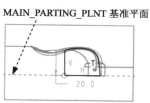 选择一个平面或曲面以定义草绘平面. 的提示下，选取图 6.5.15 所示的坯料表面为草绘平面，选取图 6.5.15 所示的坯料表面为参考平面，方向为 右 ；单击 草绘 按钮，至此系统进入截面草绘环境。

（3）绘制截面草图。选取 MAIN_PARTING_PLNT 基准平面为草绘参考；绘制图 6.5.16 所示的截面草图，完成截面的绘制后，单击"草绘"操控板中的"确定"按钮 ✔ 。

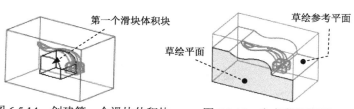

图 6.5.14　创建第一个滑块体积块　　图 6.5.15　定义草绘平面　　图 6.5.16　截面草图

（4）设置深度选项。

① 在操控板中选取深度类型 ⊥（到选定的）。

② 选取图 6.5.17 所示的平面为拉伸终止面。

③ 在"拉伸"操控板中单击 ✔ 按钮，完成特征的创建。

（5）在 编辑模具体积块 操控板中单击"确定"按钮 ✔ ，完成体积块的创建。

Stage5．创建图 6.5.18 所示的第二个滑块体积块

详细操作步骤参见 Stage4。

图 6.5.17　定义拉伸终止面　　　　图 6.5.18　创建第二个滑块体积块

Stage6．分割第一个滑块体积块

Step1. 选择 模具 功能选项卡 分型面和模具体积块 ▾ 区域中的 模具体积块 ➡ 🗐 体积块分割 命令，可进入"体积块分割"操控板。

Step2. 选取 lower_vol 作为要分割的模具体积块；选取面组 面组:F14(MOLD_VOL_2) （用"列表选取"）为分割曲面。

Step3. 在"体积块分割"操控板中单击 体积块 按钮，在"体积块"界面中单击 2 ☑ 体积块_2 区域，此时模型中的体积块的滑块变亮，如图 6.5.19 所示，然后在选中的区域中将名称改为 SLIDE_VOL_01；在"体积块"界面中取消选中 1 ☐ 体积块_1 。

Step4. 在"体积块分割"操控板中单击 ✓ 按钮，完成体积块分割的创建。

Stage7. 分割第二个滑块体积块

详细操作步骤参见 Stage6；命名为 SLIDE_VOL_02；模型的体积块如图 6.5.20 所示。

图 6.5.19　模型的第一个滑块

图 6.5.20　模型的第二个滑块

Stage8. 创建第一个镶件体积块

Step1. 选择 **模具** 功能选项卡 分型面和模具体积块 ▾ 区域中的 模具体积块 ▾ ➡ 模具体积块 命令。

（1）单击 编辑模具体积块 操控板 形状 ▾ 区域中的 拉伸 按钮，此时系统弹出"拉伸"操控板。

（2）定义草绘截面放置属性。右击，从系统弹出的快捷菜单中选择 定义内部草绘... 命令；在系统 选择一个平面或曲面以定义草绘平面. 的提示下，选取图 6.5.21 所示的表面为草绘平面，选取图 6.5.21 所示的表面为参考平面，方向为 右；单击 草绘 按钮，至此系统进入截面草绘环境。

（3）绘制截面草图。绘制图 6.5.22 所示的截面草图，完成截面的绘制后，单击"草绘"操控板中的"确定"按钮 ✓ 。

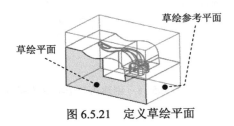

图 6.5.21　定义草绘平面

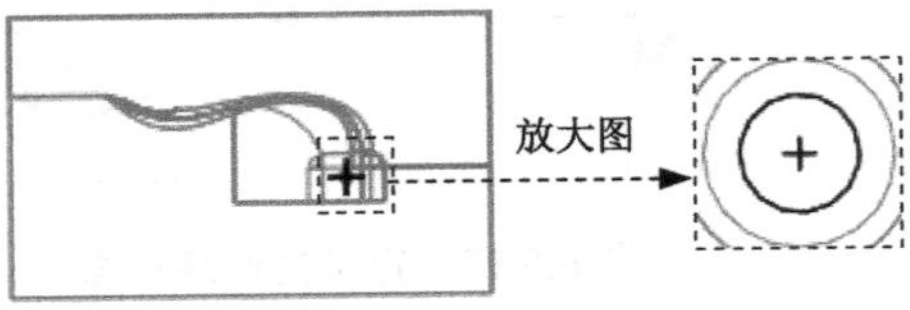

图 6.5.22　截面草图

（4）设置深度选项。

① 在操控板中选取深度类型 ⊥（到选定的）。

② 将模型调整到合适位置，选取图 6.5.23 所示的模型表面为拉伸终止面。

③ 在"拉伸"操控板中单击 ✓ 按钮，完成特征的创建。

Step2. 在 编辑模具体积块 操控板中单击"确定"按钮 ✓ ，完成第一个镶件体积块的创建。

Stage9. 创建第二个镶件体积块

详细操作步骤参见 Stage8。

Stage10.分割第一个镶件体积块

Step1. 选择 **模具** 功能选项卡 分型面和模具体积块 ▾ 区域中的 模具体积块 ▾ ➡ 🗄体积块分割 命令，可进入"体积块分割"操控板。

Step2. 在系统弹出的"体积块分割"操控板中单击"参考零件切除"按钮🔲，此时系统弹出"参考零件切除"操控板；单击 ✔ 按钮，完成参考零件切除的创建。

Step3. 在系统弹出的"体积块分割"操控板中单击 ▶ 按钮，将"体积块分割"操控板激活，此时系统已经将要分割的体积块选中。

Step4. 选取分割曲面。在"体积块分割"操控板中单击 ▱ 右侧的 单击此处添加项 按钮将其激活。然后选取面组 面组:F18(MOLD_VOL_4) (用"列表选取")作为分割参考。

Step5. 在"体积块分割"操控板中单击 体积块 按钮，在"体积块"界面中单击 2 ☑ 体积块_2 区域，此时模型中的体积块的镶件变亮，如图 6.5.24 所示，然后在选中的区域中将名称改为 SLIDE_VOL_03；在"体积块"界面中取消选中 1 ☐ 体积块_1 。

Step6. 在"体积块分割"操控板中单击 ✔ 按钮，完成体积块分割的创建。

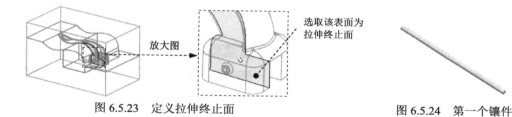

图 6.5.23　定义拉伸终止面　　　　　图 6.5.24　第一个镶件

Stage11.分割第二个镶件体积块

详细操作步骤参见 Stage10；命名为 SLIDE_VOL_04。

注意： 在系统弹出的"搜索工具"对话框中，单击列表中的 面组:F15(MOLD_VOL_3) 体积块，然后单击 ＞＞ 按钮，将其加入到 已选择 0 个项 列表中，再单击 关闭 按钮。

Task5.抽取模具元件

Step1. 选择 **模具** 功能选项卡 元件 ▾ 区域中的 模具元件 ➡ 型腔镶块 命令，系统弹出"创建模具元件"对话框。

Step2. 在系统弹出的"创建模具元件"对话框中，选择 LOWER_VOL、SLIDE_VOL_01、SLIDE_VOL_02、SLIDE_VOL_03、SLIDE_VOL_04 和 UPPER_VOL 体积块，然后单击 确定 按钮。

Task6.生成浇注件

Step1. 选择 **模具** 功能选项卡 元件 ▾ 区域中的 创建铸模 命令。

Step2. 在系统提示框中输入浇注零件名称 molding，并单击两次 ✔ 按钮。

Task7. 定义开模动作

Stage1. 将参考零件、坯料和体积块遮蔽

Stage2. 开模步骤 1：移动滑块和镶件

Step1. 移动滑块 1 和镶件 1。

（1）选择 **模具** 功能选项卡 分析 ▼ 区域中的"模具开模"按钮 ⧫。系统弹出"模具开模"菜单管理器。

（2）在系统弹出的"模具开模"菜单管理器中选择 `Define Step (定义步骤)` ⟶ `Define Move (定义移动)` 命令。

（3）在系统的提示下，从模型树中选择滑块 1 `SLIDE_VOL_01_.PRT` 和镶件 1 `SLIDE_VOL_03_.PRT`，然后在"选择"对话框中单击 **确定** 按钮。

（4）在系统的提示下，选取图 6.5.25 所示的边线为移动方向，然后在系统的提示下，输入要移动的距离值 50，按<Enter>键。

Step2. 移动滑块 2 和镶件 2。

（1）在 ▼ DEFINE STEP (定义步骤) 菜单中选择 `Define Move (定义移动)` 命令。

（2）在系统的提示下，从模型树中选择滑块 2 `SLIDE_VOL_02_.PRT` 和镶件 2 `SLIDE_VOL_04_.PRT`，然后在"选择"对话框中单击 **确定** 按钮。

（3）在系统的提示下，选取图 6.5.25 所示的边线为移动方向，然后在系统的提示下，输入要移动的距离值-50，按<Enter>键。

（4）在 ▼ DEFINE STEP (定义步骤) 菜单中选择 `Done (完成)` 命令，移出后的状态如图 6.5.25 所示。

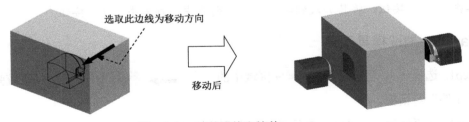

图 6.5.25 移动滑块和镶件

Stage3. 开模步骤 2：移动上模

Step1. 在弹出的菜单管理器中选择 `Define Step (定义步骤)` ⟶ `Define Move (定义移动)` 命令。此时系统弹出"选择"对话框。

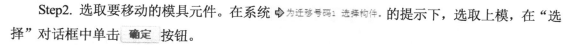

Step2. 选取要移动的模具元件。在系统 ➡为迁移号码1 选择构件. 的提示下，选取上模，在"选择"对话框中单击 确定 按钮。

Step3. 在系统的提示下，选取图 6.5.26 所示的边线为移动方向，然后在系统的提示下，输入要移动的距离值 100，按<Enter>键。

Step4. 在 ▼ DEFINE STEP (定义步骤) 菜单中选择 Done (完成) 命令，移出后的状态如图 6.5.26 所示。

选取此边线为移动方向

移动后

图 6.5.26　移动上模

Stage4. 开模步骤 3：移动注射件

Step1. 参考 Stage3 的操作方法，在模型中选取注射件，选取图 6.5.27 所示的边线为移动方向，输入要移动的距离值 50，按<Enter>键。在"模具开模"菜单中选择 Done (完成) 命令，完成注射件的开模动作。在 ▼ MOLD OPEN (模具开模) 菜单管理器中单击 Done/Return (完成/返回) 选项。

选取此边线为移动方向

移动后

图 6.5.27　移动注射件

Step2. 保存设计结果。单击 模具 功能选项卡中 操作 ▼ 区域的 重新生成 按钮，在系统弹出的下拉菜单中单击 重新生成 按钮，选择下拉菜单 文件 ▼ ➡ 保存(S) 命令。

学习拓展：扫码学习更多视频讲解。

讲解内容：装配设计实例精选，本部分讲解了一些典型的装配设计案例，着重介绍了装配设计的方法流程以及一些快速操作技巧，这些方法和技巧同样适用于模具设计。

第 7 章　使用组件法进行模具设计

本章提要　通过组件法可以完成一些比较简单的零件模具设计，在这种模具设计方法中主要运用了曲面的复制、元件切除和曲面的实体化操作。

7.1　概　　述

在创建模具设计的过程中，除了运用 Creo 6.0 的模具模块外，用户还可以使用 Assembly 模块来进行模具设计，使用此模块进行模具设计的方法有两种。

（1）以配合件方式进行模具设计。

（2）以 Top—Down 方式进行模具设计。

其中组件法进行模具设计的开模过程主要是通过 Assembly 模块中的 视图 功能选项卡 模型显示 ▼ 区域中的 🎮编辑位置 命令来完成。本章将通过一个杯子的模型设计来说明通过组件法进行模具设计的一般过程。通过本章的学习，读者能够进一步熟悉模具设计的方法，并能根据实际情况，灵活地运用各种方法进行模具的设计。

7.2　以配合件方式进行模具设计

以配合件方式进行模具设计主要通过创建一个实体特征作为模具的上模（或下模），再通过复制前面创建的实体特征作为模具的下模（或上模），最后通过元件的切除和曲面实体化来完成模具的设计。下面以杯子为例介绍以配合件方式进行模具设计的一般过程，如图 7.2.1 所示。

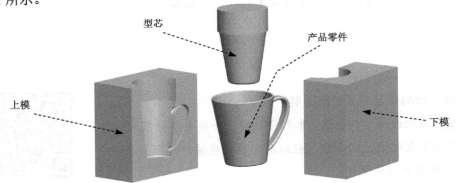

图 7.2.1　以配合件方式进行模具设计的一般过程

Stage1. 设置收缩率

Step1. 设置工作目录。选择下拉菜单 **文件 ▾** ➡ 管理会话(M) ▶ ➡ 选择工作目录(W) 选择工作目录。 命令，将工作目录设置至 D:\creo6.3\work\ch07.02。

Step2. 打开文件 cup.prt 零件。

Step3. 设置收缩率。

（1）选择 **模型** 功能选项卡 操作 ▾ 下拉菜单中的 缩放模型 命令。

（2）在系统弹出的"缩放模型"对话框的 选择比例因子或输入值: 文本框中输入比例值 1.006，并按<Enter>键。

（3）单击 **确定** 按钮，完成收缩率的设置。

说明： 此处输入的比例无法更改。

Step4. 保存文件和关闭窗口。选择下拉菜单 **文件 ▾** ➡ 保存(S) 命令，再选择下拉菜单 **文件 ▾** ➡ ✕ 关闭(C) 命令。

Stage2. 新建一个装配模块

Step1. 选择下拉菜单 **文件 ▾** ➡ 新建(N) 命令（或单击"新建"按钮 ▯ ）。

Step2. 在"新建"对话框中选中 类型 区域中的 ◉ ▯ 装配 单选项，选中 子类型 区域中的 ◉ 设计 单选项，在 文件名: 文本框中输入文件名 cup_mold，取消 ☑ 使用默认模板 复选框中的"√"号，单击对话框中的 **确定** 按钮。

Step3. 在"新文件选项"对话框中选取 mmns_asm_design 模板，单击 **确定** 按钮。

Stage3. 装配产品零件

Step1. 单击 **模型** 功能选项卡 元件 ▾ 区域中的 组装 按钮，在弹出的菜单中单击 组装 按钮，此时系统弹出"打开"对话框。

Step2. 在系统弹出的"打开"对话框中选择 cup.prt 零件，单击 **打开** 按钮，此时系统弹出"元件放置"操控板。

Step3. 在"约束类型"下拉列表中选择 ▯ 默认 选项，将元件按默认设置放置，此时 状况: 区域显示的信息为 完全约束 ，单击操控板中的 ✔ 按钮，完成装配件的放置。

Stage4. 创建模块

Step1. 单击 **模型** 功能选项卡 元件 ▾ 区域中的"创建"按钮 ▯ ，此时系统弹出"创建元件"对话框。

Step2. 定义元件的类型及创建方法。

（1）在弹出的"创建元件"对话框中，在 类型 区域选中 ◉ 零件 单选项，在 子类型 区域

选中 ⦿ 实体 单选项，在 文件名: 文本框中输入文件名 cup_core_mold，单击 确定 按钮，此时系统弹出"创建选项"对话框。

（2）设置模型树。在模型树界面中选择 ⊤┊▼ ⟶ ▪树过滤器(F)...命令。在系统弹出的"模型树项"对话框中选中 ☑ 特征 复选框，然后单击对话框中的 确定 按钮。

（3）在弹出的对话框中的 创建方法 区域中选中 ⦿ 定位默认基准 单选项，在 定位基准的方法 区域中选中 ⦿ 对齐坐标系与坐标系 单选项，单击 确定 按钮，在系统的 ⇨选择坐标系. 提示下，选取装配坐标系 ASM_DEF_CSYS，完成新零件的装配。

Step3. 隐藏装配件的基准平面。

说明： 为了使屏幕简洁，可利用"层"的"隐藏"功能，将装配件的三个基准平面隐藏起来。

（1）在导航选项卡中选择 ▤▼ ⟶ 层树(L) 命令。

（2）选取基准平面层 ⊕▱01_ASM_DEF_DTM_PLN 并右击，在弹出的快捷菜单中选择 隐藏 命令，再单击"重画"按钮 ▨，这样参考模型的基准平面将不显示。

（3）完成操作后，选择导航选项卡中的 ▤▼ ⟶ 模型树(M)命令，切换到模型树状态，结果如图 7.2.2 所示。

Step4. 创建型芯模块。

（1）选择命令。单击 模型 功能选项卡 形状 ▼ 区域中的 ⬚拉伸 按钮，此时系统弹出"拉伸"操控板。

（2）定义草绘截面放置属性。在图形区右击，从弹出的菜单中选择 定义内部草绘...命令，在系统 ⇨选择一个平面或曲面以定义草绘平面. 的提示下，选取图 7.2.2 所示的 DTM1 基准平面为草绘平面，接受默认的箭头方向为草绘视图方向，然后选取 DTM2 基准平面为参考平面，方向为 左 。

（3）绘制截面草图。接受默认参考，绘制图 7.2.3 所示的截面草图，完成截面的绘制后，单击"草绘"选项卡中的"确定"按钮 ✓ 。

（4）定义深度类型。在操控板中选取深度类型 ⊟ （即"对称"），再在深度文本框中输入深度值 160，并按<Enter>键。

（5）在操控板中单击 ✓ 按钮，完成特征的创建。

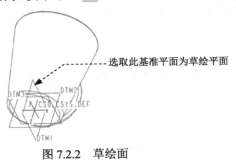

图 7.2.2 草绘面

图 7.2.3 截面草图

Step5. 创建上模模块。

说明：此处采用复制的方式来创建上模模块，操作起来简单快捷。

（1）激活总装配体。在模型树中选择 CUP_MOLD.ASM 装配体并右击，在弹出的快捷菜单中选择 ◆ 命令。

（2）保存装配体。选择下拉菜单 文件 ▾ ➡ 保存(S) 命令。

（3）单击 模型 功能选项卡 元件 ▾ 区域中的"创建"按钮 ，此时系统弹出"创建元件"对话框。

（4）定义元件的类型及创建方法。

① 在弹出的"创建元件"对话框中选中 类型 区域中的 ⦿ 零件 单选项，选中 子类型 区域中的 ⦿ 实体 单选项，然后在 文件名: 文本框中输入文件名 cup_upper_mold，单击 确定 按钮，此时系统弹出"创建选项"对话框。

② 在弹出的对话框的 创建方法 区域中选中 ⦿ 从现有项复制 单选项，在 复制自... 区域中单击 浏览... 按钮，在弹出的"选取模板"对话框中选择 cup_core_mold.prt 零件，单击 打开 按钮，再单击 确定 按钮，此时系统弹出"元件放置"操控板。

③ 定义模块放置。在"约束类型"下拉列表中选择 ⊔ 默认 选项，将元件按默认设置放置，此时 状况 区域显示的信息为 完全约束，单击操控板中的 ✔ 按钮，完成模块复制操作。

Step6. 创建下模模块。参考 Step5 中的步骤（3）和（4）的操作，在弹出的"创建元件"对话框的 文件名: 文本框中输入文件名 cup_lower_mold，同样选取 cup_core_mold.prt 零件为复制对象，放置位置选择 ⊔ 默认 选项，完成模块的复制。

说明：此时要处于激活状态，复制后的模型树如图 7.2.4 所示。

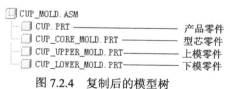

图 7.2.4　复制后的模型树

Stage5. 创建型芯分型面

Step1. 复制杯子的内表面。

（1）隐藏模块零件。在模型树中选择 CUP_CORE_MOLD.PRT 、 CUP_UPPER_MOLD.PRT 和 CUP_LOWER_MOLD.PRT 并右击，在弹出的快捷菜单中选择 ◈ 命令。

（2）采用"种子与边界面"的方法选取所需要的曲面。

① 将模型切换到线框模式。

② 选取种子面。将模型调整到图 7.2.5 所示的视图方位，将鼠标指针移至模型中的目

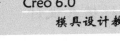
标位置，选取杯子的内底面为种子面（图 7.2.5）。

③ 选取边界面。按住<Shift>键不放，将鼠标移至图 7.2.6 所示的位置并右击，在弹出的快捷菜单中选择 从列表中拾取 命令，系统弹出"从列表中拾取"对话框，在对话框中选择 曲面:F5(旋转_1):CUP ，单击 确定(0) 按钮；同样将鼠标移至图 7.2.7 所示的位置并右击，在弹出的快捷菜单中选择 从列表中拾取 命令，系统弹出"从列表中拾取"对话框，在对话框中选择 曲面:F5(旋转_1):CUP 命令，单击 确定(0) 按钮，完成曲面的选取。

注意： 在选取"边界面"的过程中，要保证<Shift>键始终被按下，直至完成边界面的选取，否则不能达到预期的效果。

（3）单击 模型 功能选项卡 操作 ▼ 区域中的"复制"按钮 ⧉ 。

（4）单击 模型 功能选项卡 操作 ▼ 区域中的"粘贴"按钮 ⧉ ▼ ，在系统弹出的操控板中单击 ✔ 按钮。

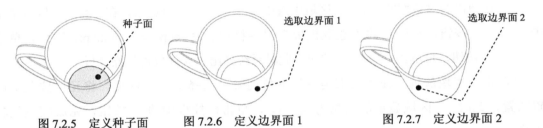

图 7.2.5　定义种子面　　图 7.2.6　定义边界面 1　　图 7.2.7　定义边界面 2

Step2. 延伸分型面。

（1）取消隐藏模块零件。选中 Step1 中隐藏的模块零件并右击，在弹出的快捷菜单中选择 ⊙ 命令。

（2）选取图 7.2.8 所示的复制曲面边线，再按住<Shift>键，选取与圆弧边相接的另一条边线（系统自动加亮一圈边线的余下部分）。

（3）单击 模型 功能选项卡 修饰符 ▼ 下拉列表中的 ⬚延伸 按钮，此时弹出 *延伸* 操控板。

① 在操控板中按下 ⬚ 按钮（延伸类型为至平面）。

② 在系统 ➾ 选择曲面延伸所至的平面. 的提示下，选取图 7.2.9 所示的表面为延伸的终止面。

③ 单击 ⚯ 按钮，预览延伸后的面组，确认无误后，单击 ✔ 按钮，完成后的延伸曲面如图 7.2.9 所示。

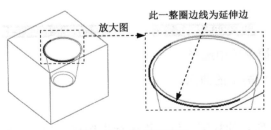 

图 7.2.8　选取延伸边　　　　　　　图 7.2.9　完成后的延伸曲面

Stage6. 创建主分型面

Step1. 单击 模型 功能选项卡切口和曲面 ▼区域中的 🔲拉伸 按钮，此时系统弹出"拉伸"操控板，在操控板中单击"曲面"类型按钮🔲，再单击"移除材料"按钮◢，确定该按钮为弹起状态。

Step2. 定义草绘截面放置属性。在图形区右击，从弹出的菜单中选择 定义内部草绘...命令，在系统 ➡选择一个平面或曲面以定义草绘平面. 的提示下，选取图 7.2.10 所示的表面为草绘平面，接受默认的箭头方向为草绘视图方向，然后选取图 7.2.10 所示的表面为参考平面，方向为 右 。

Step3. 绘制截面草图。进入草绘环境后，选取 DTM1 基准平面和模块上下表面为草绘参考，绘制图 7.2.11 所示的截面草图（截面草图为一条线段），完成截面的绘制后，单击"草绘"选项卡中的"确定"按钮 ✔ 。

Step4. 设置拉伸属性。

（1）在操控板中选取深度类型⊥（到选定的），选取图 7.2.12 所示的表面为拉伸终止面。

（2）在操控板中单击 ✔ 按钮，完成特征的创建。

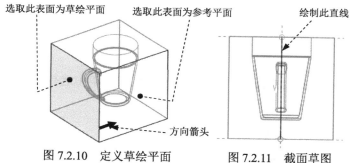

图 7.2.10 定义草绘平面　　　　图 7.2.11 截面草图

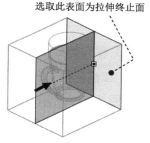

图 7.2.12 选取拉伸终止面

Stage7. 生成模具型腔

说明： 将产品零件从模具模块中切除，即产生模具型腔。

Step1. 选择命令。选择 模型 功能选项卡 元件 ▼ 下拉列表中的 元件操作 命令，系统弹出"元件"菜单管理器。

Step2. 定义切除处理的零件。在弹出的菜单管理器中选择 Boolean Operations (布尔运算) 命令，系统弹出"布尔运算"对话框，在布尔运算类型的下拉列表中选择 剪切 选项，然后在模型树中选取 🔲 CUP_CORE_MOLD.PRT 、🔲 CUP_UPPER_MOLD.PRT 和 🔲 CUP_LOWER_MOLD.PRT 模块零件为切除处理零件。

Step3. 定义切除参考零件。单击激活"修改元件"区域，然后在模型树中选择 🔲 CUP.PRT 产品零件为切除参考零件，单击 确定 按钮，在"元件"菜单管理器中选择 Done/Return (完成/返回) 命令，完成元件的切除。

Stage8. 生成型芯、上模和下模

Step1. 显示特征。

（1）在导航选项卡中选择 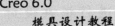 ➡ ▇₌ 树过滤器(F)... 命令。

（2）在弹出的"模型树项"对话框中选中 ☑ 特征 复选框，然后单击 确定 按钮。此时，模型树中将显示出前面创建的分型面特征。

Step2. 生成型芯。

（1）激活型芯零件。在模型树中选择型芯零件 □ CUP_CORE_MOLD.PRT 并右击，在弹出的快捷菜单中选择 ◇ 命令。

（2）切除实体。

① 选取型芯分型面。在窗口右下方的"智能选取栏"中选择 面组 ，在模型中选取型芯分型面，如图 7.2.13 所示。

② 选择命令。单击 模型 功能选项卡 编辑 ▾ 区域中的 ⌒ 实体化 按钮，系统弹出"实体化"操控板。

③ 定义切除方向。在操控板中单击"切除实体"按钮 ⌒，定义切除方向向外，如图 7.2.14 所示。

④ 单击 ∞ 按钮，预览切除后的实体，确认无误后，单击 ✔ 按钮。

（3）保存型芯零件。

① 在模型树中选择型芯零件 ◻ CUP_CORE_MOLD_PRT 并右击，在弹出的快捷菜单中选择 🖻 命令，结果如图 7.2.15 所示。

② 保存零件。选择下拉菜单 文件 ▾ ➡ 🖫 保存(S) 命令。

③ 关闭窗口。选择下拉菜单 文件 ▾ ➡ ✖ 关闭(C) 命令。

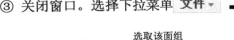
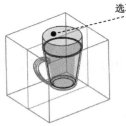
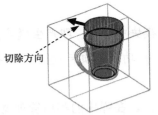

图 7.2.13　选取型芯分型面　　　图 7.2.14　定义切除方向　　　图 7.2.15　型芯零件

Step3. 生成上模。

（1）激活上模零件。在模型树中选择上模零件 □ CUP_UPPER_MOLD.PRT 并右击，在弹出的快捷菜单中选择 ◇ 命令。

（2）切除实体 1。

① 选取型芯分型面。在模型中选取型芯分型面，如图 7.2.16 所示。

② 选择命令。单击 **模型** 功能选项卡 编辑 ▼ 区域中的 ⏚实体化 按钮，系统弹出"实体化"操控板。

③ 定义切除方向。在操控板中单击"切除实体"按钮 ⏚，单击"切换切除方向"按钮 ⤢，定义切除方向向内，如图 7.2.17 所示。

④ 单击 ∞ 按钮，预览切除后的实体，确认无误后，单击 ✔ 按钮。

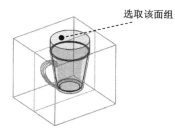

图 7.2.16 选取型芯分型面

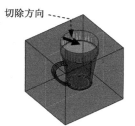

图 7.2.17 定义切除方向

（3）切除实体 2。

① 选取主分型面。在模型中选取主分型面，如图 7.2.18 所示。

② 选择命令。单击 **模型** 功能选项卡 编辑 ▼ 区域中的 ⏚实体化 按钮，系统弹出"实体化"操控板。

③ 定义切除方向。在操控板中单击"切除实体"按钮 ⏚，单击"切换切除方向"按钮 ⤢，定义切除方向如图 7.2.19 所示。

④ 单击 ∞ 按钮，预览切除后的实体，确认无误后，单击 ✔ 按钮。

（4）保存上模零件。

① 在模型树中选择上模零件 ⬚ CUP_UPPER_MOLD.PRT 并右击，在弹出的快捷菜单中选择 ⬀ 命令，结果如图 7.2.20 所示。

② 保存零件。选择下拉菜单 文件 ▼ ➡ ⬛ 保存⑤ 命令。

③ 关闭窗口。选择下拉菜单 文件 ▼ ➡ ✕ 关闭⑥ 命令。

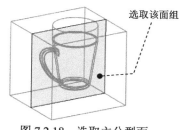

图 7.2.18 选取主分型面

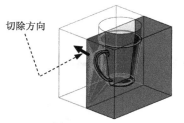

图 7.2.19 定义切除方向

图 7.2.20 上模零件

Step4. 生成下模。

（1）激活下模零件。在模型树中选择上模零件 ⬚ CUP_LOWER_MOLD.PRT 并右击，在弹出的快捷菜单中选择 ◈ 命令。

（2）切除实体 1。

① 选取型芯分型面。在模型中选取型芯分型面，如图 7.2.21 所示。

② 选择命令。单击 模型 功能选项卡 编辑▼ 区域中的 实体化 按钮，系统弹出"实体化"操控板。

③ 定义切除方向。在操控板中单击"切除实体"按钮 ，单击"切换切除方向"按钮 ，定义切除方向向内，如图 7.2.22 所示。

④ 单击 ∞ 按钮，预览切除后的实体，确认无误后，单击 ✔ 按钮。

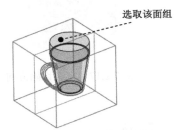
图 7.2.21　选取型芯分型面

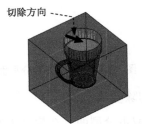
图 7.2.22　定义切除方向

（3）切除实体 2。

① 选取主分型面。在模型中选取主分型面，如图 7.2.23 所示。

② 选择命令。单击 模型 功能选项卡 编辑▼ 区域中的 实体化 按钮，系统弹出"实体化"操控板。

③ 定义切除方向。在操控板中单击"切除实体"按钮 ，定义切除方向如图 7.2.24 所示。

④ 单击 ∞ 按钮，预览切除后的实体，确认无误后，单击 ✔ 按钮。

（4）保存下模零件。

① 在模型树中选择下模零件 CUP_LOWER_MOLD.PRT 并右击，在弹出的快捷菜单中选择 命令，结果如图 7.2.25 所示。

② 保存零件。选择下拉菜单 文件▼ ➡ 保存(S) 命令。

③ 关闭窗口。选择下拉菜单 文件▼ ➡ 关闭(C) 命令。

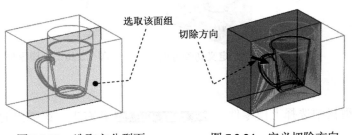
图 7.2.23　选取主分型面　　　　图 7.2.24　定义切除方向

图 7.2.25　下模零件

Stage9. 定义开模动作

Step1. 隐藏分型面。

（1）在导航选项卡中选择 🗒▾ ➡ 层树(L) 命令。

（2）选取 ⊞ ✎MULT 并右击，在弹出的快捷菜单中选择 隐藏 命令，再单击"重画"按钮 ⬚，这样参考模型的基准平面将不显示。

（3）完成操作后，选择导航选项卡中的 🗒▾ ➡ 模型树(M) 命令，切换到模型树状态。

Step2. 开模步骤。

（1）选择命令。单击视图 功能选项卡 模型显示 ▾区域中的 ✎编辑位置 按钮，系统弹出图 7.2.26 所示的"分解工具"操控板。

图 7.2.26 "分解工具"操控板

（2）移动型芯零件。单击 ⬚按钮，选择型芯零件，此时系统会在选择的位置出现一个坐标系，然后移动鼠标至移动方向的坐标轴使其变亮，按住左键不放，同时拖动鼠标将零件移动至一个合适的位置，结果如图 7.2.27 所示。

（3）移动上模零件。单击 ⬚按钮，选取上模零件，此时系统会在选取的位置出现一个坐标系，然后移动鼠标至移动方向的坐标轴使其变亮，按住左键不放，同时拖动鼠标将零件移动至一个合适的位置，结果如图 7.2.28 所示。

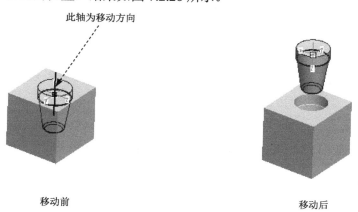

图 7.2.27 移动型芯

（4）移动下模零件。单击 ⬚按钮，选取下模零件，此时系统会在选取的位置出现一个坐标系，然后移动鼠标至移动方向的坐标轴使其变黑，按住左键不放，同时拖动鼠标将零件移动至一个合适的位置，结果如图 7.2.29 所示。

Step3. 单击"分解工具"操控板中的 ✔ 按钮。

Step4. 保存装配体。选择下拉菜单 文件 ▼ ➡ 🖫 保存(S) 命令。完成以配合件方式创建模具设计。

图 7.2.28 移动上模   图 7.2.29 移动下模

7.3 以 Top-Down 方式进行模具设计

使用 Top-Down 方式进行模具设计，首先通过创建实体特征作为模具毛坯，然后通过元件的切除操作以及使用"曲面实体化"命令来生成模具型腔，最后通过装配完成模具的设计。下面以杯子为例，介绍以 Top-Down 方式进行模具设计的一般过程，如图 7.3.1 所示。

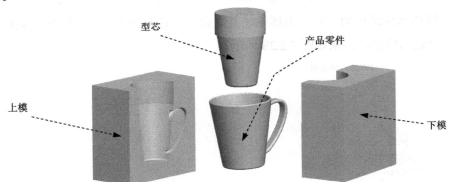

型芯
产品零件
上模
下模

图 7.3.1 以 Top-Down 方式进行模具设计的一般过程

Stage1. 设置收缩率

Step1. 设置工作目录。选择下拉菜单 文件 ▼ ➡ 管理会话 (M) ▶ ➡ 选择工作目录 (W) 选择工作目录。
命令，将工作目录设置至 D:\creo6.3\work\ch07.03。

Step2. 打开文件 D:\creo6.3\work\ch07.03\cup.prt。

Step3. 设置收缩率。

（1）选择 模型 功能选项卡 操作 ▼ 下拉菜单中的 缩放模型 命令。

（2）在系统弹出的"缩放模型"对话框的 选择比例因子或输入值: 文本框中输入比例值 1.006，并按<Enter>键。

（3）单击 确定 按钮，完成收缩率的设置。

说明： 此处输入的比例无法更改。

Step4. 保存文件和关闭窗口。选择下拉菜单 文件 ▾ ➡ 📄 保存⑤ 命令，再选择下拉菜单 文件 ▾ ➡ ✕ 关闭⑥ 命令。

Stage2. 新建一个装配文件

Step1. 选择下拉菜单 文件 ▾ ➡ 📄 新建⑩ 命令（或单击"新建"按钮 📄 ）。

Step2. 在"新建"对话框中选中 类型 区域中的 ⊙ 📄 装配 单选项，选中 子类型 区域中的 ◉ 设计 单选项，在 文件名: 文本框中输入文件名 cup_mold，取消 ☑ 使用默认模板 复选框中的"√"号，单击对话框中的 确定 按钮。

Step3. 在"新文件选项"对话框中选取 mmns_asm_design 模板，单击 确定 按钮。

Stage3. 装配参考零件

Step1. 单击 模型 功能选项卡 元件 ▾ 区域中的 组装 按钮，在弹出的菜单中单击 组装 按钮，此时系统弹出"打开"对话框。

Step2. 在系统弹出的"打开"对话框中选择 cup.prt 零件，单击 打开 按钮，此时系统弹出"元件放置"操控板。

Step3. 在"约束类型"下拉列表中选择 默认 选项，将元件按默认设置放置，此时 状况: 区域显示的信息为 完全约束，单击操控板中的 ✔ 按钮，完成装配件的放置。

Stage4. 创建坯料

Step1. 单击 模型 功能选项卡 元件 ▾ 区域中的"创建"按钮 📄，此时系统弹出"创建元件"对话框。

Step2. 定义元件的类型及创建方法。

（1）在"创建元件"对话框中，在 类型 区域选中 ⊙ 零件 单选项，在 子类型 区域选中 ⊙ 实体 单选项，在 文件名: 文本框中输入文件名 cup_core_wp，单击 确定 按钮，此时系统弹出"创建选项"对话框。

（2）设置模型树。在模型树界面中选择 📄 ▾ ➡ 🎄 树过滤器⑥ 命令。在系统弹出的"模型树项"对话框中选中 ☑ 特征 复选框，然后单击对话框中的 确定 按钮。

（3）在弹出的对话框中的 创建方法 区域中选中 ⊙ 定位默认基准 单选项，在 定位基准的方法 区域中选中 ◉ 对齐坐标系与坐标系 单选项，单击 确定 按钮，在系统 ⇨ 选择坐标系 的提示下，选取装配坐标系 ASM_DEF_CSYS，完成新零件的装配。

Step3. 隐藏装配件的基准平面。

说明：为了使屏幕简洁，可利用"层"的"隐藏"功能，将装配件的三个基准平面隐藏起来。

（1）在导航选项卡中选择 ⊟▾ ⟶ 层树(L) 命令。

（2）选取基准平面层 ⊞ ⟋ 01_ASM_DEF_DTM_PLN 并右击，在弹出的快捷菜单中选择 隐藏 命令，再单击"重画"按钮 ▨ ，这样参考模型的基准平面将不显示，结果如图 7.3.2 所示。

（3）完成操作后，选择导航选项卡中的 ⊟▾ ⟶ 模型树(M) 命令，切换到模型树状态。

Step4. 通过拉伸来创建毛坯料。

（1）选择命令。单击 模型 功能选项卡 形状▾ 区域中的 □拉伸 按钮，此时系统弹出"拉伸"操控板。

（2）定义草绘截面放置属性。在图形区右击，从弹出的菜单中选择 定义内部草绘... 命令，在系统 ⇨ 选择一个平面或曲面以定义草绘平面. 的提示下，选取图 7.3.2 所示的 DTM1 基准平面为草绘平面，接受默认的箭头方向为草绘视图方向，然后选取 DTM2 基准平面为参考平面，方向为 左 。

（3）截面草图。接受默认参考，绘制图 7.3.3 所示的截面草图，完成截面的绘制后，单击"草绘"选项卡中的"确定"按钮 ✔ 。

（4）定义深度类型。在操控板中选取深度类型 ⊟ （对称），在深度文本框中输入深度值 160，并按<Enter>键。

（5）在操控板中单击 ✔ 按钮，完成特征的创建。

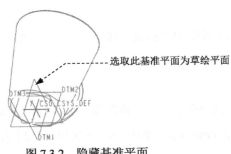

图 7.3.2　隐藏基准平面

图 7.3.3　截面草图

Stage5. 创建型芯分型面

Step1. 复制杯子的内表面。

（1）隐藏模块零件。在模型树中选择毛坯零件 ⬜ CUP_MOLD_WF.PRT 并右击，在弹出的快捷菜单中选择 ◈ 命令。

注意： 此时下面的操作步骤中一定要保证毛坯零件 `CUP_MOLD_WP.PRT` 处在被激活的状态下。

（2）采用"种子与边界面"的方法选取所需要的曲面。

① 将模型切换到线框模式下。在"模型显示"列表中单击"线框"按钮 。

② 选取种子面。将模型调整到图 7.3.4 所示的视图方位，先将鼠标指针移至模型中的目标位置，选取杯子的内底面为种子面（图 7.3.4）。

③ 选取边界面。按住<Shift>键不放，将鼠标移至图 7.3.5 所示的位置并右击，在弹出的快捷菜单中选择 `从列表中拾取` 命令，系统弹出"从列表中拾取"对话框，在对话框中选择 `曲面:F5(旋转_1):CUP` 命令，单击 `确定(0)` 按钮，同样将鼠标移至图 7.3.6 所示的位置并右击，在弹出的快捷菜单中选择 `从列表中拾取` 命令，系统弹出"从列表中拾取"对话框，中选择 `曲面:F5(旋转_1):CUP` 命令，单击 `确定(0)` 按钮，完成曲面的选取。

注意： 在选取"边界面"的过程中，要保证<Shift>键始终被按下，直至完成边界面的选取，否则不能达到预期的效果。

（3）单击 `模型` 功能选项卡 `操作` ▾ 区域中的"复制"按钮 。

（4）单击 `模型` 功能选项卡 `操作` ▾ 区域中的"粘贴"按钮 ▾，在系统弹出的操控板中单击 ✔ 按钮。

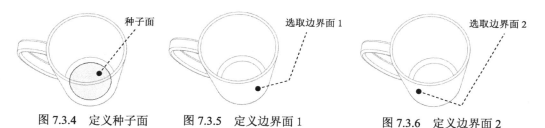

图 7.3.4　定义种子面　　图 7.3.5　定义边界面 1　　图 7.3.6　定义边界面 2

Step2. 延伸分型面。

（1）取消隐藏毛坯零件。选中 Step1 中隐藏的毛坯零件并右击，在弹出的快捷菜单中选择 ⊙ 命令。

（2）选取图 7.3.7 所示的复制曲面边线，再按住<Shift>键，选取与圆弧边相接的另一条边线（系统自动加亮一圈边线的余下部分）。

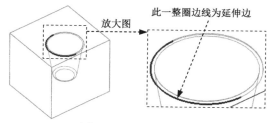

图 7.3.7　选取延伸边

说明： 在操作时，要在屏幕右下方的"智能选取栏"中选择"几何"选项。

（3）单击 模型 功能选项卡 编辑 ▾ 下拉列表中的 ⊐延伸 按钮，此时弹出"延伸"操控板。

① 在"延伸"操控板中按下 ◻ 按钮（延伸类型为至平面）。

② 在系统 ➡ 选择曲面延伸所至的平面. 的提示下，选取图 7.3.8 所示的表面为延伸的终止面。

③ 单击 ◌◌ 按钮，预览延伸后的曲面，确认无误后，单击 ✔ 按钮，完成后的延伸曲面如图 7.3.8 所示。

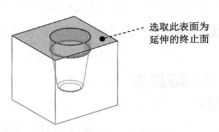

图 7.3.8　完成后的延伸曲面

Stage6．创建主分型面

Step1．单击 模型 功能选项卡 形状 ▾ 区域中的 拉伸 按钮，此时系统弹出"拉伸"操控板，在操控板中单击"曲面"类型按钮 ◻ 。

Step2．定义草绘截面放置属性。在图形区右击，从弹出的菜单中选择 定义内部草绘... 命令，在系统 ➡ 选择一个平面或曲面以定义草绘平面. 的提示下，选取图 7.3.9 所示的表面为草绘平面，接受默认的箭头方向为草绘视图方向，然后选取图 7.3.9 所示的表面为参考平面，方向为 右 。

Step3．绘制截面草图。进入草绘环境后，选取 DTM1 基准平面和模块上下表面为草绘参考，绘制图 7.3.10 所示的截面草图（截面草图为一条线段），完成截面的绘制后，单击"草绘"选项卡中的"确定"按钮 ✔ 。

Step4．设置拉伸属性。

（1）在操控板中选取深度类型 ⊥（到选定的），选取图 7.3.11 所示的表面为拉伸终止面。

（2）在操控板中单击 ✔ 按钮，完成特征的创建。

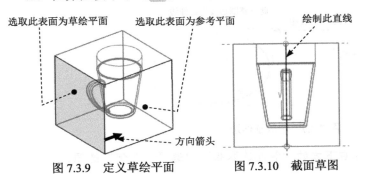
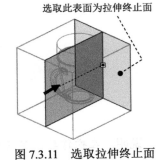

图 7.3.9　定义草绘平面　　　图 7.3.10　截面草图　　　图 7.3.11　选取拉伸终止面

Stage7．生成模具型腔

说明：将产品零件从模具模块中切除，即产生模具型腔。

Step1．激活装配体 🔲 `CUP_MOLD.ASM`。在模型树中选择装配体 🔲 `CUP_MOLD.ASM` 并右击，在弹出的快捷菜单中选择 ◇ 命令。

Step2．选择命令。选择 **模型** 功能选项卡 元件 ▾ 下拉列表中的 元件操作 命令，系统弹出"元件"菜单管理器。

Step3．定义切除处理的零件。在弹出的菜单管理器中选择 `Boolean Operations`（布尔运算）命令，系统弹出"布尔运算"对话框，在布尔运算类型的下拉列表中选择 剪切 选项，然后在模型树中选取毛坯零件 🔲 `CUP_MOLD_WP.PRT` 为切除处理零件。

Step4．定义切除参考零件。单击激活"修改元件"区域，然后在模型树中选择 🔲 `CUP.PRT` 产品零件为切除参考零件，单击 确定 按钮，在"元件"菜单管理器中选择 `Done/Return`（完成/返回）命令，完成元件的切除。

Stage8．生成型芯、上模和下模零件

Step1．生成型芯零件。

（1）在模型树中选择毛坯零件 🔲 `CUP_MOLD_WP.PRT` 并右击，在弹出的快捷菜单中选择 📂 命令。

（2）隐藏分型面。

① 在导航选项卡中选择 ▤ ▾ ➡ 层树(L) 命令。

② 选取 ⊞ ◻ `QUILT` 并右击，在弹出的快捷菜单中选择 隐藏 命令，再单击"重画"按钮 ▨，这样参考模型的分型面隐藏。

③ 完成操作后，选择导航选项卡中的 ▤ ▾ ➡ 模型树(M)命令，切换到模型树状态。

（3）切除实体。

① 选取型芯分型面。在模型树中选择延伸特征 ▣延伸 1 。

② 选择命令。单击 **模型** 功能选项卡 编辑 ▾ 区域中的 ◖实体化 按钮，系统弹出"实体化"操控板。

③ 定义切除方向。在操控板中单击"切除实体"按钮 ◿，定义切除方向向外，如图 7.3.12 所示。

④ 单击 ∞ 按钮，预览切除后的实体，确认无误后，单击 ✔ 按钮。完成切除的实体如图 7.3.13 所示。

（4）保存零件。选择下拉菜单 文件 ▾ ➡ 另存为(A) ➡ **保存副本(A)** 保存活动窗口中对象的副本。命令，在弹出的"保存副本"对话框中的 新文件名 文本框后输入 cup_core_mold，单击 确定 按钮，完成型芯的创建。

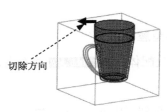

图 7.3.12 定义切除方向

图 7.3.13 型芯零件

Step2. 生成上模零件。

（1）切除实体 1。

① 在模型树中选择 `实体化` 特征并右击，在弹出的快捷菜单中选择 命令，系统弹出"实体化"操控板。

② 定义切除方向。在操控板中单击"切换切除方向"按钮，定义切除方向向内，如图 7.3.14 所示。

③ 单击 按钮，预览切除后的实体，确认无误后，单击 ✔ 按钮。完成切除的实体如图 7.3.15 所示。

（2）切除实体 2。

① 选取主分型面。在模型树中选取主分型面 `拉伸 2`。

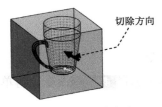

图 7.3.14 定义切除方向

图 7.3.15 切除型芯后

② 选择命令。单击 `模型` 功能选项卡 `编辑 ▼` 区域中的 `实体化` 按钮，系统弹出"实体化"操控板。

③ 定义切除方向。在操控板中单击"切除实体"按钮，单击"切换切除方向"按钮，定义切除方向如图 7.3.16 所示。

④ 单击 按钮，预览切除后的实体，确认无误后，单击 ✔ 按钮。完成切除的上模零件如图 7.3.17 所示。

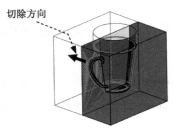

图 7.3.16 定义切除方向

图 7.3.17 上模零件

（3）保存零件。选择下拉菜单 文件 ▼ ➡ 另存为(A) ➡ 保存副本(A) 保存活动窗口中对象的副本。命令，在弹出的"保存副本"对话框中的 新文件名 文本框后输入 cup_upper_mold，单击 确定 按钮，完成上模的创建。

Step3. 生成下模零件。

（1）切除实体。

① 在模型树中选择 实体化 2 特征并右击，在弹出的快捷菜单中选择 命令，系统弹出"实体化"操控板。

② 定义切除方向。在操控板中单击"切换切除方向"按钮，定义切除方向如图 7.3.18 所示。

③ 单击 ∞ 按钮，预览切除后的实体，确认无误后，单击 ✔ 按钮。完成切除的下模零件如图 7.3.19 所示。

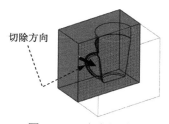

图 7.3.18　定义切除方向

图 7.3.19　下模零件

（2）保存零件。选择下拉菜单 文件 ▼ ➡ 另存为(A) ➡ 保存副本(A) 保存活动窗口中对象的副本。命令，在弹出的"保存副本"对话框中的 新文件名 文本框后输入 cup_lower_mold，单击 确定 按钮，完成下模的创建。

（3）关闭窗口。选择下拉菜单 文件 ▼ ➡ ✖ 关闭(C) 命令，系统自动转到装配环境。

Stage9. 装配上模、下模和型芯

Step1. 隐含毛坯零件。在模型树中选取毛坯零件 ☐ CUP_MOLD_WF.PRT 并右击，在弹出的快捷菜单中选择 命令，在系统弹出的"隐含"对话框中单击 确定 按钮。

Step2. 装配上模。

（1）选择命令。单击 **模型** 功能选项卡 元件 ▼ 区域中的 组装 按钮，在弹出的菜单中单击 组装 按钮。此时系统弹出"打开"对话框。

（2）在系统弹出的"打开"对话框中选择 cup_upper_mold.prt 零件，单击 打开 按钮，此时系统弹出"元件放置"操控板。

（3）在"约束类型"下拉列表中选择 默认 选项，将元件按默认设置放置，此时 状况 区域显示的信息为 完全约束 ，单击操控板中的 ✔ 按钮，完成装配件的放置，结果如图 7.3.20 所示。

Step3. 装配下模。参考 Step2 的操作，在"打开"对话框中选择 cup_lower_mold.prt 零件，定义放置类型为 ⬚ 默认 选项，结果如图 7.3.21 所示。

Step4. 装配型芯。参考 Step2 的操作，在"打开"对话框中选择 cup_core_mold.prt 零件，定义放置类型为 ⬚ 默认 选项，结果如图 7.3.22 所示。

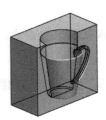  

图 7.3.20　装配上模　　　图 7.3.21　装配下模　　　图 7.3.22　装配型芯

Stage10. 定义开模动作

参考上一节用组件法创建的开模步骤。

学习拓展：扫码学习更多视频讲解。

讲解内容：本部分主要讲解了产品自顶向下（Top-Down）设计方法的原理和一般操作。自顶向下设计方法是一种高级的装配设计方法，在模具的设计中也应用广泛。

第**8**章 流道与水线设计

本章提要 流道和水线是模具的重要结构。Creo 模具模块提供了建立流道和水线的专用命令和功能，本章将详细介绍流道和水线的设计过程。

8.1 流 道 设 计

8.1.1 概述

在前面的章节中，我们都是用切削（Cut）的方法创建流道，这种创建流道的方法比较繁琐。在 Creo 的模具模块中，系统提供了建立流道的专用命令和功能，该命令位于**模具**功能选项卡**生产特征** ▼区域中的 ✕ **流道** （图 8.1.1），利用 ✕ **流道**命令可以快速地创建所需要的标准流道几何。

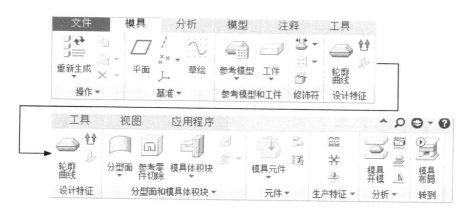

图 8.1.1 "模具"功能选项卡

选择 ✕ **流道**命令后，系统弹出图 8.1.2 所示的"形状"菜单，该菜单提供了五种类型的流道，分别为 Round（圆形）、Half Round（半圆形）、Hexagon（六角形）、Trapezoid（梯形）及 Round Trapezoid（圆角梯形），这五种类型的流道几何形状如图 8.1.3 所示。

图 8.1.2 "形状"菜单

a) Round（倒圆角） b) Half Round（半倒圆角） c) Hexagon（六边形）

d) Trapezoid（梯形） e) Round Trapezoid（圆角梯形）

图 8.1.3 流道形状类型

五种流道所需要定义的截面参数说明如下。

● Round（倒圆角）：只需给定流道直径，如图 8.1.4 所示。

● Half Round（半倒圆角）：与 Round 相同，也只需给定直径，如图 8.1.5 所示。

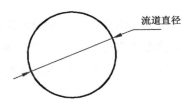

图 8.1.4 Round（倒圆角）流道截面参数

图 8.1.5 Half Round（半倒圆角）流道截面参数

● Hexagon（六边形）：只需给定流道宽度，如图 8.1.6 所示。

● Trapezoid（梯形）：梯形流道的截面参数较多，需给定流道宽度、流道深度、流道侧角度及流道拐角半径，如图 8.1.7 所示。

图 8.1.6 Hexagon（六边形）流道截面参数

图 8.1.7 Trapezoid（梯形）流道截面参数

● Round Trapezoid（圆角梯形）：需给定流道直径及流道角度、这两个参数尚不能唯一确定圆角梯形的流道，还需要一个参数（深度或宽度），如图 8.1.8 所示。

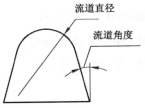

图 8.1.8 Round Trapezoid（圆角梯形）流道截面参数

8.1.2 创建流道的一般过程

创建流道的一般过程如下。

Step1. 单击**模具**功能选项卡**生产特征 ▼**区域中的 ⋇ **流道** 按钮，系统会弹出"流道"对话框和"形状"菜单管理器。

Step2. 定义流道名称（可选）。系统会默认名称为 RUNNER_1、RUNNER_2 等，如果用户要修改其名称，可在"流道"对话框中双击流道名称进行修改，如图 8.1.9 所示。

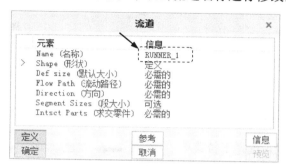

图 8.1.9 "流道"对话框

Step3. 在系统弹出的 **▼ Shape (形状)** 菜单中选择所需要的流道类型。

Step4. 根据所选取流道类型，在系统提示下输入所需的截面参数的尺寸值。

Step5. 在草绘环境中绘制流道的路径，然后退出草绘环境。

Step6. 定义相交元件。在图 8.1.10 所示的"相交元件"对话框中按下 **自动添加** 按钮，选中 ☑ **自动更新** 复选框，在确认相交元件的选取之后，单击该对话框中的 **确定** 按钮。

注意：如要顺利创建各种流道，需安装"Mold component catalog"子组件，请参见本书的 1.3 节"Creo 6.0 模具部分的安装说明"。

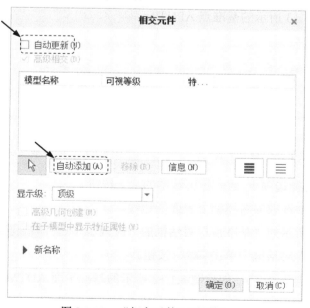

图 8.1.10 "相交元件"对话框

8.1.3 流道创建范例

在图 8.1.11 所示的浇注系统中，浇道和浇口仍然采用实体切削的方法设计，而主流道和支流道则采用 Pro / MoldDesign 提供的流道命令创建，操作过程按以下说明进行。

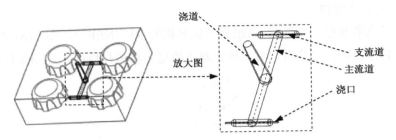

图 8.1.11 浇注系统

Task1. 打开模具模型

Step1. 设置工作目录。选择下拉菜单 文件 ➡ 管理文件(F) ➡ 选择工作目录(W) 命令，将工作目录设置至 D:\creo6.3\work\ch08.01.03。

Step2. 打开文件 cap_mold.asm，将显示调整到无隐线状态。

Step3. 设置模型树的过滤器。

（1）在模型树界面中选择 ➡ 树过滤器(F)... 命令。

（2）在弹出的对话框中选中 ☑特征、☑隐含的对象 复选框，并单击 确定 按钮。

Task2. 创建三个基准平面

Stage1. 创建图 8.1.12 所示的第一个基准平面

Step1. 创建图 8.1.13 所示的基准点 APNT0。

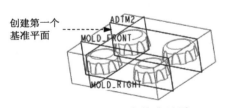

图 8.1.12 创建第一个基准平面

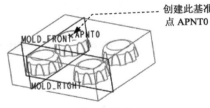

图 8.1.13 创建基准点 APNT0

（1）单击 模具 功能选项卡 基准 ▼ 区域中的 按钮。

（2）在图 8.1.14 中选取参考模型上表面的边线。

（3）在图 8.1.15 所示的"基准点"对话框的下拉列表中选择 居中 选项。

（4）在"基准点"对话框中单击 确定 按钮。

Step2. 穿过基准点 APNT0，创建图 8.1.12 所示的基准平面 ADTM2，操作过程如下。

（1）单击 模型 功能选项卡 基准 ▼ 区域中的"平面"按钮 □。

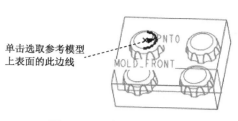

单击选取参考模型
上表面的此边线

图 8.1.14 选取边线

图 8.1.15 "基准点"对话框

（2）在图 8.1.16 中选取基准点 APNT0。

（3）按住<Ctrl>键，选择图 8.1.16 所示的坯料表面。

（4）在"基准平面"对话框中单击 确定 按钮。

Stage2. 创建图 8.1.17 所示的第二个基准平面

Step1. 创建图 8.1.18 所示的基准点 APNT1。

（1）单击 模具 功能选项卡 基准 ▾ 区域中的 按钮。

（2）在图 8.1.18 中选取坯料的边线。

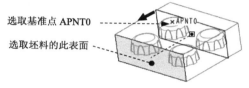

选取基准点 APNT0
选取坯料的此表面

图 8.1.16 选择坯料表面

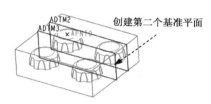

创建第二个基准平面

图 8.1.17 创建第二个基准平面

（3）在图 8.1.19 所示的"基准点"对话框中，先选择基准点的定位方式 比率 ，然后在左边的文本框中输入基准点的定位数值（比率系数）0.5。

（4）在"基准点"对话框中单击 确定 按钮。

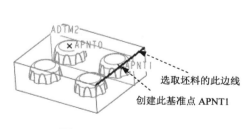

选取坯料的此边线

创建此基准点 APNT1

图 8.1.18 选取边线

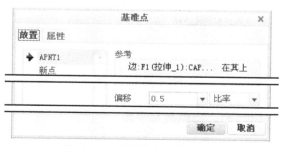

图 8.1.19 "基准点"对话框

Step2. 穿过基准点 APNT1，创建图 8.1.17 所示的基准平面 ADTM3。操作过程如下。

（1）单击 模型 功能选项卡 基准 ▾ 区域中的"平面"按钮 。

（2）在图 8.1.20 中选取基准点 APNT1。

（3）按住<Ctrl>键，选取图 8.1.20 所示的坯料表面。

（4）在"基准平面"对话框中单击 确定 按钮。

Stage3．创建图 8.1.21 所示的第三个基准平面

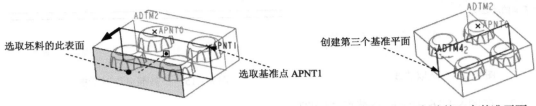

图 8.1.20　选取坯料表面　　　　　　图 8.1.21　创建第三个基准平面

Step1．创建图 8.1.22 所示的基准点 APNT2。

（1）单击 模具 功能选项卡 基准 ▾ 区域中的 ⚹ ▸ 按钮。

（2）在图 8.1.22 中选取坯料的边线。

（3）在"基准点"对话框中，先选择基准点的定位方式 比率 ，然后在左边的文本框中输入基准点的定位数值（比率系数）0.5。

（4）在"基准点"对话框中单击 确定 按钮。

Step2．穿过基准点 APNT2，创建图 8.1.21 所示的基准平面 ADTM4。操作过程如下。

（1）单击 模型 功能选项卡 基准 ▾ 区域中的"平面"按钮 ▱ 。

（2）在图 8.1.23 中选取基准点 APNT2。

（3）按住<Ctrl>键，选取图 8.1.23 所示的坯料表面。

（4）在"基准平面"对话框中单击 确定 按钮。

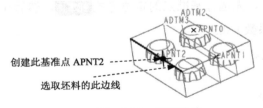 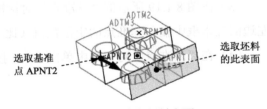

图 8.1.22　选取边线　　　　　　图 8.1.23　选取坯料表面

Task3．浇道的设计（图 8.1.24）

Stage1．隐藏基准平面

为了使屏幕简洁，可以将暂时不用的基准平面隐藏起来，操作方法如下。

Step1．在图 8.1.25 所示的模型树中右击 MOLD_RIGHT，然后从弹出的快捷菜单中选择 ◈ 命令。

Step2．用同样的方法隐藏 MOLD_FRONT 基准平面、ADTM1 基准平面和 ADTM2 基准平面。

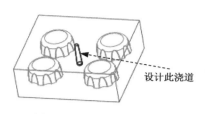

图 8.1.24 浇道的设计

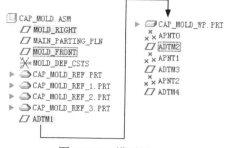

图 8.1.25 模型树

Stage2．创建浇道

创建一个旋转特征作为浇道。

（1）单击 模型 功能选项卡切口和曲面▼区域中的 ⊕旋转 按钮，此时出现"旋转"操控板。

（2）定义草绘截面放置属性。右击，从快捷菜单中选择 定义内部草绘... 命令。草绘平面为 ADTM3 基准平面，草绘平面的参考平面为 ADTM4 基准平面，草绘平面的参考方位是 右 。单击 草绘 按钮，至此系统进入截面草绘环境。

（3）进入截面草绘环境后，选取 MAIN_PARTING_PLN 基准平面、ADTM4 基准平面和图 8.1.26 所示的坯料边线为草绘参考，绘制图 8.1.26 所示的截面草图。完成特征截面的绘制后，单击"草绘"操控板中的"确定"按钮 ✔ 。

（4）特征属性。旋转角度类型为 ⊥ ，旋转角度为 360°。

（5）单击操控板中的 ✔ 按钮，完成特征的创建。

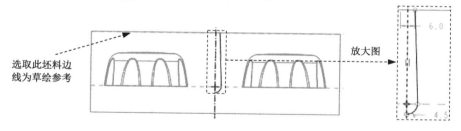

图 8.1.26 截面草图

Task4．主流道的设计（图 8.1.27）

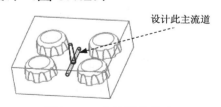

图 8.1.27 主流道的设计

Stage1．隐藏和显示基准平面

为了使屏幕简洁，可以将暂时不用的基准平面隐藏起来，然后显示需要的基准平面，操

作方法如下。

Step1. 隐藏 ADTM3 基准平面。在模型树中右击 ADTM3 基准平面，然后从弹出的快捷菜单中选择 命令。

Step2. 显示基准平面。

（1）显示 MOLD_FRONT 基准平面。在模型树中右击 MOLD_FRONT 基准平面，然后从弹出的快捷菜单中选择 命令。

（2）用同样的方法显示 ADTM2 基准平面。

Stage2. 创建主流道

Step1. 单击模具功能选项卡生产特征 ▼ 区域中的 ╳ 流道 按钮，系统会弹出"流道"对话框和"形状"菜单管理器。

Step2. 在系统弹出的 ▼ Shape（形状）菜单中选择 Round（倒圆角）命令。

Step3. 定义流道的直径。在系统输入流道直径 的提示下，输入直径值 6，然后按<Enter>键。

Step4. 在 FLOW PATH（流动路径）菜单中选择 Sketch Path（草绘路径）命令，在 ▼ SETUP SK PLN（设置草绘平面）菜单中选择 Setup New（新设置）命令。

Step5. 草绘平面。在系统 ⇨ 选择或创建一个草绘平面. 的提示下，选取图 8.1.28 所示的 MAIN_PARTING_PLN 基准平面为草绘平面。在 ▼ DIRECTION（方向）菜单中选择 Okay（确定）命令，即接受图 8.1.28 中的箭头方向为草绘的方向。在 ▼ SKET VIEW（草绘视图）菜单中选择 Right（右）命令，选取图 8.1.28 所示的坯料表面为参考平面。

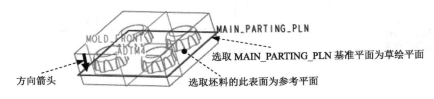

图 8.1.28　定义草绘平面

Step6. 绘制截面草图。进入草绘环境后，选取 MOLD_FRONT 基准平面、ADTM2 基准平面和 ADTM4 基准平面为草绘参考，绘制图 8.1.29 所示的截面草图（即一条中间线段）。完成特征截面的绘制后，单击"草绘"操控板中的"确定"按钮 ✔ 。

Step7. 定义相交元件。在系统弹出的"相交元件"对话框中按下 自动添加 按钮，选中 ☑ 自动更新 复选框，然后单击 确定 按钮。

Step8. 单击"流道"对话框中的 预览 按钮，再单击"重画"命令按钮 ▨ ，预览所创建的"流道"特征，然后单击 确定 按钮完成操作。

Task5. 分流道的设计（图 8.1.30）

Step1. 单击模具功能选项卡 生产特征 ▼ 区域中的 ⋇ 流道 按钮，系统会弹出"流道"对话框和"形状"菜单管理器。

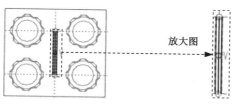

图 8.1.29　截面草图

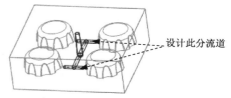

图 8.1.30　分流道的设计

Step2. 在系统弹出的 ▼ Shape（形状）菜单中选择 Round（倒圆角）命令。

Step3. 定义流道的直径。在系统 输入流道直径 的提示下，输入直径值 5，然后按<Enter>键。

Step4. 在 FLOW PATH（流动路径）菜单中选择 Sketch Path（草绘路径）命令，在 ▼ SETUP SK PLN（设置草绘平面）菜单中选择 Setup New（新设置）命令。

Step5. 草绘平面。执行命令后，在系统 ⯈ 选择或创建一个草绘平面. 的提示下，选取图 8.1.31 所示的MAIN_PARTING_PLN 基准平面为草绘平面。在 ▼ DIRECTION（方向）菜单中选择 Okay（确定）命令，即接受图 8.1.31 中的箭头方向为草绘的方向。在 ▼ SKET VIEW（草绘视图）菜单中选择 Right（右）命令，选取图 8.1.31 所示的坯料表面为参考平面。

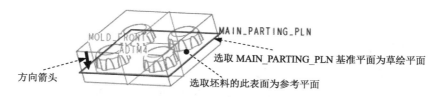

图 8.1.31　定义草绘平面

Step6. 绘制截面草图。进入草绘环境后，选取 MOLD_FRONT 基准平面、ADTM2 基准平面和 ADTM4 基准平面为草绘参考，绘制图 8.1.32 所示的截面草图(即中间线段)。完成特征截面的绘制后，单击"草绘"操控板中的"确定"按钮 ✔ 。

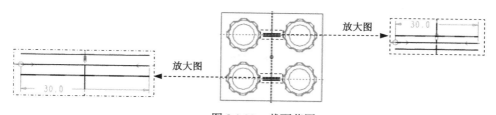

图 8.1.32　截面草图

Step7. 定义相交元件。在"相交元件"对话框中选中 ☑ 自动更新 复选框，然后单击 确定 按钮。

Step8. 单击"流道"对话框中的 预览 按钮，再单击"重画"命令按钮 ▨，预览所创建的"流道"特征，然后单击 确定 按钮完成操作。

Task6. 浇口的设计（图 8.1.33）

Stage1. 隐藏和显示基准平面

为了使屏幕简洁，可以将暂时不用的基准平面隐藏起来，操作方法如下。

Step1. 隐藏 MOLD_FRONT 基准平面。在模型树中右击 MOLD_FRONT 基准平面，然后从弹出的快捷菜单中选择 ◔ 命令。

Step2. 用同样的方法隐藏 ADTM2 基准平面。

Stage2. 创建图 8.1.34 所示的第一个浇口

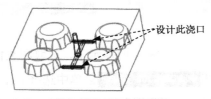

图 8.1.33　浇口的设计

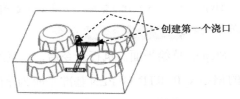

图 8.1.34　创建第一个浇口

Step1. 单击 模型 功能选项卡 切口和曲面 ▾ 区域中的 ▱ 拉伸 按钮，此时出现"拉伸"操控板。

Step2. 创建拉伸特征。

（1）在出现的操控板中，确认"实体"按钮 ▭ 被按下。

（2）定义草绘属性。右击，从快捷菜单中选择 定义内部草绘... 命令。草绘平面为 ADTM4 基准平面，草绘平面的参考平面为图 8.1.35 所示的坯料表面，草绘平面的参考方位为 上 。单击 草绘 按钮，至此系统进入截面草绘环境。

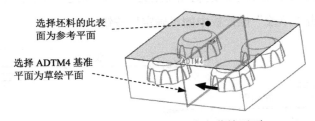

图 8.1.35　定义草绘平面

（3）进入截面草绘环境后，选取图 8.1.36 所示的圆弧的边线和 MAIN_PARTING_PLN 基准平面为草绘参考，绘制图 8.1.36 所示的截面草图。完成特征截面后，单击"草绘"操控板中的"确定"按钮 ✔ 。

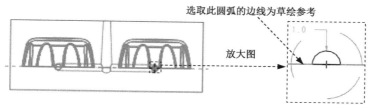

图 8.1.36　截面草图

（4）在操控板中单击 **选项** 按钮，在弹出的界面中，选取双侧的深度选项均为 ⊥（至曲面），然后选取图 8.1.37 所示的参考零件的表面为左、右拉伸的终止面。

（5）单击操控板中的 ✔ 按钮，完成特征创建。

Stage3．创建图 8.1.38 所示的第二个浇口

详细操作步骤参见 Stage2。

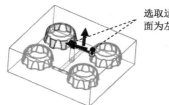

图 8.1.37　选取拉伸的终止面

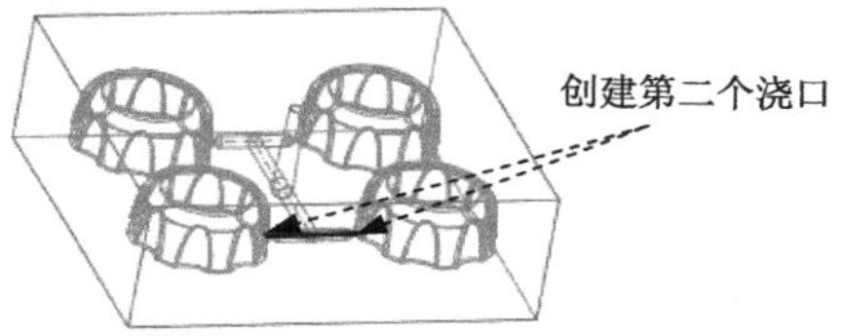

图 8.1.38　创建第二个浇口

Stage4．保存设计结果

8.2　水　线　设　计

8.2.1　概述

在注射成型生产过程中，当塑料熔融物注射到模具型腔后，需要将塑料熔融物进行快速冷却和固化，这样可以迅速脱模，提高生产效率。

水线（Water Line）是控制和调节模具温度的结构，它实际上是由模具中的一系列孔组成的环路，在孔环路中注入冷却介质——水（也可以是油或压缩空气），可以将注射成型过程中产生的大量热量迅速导出，使塑料熔融物以较快的速度冷却、固化。

Creo 的模具模块提供了建立水线的专用命令和功能，利用此功能可以快速地构建出所需要的水线环路。当然，与流道（Runner）一样，水线也可用切削（Cut、Hole）的方法来创建，但是却远不如用水线（Water Line）专用命令有效。

水线（Water Line）专用命令位于 **模具** 功能选项卡 **生产特征 ▼** 区域中的 水线，如图 8.2.1 所示。

图 8.2.1 "模具"功能选项卡

8.2.2 创建水线的一般过程

水线的截面形状为圆形，使用水线专用命令创建水线结构的一般过程如下。

Step1. 选择命令。单击**模具**功能选项卡生产特征▼区域中的 🔘水线 按钮，系统会弹出"水线"对话框。

Step2. 定义水线名称（可选）。系统会自动默认命名为 WATERLINE_1、WATERLINE_2 等，用户如果要修改其名称，可在"等高线"对话框中双击其名称进行修改。

Step3. 输入水线的截面直径。

Step4. 在草绘环境中绘制水线的回路路径，然后退出草绘环境。

Step5. 定义相交元件。在系统弹出的"相交元件"对话框中按下 自动添加 按钮，选中 ☑自动更新 复选框，在确认相交元件的选取之后，然后单击该对话框中的 确定 按钮。

8.2.3 水线创建范例

下面以创建图 8.2.2 所示的水线为例，说明其操作过程。

Task1. 打开模具模型

Step1. 选择下拉菜单 文件▼ ➡ 管理会话(M) ▶ ➡ 选择工作目录(W) 命令，将工作目录设置至 D:\creo6.3\work\ch08.02.03。

Step2. 打开文件 cap_mold.asm。

Step3. 设置模型树的过滤器。

（1）在模型树界面中选择 🔻▼ ➡ 树过滤器(F). 命令。

（2）在系统弹出的"模型树项"对话框中选中 ☑特征、☑隐含的对象 复选框，并单击 确定 按钮。

Task2. 创建图 8.2.3 所示的基准平面 ADTM5

Stage1. 隐藏基准平面

为了使屏幕简洁，可以将暂时不用的基准平面隐藏起来，操作方法如下。

Step1. 在模型树中，右击 MOLD_RIGHT 基准平面，然后从弹出的快捷菜单中选择 ☒ 命令。

Step2. 用同样的方法隐藏 MOLD_FRONT 基准平面、ADTM1 基准平面、ADTM2 基准平面、ADTM3 基准平面和 ADTM4 基准平面。

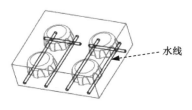 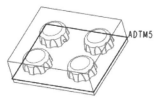

图 8.2.2　设计水线　　　　　　图 8.2.3　创建基准平面 ADTM5

Stage2. 创建基准平面

Step1. 单击 模型 功能选项卡 基准 ▾ 区域中的"平面"按钮 ▢ 。

Step2. 在图 8.2.4 中选取基准平面 MAIN_PARTING_PLN 为参考平面。

Step3. 在"基准平面"对话框中输入偏移值-10.0，最后在对话框中单击 确定 按钮。

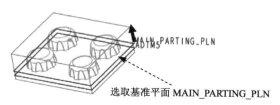

图 8.2.4　选取参考平面

Task3. 创建水线特征

Stage1. 隐藏基准平面

为了使屏幕简洁，可以将暂时不用的基准平面隐藏起来，然后显示需要的基准平面，操作方法如下。

Step1. 隐藏基准平面 MAIN_PARTING_PLN。在模型树中右击 MAIN_PARTING_PLN 基准平面，然后从弹出的快捷菜单中选择 ☒ 命令。

Step2. 显示基准平面 MOLD_FRONT。在模型树中右击 MOLD_FRONT 基准平面，然后从弹出的快捷菜单中选择 ◉ 命令。

Step3. 用相同的方法显示基准平面 MOLD_RIGHT。

Stage2. 创建水线

Step1. 单击 模具 功能选项卡 生产特征 ▼ 区域中的 ▧ 水线 按钮,系统会弹出"水线"对话框。

Step2. 定义水线的直径。在系统 输入水线圆环的直径 的提示下,输入直径值 5,然后按 <Enter>键。

Step3. 在 ▼ SETUP SK PLN (设置草绘平面) 菜单中选择 Setup New (新设置) 命令。

Step4. 草绘平面。在系统 ⇨ 选择或创建一个草绘平面. 的提示下,选取图 8.2.5 所示的 ADTM5 基准平面为草绘平面。在 ▼ SKET VIEW (草绘视图) 菜单中选择 Right (右) 命令,选取图 8.2.5 所示的 MOLD_RIGHT 基准平面为参考平面。

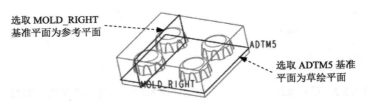

图 8.2.5 定义草绘平面

Step5. 绘制截面草图。

(1)进入草绘环境后,选取 MOLD_FRONT 基准平面和图 8.2.6 所示的坯料边线为草绘参考,通过中心线方式绘制图 8.2.6 所示的两条参考线。

(2)绘制图 8.2.7 所示的截面草图。完成特征截面的绘制后,单击"草绘"操控板中的"确定"按钮 ✔ 。

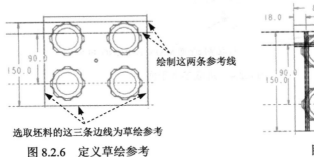

图 8.2.6 定义草绘参考

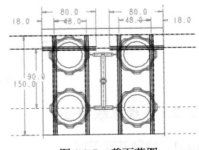

图 8.2.7 截面草图

Step6. 定义相交元件。系统弹出"相交元件"对话框,在该对话框中选中 ✔ 自动更新 复选框,然后单击 确定 按钮。

Step7. 单击"水线"对话框中的 预览 按钮,再单击"重画"命令按钮 ▨ ,预览所创建的"水线"特征,然后单击 确定 按钮完成操作。

Step8. 保存设计结果。

第 9 章　修改模具设计

本章提要　　在模具设计或对产品更新换代的过程中，经常要进行模具设计的修改，本章将针对模具的修改过程进行详细的讲解，内容包括：修改名称、修改流道系统及水线、修改设计零件及分型面、修改体积块及模具开启。

9.1　修　改　名　称

在模具设计中，可以修改下列模具元件和模具设计要素的名称：原始设计零件（模型）、模具设计文件、模具组件、参考模型（零件）、坯料（工件）、模具型腔零件、浇注件、分型面和体积块。

图 9.1.1 所示为一个模具设计的模型树，下面说明该模具的各元件和要素名称的修改方法。

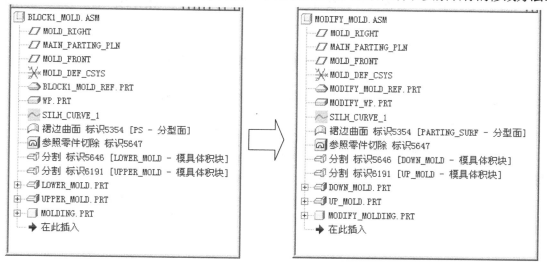

a）修改名称前　　　　　　　　　　　　　　b）修改名称后

图 9.1.1　模型树

Task1.　打开模具模型

Step1.　将工作目录设置至 D:\creo6.3\work\ch09.01。

Step2.　打开文件 block1_mold.asm。

Task2.　修改原始设计零件的名称

Step1.　选择下拉菜单 **文件 ▾**　➡　**打开⑩** 命令，打开零件 block1.prt。

Step2. 选择下拉菜单 **文件▼** ➡ 管理文件(F) ➡ 重命名(R) 重命名当前对象和子对象。命令。

Step3. 系统弹出图 9.1.2 所示的"重命名"对话框，在对话框的 新文件名 文本框中输入新名称 MODIFY（大小写均可），然后确认 ◉ 在磁盘上和会话中重命名 单选项被选中，单击 确定 按钮。

图 9.1.2　"重命名"对话框

Step4. 选择下拉菜单 ☐▼ ➡ 1 BLOCK1_MOLD.ASM 命令，返回到模具环境。

Task3. 修改模具设计文件的名称

Step1. 选择下拉菜单 **文件▼** ➡ 管理文件(F) ➡ 重命名(R) 重命名当前对象和子对象。命令。

Step2. 系统弹出"重命名"对话框，输入新名称 MODIFY_MOLD，单击 确定 按钮。

Step3. 系统弹出"装配重命名"对话框，单击 确定 按钮。

Task4. 修改模具参考零件、坯料等模具元件的名称

Stage1. 修改参考零件 BLOCK1_MOLD_REF.PRT 的名称

Step1. 选择下拉菜单 **文件▼** ➡ 管理文件(F) ➡ 重命名(R) 重命名当前对象和子对象。命令。

Step2. 在弹出的"重命名"对话框中单击 确定 按钮，系统弹出"装配重命名"对话框，将 ▢ BLOCK1_MOLD_REF.PRT 后的 操作 下拉列表中选择 新名称 选项。

Step3. 在 新文件名 文本框中输入新名称 MODIFY_MOLD_REF，如图 9.1.3 所示，单击 确定 按钮。

图 9.1.3　修改参考零件名称

Stage2. 修改坯料 WP.PRT 的名称

参考 Stage1，将坯料的名称改为 MODIFY_WP.PRT。

Stage3. 修改浇注件 MOLDING.PRT 的名称

参考 Stage1，将浇注件的名称改为 MODIFY_MOLDING.PRT。

Stage4. 修改下模型腔零件 LOWER_MOLD.PRT 的名称

参考 Stage1，将下模型腔零件的名称改为 DOWN_MOLD.PRT。

Stage5. 修改上模型腔零件 UPPER_MOLD.PRT 的名称

参考 Stage1，将上模型腔零件的名称改为 UP_MOLD.PRT。

Task5. 修改分型面的名称

Step1. 在模型树界面中选择 ▾ ➞ 树过滤器(F)... 命令。
Step2. 在系统弹出的"模型树项"对话框中选中 ☑特征 复选框，然后单击对话框中的 确定 按钮。
Step3. 在模型树中选取 拉边曲面 标识5354 [PS - 分型面] 选项，然后选择 模具 功能选项卡 分型面和模具体积块 ▾ 区域中的 重命名 ▾ ➞ 重命名分型面 命令，此时系统弹出"属性"对话框。

说明：只有选取对象后，重命名 ▾ 按钮才会加亮显示，否则此项为灰色（即不可选）。

Step4. 在"属性"对话框中输入分型面的新名称 PARTING_SURF，如图 9.1.4 所示，然后单击对话框中的 确定 按钮。

图 9.1.4 "属性"对话框

Task6. 修改体积块的名称

Stage1. 修改下模型腔体积块的名称

Step1. 着色查看要改名的下模型腔体积块 LOWER_MOLD。

（1）单击 视图 功能选项卡 可见性 区域中的"着色"按钮。

（2）系统弹出"搜索工具"对话框，在 找到 3 项 列表中选取 LOWER_MOLD 列表项，然后单击 >> 按钮，将其加入到 已选择 0 个项:(预期 1 个) 列表中，再单击 关闭 按钮。

（3）系统显示着色后的下模型腔体积块（图 9.1.5），在 ▾ CntVolSel (继续体积块选取 菜单

（图 9.1.6）中选择 Done/Return （完成/返回）命令。

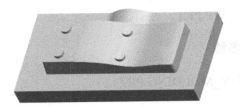

图 9.1.5　着色后的下模型腔体积块　　　　图 9.1.6　"继续体积块选取"菜单

Step2. 修改下模型腔体积块 LOWER_MOLD 的名称。

（1）在模型树中选取 分割 标识5646 选项，然后选择 模具 功能选项卡 分型面和模具体积块 ▼ 区域中的 重命名 ▼ ➡ 重命名模具体积块 命令，此时系统弹出"属性"对话框。

（2）在"属性"对话框中输入新名称 DOWN_MOLD，单击对话框中的 确定 按钮。

Stage2. 修改上模型腔体积块 UPPER_MOLD 的名称

Step1. 着色查看上模型腔体积块 UPPER_MOLD。

（1）单击 视图 功能选项卡 可见性 区域中的"着色"按钮 。

（2）在弹出的"搜索工具"对话框中选取要着色的体积块 UPPER_MOLD，着色后的上模型腔体积块 UPPER_MOLD 如图 9.1.7 所示。

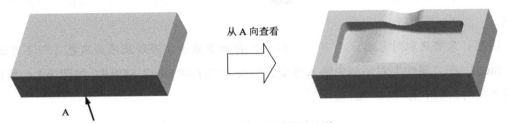

从 A 向查看

图 9.1.7　着色后的上模型腔体积块

（3）在 ▼ CntVolSel （继续体积块选取 菜单中选择 Done/Return （完成/返回）命令。

Step2. 修改上模型腔体积块 UPPER_MOLD 的名称。

（1）在模型树中选取 分割 标识6191 选项，然后选择 模具 功能选项卡 分型面和模具体积块 ▼ 区域中的 重命名 ▼ ➡ 重命名模具体积块 命令，此时系统弹出"属性"对话框。

（2）在"属性"对话框中输入新名称 UP_MOLD，然后单击对话框中的 确定 按钮。

Step3. 选择下拉菜单 文件 ▼ ➡ 保存 命令，保存文件。

9.2　修改流道系统与水线

在下面的例子中，我们将先修改模具的浇道和流道，然后在模具中增加水线。

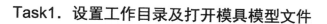

Task1. 设置工作目录及打开模具模型文件

Step1. 将工作目录设置至 D:\creo6.3\work\ch09.02。

Step2. 打开文件 head_mold.asm。

Task2. 准备工作

Stage1. 显示参考零件及坯料

Step1. 单击 视图 功能选项卡 可见性 区域中的 "模具显示" 按钮 🔳。

Step2. 在弹出的 "遮蔽-取消遮蔽" 对话框的 取消遮蔽 选项卡中按下 □元件 按钮，然后按住<Ctrl>键，从列表中选取参考件 HEAD_MOLD_REF、HEAD_MOLD_REF_1、HEAD_MOLD REF_2、HEAD_MOLD_REF_3 及坯料 WP，单击 取消遮蔽 按钮，再单击 确定 按钮。

Stage2. 设置模型树的显示

Step1. 在模型树界面中选择 ⬆️▾ ➡ ▪═▾树过滤器(F)... 命令。

Step2. 在弹出的 "模型树项" 对话框中选中 ✔特征 复选框，单击 确定 按钮。

Task3. 修改流道系统

流道系统包括浇道、流道（主流道和支流道）和浇口，图 9.2.1 所示为模具流道系统修改前后的示意图。

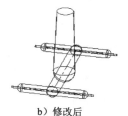

a）修改前　　　　　　　　　　　　　　b）修改后

图 9.2.1　修改流道

Stage1. 修改浇道的形状

图 9.2.2 所示为将圆柱形的浇道改为圆锥形的浇道。

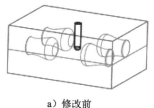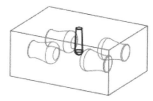

a）修改前　　　　　　　　　　　　　　b）修改后

图 9.2.2　修改浇道形状

Step1. 在模型树中右击 旋转 1，然后在弹出的快捷菜单中选择 命令，此时出现"旋转"操控板。

Step2. 在绘图区右击，选择 编辑内部草绘... 命令。

Step3. 修改浇道的截面草图。

（1）进入草绘环境后，删除图 9.2.3a 中的竖直约束。

（2）添加所需的尺寸，修改后的草图如图 9.2.3b 所示。

（3）完成修改后，单击"草绘"操控板中的"确定"按钮 。

Step4. 单击操控板中的 按钮，完成操作。

a）修改前　　　　　　　　　　　　　　b）修改后

图 9.2.3　修改浇道的截面草图

Stage2. 修改主流道及分流道的形状

下面将把主流道和支流道的六角形截面修改为圆形截面。

Step1. 修改主流道的形状。

（1）在模型树中右击 RUNNER_1，选择 命令。

（2）在图 9.2.4 所示的"流道"对话框中双击 Shape (形状) 元素，在弹出的图 9.2.5 所示的 Shape (形状) 菜单中选择 Round (倒圆角) 命令。单击对话框中的 预览 按钮，再单击"重画"按钮 ，预览所修改的流道特征，然后单击 确定 按钮完成操作。

Step2. 参考 Step1，将分流道 RUNNER_2 的截面形状也改为圆形。

注意：如要顺利地进行流道修改，需安装"Mold component catalog"子组件，请参见本书 1.3 节"Creo 模具部分的安装说明"。

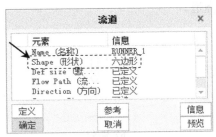

图 9.2.4　"流道"对话框

图 9.2.5　"形状"菜单

Stage3．修改浇口尺寸

下面将把模具的浇口尺寸从 Ø1.5 改为 Ø1.0。

Step1．修改第一个浇口的尺寸。在模型树中右击⊞□⬚拉伸 1⬚，在弹出的快捷菜单中选择⬚📐⬚命令，此时该浇口的尺寸在模型中显示出来，如图 9.2.6 所示。双击图 9.2.6a 中的浇口尺寸 Ø1.5，然后输入新的尺寸 Ø1.0，然后按<Enter>键。

Step2．修改第二个浇口的尺寸。在模型树中右击⊞□⬚拉伸 2⬚，在弹出的快捷菜单中选择⬚📐⬚命令，在模型中将尺寸 Ø1.5 改为 Ø1.0，然后按<Enter>键。

Step3．单击"重新生成"按钮⬚🔁⬚，重新生成模型。

a）修改前　　　　　　　　　　　　　　　　　b）修改后

图 9.2.6　修改浇口尺寸

Task4．增加水线

下面将在模具中增加水线（图 9.2.7），操作步骤如下。

a）增加前　　　　　　　　　　　图 9.2.7　增加水线　　　　　　　　b）增加后

Step1．在模型树中单击➡⬚在此插入⬚符号，然后按住左键不放并移动鼠标，将其拖至⊞□⬚拉伸 2⬚特征的下面。

Step2．创建图 9.2.8 所示的基准平面 ADTM3，该基准平面将作为水线的草绘平面。

（1）单击 ⬚模型⬚ 功能选项卡 基准 ▾ 区域中的"平面"按钮□。系统弹出"基准平面"对话框。

（2）选取图 9.2.9 中的坯料的底面为参考面，然后在对话框中输入偏移值-10.0，单击⬚确定⬚按钮。

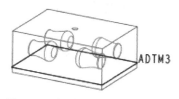

图 9.2.8　创建基准平面 ADTM3

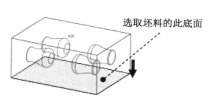

图 9.2.9　选取参考面

Step3. 创建水线。

（1）单击**模具**功能选项卡**生产特征 ▼**区域中的 **水线**按钮，系统会弹出"水线"对话框。

（2）定义水线的直径。在系统**输入水线圆环的直径**的提示下，输入直径值 4.0，并按<Enter>键。

（3）设置草绘平面。在 **▼ SETUP SK PLN（设置草绘平面）**菜单中选择 **Setup New（新设置）**命令，然后在系统 **选择或创建一个草绘平面.** 的提示下，选取 ADTM3 基准平面为草绘平面，在 **▼ SKET VIEW（草绘视图）**菜单中选择 **Right（右）**命令，然后选取图 9.2.10 所示的坯料表面为参考平面。此时，系统进入草绘环境。

（4）绘制截面草图。选取坯料边线为草绘参考并绘制参考中心线（图 9.2.11），绘制图 9.2.12 所示的截面草图，单击"草绘"操控板中的"确定"按钮 ✓ 。

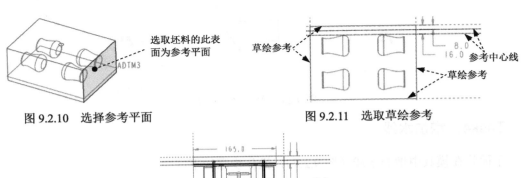

图 9.2.10　选择参考平面　　　　　　　　图 9.2.11　选取草绘参考

图 9.2.12　截面草图

（5）定义相交元件。此时系统弹出"相交元件"对话框，在对话框中选中 **☑ 自动更新** 复选框，单击 **确定** 按钮。

（6）单击信息对话框中的 **预览** 按钮，再单击"重画"按钮 ，预览所创建的"水线"特征，然后单击 **确定** 按钮完成操作。

Step4. 将模型树中的 **在此插入** 符号拖至模型树的最下面。

Step5. 单击"重新生成"按钮 ，重新生成模型。

Step6. 选择下拉菜单 **文件 ▼** ➡ **保存（S）**命令。保存文件。

9.3　修改原始设计零件及分型面

在产品升级换代时，如果产品的变化不大，则可以直接在原来的模具设计基础上，通过修改原始设计零件及分型面来进行模具的修改与更新，这样可极大地提高模具设计效率，加快新产品的上市时间。下面通过几个例子来说明修改原始设计零件及分型面的几种情况及一般的操作方法。

9.3.1 范例 1——修改原始设计零件的尺寸

在本例中，只是对原始设计零件的尺寸进行修改（图 9.3.1），但由于这种尺寸修改不会引起模具分型面的本质变化，所以无需重新定义分型面，只需对坯料的大小进行适当的修改即可。

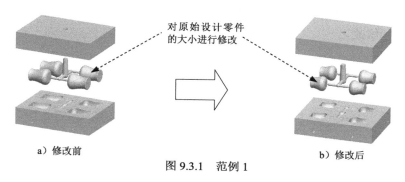

a）修改前　　　　　　　　　　　　　　b）修改后

图 9.3.1　范例 1

Task1. 设置工作目录及打开模具模型文件

将工作目录设置至 D:\creo6.3\work\ch09.03.01，打开文件 head_mold.asm。

Task2. 修改原始设计零件的尺寸

Step1. 选择下拉菜单 文件 ▾ ➡ 打开⑩ 命令，打开零件 head.prt。

Step2. 在模型树中右击 ⊞ ⊸ 旋转 1，从快捷菜单中选择 命令，此时该旋转特征的尺寸在模型中显示出来（图 9.3.2），对各尺寸值进行修改。

Step3. 单击"重新生成"按钮，重新生成原始设计零件。

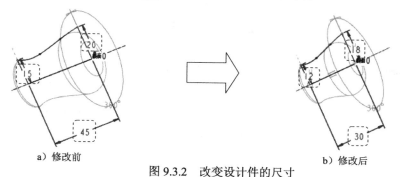

a）修改前　　　　　　　　　　　　　　b）修改后

图 9.3.2　改变设计件的尺寸

Task3. 修改坯料尺寸

Step1. 选择下拉菜单 ⊟ ▾ ➡ 1 BLOCK1_MOLD.ASM 命令，返回到模具环境。

275

Step2. 单击 视图 功能选项卡 可见性 区域中的"模具显示"按钮 ▦，对参考模型 HEAD_MOLD_REF、HEAD_MOLD_REF_1、HEAD_MOLD_REF_2、HEAD_MOLD_REF_3 和坯料 WP 取消遮蔽。

Step3. 对模型树进行设置，使"特征"项目在模型树中显示出来。选择屏幕左侧导航卡中的 ▣₊ ➡ ▣▪树过滤器(F)… 命令，在弹出的"模型树项"对话框中选中 ☑ 特征 复选框，单击 确定 按钮。

Step4. 修改坯料的尺寸。在模型树中单击 ▶ ▭WP.PRT 前面的 ▶ 号，然后右击 ▶ ◻拉伸 1 ，从快捷菜单中选择 ▤ 命令。此时该拉伸特征的尺寸在模型中显示出来，如图 9.3.3 所示，可对各尺寸值进行修改。

a）修改前　　　　　　　　　　　　　　　b）修改后

图 9.3.3　修改坯料的尺寸

Task4. 更新模具设计

单击"重新生成"按钮 ▦，更新模具设计。

Task5. 通过开模重验证更新后的模具

Step1. 单击 视图 功能选项卡 可见性 区域中的"模具显示"按钮 ▦，将参考模型 HEAD_MOLD_REF、HEAD_MOLD_REF_1、HEAD_MOLD_REF_2、HEAD_MOLD_REF_3 和坯料 WP 遮蔽。

Step2. 选择 模具 功能选项卡 分析 ▾ 区域中的"模具开模"按钮 ▤，可观察到更新后的模具开启成功，单击 Done/Return (完成/返回) 命令。

Step3. 选择下拉菜单 文件 ▾ ➡ ▤ (保存(S)) 命令。保存文件。

9.3.2　范例 2——删除原始设计零件中的孔

在本例中，删除了原始设计零件中的几个孔（图 9.3.4），但由于模具分型面是采用裙边法创建的，原始设计零件中孔的删除并不影响裙边曲面的生成，所以无需重新定义分型面。

Task1. 设置工作目录及打开模具模型文件

将工作目录设置至 D:\creo6.3\work\ch09.03.02，打开文件 block1_mold.asm。

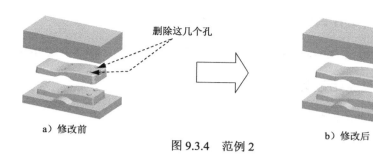

a）修改前

图 9.3.4 范例 2

b）修改后

Task2. 修改原始设计零件

Step1. 选择下拉菜单 文件 ▼ ➡ ☞打开⑩ 命令，打开零件 block1.prt。

Step2. 在模型树中将零件的阵列（孔）和拉伸 2 两个特征删除（在模型树中选取这几项特征，然后右击，选择 删除 命令）。

Step3. 单击"重新生成"按钮 ，再生原始设计零件。

Task3. 更新模具设计

Step1. 选择下拉菜单 ▼ ➡ 1 BLOCK1_MOLD.ASM 命令，切换到模具窗口。

Step2. 单击"重新生成"按钮 ，更新模具设计。

Task4. 通过开模重验证更新后的模具

选择 模具 功能选项卡 分析 ▼ 区域中的"模具开模"按钮 ，可观察到更新后的模具开启成功，单击 Done/Return （完成/返回）命令，选择下拉菜单 文件 ▼ ➡ ☐保存⑤ 命令。保存文件。

9.3.3 范例 3——在原始设计零件中添加孔

本例中，在原始设计零件上添加了一个破孔（如图 9.3.5 所示，该孔的轴线方向与开模平行），由于模具分型面是采用复制参考模型表面的方法创建的，因而需要重新定义分型面以填补破孔。

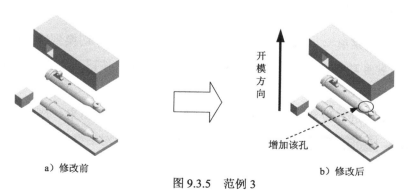

a）修改前

开模方向

增加该孔

b）修改后

图 9.3.5 范例 3

Task1. 设置工作目录及打开模具模型文件

将工作目录设置至 D:\creo6.3\work\ch09.03.03,打开文件 front_cover_mold_ok.asm。

Task2. 修改原始设计零件

在原始设计零件中添加图 9.3.6 所示的切削孔特征。

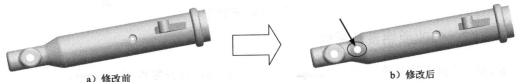

a)修改前　　　　　　　　　　　　　　　　b)修改后

图 9.3.6　在设计件上增添切削孔特征

Step1. 选择下拉菜单 文件▼ ➡ 打开(O) 命令,打开零件 front_cover.prt。

Step2. 将模型树中的 ➡在此插入 符号移至 按尺寸收缩 标识1608 的上面。

Step3. 进行层的操作,取消包含基准平面的层的隐藏。

Step4. 创建剪切特征。单击 模型 功能选项卡 形状▼ 区域中的 拉伸 按钮,在操控板中按下"移除材料"按钮,选取图 9.3.7 所示的 FRONT 基准平面为草绘平面,RIGHT 基准平面为参考平面,方向为 下,特征截面草图如图 9.3.8 所示,拉伸方式为 (穿透),单击 按钮,然后单击 ✔ 按钮。

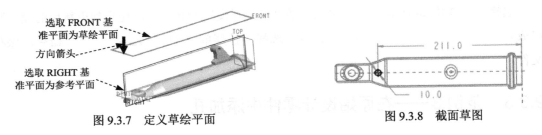

图 9.3.7　定义草绘平面　　　　　　　　图 9.3.8　截面草图

Step5. 将模型树中的 ➡在此插入 符号移至模型树的最下面。

Step6. 单击"重新生成"按钮,再生原始设计零件。

Task3. 更新参考模型

Step1. 选择下拉菜单 ➡ 1 FRONT_COVER_MOLD_OK.ASM 命令,切换到模具窗口。

Step2. 单击 视图 功能选项卡 可见性 区域中的"模具显示"按钮,取消参考模型和坯料遮蔽。

Step3. 对模型树进行设置,使"特征"项目在模型树中显示出来。选择屏幕左侧导航卡中的 ➡ 树过滤器(F)... 命令,在弹出的"模型树项"对话框中选中 特征 复选框,单击 确定 按钮。

Step4. 将模型树中的 ➡ **在此插入** 符号移至 ▼ ⊂WP_.PRT 的下面，然后单击 **模具** 功能选项卡 **操作▾** 区域中的"重新生成"按钮🔁，更新参考模型。这时可观察到参考模型上出现了前面增加的破孔。

Task4. 重新定义主分型面

Step1. 模型树中的 🔗合并 2 是分型面的最后一个特征，为了顺利进行主分型面重新定义，需将 ➡ **在此插入** 符号移至🔗复制 2 的下面。

Step2. 在模型树中右击🔗复制 2 项，从弹出的快捷菜单中选择 🖉 命令，此时系统弹出"曲面：复制"操控板。

Step3. 填补复制曲面上的破孔。在操控板中单击 **选项** 按钮，此时系统已选中 ◉排除曲面并填充孔 单选项，然后单击 填充孔/曲面 文本框，在系统 ➡选择封闭的边环或曲面以填充孔. 的提示下，按住<Ctrl>键，选取图 9.3.9 所示的模型内表面。完成后单击操控板上的 ✔ 按钮。

选取模型的此内表面

图 9.3.9　选取模型内表面

Step4. 通过着色主分型面，查看填充后的破孔。

（1）单击 **视图** 功能选项卡 **可见性** 区域中的"着色"按钮▱。

（2）系统弹出"搜索工具"对话框，选择主分型面 MAIN_PT_SURF，然后单击 >> 按钮，将其加入到 已选择 0 个项:(预期 1 个) 列表中，再单击 **关闭** 按钮。此时可查看到破孔已被成功填充。

（3）在 ▼CntVolSel (继续体积块选取 菜单中选择 Done/Return (完成/返回) 命令。

Task5. 更新模具设计

Step1. 将模型树中的 ➡ **在此插入** 符号移至模型树的最下面。

Step2. 单击 **模具** 功能选项卡 **操作▾** 区域中的"重新生成"按钮🔁，更新模具设计。

Task6. 通过开模重验证更新后的模具

选择 **模具** 功能选项卡 **分析▾** 区域中的"模具开模"按钮🗇，可观察到更新后的模具开启成功，单击 Done/Return (完成/返回) 命令，选择下拉菜单 **文件▾** ➡ 🖫 保存(S) 命令，保存文件。

9.3.4 范例4——在原始设计零件中删除破孔

本例中，在原始设计零件中删除了一个破孔（图 9.3.10），该孔的轴线方向与开模平行。由于模具分型面是采用"复制"参考模型表面的方法创建的，因而需要重新定义分型面。

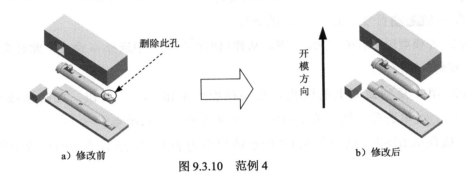

a）修改前

图 9.3.10 范例4

b）修改后

Task1. 设置工作目录及打开模具模型文件

将工作目录设置至 D:\creo6.3\work\ch09.03.04，打开文件 front_cover_mold_ok.asm。

Task2. 修改原始设计零件

Step1. 选择下拉菜单 文件▾ ━━▶ 📂 打开(0) 命令，打开零件 front_cover.prt。

Step2. 删除原始设计零件上图 9.3.11 所示的孔特征。在模型树中右击▶ 🔲 切割 标识964 ，选择快捷菜单中的 删除 命令。系统弹出"删除"对话框，单击 确定 按钮。

a）修改前

图 9.3.11 删除孔特征

b）修改后

Task3. 更新参考模型

Step1. 选择下拉菜单 🗗▾ ━━▶ 1 FRONT_COVER_MOLD_OK.ASM 命令，切换到模具窗口。

Step2. 单击 视图 功能选项卡 可见性 区域中的"模具显示"按钮 🔣，显示参考模型、坯料和分型面 MAIN_PT_SURF。

Step3. 对模型树进行设置，使"特征"项目在模型树中显示出来。选择屏幕左侧导航卡中的 🏷▾ ━━▶ ▪▪树过滤器(F)... 命令，在弹出的"模型树项"对话框中选中 ☑ 特征 复选框，单击 确定 按钮。

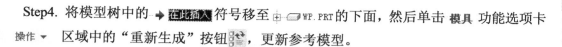

Step4. 将模型树中的 ➡ 在此插入 符号移至 ⊞ ⊂WP.PRT 的下面，然后单击 模具 功能选项卡 操作 ▾ 区域中的"重新生成"按钮 ⚏ ，更新参考模型。

Task4．更新模具设计

Step1. 将模型树中的 ➡ 在此插入 符号移至模型树的最下面。

Step2. 单击"重新生成"按钮 ⚏ ，更新模具设计。

Task5．通过开模重验证更新后的模具

选择 模具 功能选项卡 分析 ▾ 区域中的"模具开模"按钮 ⛁ ，可观察到更新后的模具开启成功，单击 Done/Return（完成/返回）命令，选择下拉菜单 文件 ▾ ➡ ⬛保存(S) 命令，保存文件。

9.4 修改体积块

9.4.1 概述

图 9.4.1 所示是一个手机盖模具，下面将对该模具中的体积块进行修改。

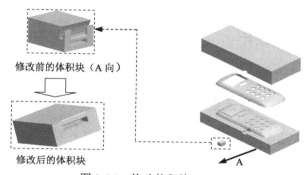

修改前的体积块（A 向）

修改后的体积块

A

图 9.4.1 修改体积块

9.4.2 范例

Task1．设置工作目录及打开模具模型文件

将工作目录设置至 D:\creo6.3\work\ch09.04.02，打开 phone_cover1_mold.asm。

Task2．准备工作

Step1. 显示参考模型、坯料和分型面。

Step2. 设置模型树，使"特征"项目在模型树中显示出来。

Task3. 修改体积块

Step1. 在模型树中右击 ⊲[伸出项 标识584]，在弹出的快捷菜单中选择 🔧 命令。

Step2. 在绘图区中右击，从快捷菜单中选择[编辑内部草绘...]命令。

Step3. 进入草绘环境后，将图 9.4.2 所示的截面草图修改为图 9.4.3 所示的截面草图，然后单击"草绘"操控板中的"确定"按钮 ✔ 。

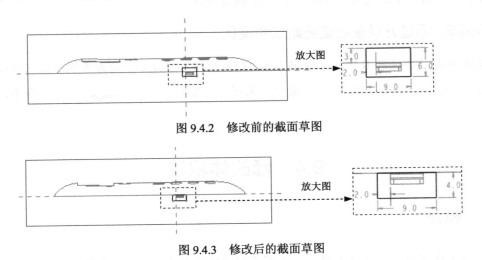

图 9.4.2　修改前的截面草图

图 9.4.3　修改后的截面草图

Step4. 单击操控板中的 ✔ 按钮，完成特征的修改。

Task4. 更新模具设计

单击"重新生成"按钮 🔄，更新模具设计。

Task5. 通过开模重验证更新后的模具

Step1. 选择 模具 功能选项卡 分析 ▼ 区域中的"模具开模"按钮 ▤，可观察到更新后的模具开启成功，单击 Done/Return (完成/返回)命令。

Step2. 选择下拉菜单 文件 ▼ ➡ 🖫 保存(S)命令，保存文件。

9.5　修改模具开启

在本例中，将对模具的开模顺序进行修改。

Task1. 设置工作目录及打开模具模型文件

将工作目录设置至 D:\creo6.3\work\ch09.05，打开文件 display_mold.asm。

Task2．准备工作

单击 视图 功能选项卡 可见性 区域中的"模具显示"按钮 🔜，遮蔽参考模型。

Task3．修改模具开启

Stage1．查看当前的开模步骤

Step1. 选择 模具 功能选项卡 分析 ▾ 区域中的"模具开模"按钮 🔜，然后在图 9.5.1 所示的菜单管理器中选择 Explode（分解）命令，此时的模具如图 9.5.2 所示。

图 9.5.1　菜单管理器

图 9.5.2　分解状态（一）

Step2. 在弹出的图 9.5.3 所示的 ▼ STEP BY STEP（逐步）菜单中选择 Open Next（打开下一个）命令，此时的模具如图 9.5.4 所示。

图 9.5.3　"逐步"菜单

图 9.5.4　分解状态（二）

Step3. 再选择 Open Next（打开下一个）命令，此时的模具如图 9.5.5 所示。

Step4. 再选择 Open Next（打开下一个）命令，此时的模具如图 9.5.6 所示。

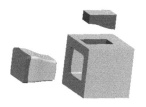

图 9.5.5　分解状态（三）

图 9.5.6　分解状态（四）

Stage2．调整开模顺序

Step1. 在 ▼ MOLD OPEN（模具开模）菜单中选择 Reorder（重新排序）命令。

Step2. 将开模步骤 1 调整为步骤 2。在 ▼ 模具间距 菜单中选择 步骤1 ，然后选择 步骤2 。

Step3. 查看调整顺序后的开模步骤。

（1）在 ▼ MOLD OPEN （模具开模）菜单中选择 Explode （分解） ➡ Open Next （打开下一个）命令，此时的模具如图 9.5.7 所示。

（2）选择 Open Next （打开下一个）命令，此时的模具如图 9.5.8 所示。可以看出，开模顺序已经被调整。

图 9.5.7　分解状态（五）

图 9.5.8　分解状态（六）

Step4. 选择两次 Done/Return （完成/返回）命令，选择下拉菜单 文件 ▼ ➡ 保存(S) 命令，保存文件。

学习拓展：扫码学习更多视频讲解。

讲解内容：主要包含数控加工概述，基础知识，加工的一般的流程，典型零件加工案例，特别是针对与加工工艺有关刀具的种类，刀具的选择及工序的编辑与参数这些背景知识进行了系统讲解。读者想要了解模具产品的数控加工编程，本部分的内容可以作为参考。

第 **10** 章 模架的结构与设计

本章提要 本章从模架的作用和结构入手,通过一个具体的范例详细讲解手动模架的设计过程,读者可以按照步骤进行操作,并体会其中的设计思想。相信在结束本章的学习后,读者会对模架的结构设计有一个全新的认识。

10.1 模架的作用和结构

1. 模架的作用

模架(Moldbase)是模具的基座,模架作用如下。

- 引导熔融塑料从注射机喷嘴流入模具型腔。
- 固定模具的塑件成型元件(上模型腔、下模型腔和滑块等)。
- 将整个模具可靠地安装在注射机上。
- 调节模具温度。
- 将浇注件从模具中顶出。

2. 模架的结构

图 10.1.1 是一个塑件(pad.prt)的完整模具,它包括模具型腔零件和模架,读者可以将工作目录设置至 D:\creo6.3\work\ch10.01,然后打开文件 pad_mold.asm,查看其模架结构。模架中主要元件(或结构要素)的作用说明如下。

- 定座板(top_plate)1:该元件的作用是固定 A 板(a_plate)6。
- 定座板螺钉(top_plate_screw)2:通过该螺钉将定座板(top_plate)1 和 A 板(a_plate)6 紧固在一起。
- 注射浇口 3:注射浇口位于定座板(top_plate)1 上,它是熔融塑料进入模具的入口。由于浇口与熔融塑料和注射机喷嘴反复接触、碰撞,因而在实际模具设计中,一般浇口不直接开设在定座板(top_plate)1 上,而是将其制成可拆卸的浇口套,用螺钉固定在定座板上。
- A 板(a_plate)6:该元件的作用是固定上模型腔(upper_mold)4。
- 隔套(bush)5:该元件固定在 A 板(a_plate)6 上。在模具工作中,模具会反复开启,隔套(bush)起耐磨作用,保护 A 板(a_plate)零件不被磨坏。

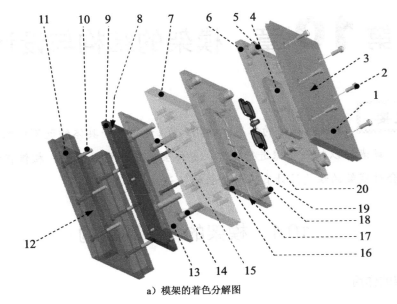

a）模架的着色分解图

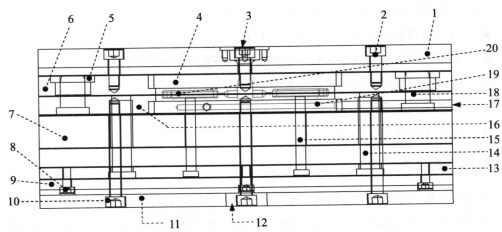

b）模架的线框正视图

图 10.1.1　模架（Moldbase）的结构

1—定座板（top_plate）	2—定座板螺钉（top_plate_screw），6个	3—注射浇口
4—上模型腔（upper_mold）	5—隔套（bush），4个	6—A板（a_plate）
7—支撑板（support_plate）	8—顶出板螺钉（ej_plate_screw），6个	9—下顶出板（eject_down_plate）
10—动座板螺钉（house_screw），6个	11—动座板（house）	12—顶出孔
13—上顶出板（eject_up_plate）	14—复位销钉（pin），4个	15—顶出杆（eject_pin），2个
16—B板（b_plate）	17—冷却水道的进出孔	18—导向柱（pillar），4个
19—下模型腔（lower_mold）	20—浇注件（pad_molding）	

- B板（b_plate）16：该元件的作用是固定下模型腔（lower_mold）19。如果冷却水道（水线）设计在下模型腔（lower_mold）19上，则B板（b_plate）16上应设有冷却水道的进出孔17。

- 导向柱（pillar）18：该元件安装在B板（b_plate）16上，在开模后复位时，该元件起导向作用。

- 动座板（house）11：该元件的作用是固定 B 板（b_plate）16。
- 动座板螺钉（house_screw）10：通过该螺钉将动座板（house）11、支撑板（support_plate）7 和 B 板（b_plate）16 紧固在一起。
- 顶出板螺钉（ej_plate_screw）8：通过该螺钉将下顶出板（eject_down_plate）9 和上顶出板（eject_up_plate）13 紧固在一起。
- 顶出孔 12：该孔位于动座板（house）11 的中部。开模时，当动模部分移开后，注塑机在此孔处推动下顶出板（eject_down_plate）9 带动顶出杆（eject_pin）15 上移，直至将浇注件（pad_molding）20 顶出上模型腔（upper_mold）4。
- 顶出杆（eject_pin）15：该元件用于把浇注件（pad_molding）20 从模具型腔中顶出。
- 复位销钉（pin）14：该元件的作用是使顶出杆（eject_pin）15 复位，为下一次注射做准备。在实际的模架中，复位销钉（pin）14 上套有复位弹簧。在浇注件（pad_molding）20 落下后，当顶出孔 12 处的推力小时后，在弹簧的弹力作用下，上顶出板（eject_up_plate）13 将带着顶出杆（eject_pin）15 下移，直至复位。

10.2　模　架　设　计

模架一般由浇注系统、导向部分、推出装置、温度调节系统和结构零部件组成。模架的设计方法主要可以分为两种：手动设计法和自动设计法。

手动设计是指用户在设计一些特殊产品的模具时，标准模架满足不了生产需要，在这种情况下，用户就必须根据产品的结构来自行定义模架，以便后续的使用。

自动设计是指用户在设计模具时，采用标准模架来完成一套完整的模具设计，并且采用标准模架可以降低设计成本、缩短设计周期以及肯定设计质量等。在 Creo 6.0 软件中提供了一个外挂的模架设计专家（EMX）模块，供用户选择使用。

本章将详细介绍使用手动设计法来创建模架的一般设计过程，在第 11 章中，我们将详细介绍模架的自动设计法（即 EMX）。

为了说明模架设计的要点，下面介绍图 10.1.1 所示模具的设计过程，这是一个一模两穴的模具，即通过一次注射成型可以生成两个零件。该模具的主要设计内容如下。

- 模具型腔元件（上模型腔和下模型腔）的设计。
- 模具型腔元件与模架的装配。
- 上模型腔与 A 板配合部分的设计。
- 下模型腔与 B 板配合部分的设计。

- 在下模型腔中设计冷却水道。
- 在 B 板中设计冷却水道的进出孔。
- 含模架的模具开启设计。

Task1. 新建一个模具制造模型，进入模具模块

Step1. 选择下拉菜单 **文件▾** ➡ **管理会话(M)** ▶ ➡ 选择工作目录(W) 选择工作目录。命令，将工作目录设置至 D:\creo6.3\work\ch10.02。

Step2. 选择下拉菜单 **文件▾** ➡ **新建(N)** 命令（或单击"新建"按钮 🗋）。

Step3. 在"新建"对话框中，在 类型 区域中选中 ◉ 🛠 制造 单选项，在 子类型 区域中选中 ◉ 模具型腔 单选项，在 文件名: 文本框中输入文件名 pad_mold，取消 ☑ 使用默认模板 复选框中的"√"号，然后单击 **确定** 按钮。

Step4. 在弹出的"新文件选项"对话框中选取 **mmns_mfg_mold** 模板，单击 **确定** 按钮。

Task2. 建立模具模型

在开始设计模具前，需要先创建图 10.2.1 所示的模具模型（包括参考模型和坯料）。

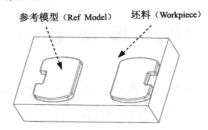

参考模型（Ref Model）　　坯料（Workpiece）

图 10.2.1　模具模型

Stage1. 引入第一个参考模型

Step1. 单击 模具 功能选项卡 参考模型和工件 区域的按钮 参考模型▾ ，在系统弹出的菜单中单击 🗂组装参考模型 按钮。

Step2. 系统弹出文件"打开"对话框，选取零件模型 pad.prt 作为参考零件模型，并将其打开。

Step3. 系统弹出"元件放置"操控板，在"约束类型"下拉列表中选择 ⬜ 默认，将参考模型按默认放置，再在操控板中单击 ✔ 按钮。

Step4. 系统弹出图 10.2.2 所示的"创建参考模型"对话框，选中 ◉ 按参考合并 单选项（系统默认选中该单选项），然后在 参考模型 区域的 名称 文本框中接受默认的名称 PAD_MOLD_REF，单击对话框中的 **确定** 按钮。系统弹出"警告"对话框，单击 **确定** 按钮。参考模型组装后，模具的基准平面与参考模型的基准平面对齐，如图 10.2.3 所示。

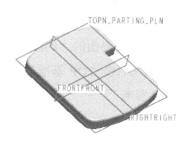

图 10.2.2 "创建参考模型"对话框　　　　　图 10.2.3 参考模型组装完成后

Stage2. 隐藏第一个参考模型的基准平面

为了使屏幕简洁，可利用层的隐藏功能，将参考模型的三个基准平面隐藏起来。

Step1. 在导航选项卡中选择 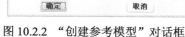 ➡ 层树(L) 命令。

Step2. 在导航选项卡中单击 ▶ PAD_MOLD.ASM (顶级模型，活动的) ▼后面的▼按钮，选择参考模型 PAD_MOLD_REF.PRT 为活动层对象。

Step3. 在参考模型的层树中选取基准平面层 01__PRT_DEF_DTM_PLN，然后右击，在弹出的快捷菜单中选择 隐藏 命令，再单击"重画"按钮 ，这样参考模型的基准平面将不显示。

Step4. 完成操作后，选择导航选项卡中的 ➡ 模型树(M)命令，切换到模型树状态。

Stage3. 引入第二个参考模型

Step1. 单击 模具 功能选项卡 参考模型和工件 区域的按钮 参考模型 ，在系统弹出的菜单中单击 组装参考模型 按钮。

Step2. 在弹出的"打开"对话框中，选取零件模型 pad.prt 作为参考零件模型，并将其打开。

Step3. 系统弹出图 10.2.4 所示的"元件放置"操控板，在操控板中进行如下操作。

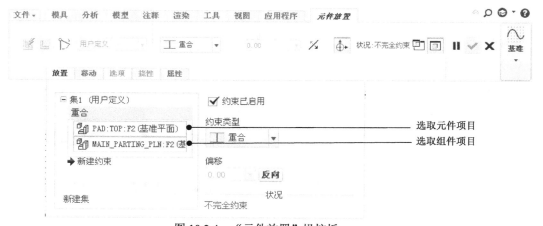

图 10.2.4 "元件放置"操控板

（1）指定第一个约束。

① 在操控板中单击 放置 按钮。

② 在"放置"界面的"约束类型"下拉列表中选择 ⊥ 重合 。

③ 选取参考件的 TOP 基准平面为元件参考，选取装配体的 MAIN_PARTING_PLN 基准平面为组件参考。

（2）指定第二个约束。

① 单击 ➡新建约束 字符。

② 在"约束类型"下拉列表中选择 ⊥ 重合 。

③ 选取参考件的 FRONT 基准平面为元件参考，选取装配体的 MOLD_FRONT 基准平面为组件参考。单击 反向 按钮。

（3）指定第三个约束。

① 单击 ➡新建约束 字符。

② 在"约束类型"下拉列表中选择 ⊓ 距离 。

③ 选取参考件的 RIGHT 基准平面为元件参考，选取装配体的 MOLD_RIGHT 基准平面为组件参考。

④ 先在"偏移"区域后面的文本框中输入值-80，并按<Enter>键。

（4）至此，约束定义完成，在操控板中单击 ✔ 按钮，系统自动弹出"创建参考模型"对话框，单击 确定 按钮，完成后的装配体如图 10.2.5 所示。

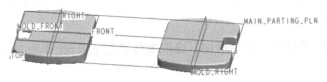

图 10.2.5　完成后的装配体

Stage4．隐藏第二个参考模型的基准平面

Step1. 为了使屏幕简洁，将第二个参考模型的三个基准平面隐藏起来。

（1）在导航选项卡中选择 ▤▾ ➡ 层树(L) 命令。

（2）在导航选项卡的 ▸ PAD_MOLD.ASM (顶级模型，活动的) ▾ 列表框中，选择第二个参考模型（PAD_MOLD_REF_1.PRT）为活动层对象。

（3）在层树中，右击参考模型的基准平面层 ◇01___PRT_DEF_DTM_PLN，选择 隐藏 命令，然后单击"重画"按钮 ▱，这样参考模型的基准平面将不再显示。

Step2. 操作完成后，选择导航选项卡中的 ▤▾ ➡ 模型树(M) 命令，切换到模型树状态。

Stage5．创建坯料

Step1．单击 **模具** 功能选项卡 参考模型和工件 区域的"工件"按钮 工件▾ ，在系统弹出的菜单中单击 ⊐创建工件 按钮。

Step2．系统弹出"创建元件"对话框，在 类型 区域选中 ● 零件 单选项，在 子类型 区域选中 ● 实体 单选项，在 文件名: 文本框中输入坯料的名称 **wp**，然后单击 确定 按钮。

Step3．在弹出的"创建选项"对话框中，选中 ● 创建特征 单选项，然后单击 确定 按钮。

Step4．创建坯料特征。

（1）单击 **模具** 功能选项卡 形状 ▾ 区域中的 ⊐拉伸 按钮，此时系统弹出"拉伸"操控板。

（2）创建实体拉伸特征。

① 选取拉伸类型。在操控板中，确认"实体"类型按钮 □ 被按下。

② 定义截面放置属性。右击，选择 定义内部草绘... 命令，选择 MAIN_PARTING_PLN 基准平面为草绘平面，MOLD_FRONT 基准平面为参考平面，方向为 下 ，单击 草绘 按钮，系统进入草绘环境。

③ 进入草绘环境后，选取 MOLD_FRONT 和 MOLD_RIGHT 基准平面为参考，绘制图 10.2.6 所示的截面草图。完成绘制后，单击"草绘"操控板中的"确定"按钮 ✔ 。

④ 设置拉伸深度。在操控板中选取深度类型 ╬ （对称），深度值为 30。

⑤ 在"拉伸"操控板中单击 ✔ 按钮。完成特征的创建。

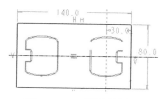

图 10.2.6　截面草图

Task3．设置收缩率

Step1．单击 **模具** 功能选项卡 生产特征 ▾ 按钮，在弹出的菜单中单击按钮 按比例收缩 ▸，在弹出的菜单中单击 按尺寸收缩 按钮。选取其中任意一个模型。系统弹出"按尺寸收缩"对话框。

Step2．在"按尺寸收缩"对话框中，确认 公式 区域的 1+S 按钮被按下，在 收缩选项 区域选中 ✔更改设计零件尺寸 复选框，在 收缩率 区域的 比率 栏中输入收缩率值 0.006，并按 <Enter>键，然后单击对话框中的 ✔ 按钮。

说明：参考模型为同一设计模型，故设置任意一个参考模型即可。

Task4．建立浇道系统

下面在模具坯料中创建图 10.2.7 所示的浇道和浇口系统。

Stage1. 创建基准平面 ADTM1

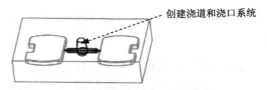

图 10.2.7　创建浇道和浇口系统

下面将在模型中创建一个基准平面 ADTM1（图 10.2.8），这是一个装配级的基准特征，其作用如下。

● 作为流道特征的草绘参考。

● 作为浇口特征的草绘平面。

Step1. 单击 **模具** 功能选项卡 基准▾ 区域中的"平面"按钮▱，系统弹出"基准平面"对话框。

Step2. 选取 MOLD_RIGHT 基准平面为参考平面（图 10.2.9），偏移值为-40，单击 确定 按钮。

Stage2. 创建浇道

下面将创建图 10.2.10 所示的浇道（Sprue）。

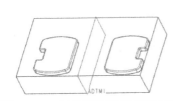

图 10.2.8　创建基准平面 ADTM1

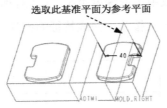

图 10.2.9　选取参考平面

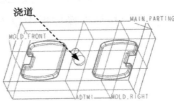

图 10.2.10　创建浇道

Step1. 单击 模型 功能选项卡 切口和曲面▾ 区域中的 ⊕ 旋转 按钮。系统弹出"旋转"操控板。

Step2. 创建旋转特征。设置 MOLD_FRONT 基准平面为草绘平面，MOLD_RIGHT 基准平面为参考平面，方向为 右 ，单击 草绘 按钮，此时系统进入截面草绘环境。草绘参考为 ADTM1 基准平面、MAIN_PARTING_PLN 基准平面以及图 10.2.11 中的边线，截面草图如图 10.2.11 所示，单击"草绘"操控板中的"完成"按钮 ✔ 。旋转角度类型为 ⊔ ，旋转角度为 360°。单击"旋转"操控板中的 ✔ 按钮，完成特征创建。

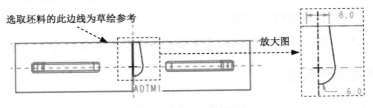

图 10.2.11　截面草图

Stage3．创建流道

下面创建图 10.2.12 所示的主流道（Runner）。

Step1．单击 模型 功能选项卡 切口和曲面 ▾ 区域中的 中 旋转 按钮。系统弹出"旋转"操控板。

Step2．创建旋转特征。设置 MOLD_FRONT 基准平面为草绘平面，图 10.2.13 所示的坯料上表面为参考平面，方向为 上，选取 ADTM1 和 MAIN_PARTING_PLN 基准平面为参考，绘制图 10.2.14 所示的截面草图，选取旋转角度类型 止，旋转角度值为 360°。单击操控板中的 ✔ 按钮，完成特征的创建。

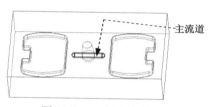

图 10.2.12　创建流道

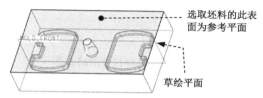

图 10.2.13　定义草绘平面

Stage4．创建浇口

下面创建图 10.2.15 所示的浇口（Gate）。

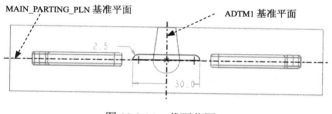

图 10.2.14　截面草图

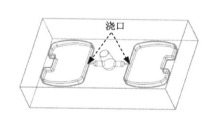

图 10.2.15　创建浇口

Step1．单击 模型 功能选项卡 切口和曲面 ▾ 区域中的 拉伸 按钮，此时出现"拉伸"操控板。

Step2．创建拉伸特征。设置 ADTM1 基准平面为草绘平面，MAIN_PARTING_PLN 基准平面为参考平面，方向为 上，绘制图 10.2.16 所示的截面草图，在操控板的 选项 界面中，选取两侧的深度类型均为 止 到选定项（至曲面），两侧的拉伸终止面如图 10.2.17 所示。单击操控板中的 ✔ 按钮，完成特征的创建。

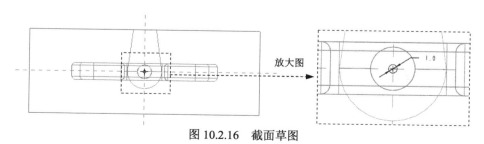

图 10.2.16　截面草图

Task5. 创建模具分型面

下面创建图 10.2.18 所示的分型面，以分离模具的上模型腔和下模型腔。

Step1. 单击 模具 功能选项卡 分型面和模具体积块 ▾ 区域中的"分型面"按钮 📖。系统弹出"分型面"操控板。

Step2. 在系统弹出的"分型面"操控板中的 控制 区域单击"属性"按钮 📇，在弹出的"属性"对话框中输入分型面名称 ps，单击 确定 按钮。

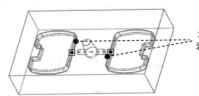

选取参考零件的这两个表面为两侧的拉伸终止面

图 10.2.17　选取拉伸的终止面

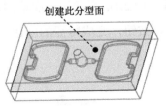

创建此分型面

图 10.2.18　创建分型面

Step3. 用拉伸的方法创建分型面。

（1）单击 分型面 功能选项卡 形状 ▾ 区域中的"拉伸"按钮 ⬚拉伸。此时系统弹出"拉伸"操控板。

（2）定义草绘截面放置属性。在绘图区右击，从弹出的菜单中选择 定义内部草绘... 命令，在系统 ➡选择一个平面或曲面以定义草绘平面. 的提示下，选取图 10.2.19 的坯料表面 1 为草绘平面，接受默认的箭头方向为草绘视图方向，然后选取图 10.2.19 的坯料表面 2 为参考平面，方向为 上 。

（3）绘制截面草图。进入草绘环境后，选取 MAIN_PARTING_PLN 基准平面和图 10.2.20 所示的坯料边线为参考，绘制图 10.2.20 所示的截面草图（截面草图为一条线段）。

（4）设置深度选项。在操控板中选取深度类型 ⊥，选取图 10.2.21 所示的坯料表面（虚线所指的面）为拉伸终止面，然后在操控板中单击 ✔ 按钮，完成特征的创建。

Step4. 在"分型面"操控板中单击"确定"按钮 ✔，完成分型面的创建。

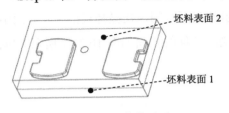

坯料表面 2

坯料表面 1

图 10.2.19　定义草绘平面

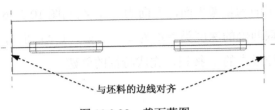

与坯料的边线对齐

图 10.2.20　截面草图

Task6. 创建模具元件的体积块

Step1. 选择 模具 功能选项卡 分型面和模具体积块 ▾ 区域中的 模具体积块 ▾ ➡ ⬚体积块分割 命令，可进入"体积块分割"操控板。

Step2. 在系统弹出的"体积块分割"操控板中单击"参考零件切除"按钮 ⬚，此时系统弹出"参考零件切除"操控板，单击 参考 选项卡，选中 ☑ 包括全部 选项；单击 ✔ 按钮，完成参考零件切除的创建。

Step3. 在系统弹出的"体积块分割"操控板中单击 ▶ 按钮，将"体积块分割"操控板激活，此时系统已经将分割的体积块选中。

Step4. 选取分割曲面。在"体积块分割"操控板中单击 ⬚右侧的 单击此处添加项 按钮将其激活。然后选取前面创建的分型面。

Step5. 在"体积块分割"操控板中单击 体积块 按钮，在"体积块"界面中单击1 ☑ 体积块_1 区域，此时模型的下半部分变亮，如图 10.2.22 所示，然后在选中的区域中将名称改为 lower_mold；在"体积块"界面中单击2 ☑ 体积块_2 区域，此时模型的上半部分变亮，如图 10.2.23 所示，然后在选中的区域中将名称改为 upper_mold。

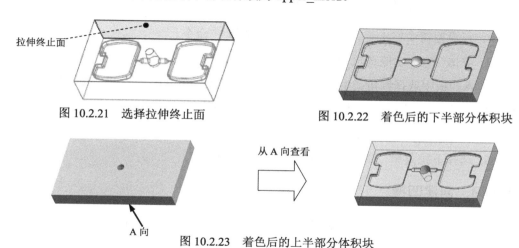

图 10.2.21 选择拉伸终止面　　　　图 10.2.22 着色后的下半部分体积块

图 10.2.23 着色后的上半部分体积块

Task7. 抽取模具元件

Task8. 对上、下型腔的四条边进行倒角

下面将上、下模具型腔的四条边进行倒角（图 10.2.24）。

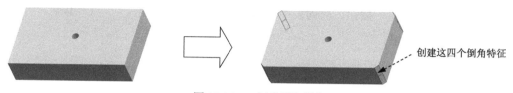

图 10.2.24 创建倒角特征

Stage1. 将上型腔的四条边进行倒角

Step1. 在模型树中右击 ▶ ⬚UPPER_MOLD.PRT ，从快捷菜单中选择 ⬚命令。

Step2. 单击 模型 功能选项卡 工程 ▼ 区域中的 ◯倒角 ▼ 按钮，此时系统弹出"边倒角"操控板。在操控板中选择倒角类型为 D x D ，输入倒角尺寸值 4.0，并按<Enter>键。

Step3. 按住<Ctrl>键，在模型中选取图 10.2.25 所示的四条边线。

Step4. 在"边倒角"操控板中单击 ✔ 按钮，完成特征的创建。

Step5. 选择下拉菜单 文件 ▼ ➡ ✕ 关闭(C)命令。

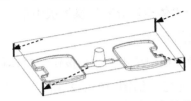

图 10.2.25　选取要倒角的四条边线

Stage2. 将下型腔的四条边进行倒角

Step1. 在模型树中右击 ▶ ◁LOWER_MOLD.PRT，选择 ◻ 命令。

Step2. 单击 模型 功能选项卡 工程 ▼ 区域中的 ◯倒角 ▼ 按钮，此时系统弹出"边倒角"操控板。在操控板中选择倒角类型为 D x D ，输入倒角尺寸值 4.0，并按<Enter>键。

Step3. 按住<Ctrl>键，在模型中选取下型腔的四条边线。

Step4. 在"边倒角"操控板中单击 ✔ 按钮，完成特征的创建。

Step5. 选择下拉菜单 文件 ▼ ➡ ✕ 关闭(C)命令。

Task9. 创建凹槽

在上、下模具型腔的结合处，挖出图 10.2.26 所示的凹槽，以便将上、下模具型腔固定在模架上。

Step1. 遮蔽参考件、坯料及分型面。

（1）选择 视图 功能选项卡 可见性 区域中的按钮"模具显示"命令 ▦。系统弹出"遮蔽-取消遮蔽"对话框，按下 ◻元件 按钮，按住<Ctrl>键，从列表中选取参考零件 ◁ PAD_MOLD_REF、◁ PAD_MOLD_REF_1 和坯料 ◻ WP，单击 遮蔽 按钮。

（2）按下 ◻分型面 按钮。从列表中选取分型面 ◻PS，单击 遮蔽 按钮，再单击 确定 按钮。

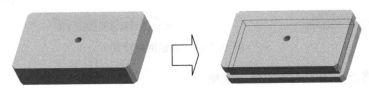

图 10.2.26　挖出阶梯形凹槽

Step2. 单击 模型 功能选项卡 切口和曲面 ▼ 区域中的 ◻拉伸 按钮，此时系统弹出"拉伸"操控板。

Step3. 创建拉伸特征。设置 MAIN_PARTING_PLN 基准平面为草绘平面，图 10.2.27 所示的模型表面为参考平面，方向为 右 ，选取 ADTM1 和 MOLD_FRONT 基准平面为参考平面，绘制如图 10.2.28a 所示的截面草图，选取深度类型 日（对称），深度值为 10，设置剪切方向如图 10.2.28b 所示。

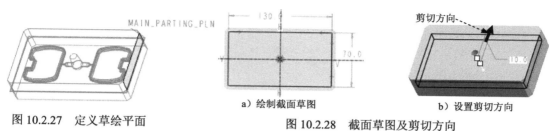

图 10.2.27 定义草绘平面

a）绘制截面草图　　　　b）设置剪切方向

图 10.2.28 截面草图及剪切方向

Task10. 生成浇注件

输入浇注零件名称 pad_molding，并按两次<Enter>键。

Task11. 模具型腔元件与模架的装配设计

下面将把前面设计的模具型腔元件与模架组件装配起来，模架组件模型如图 10.2.29 所示，读者可以直接调用随书光盘中编者提供的模架组件。模架组件中的各零件可在零件模式下分别创建，然后将它们组装起来。另外，PTC 公司提供一张包含各种标准规格模架的 Moldbase 光盘，如果安装了该光盘，则可以使用 模具 功能选项卡 转到 区域中的"模具布局"按钮 ，调用所需要的标准模架。

Step1. 选择下拉菜单 文件 ➡ 打开 命令，打开文件 moldbase.asm。

Step2. 设置模型树的显示内容。在模型树界面中选择 ➡ 树过滤器(F)... 命令，在弹出的"模型树项"对话框中选中 ☑ 特征 复选框，单击 确定 按钮。

Step3. 使装配模型仅显示出 B 板（图 10.2.30），以便以后与型腔装配时的画面比较简单，易于操作。其操作方法如下。

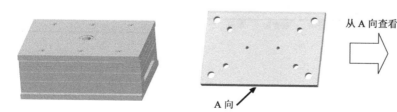

图 10.2.29 模架组件模型

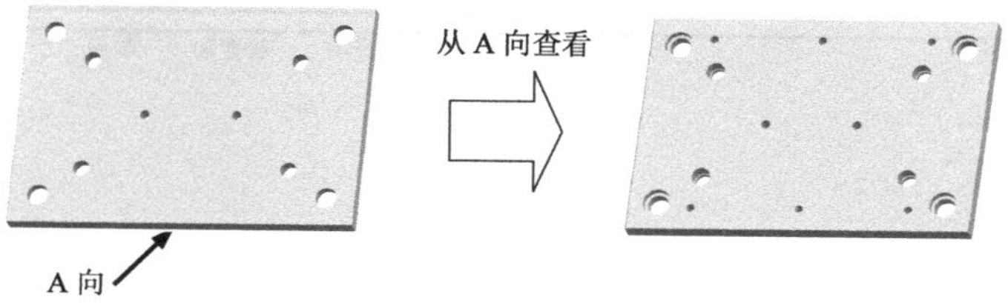

图 10.2.30 使装配模型仅显示出 B 板

（1）在模型树中，对除 B 板零件 B_PLATE.PRT 以外的所有零件，逐一选择进行隐藏（分别右击每个零件，从弹出的快捷菜单中选择 命令）。隐藏后的模型树如图 10.2.31 所示。

（2）隐藏组件的 ASM_RIGHT、ASM_TOP 和 ASM_FRONT 基准平面如图 10.2.31 所示。

（3）隐藏零件中的 DTM1、DTM2、DTM3 和 DTM4 基准平面如图 10.2.31 所示。

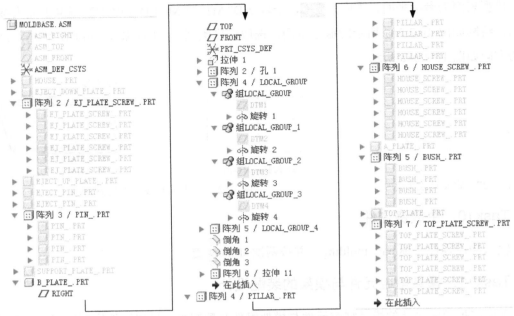

图 10.2.31 隐藏操作后的模型树

说明：对于除 B 板零件 B_PLATE.PRT 以外的所有零件的隐藏，可以用图 10.2.32 所示的"搜索工具"对话框中选取要隐藏的元件，然后对其进行隐藏。操作方法如下。

● 单击**工具**功能选项卡 **调查** ▼ 区域中的"查找"按钮 ▓▓。

● 在系统弹出的"搜索工具"对话框中，选择 **查找**: 列表中的 **元件** 项，单击 **立即查找** 按钮，系统列出了找到的 39 个零件，单击 **>>** 按钮，将除 B 板零件（B_PLATE）以外的所有元件移至右边的栏中，然后单击 **关闭** 按钮。

● 在模型树的空白处右击，从弹出的快捷菜单中选择 ▧ 命令。

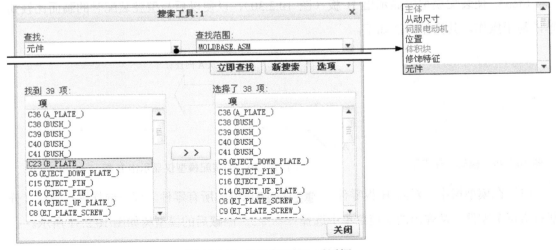

图 10.2.32 "搜索工具"对话框

Step4. 单击"窗口"按钮 ⊟ ▾ ，在下拉菜单中选中 ⊙ 1 PAD_MOLD.ASM 单选项，切换到模具文件窗口。

Step5. 遮蔽上模 ▶ ⊒UPPER_MOLD.PRT 和浇注件 ⊡ PAD_MOLDING.PRT，使模具仅显示出下模。

Step6. 装配模架。

（1）单击 模具 功能选项卡中的 元件 ▾ ➡ 模架元件 ▶ ➡ 组装基础元件 按钮。

（2）在"打开"对话框中打开模架文件 moldbase.asm。

（3）在弹出的"元件放置"操控板中，进行如下操作。

① 定义第一个约束。选择 工 重合 选项，使 B 板的模型表面和下模的模型表面（图 10.2.33）重合，然后单击 反向 按钮。

② 定义第二个约束。选择 工 重合 选项，使 B 板的 FRONT 基准平面和下模的 MOLD_FRONT 基准平面（图 10.2.33）重合。

③ 定义第三个约束。选择 工 重合 选项，使 B 板的 RIGHT 基准平面和下模的 ADTM1 基准平面重合。

④ 在操控板中单击 ✔ 按钮，完成特征的创建。完成对装配件的全部约束。模架装配完成后如图 10.2.34 所示。

Step7. 取消上模 ⊒UPPER_MOLD.PRT 遮蔽。

Step8. 显示模架 ⊡MOLDBASE.ASM 中的隐藏元件。选取所有被隐藏的模架元件，然后右击，选择 ⊙ 命令。

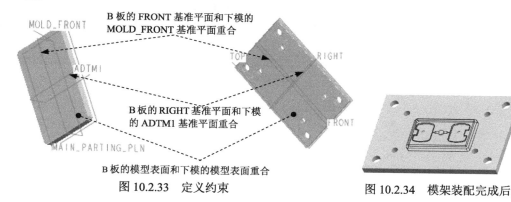

图 10.2.33　定义约束　　　　　图 10.2.34　模架装配完成后

Task12. 设置简化表示

在下面的操作中，将简化表示 a_upper 和 b_lower，把以后有配合关系的零件置入同一个简化表示中。关于简化表示的细节，请参见詹友刚主编的《Creo 6.0 快速入门教程》一书（机械工业出版社出版）。

Step1. 创建简化表示 a_upper，包含 A 板和上模这两个零件。

（1）选择 视图 功能选项卡 模型显示 ▾ 区域中的 管理视图 按钮，在弹出的菜单中单击

视图管理器 ，系统弹出"视图管理器"对话框。

（2）在对话框的 简化表示 选项卡中单击 新建 按钮，输入视图名称 a_upper，并按<Enter>键。此时，系统弹出图 10.2.35 所示的"编辑"对话框（一）。

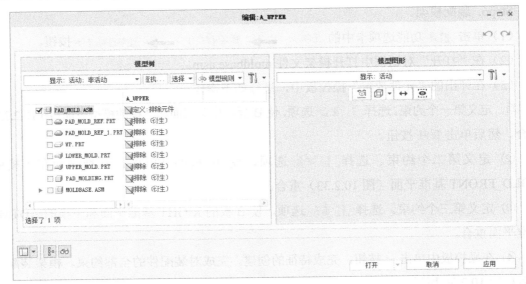

图 10.2.35 "编辑"对话框（一）

（3）在系统弹出的"编辑"对话框中，进行如下操作。

① 找到零件 UPPER_MOLD.PRT 和 A_PLAE.PRT，分别单击后面的 排除（衍生），变为 衍生 ▼，再单击选择下拉列表中的 包括 选项。

② 单击"编辑"对话框（二）中的 打开 ▼ 按钮，完成视图的编辑，如图 10.2.36 所示。

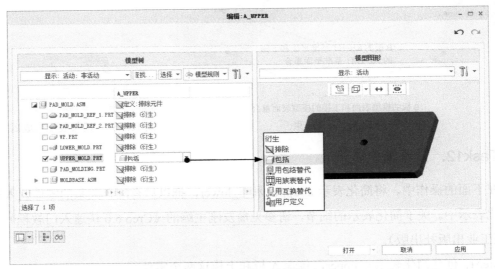

图 10.2.36 "编辑"对话框（二）

Step2. 创建简化表示 b_lower，该简化表示中仅包含 B 板和下模这两个零件。

（1）在"视图管理器"对话框的 简化表示 选项卡中单击 新建 按钮，输入视图名称 b_lower，并按<Enter>键，此时系统弹出"编辑"对话框。

（2）在"编辑"对话框中找到零件 LOWER_MOLD.PRT 和 B_PLATE.PRT，分别单击后面的 排除（衍生），变为 衍生 ▼ ，再单击选择下拉列表中的 包括 选项。

（3）单击"编辑"对话框中的 打开 ▼ 按钮，完成视图的编辑。

（4）单击"视图管理器"对话框中的 关闭 按钮。

Task13. 上模型腔与 A 板配合部分的设计

下面将在 A 板上挖出放置上模型腔的凹槽，如图 10.2.37 所示。

Stage1. 创建剪切特征 1

下面将创建图 10.2.38 所示的剪切特征 1。

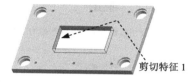

剪切特征 1

图 10.2.37　在 A 板上挖出放置上模型腔的凹槽　　　图 10.2.38　创建剪切特征 1

Step1. 设置到简化表示视图 a_upper。选择 视图 功能选项卡 模型显示 ▼ 区域中的 管理视图 ▼ 按钮，在弹出的菜单中单击 📷 视图管理器，在"视图管理器"对话框中右击 A_UPPER，选择 ➡ 激活 命令，然后单击 关闭 按钮。

Step2. 在模型树中右击 A_PLATE.PRT，选择 ◇ 命令。

Step3. 单击 模具 功能选项卡 形状 ▼ 区域中的 🗇 拉伸 按钮，此时系统弹出"拉伸"操控板。

Step4. 创建拉伸特征。

（1）设置草绘平面。选取图 10.2.39 中的模型表面 1 为草绘平面，模型表面 2 为参考平面，方向为 右 。

模型表面 1：草绘平面

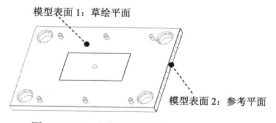

模型表面 2：参考平面

图 10.2.39　定义草绘平面

（2）创建截面草图。单击"投影"按钮 □ ，选取图 10.2.40 所示的四条边线为"投影"（这四条边线为图 10.2.41 所示的上模阶梯凹槽的内边界线），从而得到截面草图。

（3）定义拉伸深度。选取深度类型为 ⽌⽌（穿透）。单击"移除材料"按钮 ◿，单击 ╱ 按钮。

（4）在"拉伸"操控板中单击 ✔ 按钮，完成特征的创建。

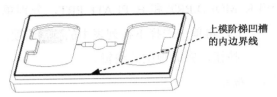

上模阶梯凹槽
的内边界线

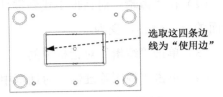

选取这四条边
线为"使用边"

图 10.2.40　上模的背面　　　　　　　　　图 10.2.41　截面草图

Stage2. 创建图 10.2.42 所示的剪切特征 2

Step1. 单击 **模具** 功能选项卡 形状 ▾ 区域中的 ◻拉伸 按钮，此时系统弹出"拉伸"操控板。

Step2. 创建拉伸特征。

（1）设置草绘平面。设置图 10.2.43 所示的模型表面 1 为草绘平面，模型表面 2 为参考平面，方向为 右 。

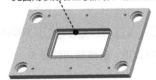

此面用以贴合上模阶梯凹槽的顶面

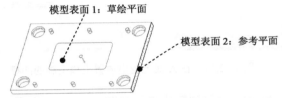

模型表面 1：草绘平面

模型表面 2：参考平面

图 10.2.42　创建剪切特征 2　　　　　　　图 10.2.43　定义草绘平面

（2）创建截面草图。切换到虚线线框显示方式，然后选取图 10.2.44 所示的八条边线为"投影"（这八条边线为图 10.2.45 所示的上模凹槽的外边界线），从而得到截面草图。

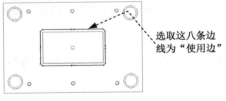

选取这八条边
线为"使用边"

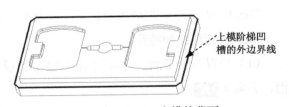

上模阶梯凹
槽的外边界线

图 10.2.44　截面草图　　　　　　　　　图 10.2.45　上模的背面

（3）定义拉伸深度。选取深度类型为 ⊥⊥（到选定的），单击"移除材料"按钮 ◿，然后用"列表选取"的方法，选取图 10.2.46 所示的上模（upper_mold）凹槽表面（列表中的 曲面:F3(装配切剪):UPPER_MOLD 选项）为拉伸终止面。在"拉伸"操控板中单击 ✔ 按钮，完成特征的创建。

Step3. 查看挖出的凹槽。

（1）在模型树中右击 A_PLATE.PRT，选择 🗁 命令，即可看到挖出的凹槽。

（2）选择下拉菜单 文件 ▾ ➡ ✗ 关闭(C) 命令。

Step4. 选择下拉菜单。单击"窗口"按钮 ⊟ ▾ ，在下拉菜单中选中 ◉ 1 PAD_MOLD.ASM 单选项。

Task14. 下模型腔与 B 板配合部分的设计

下面将在 B 板上挖出放置下模型腔的凹槽，如图 10.2.47 所示。

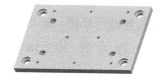

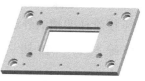

选取上模的此表面为拉伸终止面

图 10.2.46　选取拉伸终止面　　　　图 10.2.47　在 B 板上挖出放置下模型腔的凹槽

Stage1. 创建图 10.2.48 所示的剪切特征 1

Step1. 设置简化表示视图 b_lower。选择 视图 功能选项卡 模型显示 ▾ 区域中的 管理视图 按钮，在弹出的菜单中单击 🔂 视图管理器 ，在"视图管理器"对话框中，右击 b_lower，选择 ➔ 激活 命令，然后单击 关闭 按钮。

Step2. 在模型树中右击 B_PLATE.PRT，选择 ◈ 命令。

Step3. 单击 模具 功能选项卡 形状 ▾ 区域中的 拉伸 按钮，此时系统弹出"拉伸"操控板。

Step4. 创建拉伸特征。

（1）设置草绘平面。设置图 10.2.49 所示的模型表面 1 为草绘平面，模型表面 2 为参考平面，方向为 右 。

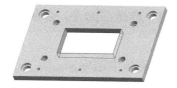
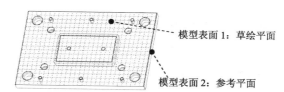

模型表面 1：草绘平面

模型表面 2：参考平面

图 10.2.48　创建剪切特征 1　　　　图 10.2.49　定义草绘平面

（2）创建截面草图。选取图 10.2.50 所示的四条边线为"投影"（这四条边线为图 10.2.51 所示的下模阶梯凹槽的内边界线），从而得到截面草图。

（3）定义拉伸深度。选取深度类型为 ⊨ （穿透）。单击"移除材料"按钮 ⊿，单击 ╱ 按钮。

（4）在"拉伸"操控板中单击 ✓ 按钮。完成特征的创建。

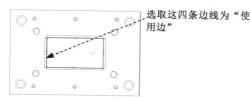

选取这四条边线为"使用边"

下模阶梯凹槽的内边界线

图 10.2.50　截面图形　　　　图 10.2.51　下模的正面

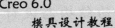
Stage2. 创建图 10.2.52 所示的剪切特征 2

Step1. 单击 **模具** 功能选项卡 形状 ▾ 区域中的 拉伸 按钮，此时系统弹出"拉伸"操控板。

Step2. 创建拉伸特征。图 10.2.53 所示的模型表面 1 为草绘平面，模型表面 2 为参考平面，方向为 右 ，选取图 10.2.54 所示的八条边线为"投影"（这八条边线为图 10.2.55 所示的下模阶梯凹槽的外边界线），从而创建截面草图，选取深度类型为 ⊥ （到选定的），单击"移除材料"按钮 ，拉伸终止面为图 10.2.56 所示的模型表面（列表中的 曲面:F3(装配切剪):LOWER_MOLD 选项）。

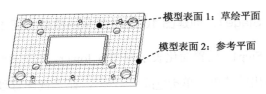

图 10.2.52　创建剪切特征 2　　图 10.2.53　定义草绘平面

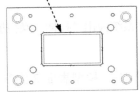

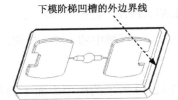

图 10.2.54　截面草图　　　图 10.2.55　下模的正面　　　图 10.2.56　选取拉伸终止面

Step3. 查看挖出的凹槽。在模型树中右击 B_PLATE.PRT，选择 命令，查看挖出的凹槽，查看后选择下拉菜单 文件 ▾ ➡ ✕ 关闭(C) 命令。

Step4. 选择下拉菜单。单击"窗口"按钮 ▾ ，在下拉菜单中选中 ⦿ 1 PAD_MOLD.ASM 单选项。

Task15. 在下模型腔中设计冷却水道

下面将在下模型腔中建立图 10.2.57 所示的三个圆孔，作为型腔冷却水道。

图 10.2.57　创建型腔冷却水道

Stage1. 创建第一个圆孔

Step1. 将视图中的模架 MOLDBASE.ASM 遮蔽，仅显示出下模。

Step2. 创建图 10.2.58 所示的基准平面 ADTM2，作为创建型腔冷却水道的草绘平面。单击 模具 功能选项卡 基准 ▼ 区域中的"平面"按钮 ▱，选取图 10.2.59 所示的下模的背面为参考平面，偏移值为-5.0（如果方向相反则输入值 5.0）。

Step3. 在模型树中右击 LOWER_MOLD.PRT，选择 ◈ 命令。

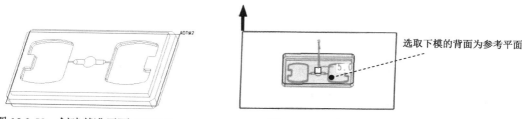

图 10.2.58　创建基准平面 ADTM2　　　　图 10.2.59　选取参考平面

Step4. 单击 模具 功能选项卡 形状 ▼ 区域中的 ⊶ 旋转 按钮。系统弹出"旋转"操控板。

Step5. 创建旋转特征。草绘平面为 ADTM2 基准平面，参考平面为图 10.2.60 所示的模型的表面，方向为 下，选取图 10.2.61 所示的两条边线为参考，绘制图 10.2.61 所示的截面草图，选取旋转类型 ⊥，旋转角度值为 360°，单击"移除材料"按钮 ⊿。

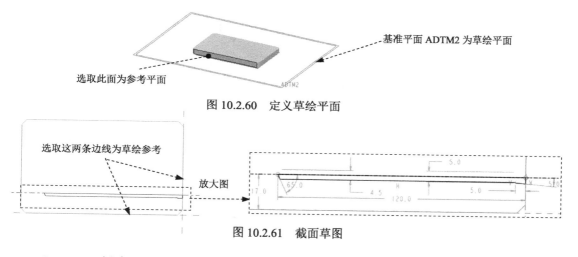

图 10.2.60　定义草绘平面

图 10.2.61　截面草图

Stage2. 创建图 10.2.57 所示的第二个圆孔

Step1. 在模型树界面中选择 ⫿ ▼ ━━▶ 💾 树过滤器(F)... 命令。在系统弹出的"模型树项"对话框中选中 ☑ 特征 复选框，然后单击 确定 按钮。

Step2. 在模型树中选取 Stage1 所创建的圆孔特征。单击 模型 功能选项卡中 编辑 ▼ 区域的 田 阵列 ▼ 按钮，系统弹出"阵列"操控板。

Step3. 在系统 ⇨ 选择要在第一方向上改变的尺寸. 的提示下，在模型中选取阵列的引导尺寸 17，如图 10.2.62 所示。

Step4. 在操控板中进行如下操作。

（1）单击 尺寸 按钮，然后输入第一方向的尺寸增量值 46。

（2）输入第一方向的阵列数量 2，单击 ✔ 按钮，阵列结果如图 10.2.63 所示。

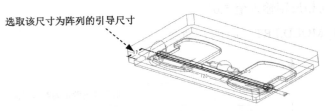

选取该尺寸为阵列的引导尺寸

图 10.2.62　选取引导尺寸　　　　　　图 10.2.63　阵列结果

Stage3. 创建图 10.2.57 所示的第三个圆孔

Step1. 单击 模具 功能选项卡 形状 ▼ 区域中的 旋转 按钮。系统弹出"旋转"操控板。

Step2. 创建旋转特征。选择 ADTM2 基准平面为草绘平面，选取图 10.2.64 所示的模型表面为参考平面，方向为 右 ，选取图 10.2.65 所示的两条边线为参考，绘制图 10.2.65 所示的截面草图，选取旋转类型 ⊥ ，旋转角度值为 360°，单击"移除材料"按钮 ◢ 。

选取此面为参考平面

图 10.2.64　定义参考平面

放大图　　　　　　　　选取这两条边线为草绘参考　　放大图

图 10.2.65　截面草图

Task16. 在 B 板中设计冷却水道的进出孔

下面将在 B 板上创建图 10.2.66 所示的三个圆孔，作为通向下模型腔冷却水孔的过道，这三个圆孔须与对应的下模型腔冷却水孔相连，三个圆孔大小与相应冷却水孔的入口处的大小相同。

Stage1. 在 B 板的侧面创建图 10.2.67 所示的两个圆孔

Step1. 取消模架 MOLDBASE.ASM 遮蔽。

Step2. 从模型树中激活 B_PLATE.PRT。

Step3. 单击 **模具** 功能选项卡 **形状 ▼** 区域中的 拉伸 按钮，此时系统弹出"拉伸"操控板。

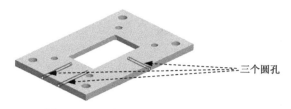

图 10.2.66　在 B 板上创建三个圆孔

图 10.2.67　在 B 板的侧面创建两个圆孔

Step4. 创建拉伸特征。草绘平面为图 10.2.68 所示的模型表面 1，参考平面为图 10.2.68 所示的模型表面 2，方向为 **右**，截面草图为图 10.2.69 所示的两个圆（这两个圆为"投影"），选取深度类型为 **⟂**（到下一个），单击"移除材料"按钮 □，单击 ✓ 按钮。

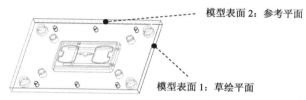

图 10.2.68　定义草绘平面

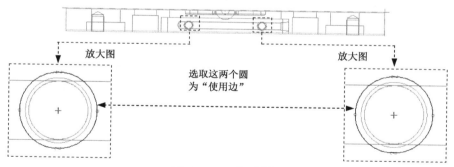

图 10.2.69　截面草图

Stage2. 在 B 板的前侧创建图 10.2.70 所示的一个圆孔

图 10.2.70　在 B 板的前侧创建一个圆孔

Step1. 单击 **模具** 功能选项卡 **形状 ▼** 区域中的 拉伸 按钮，此时系统弹出"拉伸"操控板。

Step2. 创建拉伸特征。草绘平面为图 10.2.71 所示的模型表面 1，参考平面为模型表面 2，方向为 上，截面草图为图 10.2.72 所示的一个圆（此圆为"投影"），选取深度类型为 ≡ （到下一个），单击 % 按钮，单击"移除材料"按钮 ◢ 。

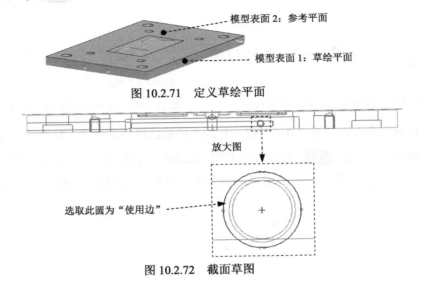

图 10.2.71　定义草绘平面

图 10.2.72　截面草图

Task17. 切除顶出销多余的长度

下面将切除图 10.2.73 所示的顶出销多余的长度。

图 10.2.73　切除顶出销

Step1. 将视图设置到"主表示"状态。选择 视图 功能选项卡 模型显示 ▼ 区域中的 管理视图 ▼ 按钮，在弹出的菜单中单击 📷 视图管理器 ，在"视图管理器"对话框中右击 主表示 选项，选择 ➔ 激活 命令，然后单击 关闭 按钮。

Step2. 在模型树中将 PAD_MOLD.ASM 进行激活，然后遮蔽模架的上盖 TOP_PLATE.PRT 和上模 UPPER_MOLD.PRT 。

Step3. 激活模型树中的位于上部的顶出销零件 EJECT_PIN.PRT。

注意：在图 10.2.74 所示的视图方位中，此激活的顶出销位于左边（而不是右边）。

Step4. 对顶出销零件进行剪切。

（1）单击 模具 功能选项卡 形状 ▼ 区域中的 拉伸 按钮，此时系统弹出"拉伸"操控板，单击"移除材料"按钮 ⬜ 。

（2）创建切削拉伸特征。设置草绘平面为图 10.2.74 所示的模型表面 1，参考平面为模型表面 2，方向为 <u>右</u> 。

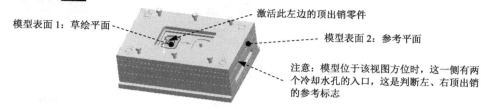

图 10.2.74　定义草绘平面

（3）绘制截面草图。绘制图 10.2.75 所示的正方形草图。

（4）选取深度类型为 ⊟⊟ （穿透），特征的拉伸方向为上（图 10.2.76），特征的去材料的方向为里（图 10.2.76）。

说明： *由于左、右两个顶出销名称相同，为同一个零件，所以左边的顶出销切削后，右边的顶出销也同时被切掉。*

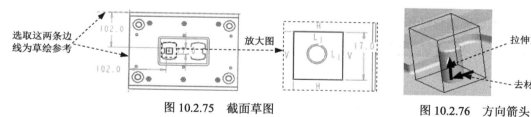

图 10.2.75　截面草图　　　　　图 10.2.76　方向箭头

Step5. 在模型树中将 ⬜ PAD_MOLD.ASM 进行激活。

Task18. 含模架的模具开启设计

模具开启包括如下步骤。

（1）开模步骤 1：打开模具。要移动的元件包含 A 板（a_plate）、上模型腔（upper_mold）、定座板（top_plate）以及六个定座板螺钉（top_plate_screw）。

（2）开模步骤 2：顶出浇注件。要移动的元件包含浇注件（pad_molding）、下顶出板（eject_down_plate）、上顶出板（eject_up_plate）、六个顶出板螺钉（ej_plate_screw）、两个顶出杆（eject_pin）以及四个复位销钉（pin）。

（3）开模步骤 3：浇注件落下。要移动的元件为浇注件（pad_molding）。

（4）开模步骤 4：顶出杆复位。要移动的元件包含下顶出板（eject_down_plate）、上顶出板（eject_up_plate）、六个顶出板螺钉（ej_plate_screw）、两个顶出杆（eject_pin）以及四个复位销钉（pin）。

（5）开模步骤 5：闭合模具。要移动的元件包含 A 板（a_plate）、上模型腔（upper_mold）、四个隔套（bush）、定座板（top_plate）以及六个定座板螺钉（top_plate_screw）。

下面介绍模具开启的操作过程。

Stage1. 显示模具元件

取消上模 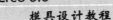、浇注件 PAD_MOLDING.PRT 和模架上盖 TOP_PLATE.PRT 的遮蔽。

Stage2. 定义开模步骤 1

Step1. 单击 **模具** 功能选项卡 分析 ▾ 区域中的"模具开模"按钮 ，系统弹出"模具开模"菜单管理器，选择 Mold Opening (模具开模) ➡ Define Step (定义步骤) ➡ Define Move (定义移动) 命令。

Step2. 在模型树中选取要移动的模具元件。

（1）在系统 ➡为迁移号码1 选择构件. 的提示下，在模型树中按住<Ctrl>键，依次选取元件 UPPER_MOLD.PRT、A_PLATE.PRT 以及六个 TOP_PLATE_SCREW.PRT。

（2）在"选择"对话框中单击 确定 按钮。

Step3. 在系统 ➡通过选择边、轴或面选择分解方向. 的提示下，选取图 10.2.77 所示的边线定义移动方向，然后输入移动距离值-120，然后按<Enter>键。

Step4. 选择 Done (完成) 命令，移动后结果如图 10.2.78 所示。

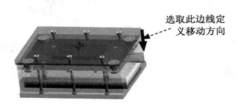

选取此边线定义移动方向

图 10.2.77 定义移动方向

图 10.2.78 移动后

Stage3. 定义开模步骤 2

Step1. 选择 Define Step (定义步骤) ➡ Define Move (定义移动) 命令。

Step2. 选取移动元件。选取元件 PAD_MOLDING.PRT、EJECT_DOWN_PLATE.PRT、六个 EJ_PLATE_SCREW.PRT、EJECT_UP_PLATE.PRT、两个 EJECT_PIN.PRT 以及四个 PIN.PRT。

Step3. 定义移动方向（图 10.2.79），移动距离值为 14.0（如果相反则输入值-14.0），并按<Enter>键，选择 Done (完成) 命令，移动后结果如图 10.2.80 所示。

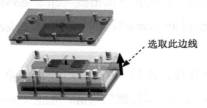

选取此边线

图 10.2.79 定义移动方向

图 10.2.80 移动后

Stage4. 定义开模步骤 3

Step1. 选择 `Define Step (定义步骤)` ➡️ `Define Move (定义移动)`命令。

Step2. 选取移动元件。要移动的元件为 PAD_MOLDING.PRT。

Step3. 定义移动方向（图 10.2.81），移动距离值为-260，并按<Enter>键，选择 `Done (完成)` 命令，移动后的状态如图 10.2.82 所示。

图 10.2.81　定义移动方向　　　　　图 10.2.82　移动后

Stage5. 定义开模步骤 4

Step1. 选择 `Define Step (定义步骤)` ➡️ `Define Move (定义移动)`命令。

Step2. 选取移动元件。要移动的元件为 EJECT_DOWN_PLATE.PRT、六个 EJ_PLATE_SCREW.PRT、两个 EJECT_PIN.PRT 以及四个 PIN.PRT。

Step3. 定义移动方向（图 10.2.83），移动距离值为-14.0，并按<Enter>键，选择 `Done (完成)` 命令，移动后的状态如图 10.2.84 所示。

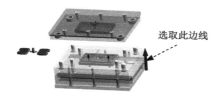

图 10.2.83　定义移动方向　　　　　图 10.2.84　移动后

Stage6. 定义开模步骤 5

Step1. 选择 `Define Step (定义步骤)` ➡️ `Define Move (定义移动)`命令。

Step2. 要移动的元件与开模步骤 1 的移动元件一样（即依次选取元件 UPPER_MOLD.PRT、A_PLATE.PRT 以及六个 TOP_PLATE_SCREW.PRT）。

Step3. 定义移动方向（图 10.2.85），移动距离值为 120.0，并按<Enter>键，选择 `Done (完成)` 命令，移动后的状态如图 10.2.86 所示。

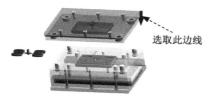

图 10.2.85　定义移动方向　　　　　图 10.2.86　移动后

Stage7. 分解开模步骤

通过下面的操作，可以查看模具开启的每一步动作。

Step1. 在 Mold Opening (模具开模)菜单中选择 Explode (分解) 命令。

Step2. 在 ▼ STEP BY STEP (逐步)菜单中，选择 Open Next (打开下一个) ➡ Open Next (打开下一个)

➡ Open Next (打开下一个) ➡ Open Next (打开下一个) ➡ Open Next (打开下一个) 命令。

Step3. 选择 Done/Return (完成/返回)命令。

Step4. 选择下拉菜单 文件 ▾ ➡ 保存(S) 命令。

学习拓展：扫码学习更多视频讲解。

讲解内容：动画与运动仿真实例精选。讲解了一些典型的运动仿真实例，并对操作步骤作了详细的演示。读者如果想要学习制作模具的开模动画，本部分的内容可以作为参考。

第**11**章 EMX 12.0 模架设计

```
本章提要
```
本章将针对 EMX 12.0 模架设计方法进行详细的讲解，同时通过实际范例来介绍其具体操作步骤，其中包括浇口套、顶杆、复位杆、拉料杆、镶件模板以及冷却系统的设计。在学过本章之后，读者能够熟练掌握 EMX 12.0 模架设计的方法和技巧。

11.1 概　　述

EMX 是 Expert Moldbase Extension 的缩写，即 Creo 6.0 的模架设计专家。通过 EMX 模块来创建模具设计可以简化模具的设计过程，减少不必要的重复性工作，提高设计效率。模架设计专家（EMX）提供一系列快速设计模架以及一些辅助装置的功能，将整个模具设计周期缩短。在 Creo 6.0 的注塑模具设计模块中，所有可以利用的解决方案都是以族表或通过输入几何体的办法来解决，模架设计专家（EMX）却以使用不受约束的参数元件为基础，完成模具设计非常灵活，能够快速地改变设计意图或修改尺寸。

EMX 模具库不单单是一个标准的 3D 模具库，它的"智能式"设计可以让用户轻松实现零件装配及更改，从而减少设计时的误差及公式化和费时的工序。另外，只需要点击鼠标，用户便可从模具库内提取出满足设计的零部件，然后组装成一个完整的模具。

11.2　EMX 12.0 的安装

EMX 是 Creo 6.0 的一个外挂模块，只有安装该外挂模块后才可以使用，安装 EMX 模块后，系统会增加用于标准模架设计的工具栏和下拉菜单。安装 EMX 模块的操作步骤如下。

注意：在安装 EMX 外挂模块前，必须先安装 Creo 6.0 主体软件。

Step1. 运行安装光盘中的安装文件 setup.exe，系统弹出图 11.2.1 所示的安装界面。

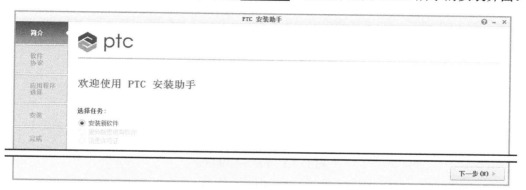

图 11.2.1　安装界面

Step2. 单击安装界面右下角的 下一步(N) 按钮，然后在弹出的对话框中选中 ● 我接受软件许可协议(A) 单选项和选中 ☑ 通过选中此框 复选框；再次单击 下一步(N) 按钮。

Step3. 系统弹出图 11.2.2 所示的安装选项界面，系统默认选择所有产品功能，直接单击 安装 按钮。

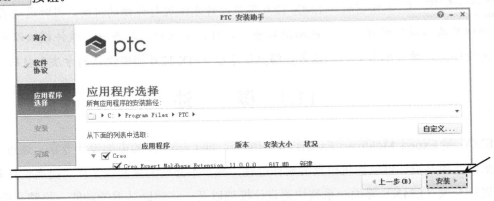

图 11.2.2 安装选项界面

Step4. 安装完成后单击 完成(F) 按钮。

11.3 EMX 12.0 模架设计的一般过程

标准模架是在模具型腔的基础上创建的。首先在 Creo 6.0 的 Creo/MOLDESIGN 模块里完成模具型腔的创建，然后将模具型腔导入到 EMX 中进行模架设计。下面以图 11.3.1 为例，说明利用 EMX 12.0 模块进行模架设计的一般过程。

11.3.1 新建项目

项目是 EMX 标准模架的顶级组件，在创建新的模架设计时，必须定义一些将用于所有模架元件的参数和组织数据，主要包括：项目名称的定义、模具型腔元件的添加和型腔元件的分类。

图 11.3.1 EMX 标准模架

Step1. 设置工作目录。将工作目录设置至 D:\creo6.3\work\ch11.03。

Step2. 选择命令。在 EMX 功能选项卡 项目 区域中选择 选项，系统弹出"项目"对话框，在对话框中进行图 11.3.2 所示的设置，单击　确定　按钮，系统进入装配环境。

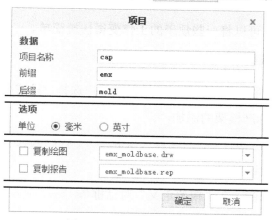

图 11.3.2　"项目"对话框

Step3. 添加元件。

（1）单击 模型 功能选项卡 元件 ▾ 区域中的 组装 按钮，在系统弹出的菜单中单击 组装 选项。此时系统弹出"打开"对话框，在"打开"对话框中选择 cap_mold.asm 装配体，单击　打开　按钮，此时系统弹出"元件放置"操控板。

（2）在该操控板中单击 放置 按钮，在"放置"界面的 约束类型 下拉列表中选择 默认 选项，将元件按缺省设置放置，此时"元件放置"操控板显示的信息为 完全约束，单击 ✔ 按钮，完成装配件的放置。

Step4. 元件分类。单击 EMX 装配 功能选项卡 准备 ▾ 控制区域中的 分类 按钮，系统弹出"分类"对话框，在对话框中进行图 11.3.3 所示的设置，单击　确定　按钮。

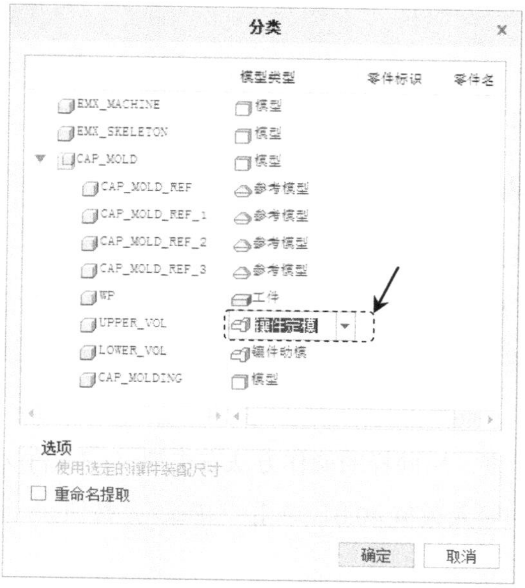

图 11.3.3　"分类"对话框

11.3.2 添加标准模架

通过添加标准模架，可以将一些烦琐的工作变得快捷简单。

Stage1. 定义标准模架

在 EMX 模块中，软件提供了很多标准模架供用户选择，只需通过下拉菜单中的"装配定义"命令 🗄，来完成标准模架的添加。

Step1. 选择命令。单击 EMX 装配 功能选项卡 模架▼ 控制区域中的"装配定义"按钮 🗄，系统弹出"模架定义"对话框。

Step2. 定义模架供应商。在"模架定义"对话框 🚚 | meusburger ▼ 的下拉列表中选择 hasco 选项。

Step3. 定义模架系列。在对话框左上角单击"从文件载入装配定义"按钮 🗄，系统弹出"载入 EMX 装配"对话框，在对话框 保存的装配 的列表框中选择 type1 选项，单击"载入 EMX 装配"对话框右下角的"从文件载入装配定义"按钮 🗄，单击 确定 按钮。

Step4. 更改模架尺寸。在"模架定义"对话框右上角的 尺寸 下拉列表中选择 396x396 选项，此时系统弹出图 11.3.4 所示的"EMX 问题"对话框，单击 是 按钮。系统经过计算后，将标准模架加载到绘图区中，如图 11.3.5 所示。

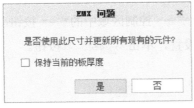

图 11.3.4 "EMX 问题"对话框

图 11.3.5 加载标准模架

Stage2. 定义模板厚度

模板的厚度主要是根据型腔零件和型芯零件来进行设置，其一般过程如下。

Step1. 定义定模板厚度。在"模架定义"对话框中右击图 11.3.6 所示的定模板，此时系统弹出图 11.3.7 所示的"板"对话框，在对话框的 🗐 厚度 (T) 文本框中输入数值 70.0，单击 确定 按钮。

Step2. 定义动模板厚度。用同样的操作方法右击图 11.3.6 所示的动模板，在"板"对话框 🗐 厚度 (T) 文本框中输入数值 40.0，单击 确定 按钮。

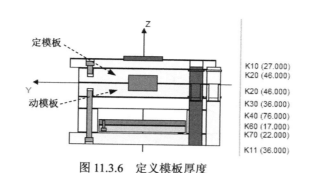

图 11.3.6 定义模板厚度

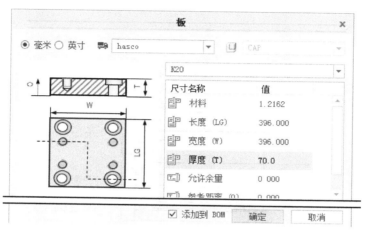

图 11.3.7 "板"对话框

11.3.3 定义浇注系统

浇注系统是指模具中由注射机到型腔之间的进料通道，主要包括主流道、分流道、浇口和冷料穴。下面介绍在标准模架中主流道衬套和定位环的操作方法。

Step1. 定义主流道衬套。在"模架定义"对话框 ➡定位环定模 ▾ 的下拉列表中选择 ☲ 主流道衬套 选项；此时系统弹出图 11.3.8 所示的"主流道衬套"对话框。定义衬套型号为 Z512r 选项，在 ☷ OFFSET - 偏移 文本框中输入数值 0，其他采用默认设置，单击 确定 按钮。

Step2. 定义定位环。在"模架定义"对话框中右击图 11.3.9 所示的定位环，此时系统弹出图 11.3.10 所示的"定位环"对话框。定义定位环型号为 K100 ，在 ☷ DM1 - 直径 下拉列表中选择 100，在 ☷ HG1 - 高度 下拉列表中选择 11，在 ☷ OFFSET - 偏移 文本框中输入数值 0，单击 确定 按钮。

Step3. 单击"模架定义"对话框中的 关闭 按钮，完成标准模架的添加。

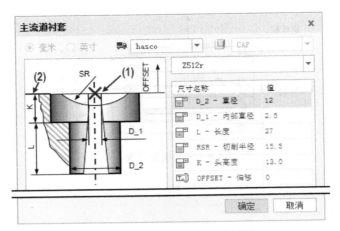

图 11.3.8　"主流道衬套"对话框

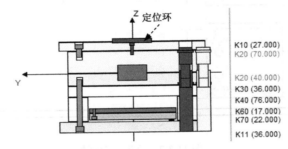

图 11.3.9　定义定位环

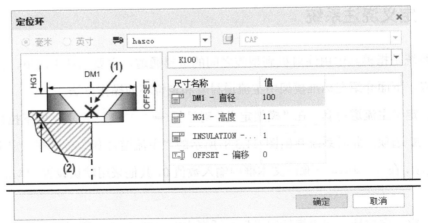

图 11.3.10　"定位环"对话框

11.3.4　添加标准元件

标准元件一般包括导柱、导套、顶杆、定位销、螺钉及止动系统等。在 EMX 模块中可以通过"元件状况"命令来完成标准元件的添加。

Step1. 选择命令。单击 `EMX 装配` 功能选项卡 `模架 ▼` 控制区域中的"元件状况"按钮，系统弹出"元件状况"对话框，如图11.3.11所示。

Step2. 定义元件选项。在图11.3.11所示的对话框中单击"全选"按钮，再单击"完成"按钮 `确定`，结果如图11.3.12所示。

图11.3.11 "元件状况"对话框

图11.3.12 添加标准元件

11.3.5 添加顶杆

顶杆是指开模后塑件在顶出零件的作用下通过一次动作将塑件从模具中脱出。下面介绍顶杆的一般添加方法。

Step1. 显示动模。单击 `EMX 装配` 功能选项卡 `视图` 控制区域中的 `显示` 按钮，在弹出的快捷菜单中选择 `动模`。

Step2. 创建基准平面。单击 `模型` 功能选项卡 `基准 ▼` 区域中的"平面"按钮，以图11.3.13所示的表面为偏移参考平面，偏移方向朝上，偏移距离值为30.0，单击 `确定` 按钮。

Step3. 创建顶杆参考点。

（1）选择命令。单击 `模型` 功能选项卡 `基准 ▼` 区域中的"草绘"按钮，系统弹出"草绘"对话框。

（2）定义草绘平面。在模型树界面中，选择 → `树过滤器(F)...` 命令，在系统弹出的"模型树项"对话框中选中 ✔ `特征` 复选框，然后单击 `确定` 按钮，在模型树选择Step2中创建的基准平面为草绘平面 `ADTM46`，选取图11.3.14所示的工件侧面为参考平面，方向为 `右`。单击 `草绘` 按钮，至此系统进入截面草绘环境。

（3）绘制截面草图。绘制图11.3.15所示的截面草图（四个点），单击 `草绘` 功能选项卡 `基准`

区域中的"点"按钮 ✕ ，完成截面的绘制后，单击"草绘"操控板中的"确定"按钮 ✓。

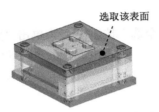
图 11.3.13　定义偏移参考平面

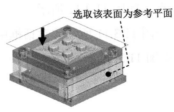
图 11.3.14　定义草绘平面

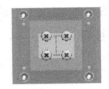
图 11.3.15　截面草图

Step4. 创建顶杆修剪面。

（1）复制曲面。在屏幕右下角的"智能选择栏"中选择"几何"选项。按住<Ctrl>键，选取图 11.3.16 所示的表面，单击 模型 功能选项卡 操作 ▼ 区域中的"复制"按钮 📄。单击"粘贴"按钮 📋 ▼，在"曲面：复制"操控板中单击 ✓ 按钮。

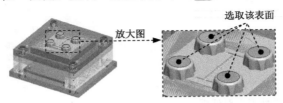
图 11.3.16　复制曲面

（2）单击 EMX 装配 功能选项卡 准备 ▼ 控制区域下拉列表中的 ⬚ 识别修剪面 按钮，系统弹出"修剪面"对话框（图 11.3.17），单击对话框中的 ➕ 按钮，系统弹出"选择"对话框，选取步骤（1）复制的曲面为修剪面，单击"选择"对话框中的 确定 按钮，单击 关闭 按钮。

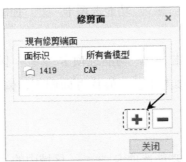
图 11.3.17　"修剪面"对话框

Step5. 定义顶杆。

（1）选择命令。单击 EMX 元件 功能选项卡 顶杆 ▼ 控制区域中的"顶杆"按钮 🔧，系统弹出"顶杆"对话框，如图 11.3.18 所示。

（2）在"顶杆"对话框 📑 meusburger ▼ 的下拉列表中选择 hasco 选项。

（3）定义顶杆直径为 8.0，定义顶杆长度为 160.0，在对话框中选中 ☑ 按面组/参照模型修剪 复选框。

（4）定义参考点。单击⑴点 下面区域的 选择项 选项使其激活，系统弹出"选择"对话框，选取 Step3 中创建的任意一点。如图 11.3.18 所示，单击 确定 按钮；结果如图 11.3.19 所示；然后将复制的曲面隐藏。

说明：创建的点具有关联性，所以系统可同时创建出四根顶杆。

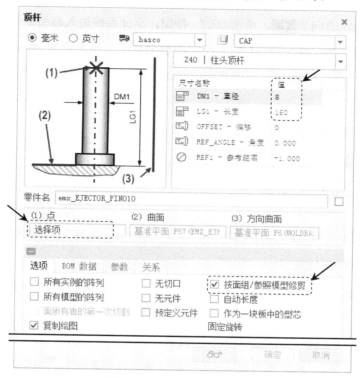

图 11.3.18 "顶杆"对话框

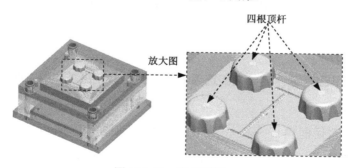

图 11.3.19 定义顶杆

11.3.6 添加复位杆

模具在闭合的过程中为了使推出机构回到原来位置，必须设计复位装置，即复位杆。设计复位杆时，要将它的头部设计到动、定模的分型上，在合模时，定模一接触复位杆，就将顶杆及顶出装置恢复到原来的位置。下面介绍复位杆的一般添加过程。

Step1. 创建复位杆参考点。

（1）选择命令。单击 模型 功能选项卡 基准 ▾ 区域中的"草绘"按钮，系统弹出"草绘"对话框。

（2）定义草绘平面。选取图 11.3.20 所示的表面为草绘平面，选取图 11.3.20 所示的工件侧面为参考平面，方向为 右 。单击 草绘 按钮，至此系统进入截面草绘环境。

（3）绘制截面草图。绘制图 11.3.21 所示的截面草图（两个点），单击 草绘 功能选项卡 基准 ▾ 区域中的"点"按钮 × ，完成截面的绘制后，单击"草绘"操控板中的"确定"按钮 ✔ 。

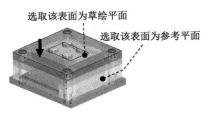

图 11.3.20　定义草绘平面

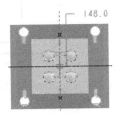

图 11.3.21　截面草图

Step2. 创建复位杆修剪面。

（1）复制曲面。在屏幕右下角的"智能选择栏"中选择"几何"选项。选取图 11.3.20 所示的草绘平面，单击 模型 功能选项卡 操作 ▾ 区域中的"复制"按钮 。单击"粘贴"按钮 ▾ ，在"曲面：复制"操控板中单击 ✔ 按钮。

（2）单击 EMX 装配 功能选项卡 准备 ▾ 控制区域下拉列表中的 识别修剪面 按钮，系统弹出"修剪面"对话框，单击对话框中的 ＋ 按钮，系统弹出"选择"对话框，选取步骤（1）复制的曲面为修剪面，单击"选择"对话框中的 确定 按钮，单击 关闭 按钮。

Step3. 定义复位杆 1。

（1）选择命令。单击 EMX 元件 功能选项卡 顶杆 ▾ 控制区域中的"顶杆"按钮 ，系统弹出"顶杆"对话框。

（2）在"顶杆"对话框 meusburger ▾ 的下拉列表中选择 hasco 选项。

（3）定义复位杆直径为 16.0，定义复位杆长度为 160.0，在对话框中选中 ☑ 按面组/参照模型修剪 复选框。

（4）定义参考点。单击 ⑴ 点 下面区域的 选择项 选项使其激活，系统弹出"选择"对话框，选取 Step1 创建的任意一点；单击 确定 按钮，结果如图 11.3.22 所示；然后将复制的曲面隐藏。

说明：创建的点具有关联性，所以系统可同时创建出两根复位杆。

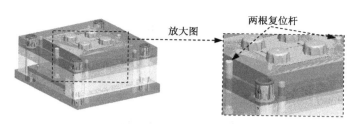

图 11.3.22　定义复位杆

11.3.7　添加拉料杆

模具在开模时，将浇注系统中的废料拉到动模一侧，保证在下次注塑时不会因废料而影响到注塑，再通过顶出机构将废料和塑件一起顶出。下面介绍拉料杆的一般添加过程。

说明：创建拉料杆与创建顶杆使用的命令相同。

Step1. 创建拉料杆参考点。

（1）选择命令。单击 模型 功能选项卡 基准 ▾ 区域中的"草绘"按钮，系统弹出"草绘"对话框。

（2）定义草绘平面，选取图 11.3.23 所示的表面 1 为草绘平面，选取图 11.3.23 所示的表面 2 为参考平面，方向为 右 。单击 草绘 按钮，至此系统进入截面草绘环境。

（3）绘制截面草图。绘制图 11.3.24 所示的截面草图（一个点），单击 草绘 功能选项卡 基准 ▾ 区域中的"点"按钮 ✕ ，完成截面的绘制后，单击"草绘"操控板中的"确定"按钮 ✔ 。

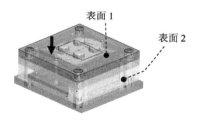

图 11.3.23　定义草绘平面

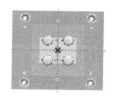

图 11.3.24　截面草图

Step2. 创建拉料杆修剪面。

（1）创建拉伸曲面。单击 模型 功能选项卡 切口和曲面 ▾ 区域中的 拉伸 按钮，此时系统弹出"拉伸"操控板。从弹出的菜单中选择 定义内部草绘... 命令，在系统 ◆ 选择一个平面或曲面以定义草绘平面. 的提示下，选取图 11.3.23 所示的表面 2 为草绘平面，选取图 11.3.23 所示的表面 1 为参考平面，单击 草绘 按钮，绘制图 11.3.25 所示的截面草图（一条直线）。在操控板中选取深度类型 ⊥ （到选定的），选取草绘平面的背面为拉伸终止面。

（2）单击 EMX 装配 功能选项卡 准备 ▾ 控制区域下拉列表中的 识别修剪面 按钮，系统弹出"修剪面"对话框，单击对话框中的 ➕ 按钮，系统弹出"选择"对话框，选取步骤（1）拉伸的曲面为修剪面，单击"选择"对话框中的 确定 按钮，单击 关闭 按钮。

图 11.3.25　截面草图

Step3. 定义拉料杆。

（1）选择命令。单击 EMX 元件 功能选项卡 顶杆▼ 控制区域中的"顶杆"按钮 ⊤ ，系统弹出"顶杆"对话框。

（2）在"顶杆"对话框 ⊨ meusburger ▼ 的下拉列表中选择 hasco 选项。

（3）定义拉料杆直径为 9.0，定义拉料杆长度为 160.0，在对话框中选中 ☑ 按面组/参照模型修剪 复选框。

（4）定义参考点。单击 (1) 点 下面区域的 选择项 选项使其激活，系统弹出"选择"对话框，选取 Step1 创建的点；单击 确定 按钮，结果如图 11.3.26 所示；然后将拉伸的曲面隐藏。

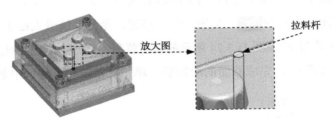

图 11.3.26　定义拉料杆

Step4. 编辑拉料杆。

（1）打开模型。在模型树中选择 Step2 创建的拉料杆 ⬚ EMX_EJECTOR_PIN012.PRT 并右击，在弹出的快捷菜单中选择 ⬚ 命令，系统转到零件模式下。

（2）单击 模型 功能选项卡 形状 ▼ 区域中的 ⬚拉伸 按钮，此时出现"拉伸"操控板。

（3）定义草绘截面放置属性。右击，从弹出的菜单中选择 定义内部草绘... 命令，在系统 ➪ 选择一个平面或曲面以定义草绘平面. 的提示下，在模型树中选取 ⬚ DTM_X_Z 为草绘平面，然后选取 ⬚ DTM_Y_Z 为参考平面，方向为 右 。单击 草绘 按钮，至此系统进入截面草绘环境。

（4）绘制截面草图。绘制图 11.3.27 所示的截面草图，完成截面的绘制后，单击"草绘"操控板中的"确定"按钮 ✔ 。

（5）设置深度选项。

① 在操控板中选取深度类型 吕（对称的），在文本框中输入值 10.0。

② 在操控板中单击"移除材料"按钮 ⬚ 。

③ 在"拉伸"操控板中单击 ✓ 按钮，完成特征的创建，结果如图 11.3.28 所示。

图 11.3.27　截面草图　　　　　　　　　　　　　图 11.3.28　编辑拉料杆

（6）关闭窗口。选择下拉菜单 **文件** ➡ ✕ **关闭(C)** 命令。

11.3.8　定义模板

考虑添加后的模板并不完全符合模具设计要求，需要对模具元件和模板进行重新定义，即在定模板和动模板中挖出凹槽来放置型腔，用于镶嵌模具的型腔零件和型芯零件。

Step1. 定义动模板。

（1）打开模型。在模型树中选择动模板 ▶ ☐ EMX_CAV_PLATE_MH001.PRT 并右击，在弹出的快捷菜单中选择 ☐ 命令，系统转到零件模式下。

（2）单击 **模型** 功能选项卡 形状 ▾ 区域中的 ☐拉伸 按钮，此时出现"拉伸"操控板。

（3）定义草绘截面放置属性。选取图 11.3.29 所示的表面为草绘平面，然后选取图 11.3.29 所示的表面为参考平面，方向为 **右** 。单击 **草绘** 按钮，至此系统进入截面草绘环境。

（4）绘制截面草图。绘制图 11.3.30 所示的截面草图，完成截面的绘制后，单击"草绘"操控板中的"确定"按钮 ✓ 。

（5）设置深度选项。

① 在操控板中选取深度类型 ⊥（指定深度值），在文本框中输入数值 30.0(如果方向相反则单击反向按钮 ✕)。

② 在操控板中单击"移除材料"按钮 ◢ 。

③ 在"拉伸"操控板中单击 ✓ 按钮，完成特征的创建，结果如图 11.3.31 所示。

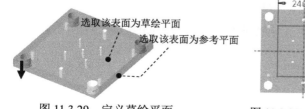
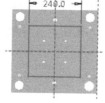

图 11.3.29　定义草绘平面　　　　图 11.3.30　截面草图　　　　图 11.3.31　编辑动模板

（6）单击 **模型** 功能选项卡 形状 ▾ 区域中的 ☐拉伸 按钮，此时出现"拉伸"操控板。

（7）定义草绘截面放置属性。选取图 11.3.32 所示的表面为草绘平面，然后选取图 11.3.32 所示的表面为参考平面，方向为 右 。单击 草绘 按钮，至此系统进入截面草绘环境。

（8）绘制截面草图。绘制图 11.3.33 所示的截面草图，完成截面的绘制后，单击"草绘"操控板中的"确定"按钮 ✔ 。

（9）设置深度选项。

① 在操控板中选取深度类型 ⊥（指定深度值），在文本框中输入数值 10.0（如果方向相反则输入值 -10.0）。

② 在操控板中单击"移除材料"按钮 ⧄ 。

③ 在"拉伸"操控板中单击 ✔ 按钮，完成特征的创建，结果如图 11.3.34 所示。

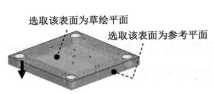
图 11.3.32　定义草绘平面

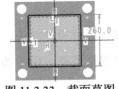
图 11.3.33　截面草图

图 11.3.34　编辑动模板

（10）关闭窗口。选择下拉菜单 文件 ➡ ✕ 关闭(C) 命令。

Step2. 定义下模元件。

（1）打开模型。在模型树中选择 ▶ ⬚ CAP_MOLD.ASM 节点下的下模元件 ▶ ⬚ LOWER_VOL.PRT 并右击，在弹出的快捷菜单中选择 ⬚ 命令，系统转到零件模式下。

（2）单击 模型 功能选项卡 形状 ▾ 区域中的 ⬚ 拉伸 按钮，此时出现"拉伸"操控板。

（3）定义草绘截面放置属性。选取图 11.3.35 所示的表面为草绘平面，然后选取图 11.3.39 所示的表面为参考平面，方向为 右 。单击 草绘 按钮，至此系统进入截面草绘环境。

（4）绘制截面草图。绘制图 11.3.36 所示的截面草图（使用偏移命令），完成截面的绘制后，单击"草绘"操控板中的"确定"按钮 ✔ 。

（5）设置深度选项。

① 在操控板中选取深度类型 ⊥（指定深度值），在文本框中输入数值 30.0（如果方向相反则输入值 -30.0）。

② 在操控板中单击"移除材料"按钮 ⧄ 和"反向"按钮 ⤺ 。

③ 在"拉伸"操控板中单击 ✔ 按钮，完成特征的创建，结果如图 11.3.37 所示。

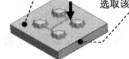
图 11.3.35　定义草绘平面

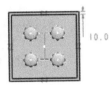
图 11.3.36　截面草图

图 11.3.37　编辑动模板

（6）关闭窗口。选择下拉菜单 ▊文件▊ ➡ ✕关闭(C) 命令。

Step3. 定义动模座板。

（1）打开模型。在模型树中选择动模座板 ▸ ▢ EMX_CLP_PLATE_MH001.PRT 并右击，在弹出的快捷菜单中选择 ▢ 命令，系统转到零件模式下。

（2）单击 **模型** 功能选项卡 形状 ▼ 区域中的 ▢拉伸 按钮，此时出现"拉伸"操控板。

（3）定义草绘截面放置属性。选取图 11.3.38 所示的表面为草绘平面，然后选取图 11.3.42 所示的表面为参考平面，方向为 ▊右▊。单击 **草绘** 按钮，至此系统进入截面草绘环境。

（4）绘制截面草图。绘制图 11.3.39 所示的截面草图，完成截面的绘制后，单击"草绘"操控板中的"确定"按钮 ✔。

（5）设置深度选项。在操控板中选取深度类型 ⧧，（如果方向相反单击 ╱ 按钮），单击"移除材料"按钮 ◹，在"拉伸"操控板中单击 ✔ 按钮。完成特征的创建，结果如图 11.3.40 所示。

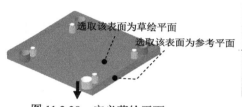

图 11.3.38　定义草绘平面

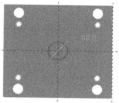

图 11.3.39　截面草图

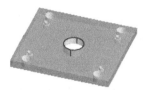

图 11.3.40　编辑动模座板

（6）关闭窗口。选择下拉菜单 ▊文件▊ ➡ ✕关闭(C) 命令。

Step4. 定义定模板。

（1）显示定模。单击 EMX 装配 功能选项卡 视图 控制区域中的 ▊显示▼ 按钮，在弹出的快捷菜单中选择 ▊ 定模 按钮。

（2）打开模型。在模型树中选择定模座板 ▸ ▢ EMX_CAV_PLATE_FH001.PRT 并右击，在弹出的快捷菜单中选择 ▢ 命令，系统转到零件模式下。

（3）单击 **模型** 功能选项卡 形状 ▼ 区域中的 ▢拉伸 按钮，此时出现"拉伸"操控板。

（4）定义草绘截面放置属性。选取图 11.3.41 所示的表面为草绘平面，然后选取图 11.3.41 所示的表面为参考平面，方向为 ▊右▊。单击 **草绘** 按钮，至此系统进入截面草绘环境。

（5）绘制截面草图。绘制图 11.3.42 所示的截面草图，完成截面的绘制后，单击"草绘"操控板中的"确定"按钮 ✔。

（6）设置深度选项。

① 在操控板中选取深度类型 ⊥（指定深度值），在文本框中输入数值 60.0（如果方向相反单击 ╱ 按钮）。

② 在操控板中单击"移除材料"按钮 ◯。

③ 在"拉伸"操控板中单击 ✔ 按钮，完成特征的创建，结果如图 11.3.43 所示。

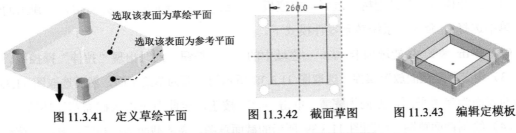

选取该表面为草绘平面
选取该表面为参考平面

图 11.3.41　定义草绘平面　　　　图 11.3.42　截面草图　　　图 11.3.43　编辑定模板

（7）关闭窗口。选择下拉菜单 文件 ➡ ✕ 关闭(C) 命令。

11.3.9　创建冷却系统

设计一个良好的冷却系统，可以缩短成型周期和提高生产效率。下面介绍冷却系统的一般创建过程。

Step1. 显示模架。单击 EMX 装配 功能选项卡 视图 控制区域中的 显示 按钮，在弹出的快捷菜单中选择 ◉ 主视图 按钮。

Step2. 创建冷却孔参考点。

（1）选择命令。单击 模型 功能选项卡 基准 ▾ 区域中的"草绘"按钮 ⬚，系统弹出"草绘"对话框。

（2）定义草绘平面，选取图 11.3.44 所示的表面为草绘平面，选取图 11.3.44 所示的工件侧面为参考平面，方向为 上。单击 草绘 按钮，至此系统进入截面草绘环境。

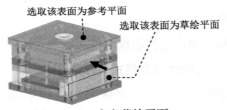

选取该表面为参考平面
选取该表面为草绘平面

图 11.3.44　定义草绘平面

（3）绘制截面草图。绘制图 11.3.45 所示的截面草图（八个点），完成截面的绘制后，单击"草绘"操控板中的"确定"按钮 ✔。

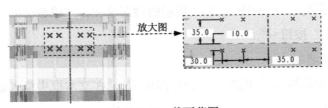

放大图

35.0　10.0
30.0　35.0

图 11.3.45　截面草图

Step3. 定义冷却系统。

（1）选择命令。单击 EMX 元件 功能选项卡 冷却元件▾ 控制区域中的"冷却元件"按钮 ，系统弹出"冷却元件"对话框，如图 11.3.46 所示。

（2）在"顶杆"对话框 meusburger ▾ 的下拉列表中选择 hasco 选项。

（3）定义参考点。单击 ⑴ 曲线|轴|点 下面区域的 选择项 选项使其激活，系统弹出"选择"对话框，选取 Step2 创建的任意一点，单击 确定 按钮。

（4）定义参考曲面。单击对话框中的 ⑵ 曲面 按钮，系统弹出"选择"对话框，选取图 11.3.47 所示的曲面为参考曲面。

（5）在"冷却元件"对话框的 NOM - 直径 下拉列表中选择 9.0，在 G_DM - 螺纹直径 下拉列表中选择 M8x0.75 选项，在 OFFSET - 偏移 在对话框中输入数值 0，在 概述 区域的 T5 文本框中输入数值 400.0，如图 11.3.46 所示，单击 确定 按钮，结果如图 11.3.48 所示。

说明：创建的点具有关联性，所以系统可同时创建出 8 条冷却孔道。

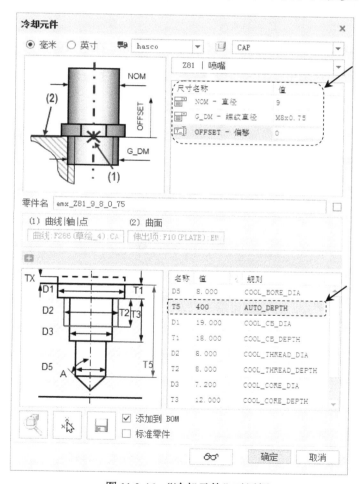

图 11.3.46　"冷却元件"对话框

图 11.3.47　定义参考曲面

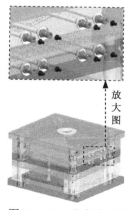

放大图

图 11.3.48　定义冷却系统

11.3.10　模架开模模拟

完成模架的所有创建和修改工作后，可以通过 EMX 模块中的"模架开模模拟"命令，来完成模架的开模仿真过程，并且还可以检查出模架中存在的一些干涉现象，以便用户及时修改。下面介绍模架开模模拟的一般过程。

Step1. 选择命令。单击 `EMX 装配` 功能选项卡 `EMX 工具▼` 控制区域中的"模架开模模拟"按钮 ，系统弹出"模架开模模拟"对话框，如图 11.3.49 所示。

Step2. 定义模拟数据。在 `模拟数据▼` 区域的 `步距宽度` 文本框中输入数值 5，单击"计算新结果"按钮 ，计算结果如图 11.3.49 所示。

Step3. 开始模拟。单击对话框中的"运行模架开模模拟"按钮 ，此时系统弹出图 11.3.50 所示的"动画"对话框，单击对话框中的播放按钮 ▶ ，视频动画将在绘图区中演示。

Step4. 模拟完后，单击"关闭"按钮 `关闭` ，在"模架开模模拟"对话框中单击 `关闭` 按钮。

Step5. 保存模型。单击 `模型` 功能选项卡中的 `操作▼` 区域的 `重新生成▼` 按钮，在系统弹出的下拉菜单中单击 `重新生成` 按钮，选择下拉菜单 `文件` ➡ `保存(S)` 命令。

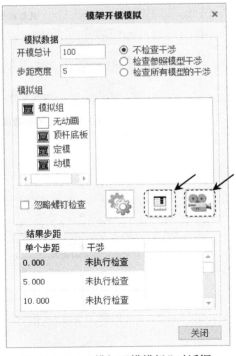

图 11.3.49　"模架开模模拟"对话框

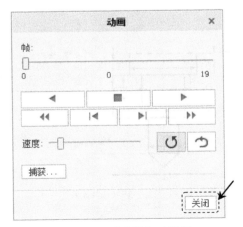

图 11.3.50　"动画"对话框

第12章 模具设计综合范例

本章提要 本章的第一个范例将综合介绍模具设计的整个流程: 首先进行模具分析与检测, 包括拔模检测、厚度检查和计算投影面积; 其次进行模具型腔设计; 然后使用塑料顾问进行工艺仿真; 最后进行标准模架的添加。第二个范例将介绍斜导柱侧抽芯机构的模具设计, 该斜导柱侧抽芯机构主要在装配环境中完成创建。

12.1 综合范例1——控制面板的模具设计

12.1.1 概述

本范例介绍一个完整模具的设计过程, 该面板设计的特别之处在于只设计了一个滑块进行抽取, 如果在设计中创建两个滑块同样也可以抽取, 但在后面的标准模架上添加斜导柱就相对比较繁琐。该范例中应注意的是利用复制延伸的方法来创建分型面, 因而该面板的设计过程将会比前面章节的范例复杂一些, 载入模架后的结果如图 12.1.1 所示。下面介绍该模具型腔的设计过程。

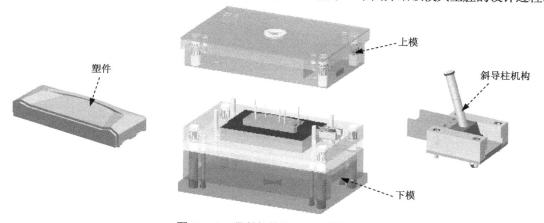

图 12.1.1 带斜机构的 EMX 模架设计

12.1.2 模具设计前的分析与检测

Task1. 拔模检测

Stage1. 进行零件内表面的拔模检测分析

Step1. 打开 D:\creo6.3\work\ch12.01.02\panel_mold_ok.asm。

Step2. 遮蔽坯料。在模型树中右击 ▶ ⟁WP.PRT，选择👁命令。

Step3. 单击 **模具** 功能选项卡 分析 ▾ 区域中的"拔模斜度"按钮 ⚠️。在系统弹出的"拔模斜度分析"对话框中进行如下操作。

（1）选择分析曲面。在模型树中选取零件 PANEL_MOLD_OK _REF.PRT 为要拔模检测的对象。

（2）定义拔模方向。在"拔模斜度分析"对话框中取消选中□ 使用拖拉方向复选框，在方向: 区域后面单击 单击此处添加项 选项使其激活，然后选取 MAIN_PARTING_PLN 基准平面作为拔模参考平面。此时系统显示出拔模方向和"颜色比例"对话框，由于要对零件内表面进行拔模检测，因此该方向不是正确的拔模方向，单击 反向 按钮。

（3）设置拔模角度选项。在 拔模:文本框中输入拔模角度检测值为 2.0。

（4）在 样本: 下拉列表中选择 数目 选项，然后在 数量:文本框中输入数值 4。单击"颜色比例"对话框中的 ⌄ 按钮，在展开的 设置 区域中单击 ☰ 按钮，此时在参考模型上以色阶分布的方式显示出图 12.1.2 所示的检测结果，从图 12.1.2 中可以看出，零件的内表面显示为浅蓝色，表明在该拔模方向上和设定的拔模角度值内无拔模干涉现象。

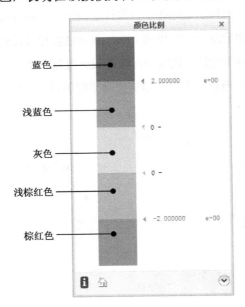

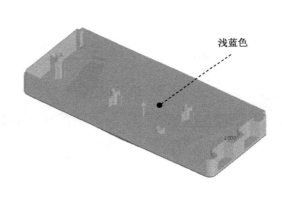

图 12.1.2　内表面拔模检测分析

Stage2. 进行零件外表面的拔模检测分析

Step1. 在"拔模斜度分析"对话框中单击 反向 按钮；对零件外表面进行拔模检测分析，则检测分析结果如图 12.1.3 所示。从图中可以看出，零件的外表面凹槽为浅棕红色，这表明拔模时此部位将会有干涉，所以此凹槽部位必须设计滑块，才能顺利脱模。

Step2. 在"拔模斜度分析"对话框中单击 取消 按钮，完成拔模检测分析。

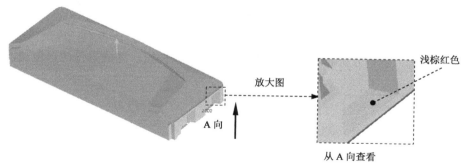

图 12.1.3　外表面拔模检测分析

Task2. 厚度检测

Step1. 单击 模具 功能选项卡 分析 ▾ 区域中的"截面厚度"按钮 ▦，系统弹出"模具分析"对话框。

Step2. – 零件 — 区域的 ▸ 按钮自动按下，选择 PANEL_MOLD_OK_REF.PRT 为要检查的零件，系统弹出"设置平面"菜单。

Step3. 在 – 设置厚度检查 — 区域按下 层切面 按钮。

Step4. 定义层切面的起始和终止位置。此时 – 起点 — 区域的 ▸ 按钮自动按下，选取零件前部端面上的一个顶点，以定义切面的起点（图 12.1.4），此时 – 终点 — 区域的 ▸ 按钮自动按下，选取零件后部端面上的一个顶点以定义切面的终点（图 12.1.4）。

图 12.1.4　选择层切面的起点和终点

Step5. 定义层切面的排列方向。在 – 层切面方向 — 下拉列表中选择 平面 选项，然后在系统 ▷选择将垂直于此方向的平面. 的提示下，选取图 12.1.4 所示的平面，在"一般选取方向"菜单中选择 Okay (确定) 命令，确认该图中的箭头方向为层切面的方向。

Step6. 设置各切面间的偏距值。设置 层切面偏移 的值为 6.0。

Step7. 定义厚度的最大和最小值。在 – 厚度 — 区域，设置最大厚度值为 4.0，然后选中 ☑ 最小 复选框，设置最小厚度值为 0.5。

Step8. 结果分析。单击对话框中的 计算 按钮，系统开始进行分析，然后在 结果 栏中显示出检测的结果。也可以单击 ⓘ 按钮，则系统弹出图 12.1.5 所示的信息窗口，从该窗口可以清晰地查看每一个切面的厚度是否超出设定范围以及每个切面的截面积，查看后关

Creo 6.0
模具设计教程

闭该窗口；单击对话框中的 全部显示 按钮，则参考模型上显示出全部剖面，如图 12.1.6 所示，图中加黑显示的剖面表示超出厚度范围，浅黑色剖面表示符合厚度范围（在缺省状态下）。

Step9. 单击"模具分析"对话框中的 关闭 按钮，完成零件的厚度检测。

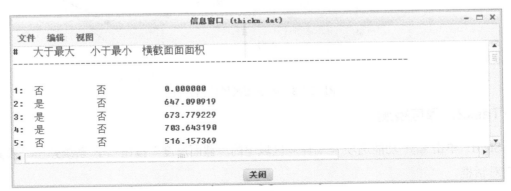

图 12.1.5　信息窗口

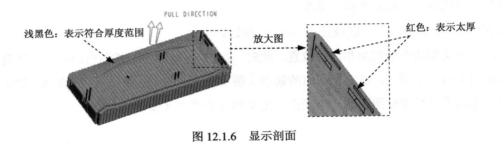

图 12.1.6　显示剖面

Task3.　计算投影面积

Step1. 单击 模具 功能选项卡 分析 ▾ 区域中的"投影面积"按钮 🔲，系统弹出图 12.1.7 所示的"测量"对话框。

Step2. 在 图元 区域的下拉列表中选择 所有参考零件 选项。

Step3. 在 投影方向 下拉列表中选择 平面 选项，此时系统提示 ➡ 选择将垂直于此方向的平面. ，选取 MAIN_PARTING_PLN 基准平面以定义投影方向，如图 12.1.8 所示。

Step4. 单击对话框中的 计算 按钮，系统开始计算，然后在 结果 栏中显示出计算结果，投影面积为 27583.5，如图 12.1.7 所示。

Step5. 单击对话框中的 关闭 按钮，完成投影面积的计算。

Step6. 关闭窗口。选择下拉菜单 文件 ▾ ➡ ✕ 关闭(C) 命令。单击 文件 ▾ ➡ 管理会话(M) ▸ ➡ 拭除未显示的(B) 从此会话中移除不在窗口中的所有对象。，系统弹出"拭除未显示的"对话框，单击 确定 按钮。

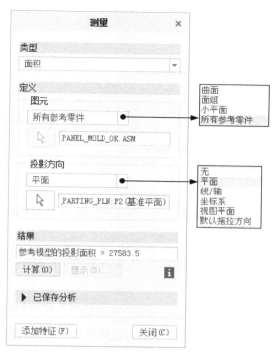

图 12.1.7 "测量"对话框

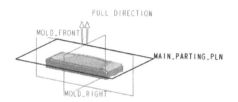

图 12.1.8 定义投影方向

12.1.3 模具型腔设计

在图 12.1.9 所示的模具中,设计模具时创建了一个滑块,在开模时必须抽取滑块,才能将上、下模开启。下面介绍该模具型腔的设计过程。

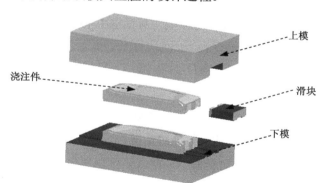

图 12.1.9 带滑块的模具型腔设计

Task1. 新建一个模具制造模型,进入模具模块

Step1. 将工作目录设置至 D:\creo6.3\work\ch12.01.03。

Step2. 新建一个模具型腔文件,命名为 panel_mold,并选取 `mmns_mfg_mold` 模板。

Task2. 建立模具模型

模具模型主要包括参考模型(Ref Model)和坯料(Workpiece),如图 12.1.10 所示。

Stage1. 引入参考模型

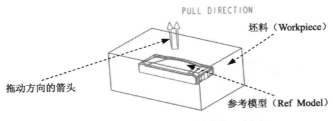

图 12.1.10　模具模型

Step1. 单击 **模具** 功能选项卡 参考模型和工件 区域中的按钮 参考模型 ，然后在系统弹出的列表中选择 组装参考模型 命令，系统弹出"打开"对话框。

Step2. 从弹出的"打开"对话框中，选取三维零件模型 panel.prt 作为参考零件模型，并将其打开。

Step3. 定义约束参考模型的放置位置。在操控板中单击 放置 按钮，在"放置"界面的"约束类型"下拉列表中选择 重合 ，选取参考件的 FRONT 基准平面为元件参考，选取装配体的 MAIN_PARTING_PLN 基准平面为组件参考；在"约束类型"下拉列表中选择 重合 ，选取参考件的 RIGHT 基准平面为元件参考，选取装配体的 MOLD_RIGHT 基准平面为组件参考；在"约束类型"下拉列表中选择 重合 ，选取参考件的 TOP 基准平面为元件参考，选取装配体的 MOLD_FRONT 基准平面为组件参考。至此，约束定义完成，在操控板中单击 ✔ 按钮，完成参考模型的放置。

Step4. 在系统自动弹出的"创建参考模型"对话框中单击 确定 按钮，放置后的结果如图 12.1.11 所示。

Stage2. 定义坯料

Step1. 单击 **模具** 功能选项卡 参考模型和工件 区域中的按钮 工件 ，然后在系统弹出的列表中选择 创建工件 命令，系统弹出"创建元件"对话框。

Step2. 在弹出的"创建元件"对话框中，在 类型 区域选中 零件 单选项，在 子类型 区域选中 实体 单选项，在 文件名: 文本框中输入坯料的名称 wp，然后单击 确定 按钮。

Step3. 在弹出的"创建选项"对话框中选中 创建特征 单选项，然后单击 确定 按钮。

Step4. 创建坯料特征。单击 **模具** 功能选项卡 形状 ▾ 区域中的 拉伸 按钮。此时系统弹出"拉伸"操控板；在出现的操控板中，确认"实体"按钮 被按下，在绘图区中右击，从快捷菜单中选择 定义内部草绘... 命令。系统弹出对话框，然后选择参考模型 MOLD_RIGHT 基准平面作为草绘平面，草绘平面的参考平面为 MAIN_PARTING_PLN 基准平面，方位为 上；

单击 草绘 按钮，系统进入截面草绘环境，进入截面草绘环境后，系统弹出"参考"对话框，选取 MOLD_FRONT 基准平面和 MAIN_PARTING_PLN 基准平面为草绘参考，然后单击 关闭(C) 按钮，绘制图 12.1.12 所示的特征截面草图。完成特征截面的绘制后，单击"草绘"操控板中的"确定"按钮 ✔，在操控板中选取深度类型 ⊟（对称），再在深度文本框中输入深度值 400.0，并按<Enter>键；在"拉伸"操控板中单击 ✔ 按钮，完成特征的创建。

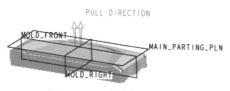

图 12.1.11　放置后

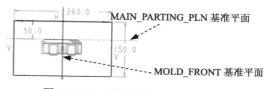

图 12.1.12　截面草图

Task3．设置收缩率

Step1．单击 模具 功能选项卡按钮中的按钮 生产特征 ▼，在弹出的菜单中单击 按比例收缩 ▸ 后的 ▸，然后在弹出的菜单中单击 按尺寸收缩 按钮。

Step2．系统弹出"按尺寸收缩"对话框，确认 公式 区域的 1+S 按钮被按下，在 收缩选项 区域选中 ✔ 更改设计零件尺寸 复选框，在 收缩率 区域的 比率 栏中输入收缩率值 0.006，并按<Enter>键，然后单击对话框中的 ✔ 按钮。

Task4．创建模具主分型曲面

Stage1．创建一条基准曲线

Step1．遮蔽坯料。选择 视图 功能选项卡 可见性 区域中的"模具显示"按钮 🔳，系统弹出"遮蔽-取消遮蔽"对话框，在该对话框中按下 □元件 按钮，在列表框中选取 ▱ WP，再单击下方的 遮蔽 按钮，最后单击 确定 按钮。

Step2．选择命令。单击 模具 功能选项卡 基准 ▼ 按钮，在系统弹出的菜单中单击 ∿ 曲线 ▸ 按钮后面的"小三角"按钮 ▸，在系统弹出的菜单中选择 ∿ 通过点的曲线 选项。系统弹出"曲线：通过点"操控板；在绘图区选取图 12.1.13 所示的两个点；在"曲线：通过点"操控板中单击 ✔ 按钮。

Stage2．采用复制法创建分型面

Step1．单击 模具 功能选项卡 分型面和模具体积块 ▼ 区域中的"分型面"按钮 ▱，系统弹出"分型面"操控板。

Step2．在系统弹出的"分型面"操控板中的 控制 区域单击"属性"按钮 🖹，在弹出的"属性"对话框中输入分型面名称 main_ps，然后单击 确定 按钮。

Step3. 通过曲面复制的方法，复制模型的外表面。操作方法如下：在屏幕右上方的"智能选取栏"中选择"几何"选项，按住<Ctrl>键，依次选取模型的外表面；单击 模具 功能选项卡 操作 ▼ 区域中的"复制"按钮 📄；单击 模具 功能选项卡 操作 ▼ 区域中的"粘贴"按钮 📄 ▼，系统弹出"曲面：复制"操控板；在"曲面：复制"操控板中单击 ✔ 按钮，复制的分型面结果如图 12.1.14 所示。

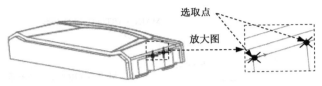

图 12.1.13　选取点　　　　　　　　　　图 12.1.14　复制分型面

Step4. 修剪复制的分型面。选取图 12.1.15 所示的修剪面组，从列表中选择 面组:F8(MAIN_PS) 项；单击 分型面 功能选项卡 编辑 ▼ 区域中的 🔲 修剪 按钮，此时系统弹出"曲面修剪"操控板；选取 Stage1 中创建的曲线为修剪对象，调整箭头方向如图 12.1.15 所示。在"曲线修剪"操控板中单击 ✔ 按钮，修剪后的结果如图 12.1.16 所示。

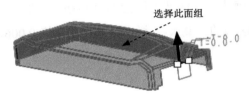

图 12.1.15　选取修剪面组　　　　　　　　图 12.1.16　修剪后

Step5. 延伸复制的分型面边链 1。取消坯料遮蔽并遮蔽参考模型；按住<Shift>键，选取图 12.1.17 所示的复制曲面边线（系统会自动加亮选取的边线）；单击 分型面 功能选项卡 编辑 ▼ 区域的 🔲 延伸 按钮，此时出现 延伸 操控板；在操控板中按下 🔲 按钮（延伸类型为至平面）；在系统 🔲 选择曲面延伸所至的平面. 的提示下，选取图 12.1.17 所示的表面为延伸的终止面；在操控板中单击 ✔ 按钮。完成后的延伸曲面如图 12.1.18 所示。

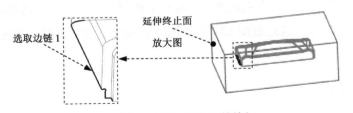
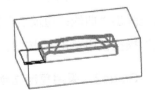

图 12.1.17　定义延伸特征　　　　　　　图 12.1.18　延伸后

Step6. 延伸复制的分型面边链 2。按住<Shift>键，选取图 12.1.19 所示的复制曲面边线（系统会自动加亮选取的边线）；单击 分型面 功能选项卡 编辑 ▼ 区域的 🔲 延伸 按钮，此时出现"曲面延伸：曲面延伸"操控板；按下 🔲 按钮（延伸类型为至平面）；在系统

➡️ 选择曲面延伸所至的平面. 的提示下，选取图 12.1.19 所示的表面为延伸终止面；在操控板中单击 ✔ 按钮，完成后的延伸曲面如图 12.1.20 所示。

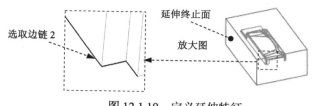

图 12.1.19 定义延伸特征　　　　　　图 12.1.20 延伸后

Step7. 延伸复制的分型面边链 3。按住<Shift>键，选取图 12.1.21 所示的复制曲面边线（系统会自动加亮选取的边线）；单击 **分型面** 功能选项卡 编辑 ▾ 区域的 ⤷ 延伸 按钮，此时出现"延伸"操控板；按下 ⬛ 按钮（延伸类型为至平面）；在系统 ➡️ 选择曲面延伸所至的平面. 的提示下，选取图 12.1.21 所示的表面为延伸终止面；完成后的延伸曲面如图 12.1.22 所示。

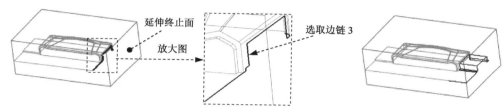

图 12.1.21 定义延伸特征　　　　　　图 12.1.22 延伸后

Step8. 延伸复制的分型面边链 4。按住<Shift>键，选取图 12.1.23 所示的复制曲面边线（系统会自动加亮选取的边线）；单击 **分型面** 功能选项卡 编辑 ▾ 区域的 ⤷ 延伸 按钮，此时出现 *延伸* 操控板。在操控板中按下 ⬛ 按钮（延伸类型为至平面），在系统 ➡️ 选择曲面延伸所至的平面. 的提示下，选取图 12.1.23 所示的表面为延伸终止面，在操控板中单击 ✔ 按钮，完成后的延伸曲面如图 12.1.24 所示。

Step9. 在"分型面"操控板中单击"确定"按钮 ✔，完成分型面的创建。

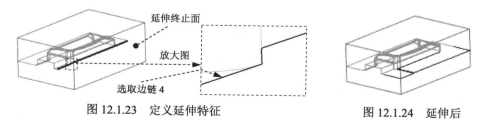

图 12.1.23 定义延伸特征　　　　　　图 12.1.24 延伸后

Task5. 创建滑块分型曲面

采用复制法创建分型面

Step1. 单击 **模具** 功能选项卡 分型面和模具体积块 ▾ 区域中的"分型面"按钮 📖，系统弹出

"分型面"操控板。

Step2. 在系统弹出的"分型面"操控板中的 控制 区域单击"属性"按钮，在"属性"对话框中输入分型面名称 slide_ps，然后单击 确定 按钮。

Step3. 通过曲面复制的方法，复制模型的外表面，操作方法如下：遮蔽坯料和主分型面；取消参考模型的遮蔽；选取图 12.1.25 所示的模型外表面；单击 模具 功能选项卡 操作 ▾ 区域中的"复制"按钮 ；单击 模具 功能选项卡 操作 ▾ 区域中的"粘贴"按钮 ，系统弹出"曲面：复制"操控板；在"曲面：复制"操控板中单击 ✔ 按钮。

Step4. 修剪复制的分型面。选取图 12.1.25 所示的修剪面组，从列表中选择 面组:F14(SLIDE_PS) 项；单击 分型面 功能选项卡 编辑 ▾ 区域中的 修剪 按钮，此时系统弹出"曲面修剪"操控板；选取 Task4 中创建的曲线为修剪对象，调整箭头方向如图 12.1.26 所示。在"曲线修剪"操控板中单击 ✔ 按钮。

图 12.1.25　复制分型面

图 12.1.26　选取修剪对象

Step5. 通过曲面复制的方法，复制图 12.1.27 所示的模型的两个特征表面，操作方法如下：按住<Ctrl>键选取模型中的两个特征表面；单击 模具 功能选项卡 操作 ▾ 区域中的"复制"按钮 ；单击 模具 功能选项卡 操作 ▾ 区域中的"粘贴"按钮 ，系统弹出"曲面：复制"操控板；在"曲面：复制"操控板中单击 ✔ 按钮。

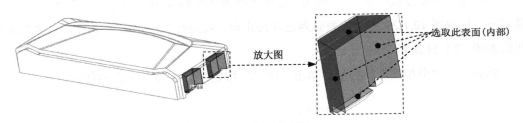
图 12.1.27　模型内表面

Step6. 将 Step4 创建的修剪曲面和 Step5 创建的复制曲面合并在一起。按住<Ctrl>键，选取 Step4 的修剪曲面和 Step5 的复制曲面；单击 分型面 操控板中 编辑 ▾ 区域的 合并 按钮，此时系统弹出"合并"操控板；在操控板中单击 选项 按钮，在"选项"界面中选中 相交 单选项；在"合并"操控板中单击 ✔ 按钮；取消坯料的遮蔽。

Step7. 延伸复制的滑块分型面。选取图 12.1.28 所示的复制曲面边线（系统会自动加亮选取的边线），从列表中选择 边:F17(合并_1) 项；单击 分型面 功能选项卡 编辑 ▾ 区域中的 延伸 按钮，此时系统弹出 延伸 操控板。在操控板中单击 参考 按钮，在弹出的列表中单击 细节...

按钮,此时系统弹出"链"对话框,在"链"对话框中选中 ⦿ 基于规则 单选项,然后选中 ⦿ 完整环 单选项, 单击对话框中的 确定 按钮, 按下 📖 按钮 (延伸类型为至平面),在系统 ⟡ 选择曲面延伸所至的平面. 的提示下,选取图12.1.28所示的表面为延伸终止面,在 延伸 操控板中 单击 ✔ 按钮,完成延伸曲面的创建。完成后的延伸曲面如图12.1.29所示。

Step8. 在"分型面"操控板中单击"确定"按钮 ✔ ,完成分型面的创建。

Task6. 用主分型面创建上、下两个体积块

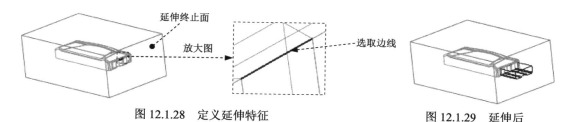

图12.1.28 定义延伸特征   图12.1.29 延伸后

Step1. 选择 模具 功能选项卡 分型面和模具体积块 ▾ 区域中的 模具体积块 ▾ ➡ 🗐 体积块分割 命令,可进入"体积块分割"操控板。

Step2. 在系统弹出的"体积块分割"操控板中单击"参考零件切除"按钮 🗔 ,此时系统 弹出"参考零件切除"操控板;单击 ✔ 按钮,完成参考零件切除的创建。

Step3. 在系统弹出的"体积块分割"操控板中单击 ▶ 按钮,将"体积块分割"操控板激活,此时系统已经将分割的体积块选中。

Step4. 选取分割曲面。在"体积块分割"操控板中单击 🗁 右侧的 单击此处添加项 按钮 将其激活。然后选取主分型面。

Step5. 在"体积块分割"操控板中单击 体积块 按钮,在"体积块"界面中单击 1 ☑ 体积块_1 区域, 此时模型的上侧部分变亮, 如图 12.1.30 所示, 然后在选中的区域中将名称改为 upper_vol;在"体积块"界面中单击 2 ☑ 体积块_2 区域,此时模型的下侧部分变亮,如 图12.1.31所示,然后在选中的区域中将名称改为 lower_vol。

图12.1.30 着色后的上侧部分   图12.1.31 着色后的下侧部分

Task7. 创建滑块体积块

Step1. 选择 模具 功能选项卡 分型面和模具体积块 ▾ 区域中的 模具体积块 ▾ ➡ 🗐 体积块分割 命令,可进入"体积块分割"操控板。

Step2. 然后在图形区选中 lower_vol 体积块作为要分割的模具体积块。

Step3. 选取分割曲面。在"体积块分割"操控板中单击 ➁ 右侧的 单击此处添加项 按钮将其激活。然后选取滑块分型面(将鼠标指针移至模型中滑块分型面的位置右击,从快捷菜单中选取 从列表中拾取 命令;在系统弹出的"从列表中拾取"对话框中单击列表中的 面组:F14(SLIDE_PS) 分型面,然后单击 确定(0) 按钮)。

Step4. 在"体积块分割"操控板中单击 体积块 按钮,在"体积块"界面中单击 2 ☑ 体积块_2 区域,滑块体积块如图 12.1.32 所示,然后在选中的区域中将名称改为 slide_vol;取消选中 1 ☐ 体积块_1 。

Step5. 在"体积块分割"操控板中单击 ✔ 按钮,完成体积块分割的创建。

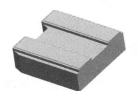

图 12.1.32 滑块体积块

Task8. 抽取模具元件及生成浇注件

浇注件命名为 PANEL_MOLDING。

Task9. 定义开模动作

Stage1. 将参考零件、坯料、分型面在模型中遮蔽起来

Stage2. 移动上模

Step1. 单击 模具 功能选项卡 分析 ▾ 区域中的"模具开模"按钮 ⧉,系统弹出 ▾ MOLD OPEN (模具开模) 菜单管理器。

Step2. 在弹出的 ▾ DEFINE STEP (定义步骤) 菜单管理器中依次单击 Define Step (定义步骤) 和 Define Move (定义移动) 命令。系统弹出"选择"对话框。

Step3. 用"列表选取"的方法选取要移动的模具元件。在系统 ⇨为迁移号码1 选择构件. 的提示下,先将鼠标指针移至模型中的上模位置,并右击,再选取快捷菜单中的 从列表中拾取 命令;在系统弹出的"从列表中拾取"对话框中,单击列表中的上模模具零件 UPPER_VOL.PRT,然后单击 确定(0) 按钮;在"选择"对话框中单击 确定 按钮。

Step4. 在系统 ⇨通过选择边、轴或面选择分解方向. 的提示下,选取图 12.1.33 所示的边线为移动方向,然后在系统的提示下,输入要移动的距离值-200.0,按<Enter>键。

Step5. 在 ▾ DEFINE STEP (定义间距) 菜单中选择 Done (完成) 命令,完成上模的移动。

Stage3．移动滑块

参考 Stage2 步骤，在 ▼ DEFINE STEP (定义步骤) 菜单中选择 Define Step (定义步骤) 命令，选择滑块，移动方向如图 12.1.34 所示，移动距离值为 50.0，按<Enter>键，选择 Done (完成) 命令。

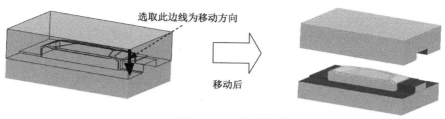

选取此边线为移动方向

移动后

图 12.1.33　移动上模

选取此边线为移动方向

移动后

图 12.1.34　移动滑块

Stage4．移动下模

Step1．参考 Stage2 步骤，在 ▼ DEFINE STEP (定义步骤) 菜单中选择 Define Step (定义步骤) 命令，下模的移动方向如图 12.1.35 所示，移动距离值为 100.0，选择 Done (完成) 命令。

选取此边线为移动方向

移动后

图 12.1.35　移动下模

Step2．在 ▼ MOLD OPEN (模具开模) 菜单中选择 Done/Return (完成/返回) 命令，完成模具的开启。

Step3．保存文件。单击 模具 功能选项卡中 操作 ▼ 区域的 重新生成 按钮，在系统弹出的下拉菜单中单击 重新生成 按钮，选择下拉菜单 文件 ▼ ➡ 保存(S) 命令，完成带滑块的模具型腔设计。

12.1.4　创建标准模架

通过 EMX 模块来创建模具设计可以简化模具的设计过程，减少不必要的重复性工作，提高设计效率。模架设计专家（EMX）提供一系列快速设计模架以及一些辅助装置的功能，将整个模具设计周期缩短到最短。标准模架是在模具型腔的基础上创建的。下面介绍图 12.1.36 所示的带斜导柱的 EMX 标准模架一般创建过程。

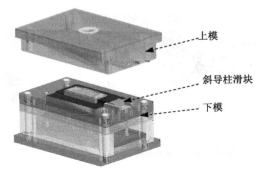

上模

斜导柱滑块

下模

图 12.1.36　EMX 标准模架

Task1．设置工作目录及打开模具模型文件

将工作目录设置至 D:\creo6.3\work\ch12.01.04。

Task2．新建模架项目

Step1．选择命令。在 **EMX** 功能选项卡 项目 区域中选择 选项，系统弹出"项目"对话框，在对话框中进行图 12.1.37 所示的设置，单击 确定 按钮，系统进入装配环境。

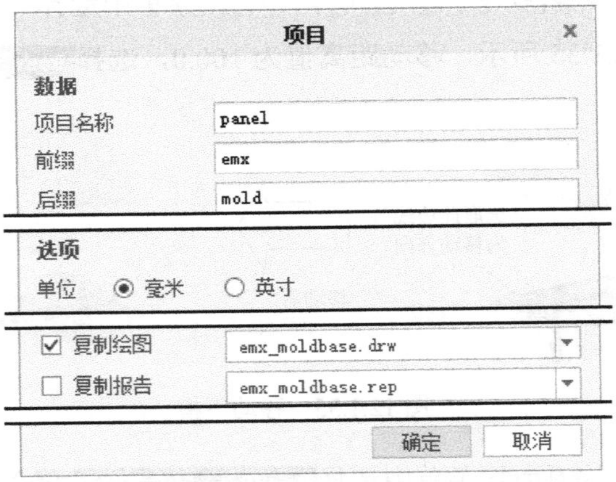

图 12.1.37　"项目"对话框

Step2．添加元件。单击 **模型** 功能选项卡 元件 区域中的 组装 按钮，在系统弹出的菜单中单击 组装 选项。此时系统弹出"打开"对话框；在系统弹出的"打开"对话框中选择 panel_mold_ok.asm 装配体，单击 打开 按钮，此时系统弹出"元件放置"操控板；在该操控板中单击 放置 按钮，在"放置"界面的 约束类型 下拉列表中选择 默认，将元件按缺省设置放置，此时"元件放置"操控板显示的信息为 完全约束，单击 按钮，完成装配件的放置。

Step3. 元件分类。单击 EMX 装配 功能选项卡 准备▼ 控制区域中的 ⁵⁶ 分类 按钮，系统弹出"分类"对话框，在对话框中完成图 12.1.38 所示的设置，然后单击 确定 按钮。

图 12.1.38 "分类"对话框

Step4. 编辑装配位置。单击 EMX 装配 功能选项卡 视图 控制区域中的 显示▼ 按钮，在弹出的快捷菜单中选择 ◎ 动模，并隐藏滑块；在模型树中选择装配体 ▶ ⬜ PANEL_MOLD_OK.ASM 并右击，在弹出的快捷菜单中选择 ✎ 命令，系统弹出"元件放置"操控板，然后在操控板中单击 放置 按钮，选择 ➡默认 约束并右击，在弹出的快捷菜单中选择 删除 命令，在操控板中单击 放置 按钮，在 放置 界面的"约束类型"下拉列表中选择 ⊤ 重合，选取图 12.1.39 所示的平面为元件参考，选取装配体的 MOLDBASE_X_Y 基准平面为组件参考，单击 ➡新建约束字符，在"约束类型"下拉列表中选择 ⊤ 重合，选取参考件的 MOLD_RIGHT 基准平面为元件参考，选取装配体的 MOLDBASE_Y_Z 基准平面为组件参考，单击 ➡新建约束 字符，在"约束类型"下拉列表中选择 ⊤ 重合 命令，选取参考件的 MOLD_FRONT 基准平面为元件参考，选取装配体的 MOLDBASE_X_Z 基准平面为组件参考，至此，约束定义完成，在操控板中单击 ✔ 按钮，完成装配体的编辑；单击 EMX 装配 功能选项卡 视图 控制区域中的 显示▼ 按钮，在弹出的快捷菜单中选择 ◎ 主视图 按钮。

选取该平面

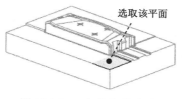

图 12.1.39 定义参考平面

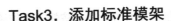

Task3. 添加标准模架

Stage1. 定义标准模架

Step1. 选择命令。单击 `EMX 装配` 功能选项卡 `模架 ▾` 控制区域中的"装配定义"按钮 **🗐**，系统弹出"模架定义"对话框。

Step2. 定义模架供应商。在"模架定义"对话框 🚚 `meusburger ▾` 的下拉列表中选择 `hasco` 选项。

Step3. 定义模架系列。在对话框左上角单击"从文件载入装配定义"按钮 🗐，系统弹出"载入 EMX 装配"对话框，在对话框 保存的装配 的列表框中选择 `type1` 选项，单击"载入 EMX 装配"对话框右下角的"从文件载入装配定义"按钮 🗐，单击 确定 按钮。

Step4. 更改模架尺寸。在"模架定义"对话框右上角的 `尺寸` 下拉列表中选择 `396x696` 选项，此时系统弹出图 12.1.40 所示的"EMX 问题"对话框，单击 是 按钮。系统经过计算后，将标准模架加载到绘图区中，如图 12.1.41 所示。

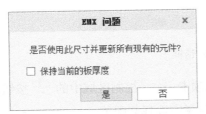

图 12.1.40 "EMX 问题"对话框

图 12.1.41 加载标准模架

Stage2. 定义模板厚度

Step1. 定义定模板厚度。在"模架定义"对话框中右击图 12.1.42 所示的定模板，此时系统弹出图 12.1.43 所示的"板"对话框，在对话框的 🔲 厚度 (T) 文本框中输入数值 96.0，单击 确定 按钮。

Step2. 定义动模板厚度。用同样的操作方法右击图 12.1.42 所示的动模板，在"板"对话框 🔲 厚度 (T) 文本框中输入数值 66.0，单击 确定 按钮。

Step3. 定义垫板厚度。用同样的操作方法右击图 12.1.42 所示的垫板，在"板"对话框 🔲 厚度 (T) 文本框中输入数值 136.0，单击 确定 按钮。

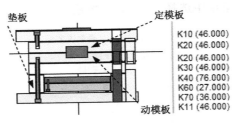

图 12.1.42 定义模板厚度

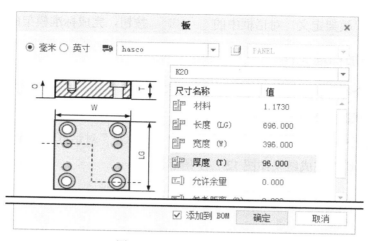

图 12.1.43 "板"对话框

Task4. 添加浇注系统

Step1. 定义主流道衬套。在"模架定义"对话框 ⊕ 定位环定模 ▾ 的下拉列表中选择 𝔸 主流道衬套 选项，此时系统弹出图 12.1.44 所示的"主流道衬套"对话框；定义衬套型号为 Z51r ，在 𝔸 L - 长度 下拉列表中选择 36，在 ⊡ OFFSET - 偏移 文本框中输入数值 0，然后单击 确定 按钮。

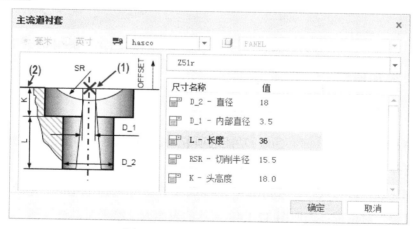

图 12.1.44 "主流道衬套"对话框

Step2. 定义定位环。在"模架定义"对话框中右击图 12.1.45 所示的定位环，此时系统弹出"定位环"对话框。定义定位环型号为 K100 ，在 𝔸 DM1 - 直径 下拉列表中选择 100，在 𝔸 HG1 - 高度 下拉列表中选择 11，在 ⊡ OFFSET - 偏移 文本框中输入数值 0，单

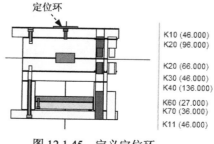

图 12.1.45 定义定位环

击 确定 按钮。

Step3. 单击"模架定义"对话框中的 关闭 按钮，完成标准模架的添加。

Task5. 添加标准元件

Step1. 选择命令。单击 EMX 装配 功能选项卡 模架 ▼ 控制区域中的"元件状况"按钮，系统弹出"元件状况"对话框。

Step2. 定义元件选项。在图 12.1.46 所示的"元件状况"对话框中单击"全选"按钮，单击 确定 按钮，完成结果如图 12.1.47 所示。

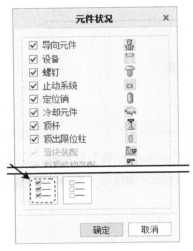

图 12.1.46 "元件状况"对话框

图 12.1.47 添加标准元件

Task6. 添加顶杆

Stage1. 创建顶杆 1

Step1. 显示动模。单击 EMX 装配 功能选项卡 视图 控制区域中的 显示 按钮，在弹出的快捷菜单中选择 动模 。

Step2. 创建顶杆参考点 1。单击 模型 功能选项卡 基准 ▼ 区域中的"草绘"按钮，系统弹出"草绘"对话框；选取图 12.1.48 所示的表面为草绘平面，选取图 12.1.48 所示的工件侧面为参考平面，方向为 右 ；绘制图 12.1.49 所示的截面草图（三个点），完成截面的绘制后，单击"草绘"操控板中的"确定"按钮 ✓ 。

说明：截面草图中的三个点与圆弧的圆心重合。

选取该表面为草绘平面和要复制的平面　　选取该表面为参考平面

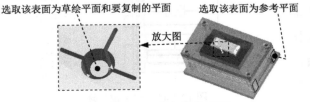

放大图

图 12.1.48 定义草绘平面

图 12.1.49 截面草图

Step3. 创建顶杆修剪面。在屏幕右下角的"智能选择栏"中选择"几何"选项。按住<Ctrl>键，选取图 12.1.48 所示的表面（三个圆柱的端面），单击 模型 功能选项卡 操作 ▾ 区域中的"复制"按钮 🗐。单击"粘贴"按钮 🗐 ▾。在"曲面：复制"操控板中单击 ✔ 按钮；单击 EMX 装配 功能选项卡 准备 ▾ 控制区域下拉列表中的 🔤 识别修剪面 按钮，系统弹出"修剪面"对话框，然后单击对话框中的 ➕，系统弹出"选择"对话框，选取上步复制的曲面为顶杆修剪面，在"选择"对话框中单击 确定 按钮，然后单击 关闭 按钮。

Step4. 定义顶杆 1。单击 EMX 元件 功能选项卡 顶杆 ▾ 控制区域中的"顶杆"按钮 ⟙，系统弹出"顶杆"对话框；在"顶杆"对话框 🚚 meusburger ▾ 的下拉列表中选择 hasco 选项；定义顶杆直径为 4.5，定义顶杆长度为 250.0，在对话框中选中 ☑ 按面组/参照模型修剪 复选框；单击 ⑴ 点 下面区域的 选择项 选项使其激活，系统弹出"选择"对话框，选取 Step2 创建的任意一点，单击 确定 按钮，关闭对话框。

Stage2. 创建顶杆 2

Step1. 创建基准平面。单击 模型 功能选项卡 基准 ▾ 区域中的"平面"按钮 ⟋。选取图 12.1.50 所示的表面为偏移参考平面，偏移方向朝上，偏移距离值为 50.0，单击 确定 按钮。

Step2. 创建顶杆参考点 2。单击 模型 功能选项卡 基准 ▾ 区域中的"草绘"按钮 ⟋，系统弹出"草绘"对话框；在模型树界面中选择 ⟙ ▾ ➡ ᠃ᢩ┯ 树过滤器(F)... 命令，在系统弹出的"模型树项"对话框中选中 ☑ 特征 复选框，然后单击 确定 按钮，在模型树中选择 Step1 中创建的基准平面 ⟋ ADTM58 为草绘平面，选取图 12.1.51 所示的工件侧面为参考平面，方向为 右。单击 草绘 按钮，至此系统进入截面草绘环境；绘制图 12.1.52 所示的截面草图（四个点），完成截面的绘制后，单击"草绘"操控板中的"确定"按钮 ✔。

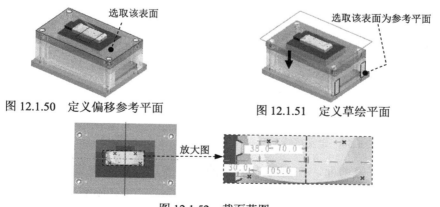

图 12.1.50　定义偏移参考平面　　　　图 12.1.51　定义草绘平面

图 12.1.52　截面草图

Step3. 创建顶杆修剪面。在屏幕右下角的"智能选择栏"中选择"几何"选项。按住<Ctrl>

键，选取图 12.1.53 所示的表面，单击 模型 功能选项卡 操作 ▼ 区域中的"复制"按钮 🖺 ，然后单击"粘贴"按钮 🖺 ▼ 。在"曲面：复制"操控板中单击 ✔ 按钮；单击 EMX 装配 功能选项卡 准备 ▼ 控制区域下拉列表中的 🛣 识别修剪面 按钮，系统弹出"修剪面"对话框，单击对话框中的 ➕ 按钮，系统弹出"选择"对话框，选取上步复制的曲面为顶杆修剪面，在"选择"对话框中单击 确定 按钮，单击 关闭 按钮。

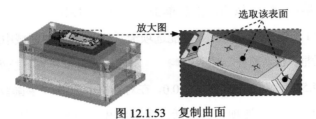
图 12.1.53　复制曲面

Step4. 定义顶杆 2。单击 EMX 元件 功能选项卡 顶杆 ▼ 控制区域中的"顶杆"按钮 🛣 ，系统弹出"顶杆"对话框；在"顶杆"对话框 📇 meusburger ▼ 的下拉列表中选择 hasco 选项；定义顶杆直径为 6.0，定义顶杆长度为 315.0，在对话框中选中 ☑ 按面组/参照模型修剪 复选框；单击 ⑴ 点 下面区域的 选择项 选项使其激活，系统弹出"选择"对话框，选取 Step3 创建的任意一点，单击 确定 按钮，关闭对话框。

Task7. 添加复位杆

说明： 创建复位杆与创建顶杆使用的命令相同。

Step1. 创建复位杆参考点。单击 模型 功能选项卡 基准 ▼ 区域中的"草绘"按钮 🖎 ，系统弹出"草绘"对话框；选取图 12.1.54 所示的表面为草绘平面，选取图 12.1.54 所示的工件侧面为参考平面，方向为 右 ，然后单击 草绘 按钮，至此系统进入截面草绘环境；绘制图 12.1.55 所示的截面草图（四个点），完成截面的绘制后单击"草绘"操控板中的"确定"按钮 ✔ 。

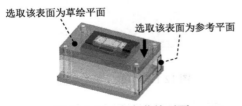
图 12.1.54　定义草绘平面

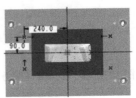
图 12.1.55　截面草图

Step2. 创建顶杆修剪面。在屏幕右下角的"智能选择栏"中选择"几何"选项。选取图 12.1.54 所示的草绘平面，单击 模型 功能选项卡 操作 ▼ 区域中的"复制"按钮 🖺 。单击"粘贴"按钮 🖺 ▼ 。在"曲面：复制"操控板中单击 ✔ 按钮；单击 EMX 装配 功能选项卡 准备 ▼

控制区域下拉列表中的 [识别修剪面] 按钮，系统弹出"修剪面"对话框，单击对话框中的 ➕，系统弹出"选择"对话框，选取上步复制的曲面为顶杆修剪面，在"选择"对话框中单击 [确定] 按钮，然后单击 [关闭] 按钮。

Step3. 定义复位杆。单击 EMX 元件 功能选项卡 顶杆 ▾ 控制区域中的"顶杆"按钮 [，系统弹出"顶杆"对话框；在"顶杆"对话框 🚚 [meusburger]▾ 的下拉列表中选择 hasco 选项；定义复位杆直径为 20.0，定义复位杆长度为 250.0，在对话框中选中 [☑ 按面组/参照模型修剪] 复选框；单击 ⑴ 点 下面区域的 [选择项] 选项使其激活，系统弹出"选择"对话框，选取 Step3 创建的任意一点，单击 [确定] 按钮，关闭对话框。结果如图 12.1.56 所示。

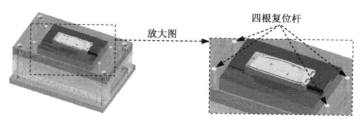

图 12.1.56　定义复位杆

Task8. 添加斜导柱滑块

Step1. 创建斜导柱滑块参考坐标系。在模型树中选择装配体 ▸ [ ] PANEL_MOLD_OK.ASM 并右击，在弹出的快捷菜单中选择 [ ] 命令；在系统弹出的"打开表示"对话框中选择 [主表示]，然后单击 [打开]▾ 按钮；单击 模型 功能选项卡 基准 ▾ 区域中的 [ ] 按钮，系统弹出"坐标系"对话框；按住<Ctrl>键，选取图 12.1.57 所示的表面 1、MOLD_FRONT 和表面 2 为坐标系的参考平面；将鼠标移动到图 12.1.58 所示的 Y 轴上并右击，在系统弹出的快捷菜单中选择 [反向Y] 命令，然后单击 [确定] 按钮；在模型树中选择上模零件 ▸ [ ] UPPER_VOL_1_OK.PRT 并右击，在弹出的快捷菜单中选择 [◉] 命令；选择下拉菜单 [ ]▾ ➡ [1 PANEL.ASM] 命令，返回到总装配环境。

说明：在选择参考平面时顺序不能有错。

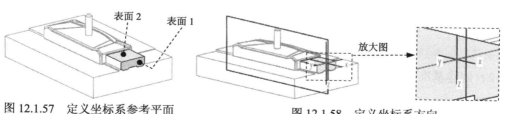

图 12.1.57　定义坐标系参考平面　　　　图 12.1.58　定义坐标系方向

Step2. 定义斜导柱滑块。单击 EMX 元件 功能选项卡 元件 ▾ 控制区域中的 [滑块] 按钮，系统弹出图 12.1.59 所示的"滑块"对话框；在"滑块"对话框 🚚 [meusburger]▾ 的下拉列表中选择 meusburger 选项；单击 ⑴ 坐标系 下面区域的 选择项 选项使其激活，系统弹出"选择"对话框，选择 Step1 创建的坐标系；在对话框中的 尺寸 - SIZE 下拉列表中选择 25×40×80；在 E3011 下拉列表中选择 E1032 选项，然后在 DM1-直径 右侧的下拉列表中选择 12 选项，在 LG-长度 右侧的下拉列表中选择 140 选项，然后单击 确定 按钮，结果如图 12.1.60 所示。

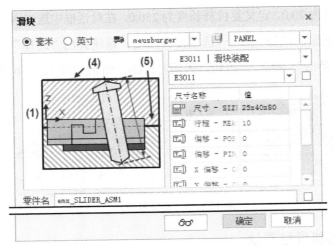

图 12.1.59 "滑块"对话框

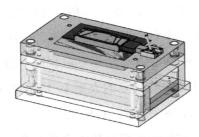

图 12.1.60 定义斜导柱滑块

Step3. 编辑斜导柱滑块。

说明：因为添加的斜导柱滑块与前面创建的模具型腔上的滑块没有连接机构，所以此处需要对其进行编辑，创建出连接机构。

（1）打开模具型腔上的滑块。在模型树中选择装配体 ▶ PANEL_MOLD_OK.ASM 节点下的 SLIDE_VOL_1__OK.PRT 并右击，在弹出的快捷菜单中选择 命令。

（2）创建基准平面 DTM1。单击 模型 功能选项卡 基准 ▾ 区域中的 按钮，按住<Ctrl>键选取图 12.1.61 所示的模型的两个侧面，单击 确定 按钮。

（3）单击 模型 功能选项卡 形状 ▾ 区域中的 拉伸 按钮，此时系统弹出"拉伸"操控板。

（4）定义草绘截面放置属性。右击，从弹出的菜单中选择 定义内部草绘... 命令，在系统的提示下，选取 DTM1 为草绘平面，图 12.1.62 所示的表面为参考平面，方向为 右 。单击 草绘 按钮，至此系统进入截面草绘环境。

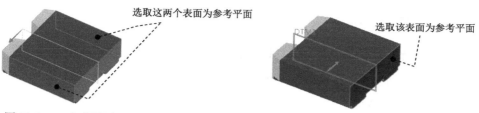

图 12.1.61　参考平面　　　　　　图 12.1.62　定义参考平面

（5）绘制截面草图。绘制图 12.1.63 所示的截面草图，完成截面的绘制后，单击"草绘"操控板中的"确定"按钮✔。

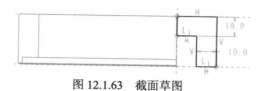

图 12.1.63　截面草图

（6）设置深度选项。在操控板中选取深度类型 ⊟（对称），然后输入值为 30，在"拉伸"操控板中单击 ✔ 按钮，完成特征的创建。

（7）关闭窗口。选择下拉菜单 文件 ➡ ✕ 关闭(C) 命令。

（8）选择下拉菜单 ▱ ▾ ➡ 1 PANEL.ASM 命令，返回到总装配环境。

（9）型腔开槽。

① 选择命令。单击 应用程序 功能选项卡 工程 区域中的"模具布局"按钮 ▤，此时系统弹出"模具型腔"菜单。

② 在下拉菜单中选择 Cavity Pocket (型腔腔槽) ➡ Pocket CutOut (腔槽开孔) 命令，系统弹出"选择"对话框。

③ 根据系统 ⇨选择要对其执行切出处理的零件. 的提示，选取图 12.1.64 所示的斜导柱滑块，单击 确定 按钮；再根据系统 ⇨为切出处理选择参考零件. 的提示，选取图 12.1.64 所示的型腔上的滑块，单击 确定 按钮。

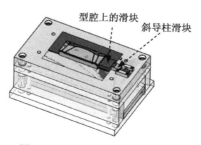

图 12.1.64　定义型腔开槽

④ 在系统弹出的"选项"菜单中,选择 **Done (完成)** ➡️ **Done/Return (完成/返回)** 命令。

(10) 再次单击 **应用程序** 功能选项卡 **工程** 区域中的"模具布局"按钮 🗒️,关闭对话框。

Task9. 定义模板

添加后的模板并不完全符合模具设计要求,需要对模具元件和模板进行重新定义。

Step1. 定义动模板。在模型树中选择动模板 ▶ 🔲 EMX_CAV_PLATE_MH001.PRT 并右击,在弹出的快捷菜单中选择 ◇ 命令;单击 **模型** 功能选项卡 **形状 ▾** 区域中的 🔲 拉伸 按钮,此时出现"拉伸"操控板;分别选取图 12.1.65 所示的表面为草绘平面和参考平面,方向为 **右**。单击 **草绘** 按钮,至此系统进入截面草绘环境;绘制图 12.1.66 所示的截面草图,完成截面的绘制后,单击"草绘"操控板中的"确定"按钮 ✓;在操控板中选取深度类型 ⊥ (到选定的),将鼠标移至图 12.1.67 所示的矩形框位置并右击,在弹出的快捷菜单中选择 **从列表中拾取** 命令,在弹出的"从列表中拾取"对话框中选择 曲面:F1(提取):LOWER_VOL_1__OK 选项,然后单击 **确定(O)** 按钮,在操控板中单击"切除材料"按钮 🔲,在"拉伸"操控板中单击 ✓ 按钮,完成特征的创建。

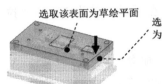

图 12.1.65 定义草绘平面

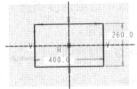

图 12.1.66 截面草图

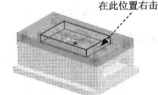

图 12.1.67 定义选定到的面

Step2. 定义动模座板。在模型树中选择动模座板 ▶ 🔲 EMX_CLP_PLATE_MH001.PRT 并右击,在弹出的快捷菜单中选择 ◇ 命令;单击 **模型** 功能选项卡 **形状 ▾** 区域中的 🔲 拉伸 按钮,此时出现"拉伸"操控板;分别选取图 12.1.68 所示的表面为草绘平面和参考平面,方向为 **右**。单击 **草绘** 按钮,至此系统进入截面草绘环境;绘制图 12.1.69 所示的截面草图(一个圆),完成截面的绘制后,单击"草绘"操控板中的"确定"按钮 ✓;在操控板中选取深度类型 ⊥ (直到最后),如果方向相反,则单击 ⤢ 按钮,在操控板中单击"切除材料"按钮 🔲,在"拉伸"操控板中单击 ✓ 按钮,完成特征的创建,结果如图 12.1.70 所示。

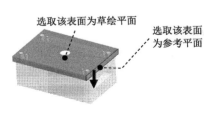

图 12.1.68 定义草绘平面

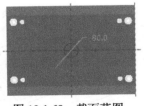

图 12.1.69 截面草图

图 12.1.70 编辑动模座板

Step3. 定义定模板。

参考 Step1 步骤对定模板进行定义即可。

Task10. 模架开模模拟

Step1. 激活模型。在模型树中选择动模座板 □ PANEL.ASM 并右击，在弹出的快捷菜单中选择 ◇ 命令。单击 EMX 装配 功能选项卡 视图 控制区域中的 显示 按钮，在弹出的快捷菜单中选择 主视图 。

Step2. 选择命令。单击 EMX 装配 功能选项卡 EMX 工具▼ 控制区域中的"模架开模模拟"按钮，系统弹出"模架开模模拟"对话框，如图 12.1.71 所示。

Step3. 定义模拟数据。在 模拟数据 区域的 步距宽度 文本框中输入数值 5，选中所有模拟组，然后单击"计算新结果"按钮，如图 12.1.71 所示。

Step4. 开始模拟。单击对话框中的"运行模架开模模拟"按钮，此时系统弹出图 12.1.72 所示的"动画"对话框，单击对话框中的"动画"按钮 ▶ ，视频动画将在绘图区中演示。

Step5. 模拟完后，单击关闭 关闭 按钮，然后单击 关闭 按钮。

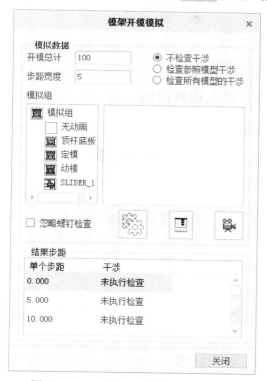

图 12.1.71 "模架开模模拟"对话框

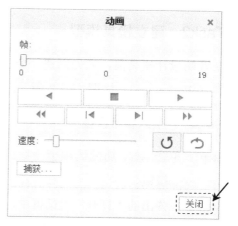

图 12.1.72 "动画"对话框

Step6. 保存模型。单击 模具 功能选项卡中的 操作▼ 区域的 重新生成 按钮，在系统弹出的下拉菜单中单击 重新生成 按钮，选择下拉菜单 文件 ➡ 保存(S) 命令。

12.2　综合范例2——斜导柱侧抽芯机构的模具设计

本范例将介绍一个带斜抽机构的模具设计（图 12.2.1），包括滑块的设计、斜销的设计以及斜抽机构的设计。在学过本范例之后，希望读者能够熟练掌握带斜抽机构模具设计的方法和技巧。下面介绍该模具的设计过程。

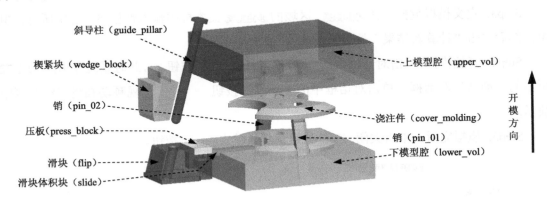

斜导柱（guide_pillar）
上模型腔（upper_vol）
楔紧块（wedge_block）
销（pin_02）
浇注件（cover_molding）
压板（press_block）
销（pin_01）
下模型腔（lower_vol）
滑块（flip）
滑块体积块（slide）

开模方向

图 12.2.1　带斜抽机构的模具设计

Task1．新建一个模具制造模型文件，进入模具模块

Step1. 将工作目录设置至 D:\creo6.3\work\ch12.02。

Step2. 新建一个模具型腔文件，命名为 cover_mold，选取 `mmns_mfg_mold` 模板。

Task2．建立模具模型

在开始设计模具前，应先创建一个"模具模型"。模具模型包括参考模型（Ref Model）和坯料（Workpiece），如图 12.2.2 所示。

Stage1．引入参考模型

Step1. 单击 模具 功能选项卡 参考模型和工件 区域的按钮 参考模型 ，在系统弹出的菜单中单击 组装参考模型 按钮。

Step2. 在弹出的"打开"对话框中，选取三维零件模型 cover.prt 作为参考零件模型，并将其选中，然后单击 打开 按钮。

Step3. 在"元件放置"操控板的"约束类型"下拉列表中选择 默认 ，将参考模型按默认放置，再在操控板中单击 ✓ 按钮。

Step4. 此时系统弹出"创建参考模型"对话框，选中 ⦿ 按参考合并 单选项，然后在 参考模型 区域的 名称 文本框中接受系统给出的默认参考模型名称 COVER_MOLD_REF（也可以输入其他字符作为参考模型名称），再单击 确定 按钮。

参考件组装完成后，模具的基准平面与参考模型的基准平面对齐，如图12.2.3所示。

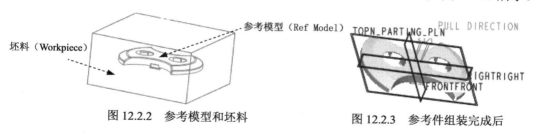

图12.2.2　参考模型和坯料　　　　图12.2.3　参考件组装完成后

Stage2．创建坯料

Step1．单击 模具 功能选项卡 参考模型和工件 区域的"工件"按钮 下的 工件 按钮，在系统弹出的菜单中单击 创建工件 按钮。

Step2．系统弹出"创建元件"对话框，在 类型 区域选中 ⊙ 零件 单选项，在 子类型 区域选中 ⊙ 实体 单选项，在 文件名: 文本框中输入坯料的名称 cover_mold_wp，然后单击 确定 按钮

Step3．在弹出的"创建选项"对话框中选中 ⊙ 创建特征 单选项，然后单击 确定 按钮。

Step4．创建坯料特征。单击 模具 功能选项卡 形状 ▾ 区域中的 拉伸 按钮；在出现的操控板中，确认"实体"按钮 被按下，在绘图区中右击，从弹出的快捷菜单中选择 定义内部草绘... 命令。系统弹出"草绘"对话框，然后选择 MOLD_RIGHT 基准平面作为草绘平面，MOLD_FRONT 基准平面为草绘平面的参考平面，方位为 左，然后单击 草绘 按钮，系统即进入截面草绘环境。进入截面草绘环境后，选取 MOLD_FRONT 基准平面和 MAIN_PARTING_PLN 基准平面为草绘参考，然后绘制图12.2.4所示的特征截面。完成特征截面的绘制后，单击"草绘"操控板中的"确定"按钮 ✓，在操控板中选取深度类型 日 （对称），再在深度文本框中输入深度值300.0，并按<Enter>键，在操控板中单击 ✓ 按钮，则可完成拉伸特征的创建。

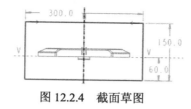

图12.2.4　截面草图

Task3．设置收缩率

将参考模型收缩率设置为0.006。

Task4．创建模具分型曲面

Stage1．定义滑块分型面

下面创建模具的滑块分型面以分离第一个销元件，其操作过程如下。

Step1. 遮蔽坯料。

Step2. 单击 模具 功能选项卡 分型面和模具体积块 ▼ 区域中的"分型面"按钮 ▣，系统弹出"分型面"操控板。

Step3. 在系统弹出的"分型面"操控板中的 控制 区域单击"属性"按钮 ▣，在"属性"对话框中输入分型面名称 slide_ps，然后单击 确定 按钮。

Step4. 通过"曲面复制"的方法复制模型上的表面。采用"种子面与边界面"的方法选取所需要的曲面。在屏幕右上方的"智能选取栏"中选择"几何"选项，下面先选取"种子面"（Seed Surface），操作方法如下：选择 视图 功能选项卡 模型显示 ▼ 区域中的"显示样式"命令 ▢，在系统弹出的下拉菜单中选中 ▢ 线框 选项，然后单击"分型面"功能选项卡，选取图 12.2.5 所示的表面（A）；然后选取"边界面"（boundary surface），操作方法如下：按住<Shift>键，选取图 12.2.5 所示的表面（B），按住<Shift>键，增加面（C）～（D），详细操作顺序如图 12.2.5 所示；单击 模具 功能选项卡 操作 ▼ 区域中的"复制"按钮 ▣；单击 模具 功能选项卡 操作 ▼ 区域中的"粘贴"按钮 ▣ ▼，系统弹出"曲面：复制"操控板；在"曲面：复制"操控板中单击 ✔ 按钮。

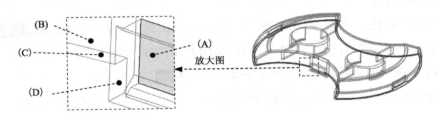

图 12.2.5　选取模型曲面

Step5. 将复制后的表面延伸至坯料的表面。取消坯料遮蔽；按住<Shift>键，选取图 12.2.6 所示的要延伸的边线，边线必须是复制后的曲面的边线；单击 分型面 功能选项卡 编辑 ▼ 区域中的 ▣延伸 按钮，此时系统弹出"延伸曲面：延伸曲面"操控板；在操控板中按下 ▢ 按钮（延伸类型为至平面），在系统 ➡ 选择曲面延伸所至的平面. 的提示下，选取图 12.2.7 所示的坯料的表面为延伸终止面，在"延伸曲面：延伸曲面"操控板中单击 ✔ 按钮，完成延伸曲面的创建。

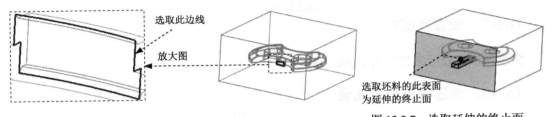

图 12.2.6　选取延伸边　　　　图 12.2.7　选取延伸的终止面

Step6. 在"分型面"操控板中单击"确定"按钮 ✔，完成分型面的创建。

Stage2. 定义斜销分型面

Step1. 遮蔽坯料。

Step2. 单击 **模具** 功能选项卡 分型面和模具体积块 ▾ 区域中的"分型面"按钮 📖，系统弹出 "分型面"操控板。

Step3. 在系统弹出的"分型面"操控板中的 控制 区域单击"属性"按钮 📄，在"属性"对话框中输入分型面名称 pin_ps，然后单击 确定 按钮。

Step4. 通过"曲面复制"的方法复制模型上的表面。采用"种子面与边界面"的方法选取所需要的曲面。在屏幕右下方的"智能选取栏"中，选择"几何"选项，选取"种子面"（Seed Surface），选取图 12.2.8 所示的表面（A）；选取"边界面"（boundary surface），按住<Shift>键，选取图 12.2.8 所示的表面（B）；按住<Ctrl>键，增加面（C）～（E），详细的操作顺序如图 12.2.8 所示；单击 **模具** 功能选项卡 操作 ▾ 区域中的"复制"按钮 📋；单击 **模具** 功能选项卡 操作 ▾ 区域中的"粘贴" 按钮 📋 ▾，系统弹出"曲面：复制"操控板；在"曲面：复制"操控板中单击 ✔ 按钮。

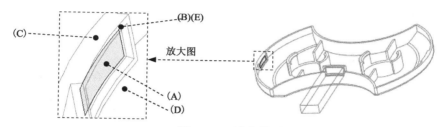

图 12.2.8　选取模型曲面

Step5. 取消坯料遮蔽。

Step6. 通过"拉伸"的方法建立图 12.2.9 所示的拉伸曲面。单击 **分型面** 功能选项卡 形状 ▾ 区域中的"拉伸"按钮 📄 拉伸 。此时系统弹出"拉伸"操控板；右击，从弹出的菜单中选择 定义内部草绘... 命令，在系统 ➡ 选择一个平面或曲面以定义草绘平面. 的提示下，选取 MOLD_RIGHT 基准平面为草绘平面，选取图 12.2.10 所示的坯料表面为参考平面，方向为 左 。单击 草绘 按钮，至此系统进入截面草绘环境；选取图 12.2.11 所示的边线为草绘参考。将模型切换到线框模式下，绘制图 12.2.11 所示的截面草图。完成截面的绘制后，单击"草绘"操控板中的"确定"按钮 ✔；在操控板中选取深度类型 ⊟，再在深度文本框中输入深度值 28.0，在操控板中单击 选项 按钮，在"选项"界面中选中 ✔ 封闭端 复选框；在"拉伸"操控板中单击 ✔ 按钮，完成特征的创建。

创建此拉伸面组

图 12.2.9　创建拉伸面组

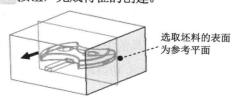

选取坯料的表面为参考平面

图 12.2.10　定义参考平面

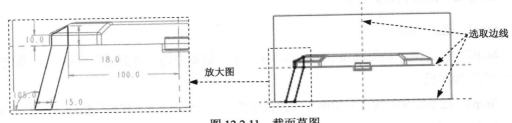

图 12.2.11　截面草图

Step7. 合并面组。按住<Ctrl>键，在模型树中，选择 🗇复制 2 [PIN_PS - 分型面] 和 ▶ 🗇拉伸 1 [PIN_PS - 分型面]为合并对象；单击 **分型面** 操控板中 编辑 ▼ 区域的 🗇合并 按钮，此时系统弹出"合并"操控板；在模型中选取要合并的面组的侧；在操控板中，单击 **选项** 按钮，在"选项"界面中选中 ⦿ 相交 单选项，合并方向如图 12.2.12 所示；在"合并"操控板中单击 ✔ 按钮，合并结果如图 12.2.13 所示。

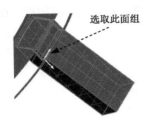

图 12.2.12　合并方向

图 12.2.13　合并的拉伸面组

Step8. 通过"镜像"的方法来镜像合并面组。在绘图区选取 Step7 中合并的面组；单击 **分型面** 功能选项卡中的 编辑 ▼ 按钮，然后在下拉菜单中选择 ⟩⟨镜像 命令；选取 **MOLD_FRONT** 基准平面为镜像平面，在"镜像"操控板中单击 ✔ 按钮，完成特征的创建，镜像的结果如图 12.2.14 所示。

a）镜像前　　　　　　　　　　　　　　　　　　b）镜像后

图 12.2.14　镜像特征

Step9. 在"分型面"操控板中，单击"确定"按钮 ✔，完成分型面的创建。

Stage3．定义主分型面

下面将创建模具的主分型面，以分离模具的上模型腔和下模型腔，其操作过程如下。

Step1. 单击 **模具** 功能选项卡 分型面和模具体积块 ▼ 区域中的"分型面"按钮 ⬜，系统弹出"分型面"操控板。

Step2. 在系统弹出的"分型面"操控板中的 控制 区域单击"属性"按钮，在"属性"对话框中输入分型面名称 main_ps，然后单击 确定 按钮。

Step3. 通过"曲面复制"的方法复制模型上的表面，结果如图 12.2.15 所示。遮蔽坯料和分型曲面；采用"种子面与边界面"的方法选取所需要的曲面。在屏幕右上方的"智能选取栏"中，选择"几何"选项，选取"种子面"（Seed Surface），选取图 12.2.16 所示的表面（A）；选取"边界面"（boundary surface），按住<Shift>键，选取图 12.2.17 所示的表面（B）～（G）；按住<Ctrl>键，去掉面（H）～（N），详细操作顺序如图 12.2.18 所示；单击 模具 功能选项卡 操作 区域中的"复制"按钮；单击 模具 功能选项卡 操作 区域中的"粘贴"按钮，系统弹出"曲面：复制"操控板；在"曲面：复制"操控板中单击 按钮。

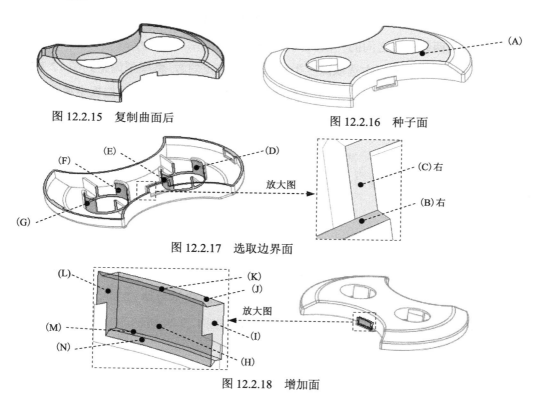

图 12.2.15 复制曲面后

图 12.2.16 种子面

图 12.2.17 选取边界面

图 12.2.18 增加面

Step4. 通过"填充"的方法填充复制曲面。单击 分型面 功能选项卡 曲面设计 区域中的 填充 按钮，此时系统弹出操控板；右击，从弹出的菜单中选择 定义内部草绘... 命令，在系统 选择一个平面或曲面以定义草绘平面. 的提示下，选取图 12.2.19 所示的平面为草绘平面，然后选取 MOLD_FRONT 基准平面为参考平面，方向为 上 。单击 草绘 按钮，进入草绘环境；通过投影命令创建图 12.2.20 所示的截面草图，完成截面的绘制后，单击"草绘"操控板中的"确定"按钮；在"填充"操控板中单击 按钮，完成填充曲面 1 的创建。

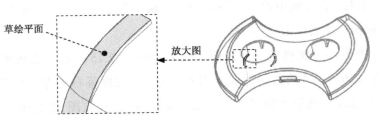

图 12.2.19　草绘平面　　　　　　　　　　图 12.2.20　截面草图

Step5. 通过"拉伸"的方法建立拉伸曲面。单击 **分型面** 功能选项卡 形状 ▼ 区域中的"拉伸"按钮 🗂 拉伸 。此时系统弹出"拉伸"操控板；右击，从弹出的菜单中选择 定义内部草绘... 命令，在系统 ➡ 选择一个平面或曲面以定义草绘平面. 的提示下，选取图 12.2.21 所示的平面为草绘平面，然后选取 MOLD_FRONT 基准平面为参考平面，方向为 上 。单击 草绘 按钮，至此系统进入截面草绘环境；选取图 12.2.22 所示的边线为草绘参考，绘制图 12.2.22 所示的截面草图（即右面两条曲线之间的一段圆弧），完成截面的绘制后，单击"草绘"操控板中的"确定"按钮 ✔；在操控板中选取深度类型 ⊥（到选定的），将模型调整到图 12.2.23 所示的视图方位，选取图 12.2.23 所示的平面为拉伸终止面；在"拉伸"操控板中单击 ✔ 按钮，完成特征的创建。

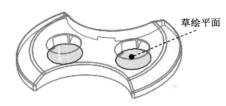
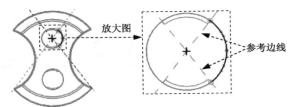

图 12.2.21　草绘平面　　　　　　　　　图 12.2.22　截面草图

Step6. 通过"镜像"的方法来镜像 Step5 中的拉伸曲面。选取 Step5 中创建的拉伸曲面；单击 **分型面** 功能选项卡中的 编辑 ▼ 按钮，然后在下拉菜单中选择 ⚋ 镜像 命令；选取 MOLD_RIGHT 基准平面为镜像的平面，镜像的结果如图 12.2.24 所示。

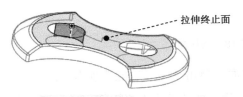
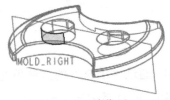

图 12.2.23　拉伸终止面　　　　　　　　图 12.2.24　镜像后

Step7. 通过"镜像"的方法镜像 Step5 和 Step6 创建的拉伸曲面。按住<Ctrl>键，选取 Step5 和 Step6 中创建的拉伸曲面；单击 **分型面** 功能选项卡中的 编辑 ▼ 按钮，然后在下拉菜单中选择 ⚋ 镜像 命令；选取镜像平面，选取 MOLD_FRONT 基准平面为镜像的平面，在操控板中单击 ✔ 按钮。镜像的结果如图 12.2.25 所示。

Step8. 将填充、拉伸和镜像的曲面合并在一起。按住<Ctrl>键，选取图12.2.26所示的曲面；单击 分型面 操控板中 编辑 ▾ 区域的 □合并 按钮，此时系统弹出"合并"操控板，在"合并"操控板中单击 ✔ 按钮。

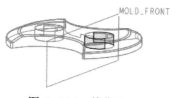

图12.2.25 镜像后

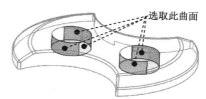

图12.2.26 合并的面组

注意： 在合并时，要按照创建的顺序进行合并，否则合并将会失败。

Step9. 将Step3创建的复制面组与Step8合并的面组合并在一起。按住<Ctrl>键，选取如图12.2.27所示的曲面；单击 分型面 操控板中 编辑 ▾ 区域的 □合并 按钮，此时系统弹出"合并"操控板，在"合并"操控板中单击 ✔ 按钮。

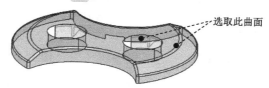

图12.2.27 合并的面组

Step10. 将合并后的表面延伸至坯料的表面。遮蔽参考件和取消坯料的遮蔽；按住<Shift>键，选取图12.2.28所示的延伸边线1；单击 分型面 功能选项卡 编辑 ▾ 区域中的 ⊒延伸 按钮，此时系统弹出"延伸曲面：延伸曲面"操控板；在操控板中按下 □ 按钮（延伸类型为至平面），在系统 ▷ 选择曲面延伸所至的平面. 的提示下，选取图12.2.29所示的坯料的表面为延伸终止面，在"延伸曲面：延伸曲面"操控板中单击 ✔ 按钮，完成延伸曲面的创建。

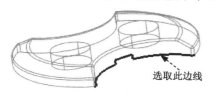

图12.2.28 选取延伸边线1

图12.2.29 选取延伸的终止面

Step11. 参考Step10，选取图12.2.30所示的延伸边线2（包括两边的圆角也要选中），选取图12.2.31所示的坯料的表面为延伸终止面。

图12.2.30 选取延伸边线2

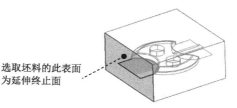

图12.2.31 选取延伸终止面

Step12. 参考 Step10，选取图 12.2.32 所示的延伸边线 3，选取图 12.2.33 所示的坯料的表面为延伸终止面。

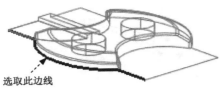

选取此边线

图 12.2.32　选取延伸边线 3

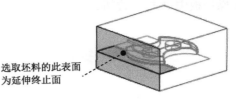

选取坯料的此表面为延伸终止面

图 12.2.33　选取延伸终止面

Step13. 参考 Step10，选取图 12.2.34 所示的延伸边线 4，选取图 12.2.35 所示的坯料的表面为延伸终止面。

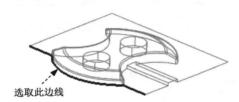

选取此边线

图 12.2.34　选取延伸边线 4

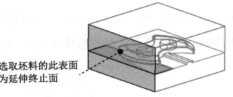

选取坯料的此表面为延伸终止面

图 12.2.35　选取延伸终止面

Step14. 在"分型面"操控板中单击"确定"按钮 ✔，完成分型面的创建。

Task5．构建模具元件的体积块

Stage1．用主分型面创建元件的体积块

Step1. 选择 模具 功能选项卡 分型面和模具体积块 ▼ 区域中的 模具体积块 ▼ ➡ 体积块分割 命令，可进入"体积块分割"操控板。

Step2. 在系统弹出的"体积块分割"操控板中单击"参考零件切除"按钮 ，此时系统弹出"参考零件切除"操控板；单击 ✔ 按钮，完成参考零件切除的创建。

Step3. 在系统弹出的"体积块分割"操控板中单击 ▶ 按钮，将"体积块分割"操控板激活，此时系统已经将分割的体积块选中。

Step4. 选取分割曲面。在"体积块分割"操控板中单击 右侧的 单击此处添加项 按钮将其激活。然后选取分型面 MAIN_PS。

Step5. 在"体积块分割"操控板中单击 体积块 按钮，在"体积块"界面中单击 1 ☑ 体积块_1 区域，此时模型的上半部分变亮，如图 12.2.36 所示，然后在选中的区域中将名称改为 upper_vol；在"体积块"界面中单击 2 ☑ 体积块_2 区域，此时模型的下半部分变亮，如图 12.2.37 所示，然后在选中的区域中将名称改为 lower_vol。

Step6. 在"体积块分割"操控板中单击 ✔ 按钮，完成体积块分割的创建。

图 12.2.36　着色后的上半部分体积块

图 12.2.37　着色后的下半部分体积块

Stage2．创建滑块体积腔

Step1．取消滑块分型面和销分型面遮蔽。

Step2．选择 **模具** 功能选项卡 分型面和模具体积块 ▼ 区域中的 模具体积块 ▼ ➡ 🗐 体积块分割 命令，可进入"体积块分割"操控板。

Step3．选取 lower_vol 作为要分割的模具体积块；选取 SLIDE_PS 分型面为分割曲面。

Step4．在"体积块分割"操控板中单击 体积块 按钮，在"体积块"界面中单击 2 ☑ 体积块_2 区域，如图 12.2.38 所示，然后在选中的区域中将名称改为 SLIDE_VOL；取消选中 1 ☐ 体积块_1 。

Step5．在"体积块分割"操控板中单击 ✔ 按钮，完成体积块分割的创建。

Stage3．创建第一个销体积腔

Step1．选择 **模具** 功能选项卡 分型面和模具体积块 ▼ 区域中的 模具体积块 ▼ ➡ 🗐 体积块分割 命令，可进入"体积块分割"操控板。

Step2．选取 lower_vol 作为要分割的模具体积块；选取 pin-ps 分型面中的其中一个为分割曲面。

Step3．在"体积块分割"操控板中单击 体积块 按钮，在"体积块"界面中单击 2 ☑ 体积块_2 区域，如图 12.2.39 所示，然后在选中的区域中将名称改为 PIN_VOL_01；取消选中 1 ☐ 体积块_1 。

Step4．在"体积块分割"操控板中单击 ✔ 按钮，完成体积块分割的创建。

图 12.2.38　滑块体积块

图 12.2.39　销体积块

Stage4．创建第二个销体积腔

参考 Stage3 步骤，创建第二个销的体积腔，并命名为 PIN_VOL_02。

Task6. 抽取模具元件及生成浇注件

浇注件命名为 cover_molding，单击 模具 功能选项卡中的 操作 ▾ 区域的 重新生成 按钮，在系统弹出的下拉菜单中单击 🔄 重新生成 按钮，选择下拉菜单 文件 ▾ ➡️ 🖫 保存(S) 命令。

Task7. 完善模具型腔

Stage1. 完善滑块

Step1. 在模型树界面中遮蔽坯料和参考模型。

Step2. 新建一个组件文件。选择下拉菜单 文件 ▾ ➡️ 🗋 新建(N) 命令（或单击"新建"按钮 🗋）。在"新建"对话框中，在 类型 区域中选中 ⦿ 🗎 装配 单选项，在 子类型 区域中选中 ⦿ 设计 单选项，在 文件名: 文本框中输入文件名 cover_mold_asm，取消 ☑ 使用默认模板 复选框中的"√"号，然后单击 确定 按钮。在弹出的"新文件选项"对话框中选取 mmns_asm_design 模板，单击 确定 按钮。

Step3. 添加元件。单击 模型 功能选项卡中的 元件 ▾ 区域的 组装 按钮，在弹出的菜单中选择 🖳 组装 选项。此时系统弹出"打开"对话框，在"打开"对话框中选择 cover_mold.asm，单击 打开 按钮，此时系统弹出"元件放置"操控板；在该操控板中单击 放置 按钮，在"放置"界面的 约束类型 下拉列表中选择 🔲 默认，将元件按缺省设置放置，此时"元件放置"操控板显示的信息为 完全约束，单击操控板中的 ✔ 按钮，完成装配件的放置。

Step4. 设置模型树。在模型树界面中选择 🎛 ▾ ➡️ 🎛 树过滤器(F)... 命令。在系统弹出的"模型树项"对话框中选中 ☑ 特征 复选框，然后单击 确定 按钮。

Step5. 在模型树中右击 ▸ 🗀 SLIDE_VOL.PRT，从弹出的快捷菜单中选择 ◇ 命令。

Step6. 创建实体拉伸特征 1。单击 模型 功能选项卡 形状 ▾ 区域中的 🗗 拉伸 按钮，此时出现"拉伸"操控板；在系统弹出的操控板中，确认"实体"按钮 🔲 被按下；右击，从弹出的菜单中选择 定义内部草绘... 命令，在系统 ⇨ 选择一个平面或曲面以定义草绘平面. 的提示下，选取图 12.2.40 所示的平面为草绘平面，接受图 12.2.40 中默认的箭头方向为草绘视图方向，然后选取图 12.2.41 所示的表面为参考平面，方向为 右。单击 草绘 按钮，至此系统进入截面草绘环境；进入截面草绘环境后，选取图 12.2.41 所示的边线为草绘参考，绘制图 12.2.41 所示的截面草图，单击"草绘"操控板中的"确定"按钮 ✔；在操控板中选取深度类型 ⫠，再在深度文本框中输入深度值 20.0，并按<Enter>键；在"拉伸"操控板中单击 ✔ 按钮，完成特征的创建。

说明： 拉伸方向是向坯料外，若方向相反，则应单击反向箭头。

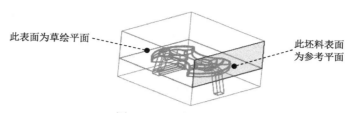

图 12.2.40　定义草绘平面

Step7. 创建实体拉伸特征 2。单击 模型 功能选项卡 形状 ▼ 区域中的 拉伸 按钮，此时出现"拉伸"操控板；在系统弹出的操控板中，确认"实体"按钮被按下；右击，从弹出的菜单中选择 定义内部草绘... 命令，在系统 ➡ 选择一个平面或曲面以定义草绘平面. 的提示下，选取图 12.2.42 所示的平面为草绘平面，接受图 12.2.42 中默认的箭头方向为草绘视图方向，然后选取图 12.2.42 所示的表面为参考平面，方向为 右 。单击 草绘 按钮，至此系统进入截面草绘环境；进入截面草绘环境后，选取图 12.2.43 所示的边线为草绘参考边线，绘制图 12.2.43 所示的截面草图。完成特征截面的绘制后，单击"草绘"操控板中的"确定"按钮 ✓ ；在操控板中选取深度类型，再在深度文本框中输入深度值 20.0，并按<Enter>键；在"拉伸"操控板中单击 ✓ 按钮，完成特征的创建。

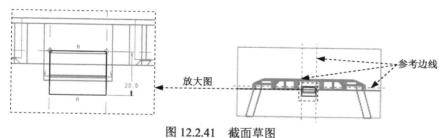

图 12.2.41　截面草图

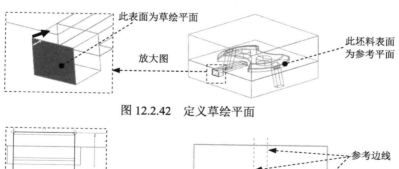

图 12.2.42　定义草绘平面

图 12.2.43　截面草图

Stage2. 完善第一个销体积块

Step1. 在模型树中右击 ▶ ☐ PIN_VOL_01.PRT ，从弹出的快捷菜单中选择 命令。

Step2. 在屏幕右上方的"智能选取栏"中选择"几何"选项，采用"列表选取"的方法选取图 12.2.44 所示的表面，在"从列表中拾取"对话框中选择 曲面:F1(提取):PIN_VOL_01 选项，单击 确定(O) 按钮。

Step3. 单击 模型 功能选项卡 编辑 ▾ 区域中的 偏移 按钮。此时系统弹出"偏移"操控板。

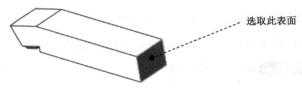

---- 选取此表面

图 12.2.44　选取表面

Step4. 设置偏移属性。在操控板界面中选取偏移类型 （展开特征）；在深度文本框中输入深度值 50.0，并按<Enter>键；在"偏移"操控板中单击 ✔ 按钮，完成特征的创建。

Stage3. 参考 Stage2，完善第二个销体积块

Stage4. 创建滑块

Step1. 在模型树中右击 ▸ COVER_MOLD.ASM，从弹出的快捷菜单中选择 ◇ 命令。

Step2. 单击 模型 功能选项卡 元件 ▾ 按钮，在弹出的菜单中选择"创建"按钮 ，系统弹出"创建元件"对话框。

Step3. 系统弹出"创建元件"对话框后，在 类型 区域选中 ⊙ 零件 单选项，在 子类型 区域选中 ⊙ 实体 单选项，在 文件名: 文本框中输入坯料的名称 FLIP，然后单击 确定 按钮。

Step4. 在弹出的"创建选项"对话框中选择 ⊙ 创建特征 单选项，然后单击 确定 按钮。

Step5. 创建实体拉伸特征。单击 模型 功能选项卡 形状 ▾ 区域中的 拉伸 按钮。此时系统弹出"拉伸"操控板；在系统弹出的操控板中，确认"实体"按钮 被按下；右击，从弹出的菜单中选择 定义内部草绘... 命令，在系统 ◇ 选择一个平面或曲面以定义草绘平面. 的提示下，选取图 12.2.45 所示的平面为草绘平面，接受图 12.2.45 中默认的箭头方向为草绘视图方向，然后选取图 12.2.45 所示的坯料表面为参考平面，方向为 右 。单击 草绘 按钮，至此系统进入截面草绘环境；进入截面草绘环境后，选取 MOLD_FRONT 基准平面和 MAIN_PARTING_PLN 基准平面为草绘参考，然后绘制图 12.2.46 所示的截面草图。完成特征截面的绘制后，单击"草绘"操控板中的"确定"按钮 ✔ ；在操控板中选取深度类型 ⬚，再在深度文本框中输入深度值 120.0，并按<Enter>键；在"拉伸"操控板中单击 ✔ 按钮，完成特征的创建。

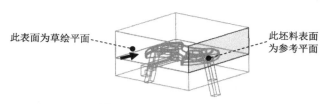

图 12.2.45　定义草绘平面

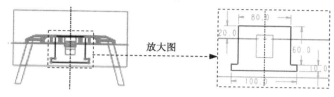

图 12.2.46　截面草图

Step6. 创建实体切削特征 1。单击 模型 功能选项卡 形状 ▾ 区域中的 拉伸 按钮。此时系统弹出"拉伸"操控板；在系统弹出的操控板中，确认"实体"按钮 □ 被按下，在操控板界面中按下 △ 按钮；在绘图区右击，从弹出的菜单中选择 定义内部草绘... 命令，在系统 ◆选择一个平面或曲面以定义草绘平面. 的提示下，选取图 12.2.47 所示的平面为草绘平面，接受图 12.2.47 中默认的箭头方向为草绘视图方向，然后选取图 12.2.47 所示的表面为参考平面，方向为 右 。单击 草绘 按钮，至此系统进入截面草绘环境；进入截面草绘环境后，选取图 12.2.48 所示的边线为草绘参考，绘制图 12.2.48 所示的截面草图，完成特征截面的绘制后，单击"草绘"操控板中的"确定"按钮 ✔ ；在操控板中选取深度类型 ⊥ （到选定的），将模型调整到图 12.2.49 所示的视图方位，选取图 12.2.49 所示的表面为拉伸终止面；在"拉伸"操控板中单击 ✔ 按钮，完成特征的创建。

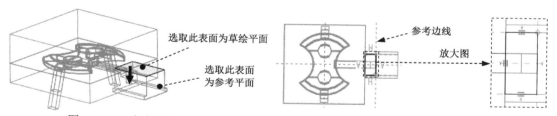

图 12.2.47　定义草绘平面　　　　　　　　　　　　图 12.2.48　截面草图

Step7. 创建实体切削特征 2。单击 模型 功能选项卡 形状 ▾ 区域中的 拉伸 按钮，此时出现"拉伸"操控板；在系统弹出的操控板中，确认"实体"按钮 □ 被按下，在操控板界面中按下 △ 按钮；右击，从弹出的菜单中选择 定义内部草绘... 命令，在系统 ◆选择一个平面或曲面以定义草绘平面. 的提示下，选取图 12.2.50 所示的平面为草绘平面，接受图 12.2.50 中默认的箭头方向为草绘视图方向，然后选取图 12.2.50 所示的表面为参考平面，方向为 右 。单击 草绘 按钮，至此系统进入截面草绘环境；进入截面草绘环境后，选取图 12.2.51 所示的边线为草绘参考，绘制图 12.2.51 所示的截面草图。完成特征截面的绘制后，单击"草绘"操控板中的"确定"按钮 ✔ ；在操控板中选取深度类型 ⊥ ，再在深度文本框中输入深度值 20.0，并按<Enter>键，如果方向相反，则单击 ⅋ 按钮；在"拉伸"操控板中单击 ✔ 按钮，完成特征的创建。

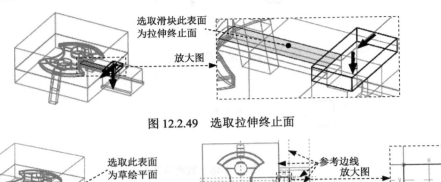

图 12.2.49　选取拉伸终止面

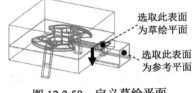

图 12.2.50　定义草绘平面

图 12.2.51　截面草图

Step8. 创建实体切削特征 3。单击 模型 功能选项卡 形状 ▼ 区域中的 拉伸 按钮，此时出现"拉伸"操控板；在出现的操控板中，确认"实体"按钮 □ 被按下，在操控板界面中按下 ⅋ 按钮；右击，从弹出的菜单中选择 定义内部草绘... 命令，在系统 ⇨选择一个平面或曲面以定义草绘平面。的提示下，选取图 12.2.52 所示的平面为草绘平面，接受图 12.2.52 中默认的箭头方向为草绘视图方向，然后选取图 12.2.52 所示的表面为参考平面，方向为 右。单击 草绘 按钮，至此系统进入截面草绘环境；进入截面草绘环境后，选取图 12.2.53 所示的边线为草绘参考，绘制图 12.2.53 所示的截面草图。完成特征截面的绘制后，单击"草绘"操控板中的"确定"按钮 ✔；在操控板中选取深度类型 ⊥ （到选定的），将模型调整到图 12.2.54 所示的视图方位，选取图 12.2.54 所示的滑块表面为拉伸终止面；在"拉伸"操控板中单击 ✔ 按钮，完成特征的创建。

图 12.2.52　定义草绘平面

图 12.2.53　截面草图

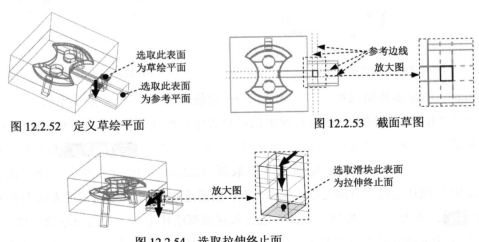

图 12.2.54　选取拉伸终止面

Step9. 创建实体切削特征 4。单击 模型 功能选项卡 形状 ▼ 区域中的 拉伸 按钮，此时出现"拉伸"操控板；在系统弹出的操控板中，确认"实体"按钮□被按下，在操控板界面中按下◿按钮；右击，从弹出的菜单中选择 定义内部草绘 命令，在系统弹出的"草绘"对话框中单击 使用先前的 按钮；进入截面草绘环境后，绘制图 12.2.55 所示的截面草图。完成特征截面的绘制后，单击"草绘"操控板中的"确定"按钮✔；在操控板中选取深度类型⋕(穿透所有)，方向如图 12.2.56 所示；在"拉伸"操控板中单击✔按钮，完成特征的创建。

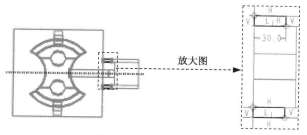

图 12.2.55　截面草图

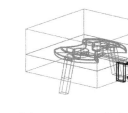

图 12.2.56　定义穿透方向

Step10. 创建实体切削特征 5。单击 模型 功能选项卡 形状 ▼ 区域中的 □拉伸 按钮，此时出现"拉伸"操控板；在系统弹出的操控板中，确认"实体"按钮□被按下，在操控板界面中按下◿按钮；右击，从弹出的菜单中选择 定义内部草绘 命令，在系统 ⇨选择一个平面或曲面以定义草绘平面 的提示下，选取图 12.2.57 所示的平面为草绘平面，接受图 12.2.57 中默认的箭头方向为草绘视图方向，然后选取图 12.2.57 所示的表面为参考平面，方向为 上 。单击 草绘 按钮，至此系统进入截面草绘环境；进入截面草绘环境后，选取图 12.2.58 所示的三条边线为草绘参考边线，然后绘制图 12.2.58 所示的截面草图。完成特征截面的绘制后，单击"草绘"操控板中的"确定"按钮✔；在操控板中选取深度类型⋕(穿透所有)，方向如图 12.2.59 所示，如果方向相反，则单击╱按钮；在"拉伸"操控板中单击✔按钮，完成特征的创建。

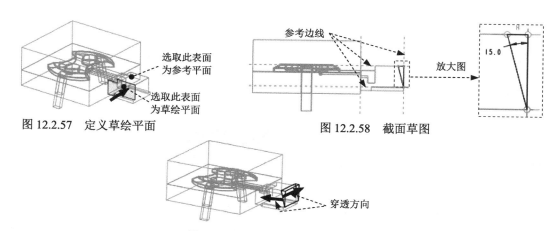

图 12.2.57　定义草绘平面　　　　　图 12.2.58　截面草图

图 12.2.59　定义穿透方向

Stage5. 创建斜导柱

Step1. 在模型树中右击 ▼ ▣ COVER_MOLD.ASM，从弹出的快捷菜单中选择 ◇ 命令。

Step2. 单击 模型 功能选项卡 元件 ▼ 按钮，在弹出的菜单中选择"创建"按钮 🖫，系统弹出"创建元件"对话框。

Step3. 在系统弹出的"创建元件"对话框中，在 类型 区域选中 ⦿ 零件 单选项，在 子类型 区域选中 ⦿ 实体 单选项，在 文件名: 文本框中输入坯料的名称 GUIDE_PILLAR，然后单击 确定 按钮。

Step4. 在弹出的"创建选项"对话框中选中 ⦿ 创建特征 单选项，然后单击 确定 按钮。

Step5. 创建旋转特征。单击 模型 功能选项卡 形状 ▼ 区域中的 ⦿ 旋转 按钮。系统弹出"旋转"操控板；在系统弹出的操控板中，确认"实体"按钮 🗖 被按下；右击，从快捷菜单中选择 定义内部草绘... 命令，选择 MOLD_FRONT 基准平面为草绘平面，草绘平面的参考平面为图 12.2.60 所示的表面，方位为 上，单击草绘箭头方向，箭头方向如图 12.2.60 所示，单击 草绘 按钮，此时系统进入截面草绘环境；进入截面草绘环境后，选取图 12.2.61 所示的边线为草绘参考，然后绘制图 12.2.61 所示的截面草图。完成特征截面的绘制后，单击"草绘"操控板中的"完成"按钮 ✔；在操控板中选取旋转角度类型 ⊥，旋转角度为 360°；单击操控板中的 ✔ 按钮，完成特征的创建。

注意：要绘制旋转中心轴。

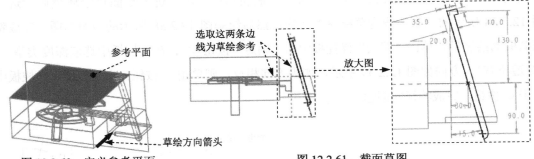

图 12.2.60　定义参考平面　　　　　图 12.2.61　截面草图

Step6. 创建实体切削特征。单击 模型 功能选项卡 形状 ▼ 区域中的 ⬚ 拉伸 按钮，此时系统弹出"拉伸"操控板；在系统弹出的操控板中，确认"实体"按钮 🗖 被按下，在操控板界面中按下 ⬠ 按钮；右击，从快捷菜单中选择 定义内部草绘... 命令，选取图 12.2.62 所示的 MOLD_FRONT 基准平面为草绘平面，图 12.2.62 所示的滑块表面为参考平面，方位为 上，单击草绘箭头方向，箭头方向如图 12.2.62 所示。单击 草绘 按钮，至此系统进入截面草绘环境 ；进入截面草绘环境后，选取图 12.2.63 所示的轴线和模型边线为草绘参考，利用"投影"命令绘制图 12.2.63 所示的截面草图。完成特征截面的绘制后，单击"草绘"操控板中的"确定"按钮✔；在操控板中选取深度类型 ‖‡（穿透所有），在操控板中单击 选项 按钮，在"选项"界面中选"第2侧"深度类型 ‖‡；在"拉伸"操控板中单击 ✔ 按钮，完成特征的创建。

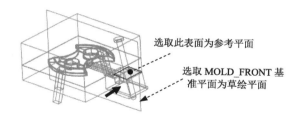

图12.2.62 定义草绘平面

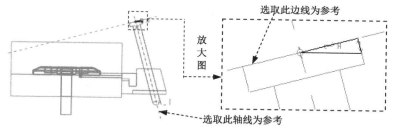

图12.2.63 截面草图

Step7. 在滑块上创建导柱孔。在模型树中右击 ▶ □ FLIP.PRT，从弹出的快捷菜单中选择 ◇命令；单击 模型 功能选项卡 形状 ▼ 区域中的 ⬧ 旋转 按钮，系统弹出"旋转"操控板；在系统弹出的操控板中，确认"实体"按钮 □ 被按下，在操控板界面中按下 ⟋ 按钮；右击，从快捷菜单中选择 定义内部草绘... 命令，选取 MOLD_FRONT 基准平面为草绘平面，草绘平面的参考平面为图12.2.64所示的表面，方位为 上，单击草绘箭头方向，箭头方向如图12.2.64所示。单击 草绘 按钮，此时系统进入截面草绘环境；进入截面草绘环境后，选取图12.2.65所示的轴线为草绘参考，然后绘制图12.2.65所示的截面草图。完成特征截面的绘制后，单击"草绘"操控板中的"完成"按钮 ✔；在操控板中选取旋转角度类型 ⊥，旋转角度为360°；单击"旋转"操控板中的 ✔ 按钮，完成特征创建。

注意：要绘制旋转中心轴。

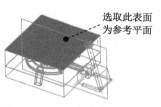

图12.2.64 定义参考平面

Step8. 创建导柱孔的圆角特征。单击 模型 功能选项卡 工程 ▼ 区域中的 ⌒倒圆角 ▼ 按钮，此时系统弹出"倒圆角"操控板；选取图12.2.66所示的一圈边线为倒圆角的参考边线；在文本框中输入半径值2.0，并按<Enter>键；在操控板中单击 ✔ 按钮，完成特征的创建。

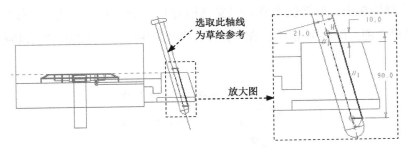

图 12.2.65　截面草图

图 12.2.66　选取边线

Stage6. 创建楔紧块

Step1. 在模型树中右击 ▶ 🗐 COVER_MOLD.ASM ，从弹出的快捷菜单中选择 ◇ 命令。

Step2. 单击 模型 功能选项卡 元件 ▼ 按钮，在弹出的菜单中选择"创建"按钮 🔓。系统弹出"创建元件"对话框。

Step3. 在系统弹出的"创建元件"对话框中，在 类型 区域选中 ⦿ 零件 单选项，在 子类型 区域选中 ⦿ 实体 单选项，在 文件名: 文本框中输入坯料的名称 WEDGE_BLOCK，然后单击 确定 按钮。

Step4. 在弹出的"创建选项"对话框中选中 ⦿ 创建特征 单选项，然后单击 确定 按钮。

Step5. 创建实体拉伸特征。单击 模型 功能选项卡 形状 ▼ 区域中的 🗗 拉伸 按钮，此时系统弹出"拉伸"操控板；在出现的操控板中，确认"实体"按钮 🗖 被按下；右击，从弹出的菜单中选择 定义内部草绘... 命令，在系统 ⇨ 选择一个平面或曲面以定义草绘平面. 的提示下，选取图 12.2.67 所示的平面 1 为草绘平面，接受图 12.2.67 中默认的箭头方向为草绘视图方向，然后选取图 12.2.67 所示的表面 2 为参考平面，方向为 上。单击 草绘 按钮，至此系统进入截面草绘环境；进入截面草绘环境后，选取图 12.2.68 所示的边线为草绘参考，然后绘制图 12.2.68 所示的截面草图，完成特征截面的绘制后，单击"草绘"操控板中的"确定"按钮 ✔；在操控板中选取深度类型 ⊥ (到选定的)，将模型调整到图 12.2.69 所示的视图方位，选取图 12.2.69 所示的滑块表面为拉伸终止面；在"拉伸"操控板中单击 ✔ 按钮。完成特征的创建。

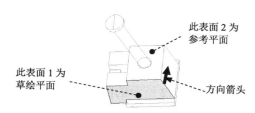

图 12.2.67　定义草绘平面

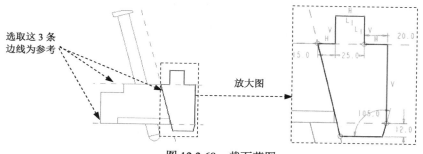

图 12.2.68　截面草图

Step6. 创建圆角特征。单击 模型 功能选项卡 工程 ▾ 区域中的 ◯̄倒圆角 ▾ 按钮，此时系统弹出"倒圆角"操控板；按住<Ctrl>键，选取图 12.2.70 所示的四条棱线为倒圆角的参考边；在文本框中输入半径值 8.0，并按<Enter>键；在"倒圆角"操控板中单击 ✔ 按钮，完成特征的创建。

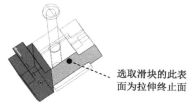

图 12.2.69　选取拉伸终止面

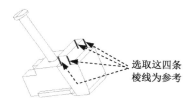

图 12.2.70　选取边线

Stage7. 创建压板

Step1. 在模型树中右击 ▸ ☐ COVER_MOLD. ASM ，从弹出的快捷菜单中选择 ◇ 命令。

Step2. 单击 模型 功能选项卡 元件 ▾ 按钮，在弹出的菜单中选择"创建"按钮 ⬚。系统弹出"创建元件"对话框。

Step3. 在系统弹出的"创建元件"对话框中，在 类型 区域选中 ◉ 零件 单选项，在 子类型 区域选中 ◉ 实体 单选项，在 文件名: 文本框中，输入坯料的名称 PRESS_BLOCK，然后单击 确定 按钮。

Step4. 在弹出的"创建选项"对话框中选中 ◉ 创建特征 单选项，然后单击 确定 按钮。

Step5. 创建实体拉伸特征。单击 模型 功能选项卡 形状 ▾ 区域中的 ◻̄拉伸 按钮，此时出现"拉伸"操控板；在出现的操控板中，确认"实体"按钮 ◻ 被按下；右击，从弹出的菜

单中选择 定义内部草绘... 命令，在系统 ➪ 选择一个平面或曲面以定义草绘平面. 的提示下，选取图 12.2.71 所示的平面 1 为草绘平面，接受图 12.2.70 中默认的箭头方向为草绘视图方向，然后选取图 12.2.71 所示的表面 2 为参考平面，方向为 上。单击 草绘 按钮，至此系统进入截面草绘环境；进入截面草绘环境后，选取图 12.2.72 所示的四条边线为草绘参考，然后绘制图 12.2.72 所示的截面草图。完成特征截面的绘制后，单击"草绘"操控板中的"确定"按钮 ✔；设置深度选项。在操控板中选取深度类型 ⊥（到选定的），将模型调整到图 12.2.72 所示的视图方位，选取图 12.2.73 所示的滑块表面为拉伸终止面；在"拉伸"操控板中单击 ✔ 按钮，完成特征的创建。

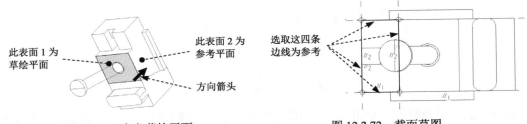

图 12.2.71　定义草绘平面　　　　　　图 12.2.72　截面草图

Step6. 将组件激活。在模型树中右击 COVER_MOLD_ASM.ASM，从弹出的快捷菜单中选择 ◇ 命令。

Step7. 保存设计结果。单击 模具 功能选项卡中 操作 ▼ 区域的 重新生成 按钮，在系统弹出的下拉菜单中单击 重新生成 按钮，选择下拉菜单 文件 ▼ ➡ 保存(S) 命令。

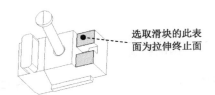

图 12.2.73　选取拉伸终止面

Step8. 选择下拉菜单 文件 ▼ ➡ ✕ 关闭(C) 命令。

Task8．定义开模动作

Stage1．将参考零件、坯料和分型面在模型中遮蔽起来

Stage2．开模步骤 1：移动滑块、上模、斜导柱、楔紧块和压板

Step1. 单击 模具 功能选项卡 分析 ▼ 区域中的"模具开模"按钮 🔲，系统弹出"模具开模"菜单管理器。

Step2. 依次单击 Define Step (定义步骤) 和 Define Move (定义移动) 命令，此时系统弹出"选择"对话框。

Step3. 选取第一组要移动的模具元件。按住<Ctrl>键，在模型树中选取 SLIDE_VOL.PRT、FLIP.PRT 和 PRESS_BLOCK.PRT。此时 Step 1 中要移动的第一组元件模型被加亮；在"选择"对话框中单击 确定 按钮。

Step4. 在系统 ⇨ 通过选择边、轴或面选择分解方向. 提示下，选取图 12.2.74 所示的边线为移动方向，然后在系统 输入沿指定方向的位移 的提示下，输入要移动的距离值-30，并按<Enter>键。

Step5. 在 ▼ DEFINE STEP (定义步骤) 菜单中选择 Define Move (定义移动) 命令，此时系统弹出"选择"对话框。

Step6. 选取第二组要移动的模具元件。按住<Ctrl>键，在模型树中选取 UPPER_VOL.PRT、GUIDE_PILLAR.PRT 和 WEDGE_BLOCK.PRT。此时 Step 1 中要移动的第二组元件模型被加亮；在"选择"对话框中单击 确定 按钮。

Step7. 在系统 ⇨ 通过选择边、轴或面选择分解方向. 提示下，选取图 12.2.75 所示的边线为移动方向，然后在系统 输入沿指定方向的位移 的提示下，输入要移动的距离值 120，并按<Enter>键。

选取此边线为移动方向

图 12.2.74 选取移动方向（一）

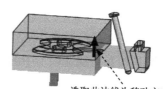

选取此边线为移动方向

图 12.2.75 选取移动方向（二）

Step8. 在 ▼ DEFINE STEP (定义步骤) 菜单中选择 Done (完成) 命令，移动后的模型如图 12.2.76 所示。

Stage3. 开模步骤 2：移动浇注件和销

Step1. 移动浇注件。在 ▼ MOLD OPEN (模具开模) 菜单中选择 Define Step (定义步骤) 命令；在 ▼ DEFINE STEP (定义步骤) 菜单中选择 Define Move (定义移动) 命令；用"列表选取"的方法选取要移动的模具元件 COVER_MOLDING.PRT （浇注件），在"从列表中拾取"对话框中单击 确定(0) 按钮，在"选择"对话框中单击 确定 按钮；在系统 ⇨ 通过选择边、轴或面选择分解方向. 的提示下，选取图 12.2.77 所示的边线为移动方向，然后输入要移动的距离值 80，并按<Enter>键。

Step2. 移动 PIN_VOL_01.PRT （销 1）。在 ▼ DEFINE STEP (定义步骤) 菜单中选择 Define Move (定义移动) 命令；选取要移动的模具元件 PIN_VOL_01.PRT （销 1），在"选择"对话框中单击 确定 按钮；在系统 ⇨ 通过选择边、轴或面选择分解方向. 的提示下，用"列表选取"的方法选取图 12.2.78 所示的销的斜边线为移动方向，然后输入要移动的距离值-70，并按<Enter>键。

Step3. 参考 Step2 步骤，移动 PIN_VOL_02.PRT （销 2）。

图 12.2.76　移动后的状态（一）

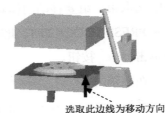

选取此边线为移动方向

图 12.2.77　选取移动方向（三）

Step4. 在 ▼ `DEFINE STEP (定义步骤)` 菜单中选择 `Done (完成)` 命令，完成浇注件和销的开模动作，如图 12.2.79 所示，然后选择 `Done/Return (完成/返回)` 命令。

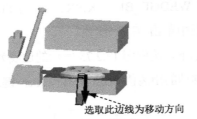

选取此边线为移动方向

图 12.2.78　选取移动方向（四）

图 12.2.79　移动后的状态（二）

Step5. 单击 `模具` 功能选项卡中的 `操作 ▼` 区域的 `重新生成 ▼` 按钮，在系统弹出的下拉菜单中单击 `重新生成` 按钮，选择下拉菜单 `文件 ▼` ➡ `保存(S)` 命令。

12.3　综合范例 3——带弯销内侧抽芯的模具设计

本范例将介绍一个带弯销内侧抽芯的模具设计，如图 12.3.1 所示，其中包括滑块的设计、弯销的设计以及内侧抽芯机构的设计。通过对本范例的学习，希望读者能够熟练掌握带弯销内侧抽芯的模具设计的方法和技巧。下面介绍该模具的设计过程。

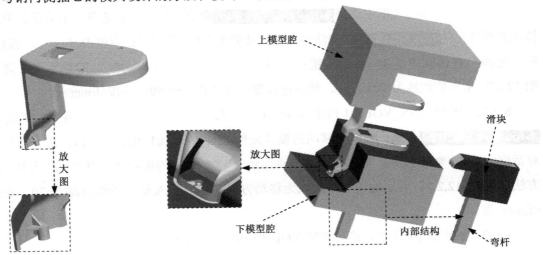

图 12.3.1　带弯销内侧抽芯的模具设计

Task1．新建一个模具制造模型文件，进入模具模块

Step1．将工作目录设置至 D:\creo6.3\work\ch12.03。

Step2．新建一个模具型腔文件，命名为 BODY_BASE，选取 mmns_mfg_mold 模板。

Task2．建立模具模型

在开始设计一个模具前，应先创建一个"模具模型"，模具模型包括图 12.3.2 所示的参考模型和坯料。

Stage1．引入参考模型

Step1．单击 模具 功能选项卡 参考模型和工件 区域中的按钮 参考模型，然后在系统弹出的列表中选择 定位参考模型 命令，系统弹出"打开""布局"对话框和 CAV LAYOUT (型腔布置) 菜单管理器。

Step2．从系统弹出的文件"打开"对话框中，选取三维零件模型电热壶底板——BODY_BASE.prt 作为参考零件模型，并将其打开，系统弹出"创建参考模型"对话框。

Step3．在"创建参考模型"对话框中选中 按参考合并 单选项，然后在 参考模型 文本框中接受默认的名称，再单击 确定 按钮。

Step4．在"布局"对话框的 参考模型起点与定向 区域中单击 按钮，在系统弹出的"获得坐标系类型"菜单中选择 Dynamic (动态) 命令。

Step5．在系统弹出的"参考模型方向"对话框的 角度: 文本框中输入数值 180，然后单击 确定 按钮。

Step6．单击"布局"对话框中的 预览 按钮，定义后的拖动方向如图 12.3.2 所示。

Step7．在"布局"对话框中单击 确定 按钮；在 CAV LAYOUT (型腔布置) 菜单中单击 Done/Return (完成/返回) 命令，完成坐标系的调整。

Stage2．创建坯料

Step1．单击 模具 功能选项卡 参考模型和工件 区域中的按钮 工件，然后在系统弹出的列表中选择 创建工件 命令，系统弹出"创建元件"对话框。

Step2．在系统弹出的"创建元件"对话框中，在 类型 区域选中 零件 单选项，在 子类型 区域选中 实体 单选项，在 文件名: 文本框中输入坯料的名称 wp，然后单击 确定 按钮。

Step3．在系统弹出的"创建选项"对话框中选中 创建特征 单选项，然后单击 确定 按钮。

Step4．创建坯料特征。

（1）选择命令。单击 模具 功能选项卡 形状 ▾ 区域中的 拉伸 按钮。

（2）创建实体拉伸特征。

① 定义草绘截面放置属性。在绘图区中右击，选择快捷菜单中的 定义内部草绘... 命令。系统弹出"草绘"对话框，然后选择 MOLD_FRONT 基准平面作为草绘平面，草绘平面的参考平面为 MOLD_RIGHT 基准平面，方位为 右 ，单击 草绘 按钮。系统进入截面草绘环境。

② 进入截面草绘环境后，选取 MOLD_RIGHT 基准平面和 MAIN_PARTING_PLN 基准平面为草绘参考，然后绘制图 12.3.3 所示的截面草图。完成截面草图的绘制后，单击"草绘"操控板中的"确定"按钮 ✔ 。

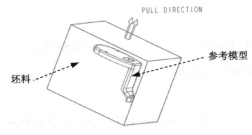

图 12.3.2　参考模型和坯料

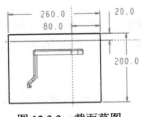

图 12.3.3　截面草图

③ 选取深度类型并输入深度值。在操控板中，选取深度类型 ⊟ ，再在深度文本框中输入深度值 200.0，并按<Enter>键。

④ 在"拉伸"操控板中单击 ✔ 按钮，完成特征的创建。

Task3.　设置收缩率

将参考模型收缩率设置为 0.006。

Task4.　创建模具分型面

创建图 12.3.4 所示模具的分型曲面，其操作过程如下。

Stage1.　创建复制曲面

Step1. 单击 模具 功能选项卡 分型面和模具体积块 ▾ 区域中的"分型面"按钮 📖 。系统弹出"分型面"操控板。

Step2. 在系统弹出的"分型面"操控板中的 控制 区域单击"属性"按钮 📄 ，在"属性"对话框中输入分型面名称 MAIN_PS，单击 确定 按钮。

Step3. 为了方便选取图元，将坯料遮蔽。

Step4. 通过曲面复制的方法，复制参考模型上的外表面。

（1）采用"种子面与边界面"的方法选取所需的曲面。用户分别选取种子面和边界面后，系统则会自动选取从种子曲面开始向四周延伸直到边界曲面的所有曲面（其中包括种子曲面，但不包括边界曲面）。在屏幕右下方的"智能选取栏"中选择"几何"选项。

（2）先选取"种子面"。选取图12.3.5所示的上表面，该面就是所要选择的"种子面"。

图 12.3.4 创建复制曲面

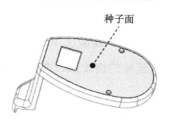

图 12.3.5 定义种子面

（3）选取"边界面"。按住<Shift>键，选取图12.3.6所示的边界面，此时图中所示的边界曲面会加亮。

注意：对一些曲面的选取，需要把模型放大后才方便选中所需要的曲面。选取曲面时需要有耐心，逐一选取加亮曲面，在选取过程中要一直按住<Shift>键，直到选取结束。

（4）单击 **模具** 功能选项卡 操作 ▾ 区域中的"复制"按钮 📄 。

（5）单击 **模具** 功能选项卡 操作 ▾ 区域中的"粘贴"按钮 📄 ▾ 。系统弹出 **曲面：复制** 操控板。

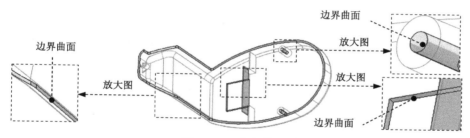

图 12.3.6 定义边界面

（6）填补复制曲面上的破孔。在系统弹出的操控板中单击 选项 按钮，在"选项"界面选中 ⊙ 排除曲面并填充孔 单选项，在 填充孔/曲面 区域中单击"选择项"，在系统的提示下，分别选择图12.3.7所示的边线。

（7）在"曲面：复制"操控板中单击 ✔ 按钮。

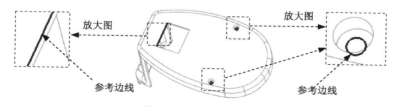

图 12.3.7 填补破孔

Step5. 创建图12.3.8所示的延伸曲面1。

（1）选取图 12.3.9 所示的复制曲面的边线（为了方便选取复制边线和创建延伸特征，遮蔽参考模型并取消遮蔽坯料）。

（2）单击 分型面 功能选项卡 编辑 ▼区域中的 ⊡延伸按钮，此时出现 延伸 操控板。

（3）选取延伸的终止面。在操控板中按下按钮 ⬜，选取图 12.3.9 所示的坯料表面为延伸的终止面。

（4）在 延伸 操控板中单击 ✔ 按钮，完成延伸曲面 1 的创建。

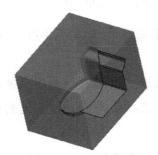

图 12.3.8　延伸曲面 1

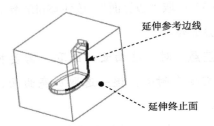

延伸参考边线

延伸终止面

图 12.3.9　延伸参考边线 1

Step6. 创建图 12.3.10 所示的延伸曲面 2。

（1）选取图 12.3.11 所示的复制曲面的边线。

（2）单击 分型面 功能选项卡 编辑 ▼区域中的 ⊡延伸按钮，此时出现 延伸 操控板。

（3）选取延伸的终止面。在操控板中按下 ⬜按钮，选取图 12.3.11 所示的坯料表面为延伸的终止面。

（4）在 延伸 操控板中单击 ✔按钮。完成延伸曲面的创建。

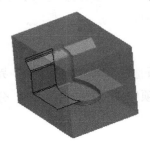

图 12.3.10　延伸曲面 2

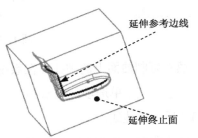

延伸参考边线

延伸终止面

图 12.3.11　延伸参考边线 2

Step7. 创建图 12.3.12 所示的延伸曲面 3。

（1）选取图 12.3.13 所示的复制曲面的边线。

（2）单击 分型面 功能选项卡 编辑 ▼区域中的 ⊡延伸按钮，此时出现 延伸 操控板。

（3）选取延伸的终止面。在操控板中按下 ⬜按钮，选取图 12.3.13 所示的坯料表面为延伸的终止面。

（4）在 延伸 操控板中单击 ✔按钮。完成延伸曲面的创建。

图 12.3.12　延伸曲面 3

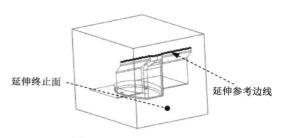

图 12.3.13　延伸参考边线 3

Step8. 创建图 12.3.14 所示的延伸曲面 4。

（1）选取图 12.3.15 所示的复制曲面的边线。

（2）单击 **分型面** 功能选项卡 编辑 ▼ 区域中的 延伸 按钮，此时出现 *延伸* 操控板。

（3）选取延伸的终止面。在操控板中按下 按钮，选取图 12.3.15 所示的坯料表面为延伸的终止面。

（4）在 *延伸* 操控板中单击 ✔ 按钮。完成延伸曲面的创建。

（5）在"分型面"操控板中单击"确定"按钮 ✔，完成分型面的创建。

Stage2.　创建复制曲面

Step1. 单击 **模具** 功能选项卡 分型面和模具体积块 ▼ 区域中的"分型面"按钮 。系统弹出"分型面"操控板。

图 12.3.14　延伸曲面 4

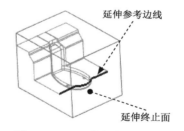

图 12.3.15　延伸参考边线 4

Step2. 在系统弹出的"分型面"操控板中的 控制 区域单击"属性"按钮 ，在"属性"对话框中输入分型面名称 PIN_PS，单击 确定 按钮。

Step3. 通过曲面复制的方法，复制参考模型上的内表面（参考录像选取面）。

（1）将坯料、分型面遮蔽，将参考模型取消遮蔽，选取图 12.3.16 所示的模型表面。

（2）单击 **模具** 功能选项卡 操作 ▼ 区域中的"复制"按钮 。

（3）单击 **模具** 功能选项卡 操作 ▼ 区域中的"粘贴"按钮 ▼。系统弹出"曲面：复制"操控板。

（4）在"曲面：复制"操控板中单击 ✔ 按钮。

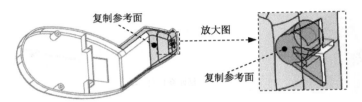

图 12.3.16　复制参考面

Stage3. 创建拉伸曲面

Step1. 通过拉伸的方法创建图 12.3.17 所示的曲面。

（1）单击 **分型面** 功能选项卡 形状 ▾ 区域中的 拉伸 按钮，此时系统弹出"拉伸"操控板。

（2）定义草绘截面放置属性。右击，选择菜单中的 定义内部草绘... 命令；选择 MOLD_FRONT 基准平面为草绘平面，然后选取 MOLD_RIGHT 基准平面为参考平面，方向为 右 。单击 草绘 按钮。

（3）进入草绘环境后，绘制图 12.3.18 所示的截面草图。完成特征截面的绘制，单击"草绘"操控板中的"确定"按钮 ✔ 。

（4）设置深度选项。在操控板中选取深度类型 ⊟ ，在深度值文本框中输入深度值 25。

（5）在操控板中单击 选项 按钮，在"选项"界面中选中 ✔ 封闭端 复选框。

（6）在"拉伸"操控板中单击 ✔ 按钮，完成特征的创建。

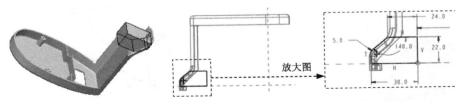

图 12.3.17　创建拉伸曲面　　　　图 12.3.18　截面草图

Step2. 将上步创建的复制 2 与拉伸 1 进行合并，如图 12.3.19 所示（为便于查看合并面组，将参考模型遮蔽）。

（1）按住<Ctrl>键，选取复制 2 与拉伸 1。

（2）单击 **分型面** 功能选项卡 编辑 ▾ 区域中的 合并 按钮，系统弹出"合并"操控板。

（3）调整合并面组的方向，如图 12.3.20 所示。

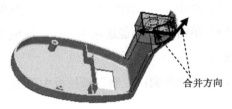

图 12.3.19　合并面组　　　　　　图 12.3.20　合并方向

（4）在"合并"操控板中单击 ✓ 按钮。

（5）在"分型面"操控板中单击"确定"按钮 ✓ ，完成分型面的创建。

Task5．构建模具元件的体积块

Stage1．用分型面创建上、下两个体积腔（取消遮蔽坯料和分型面）

Step1．选择 模具 功能选项卡 分型面和模具体积块 ▼ 区域中的 模具体积块 ➡ ⊟体积块分割 命令，可进入"体积块分割"操控板。

Step2．在系统弹出的"体积块分割"操控板中单击"参考零件切除"按钮 ，此时系统弹出"参考零件切除"操控板；单击 ✓ 按钮，完成参考零件切除的创建。

Step3．在系统弹出的"体积块分割"操控板中单击 ▶ 按钮，将"体积块分割"操控板激活，此时系统已经将分割的体积块选中。

Step4．选取分割曲面。在"体积块分割"操控板中单击 右侧的 单击此处添加项 按钮将其激活。然后选取 面组:F7(MAIN_PS) 分型面。

Step5．在"体积块分割"操控板中单击 体积块 按钮，在"体积块"界面中单击 1 ☑ 体积块_1 区域，此时模型的上半部分变亮，如图 12.3.21 所示，然后在选中的区域中将名称改为 UPPER_MOLD；在"体积块"界面中单击 2 ☑ 体积块_2 区域，此时模型的下半部分变亮，如图 12.3.22 所示，然后在选中的区域中将名称改为 LOWER_MOLD。

Step6．在"体积块分割"操控板中单击 ✓ 按钮，完成体积块分割的创建。

Stage2．创建第一个滑块体积块

Step1．选择 模具 功能选项卡 分型面和模具体积块 ▼ 区域中的 模具体积块 ➡ ⊟体积块分割 命令，可进入"体积块分割"操控板。

Step2．选取 LOWER_MOLD 作为要分割的模具体积块；选取 面组:F12(PIN_PS) 分型面为分割曲面。

Step3．在"体积块分割"操控板中单击 体积块 按钮，在"体积块"界面中单击 2 ☑ 体积块_2 区域，如图 12.3.23 所示，然后在选中的区域中将名称改为 PIN_VOL；在"体积块"界面中取消选中 1 ☐ 体积块_1 。

Step4．在"体积块分割"操控板中单击 ✓ 按钮，完成体积块分割的创建。

图 12.3.21　上半部分体积块

图 12.3.22　下半部分体积块

图 12.3.23　滑块体积块

Task6. 抽取模具元件及生成浇注件

将浇注件的名称命名为 MOLDING。

Task7. 保存文件

Task8. 完善下模的创建

Stage1. 打开组件并显示特征

为了方便选取图元，显示所有零件特征。

（1）在模型树界面中，选择 🞓 ▾ ➡ 树过滤器(F)... 命令。

（2）在系统弹出的"模型树项"对话框中选中 ☑ 特征 复选框，然后单击 确定 按钮。此时，模型树中会显示出分型面特征。

Stage2. 完善下模零件

Step1. 在模型树上选中下模 ▸ ▱ LOWER_MOLD.PRT 右击，在系统弹出的快捷菜单中单击 ◈ 选项。

Step2. 创建图 12.3.24 所示的"切除"拉伸特征。

（1）单击 模具 功能选项卡 形状 ▾ 区域中的 ⬛ 拉伸 按钮，此时系统弹出"拉伸"操控板，将"去除材料"按钮 ◿ 按下。

（2）定义草绘截面放置属性。在绘图区中右击，选择快捷菜单中 定义内部草绘... 命令。系统弹出"草绘"对话框，然后选择 MOLD_FRONT 基准平面作为草绘平面，草绘平面的参考平面为 MOLD_RIGHT 基准平面，方位为 右 ，单击 草绘 按钮，系统进入截面草绘环境。

（3）进入截面草绘环境后，选取 MOLD_RIGHT 基准平面和坯料边线为草绘参考，然后绘制图 12.3.25 所示的截面草图，完成截面草图的绘制后，单击"草绘"操控板中的"确定"按钮 ✔ 。

（4）选取深度类型并输入深度值。在操控板中选取深度类型 ⬒ ，再在深度文本框中输入深度值 25.0，并按<Enter>键。

（5）在"拉伸"操控板中单击 ✔ 按钮，完成特征的创建。

图 12.3.24 拉伸特征

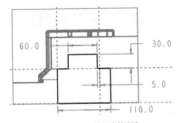

图 12.3.25 截面草图

Stage3. 完善滑块零件

Step1. 在模型树上选中滑块右击，在系统弹出的快捷菜单中单击◇选项。激活滑块零件 ⊞ ⟋ PIN_VOL_.PRT 。

Step2. 创建图 12.3.26 所示的实体拉伸特征。

（1）单击 **模具** 功能选项卡 形状 ▾ 区域中的 □拉伸 按钮，此时系统弹出"拉伸"操控板。

（2）定义草绘截面放置属性。在绘图区中右击，选择快捷菜单中的 定义内部草绘... 命令。系统弹出"草绘"对话框，然后选择 MOLD_FRONT 基准平面作为草绘平面，草绘平面的参考平面为 MOLD_RIGHT 基准平面，方位为 右 ，单击 草绘 按钮，系统进入截面草绘环境。

（3）进入截面草绘环境后，选取图 12.3.27 所示的边线为草绘参考，绘制图 12.3.27 所示的截面草图；完成截面草图的绘制后，单击"草绘"操控板中的"确定"按钮✔ 。

（4）选取深度类型并输入深度值。在操控板中选取深度类型 ∃ ，再在深度文本框中输入深度值 25.0，并按<Enter>键。

（5）在"拉伸"操控板中单击✔ 按钮，完成特征的创建。

图 12.3.26　实体拉伸特征

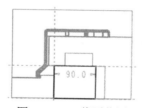

图 12.3.27　截面草图

Step3. 创建图 12.3.28 所示的"切除"拉伸特征。

（1）单击 **模具** 功能选项卡 形状 ▾ 区域中的 □拉伸 按钮，此时系统弹出"拉伸"操控板，将"去除"材料按钮 △ 按下。

（2）定义草绘截面放置属性。在绘图区中右击，选择快捷菜单中的 定义内部草绘... 命令。系统弹出"草绘"对话框，然后选择 MOLD_FRONT 基准平面作为草绘平面，草绘平面的参考平面为 MOLD_RIGHT 基准平面，方位为 右 ，单击 草绘 按钮，系统进入截面草绘环境。

（3）进入截面草绘环境后，选取 MOLD_RIGHT 基准平面和坯料边线为草绘参考，然后绘制图 12.3.29 所示的截面草图；完成截面草图的绘制后，单击"草绘"操控板中的"确定"按钮✔ 。

（4）选取深度类型并输入深度值。在操控板中选取深度类型 ∃ ，再在深度文本框中输入深度值 15.0，并按<Enter>键。

（5）在"拉伸"操控板中单击✔ 按钮，完成特征的创建。

图 12.3.28　"切除"拉伸特征

放大图

图 12.3.29　截面草图

Task9. 创建弯杆零件

Step1. 在模型树中选择 □BODY_BASE.ASM 右击，在系统弹出的快捷菜单中选择◇命令。激活装配文件，单击 **模具** 功能选项卡 元件▼ 区域中的"模具元件"按钮 模具元件▼，在系统弹出的菜单中的单击 创建模具元件 选项。在系统弹出的"确认"信息对话框中单击 是(Y) 按钮。

Step2. 定义元件的类型及创建方法。

（1）在系统弹出的"创建元件"对话框中，在 类型 区域选中 ◉ 零件 单选项，在 子类型 区域选中 ◉ 实体 单选项，在 名称 文本框中输入元件的名称 BEND_POLE；单击 确定 按钮。

（2）在系统弹出的"创建选项"对话框中选中 ◉ 创建特征 单选项，然后单击 确定 按钮。系统弹出"模具特征"菜单。

Step3. 创建图 12.3.30 所示的实体拉伸特征。

（1）单击 **模具** 功能选项卡 形状▼ 区域中的 拉伸 按钮，此时系统弹出"拉伸"操控板。

（2）定义草绘截面放置属性。在绘图区中右击，选择快捷菜单中的 定义内部草绘... 命令。系统弹出"草绘"对话框，然后选择 MOLD_FRONT 基准平面作为草绘平面，草绘平面的参考平面为 MOLD_RIGHT 基准平面，方位为 右，单击 草绘 按钮，进入草绘环境。

（3）进入截面草绘环境后，绘制图 12.3.31 所示的截面草图；完成截面草图的绘制后，单击"草绘"操控板中的"确定"按钮 ✓。

（4）选取深度类型并输入深度值。在操控板中选取深度类型 ⊟，再在深度文本框中输入深度值 14.5，并按<Enter>键。

（5）在"拉伸"操控板中单击 ✓ 按钮，完成特征的创建。

图 12.3.30　实体拉伸特征

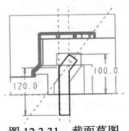

图 12.3.31　截面草图

Task10. 保存组件模型文件

激活总装配，保存文件。

Task11. 定义开模动作

Stage1. 开模步骤 1——移动弯杆和滑块

Step1. 将参考零件、坯料和分型面在模型中遮蔽起来，将模型的显示状态切换到实体显示方式。

Step2. 移动弯杆和滑块。

（1）选择 模具 功能选项卡 分析 ▾ 区域中的 🔁 命令。系统弹出 ▾ MOLD OPEN（模具开模）菜单管理器。

（2）在系统弹出的"菜单管理器"菜单中选择 Define Step（定义步骤）➡ Define Move（定义移动）命令。

（3）选取要移动的弯杆。

（4）在系统的提示下，选取图 12.3.32 所示的边线为移动方向，然后在系统的提示下输入要移动的距离值-42。

（5）在 ▾ DEFINE STEP（定义步骤）菜单中选择 Define Move（定义移动）命令。

（6）选取要移动图 12.3.32 所示的滑块。

（7）在系统的提示下，选取图 12.3.32 所示的边线为移动方向，然后在系统的提示下输入要移动的距离值 12。

（8）在 ▾ DEFINE STEP（定义步骤）菜单中选择 Done（完成）命令，移出后的状态如图 12.3.32 所示。

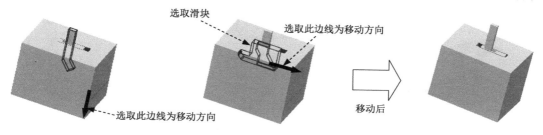

图 12.3.32　移动弯杆和滑块

Stage2. 开模步骤 2：移动下模、弯杆和滑块

Step1. 选择 模具 功能选项卡 分析 ▾ 区域中的 🔁 命令。系统弹出 ▾ MOLD OPEN（模具开模）菜单管理器。

Step2. 在 ▾ DEFINE STEP（定义步骤）菜单中选择 Define Move（定义移动）命令。

Step3. 选取要移动的下模、弯杆和滑块。

Step4. 在系统的提示下，选取图 12.3.33 所示的边线为移动方向，然后在系统的提示下输入要移动的距离值-200。

图 12.3.33　移动下模、弯杆和滑块

Step5. 在 ▼ DEFINE STEP (定义步骤) 菜单中选择 Done (完成) 命令，移出后的状态如图 12.3.33 所示。

Stage3. 开模步骤 3：移动铸件

Step1. 移动铸件。参考 Stage2 的操作方法，选取铸件，选取图 12.3.34 所示的边线为移动方向，输入要移动的距离值 100，选择 Done (完成) 命令，单击 Done/Return (完成/返回) 按钮。完成铸件的开模动作。

图 12.3.34　移动铸件

Step2. 保存设计结果。选择下拉菜单 文件 ▼ ➡ 保存 命令。

12.4　综合范例 4——带镶件、浇注及冷却系统的模具设计

本范例是一个镶件、浇注及冷却系统的模具设计，如图 12.4.1 所示，从产品模型的外形上可以看出，该模具的设计是比较复杂的，其中包括产品模型有多个不规则的破孔，在

设计过程中要考虑将部分结构做成镶件等问题，通过对本范例的学习，希望读者能够熟练掌握带镶件和浇注系统模具设计的方法和技巧。下面介绍该模具的设计过程。

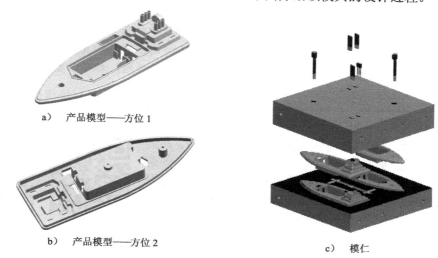

a) 产品模型——方位 1

b) 产品模型——方位 2

c) 模仁

图 12.4.1 带镶件、浇注及冷却系统的模具设计

新建一个模具制造模型文件，进入模具模块

Step1. 将工作目录设置至 D:\creo6.3\work\ch12.04。

Step2. 新建一个模具型腔文件，命名为 boat_top_mold，选取 `mmns_mfg_mold` 模板。

Step3. 本案例后面的详细操作过程请参见学习资源 video 文件夹中对应章节的语音视频讲解文件。

学习拓展： 扫码学习更多视频讲解。

讲解内容： 零件设计实例精选，包含 60 多个各行各业零件设计的全过程讲解。讲解中，首先分析了设计的思路以及建模要点，然后对设计操作步骤作了详细的演示，最后对设计方法和技巧作了的总结。本部分的内容可供读者在设计模具结构中零件时作为参考。

读者意见反馈卡

尊敬的读者:

感谢您购买机械工业出版社出版的图书!

我们一直致力于 CAD、CAPP、PDM、CAM 和 CAE 等相关技术的跟踪,希望能将更多优秀作者的宝贵经验与技巧介绍给您。当然,我们的工作离不开您的支持。如果您在看完本书之后,有什么好的意见和建议,或是有一些感兴趣的技术话题,都可以直接与我联系。

策划编辑: 丁锋

为了感谢广大读者对兆迪科技图书的信任与支持,兆迪科技面向读者推出"免费送课"活动,即日起,读者凭有效购书证明,可领取价值 100 元的在线课程代金券 1 张,此券可在兆迪科技网校(http://www.zalldy.com/)免费换购在线课程 1 门。活动详情可以登录兆迪网校或者关注兆迪公众号查看。

兆迪网校

兆迪公众号

书名:《Creo 6.0 模具设计教程》

1. 读者个人资料:

姓名: _____ 性别: _____ 年龄: _____ 职业: _____ 职务: _____ 学历: _____

专业: _____ 单位名称: _____ 办公电话: _____ 手机: _____

QQ: _____ 微信: _____ E-mail: _____

2. 影响您购买本书的因素(可以选择多项):

☐内容   ☐作者   ☐价格

☐朋友推荐   ☐出版社品牌   ☐书评广告

☐工作单位(就读学校)指定   ☐内容提要、前言或目录   ☐封面封底

☐购买了本书所属丛书中的其他图书   ☐其他_____

3. 您对本书的总体感觉:

☐很好   ☐一般   ☐不好

4. 您认为本书的语言文字水平:

☐很好   ☐一般   ☐不好

5. 您认为本书的版式编排:

☐很好   ☐一般   ☐不好

6. 您认为 Creo 还有哪些方面的内容是您所迫切需要的?

_____

7. 还有哪些 CAD/CAM/CAE 方面的图书是您所需要的?

_____

8. 您认为我们的图书在叙述方式、内容选择等方面还有哪些需要改进的?

_____